Handbuch Anatomie, Akt, Selbstportrait

von
José M. Parramón

Aus dem Französischen
übertragen von
Christa L. Cordes

Gondrom

Diese Sonderausgabe umfaßt den vollständigen
Inhalt folgender drei Einzelbände:
Wie zeichne ich die Anatomie des Körpers
Richtiges Malen von Aktbildern
Selbstportraitieren
Deshalb hat jeder dieser Einzelbände
sein eigenes Inhaltsverzeichnis, und die
Seitenzahlen beginnen jeweils von vorn.

Sonderausgabe für den Gondrom Verlag, Bindlach, 1991

Druck und Buchbinderei: Chemnitzer Verlag und Druck GmbH
Grafische Werke Zwickau
ISBN: 3-8112-0875-6

WIE ZEICHNE ICH DIE ANATOMIE DES KÖRPERS

JOSE M. PARRAMON

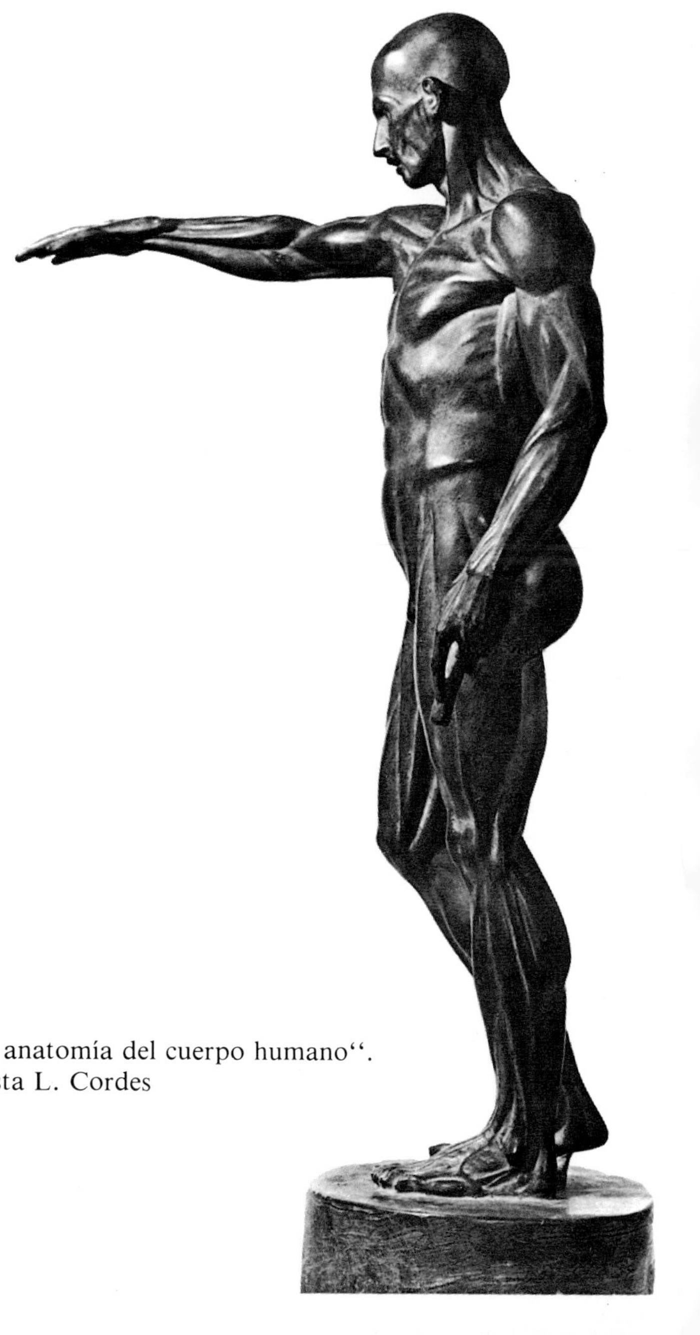

Titel der Originalausgabe: ,,Cómo dibujar la anatomía del cuerpo humano''.
Aus dem Französischen übertragen von Christa L. Cordes

Inhaltsverzeichnis

Die Buchreihe „Richtiges Malen und Zeichnen" ermöglicht eine umfangreiche Einführung und Ausbildung in den unterschiedlichen künstlerischen Mal- und Zeichentechniken. Sie wendet sich an alle, die einzeln oder in der Gemeinschaft mit anderen Wege künstlerischen Schaffens für sich entdecken wollen.

„Erlesene Schöpfungen", wie Valéry es nannte, sind heute nicht mehr einer Elite vorbehalten, sondern für alle erreichbar, die sich von kreativer Arbeit anregen lassen.

Der einzelne Hobbymaler oder der Gruppenleiter findet in diesen Bänden alle Antworten auf technische Probleme, die sich bei schöpferischen Überlegungen zwangsläufig stellen. Die Bände umfassen die ganze Spannbreite der unterschiedlichsten Ausdrucksformen; sie beschreiben das dafür notwendige Material und stellen die einzelnen Phasen der Entstehung der Arbeiten vor.

Die Bände, die in erster Linie der Einführung in die jeweilige Technik gelten, sind fast immer in Kursform abgefaßt. Jede Lektion ist aktiv gestaltet: Der Theorie folgen ausführliche praktische Übungen mit fortschreitendem Schwierigkeitsgrad.

Zahlreiche Abbildungen ermöglichen die unmittelbare Anschauung und dienen dem besseren Verständnis der einzelnen Stadien der jeweiligen künstlerischen Technik. Kleine humorvolle Geschichten lockern das Ganze auf und vermitteln gleichzeitig allgemeine Kenntnisse.

Am Schluß der entscheidenden Kapitel fassen wir die wichtigsten Gedanken und die wesentlichen Regeln noch einmal zusammen, um das Erlernte zu festigen.

Mögen diese Bände Ihnen den Einstieg und die Ausbildung in der künstlerischen Ausdrucksform Ihrer Wahl erleichtern.

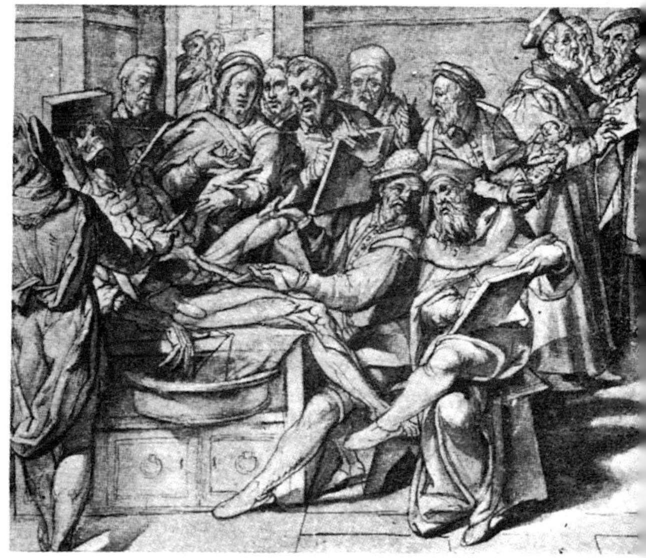

Die Anatomie des menschlichen Kopfes

„Anatomie? Muß das sein?"

„. . . ?"

„Wissen Sie, Meister, ich habe gehört, daß man auch ohne die geringste Ahnung von den Knochen und Muskeln ordentlich zeichnen und malen kann, wenn einem ein Modell gegenübersitzt. Und außerdem . . ."

„Sie erlauben? Lesen Sie doch bitte den Anfang dieser Buchseite vor."

„Vielleicht übersteht dein Magen eine Nacht in Gegenwart von menschlichen Knochen und menschlichem Fleisch, vor geöffneten Leichen und in Stücke . . .

„Was soll denn das?"

„Das ist ein Absatz aus dem ‚Traktat über die Malerei', den der geniale Maler, Dichter, Musiker, Architekt und Erfinder Leonardo da Vinci im 15. Jahrhundert verfaßte. Glaubt man dem zeitgenössischen Künstler und Kritiker Vasari, schrieb da Vinci dieses Kapitel, ‚nachdem er lange Zeit unter fürchterlichem Ekel und Würgen mit dem Sezieren von Leichen verbracht hatte; und all das nur, um die Geheimnisse zu entdecken, die die Glieder des menschlichen Körpers regieren.'"

Ebenfalls in Florenz wurde zur selben Zeit ein anderes Universalgenie der Kunst – Michelangelo Buonarroti – beschuldigt, Leichen geschändet und frevelhaft mißhandelt zu haben, denn er hatte es gewagt, den Körper eines gewissen Corcini zu öffnen, um seine anatomischen Kenntnisse für seine Kunst zu verbessern. Die Familie des Verstorbenen brach einen gewaltigen Skandal vom Zaun und verlangte von Piero Sanderini, dem damaligen obersten Richter, Gerechtigkeit.

So war das damals wirklich. Es ist erstaunlich, daß diese großen Männer, die selbst von ihren Zeitgenossen als Universalgenies der Kunst betrachtet wurden, die großes Ansehen, Vermögen und zahlreiche Ehrungen besaßen, Dienstboten und Gehilfen in Krankenhäuser kaufen und bestechen mußten, um die Regeln der künstlerischen Anatomie zu untersuchen oder, besser gesagt, erst einmal zu entdecken; denn das Sezieren von Leichen war selbst für wissenschaftliche Zwecke bei Gefängnisstrafe verboten. Man kann sich gut vorstellen, wie sie nachts beim Schein einer Öllampe, immer von Furcht beherrscht, heimlich zum Beispiel in der Leichenhalle des Hospitals zum Heiligen Geist hantierten. Und man kann nur feststellen: Die Kenntnis der Anatomie muß ihnen wirklich äußerst wichtig gewesen sein, wenn sie sich gezwungen sahen, dafür eine derart riskante, noch dazu abstoßende Arbeit auf sich zu nehmen.

Begreifen Sie jetzt? Wenn selbst die Größten die Anatomie für ein unverzichtbares Lehrfach hielten, wie könnten wir sie dann vernachlässigen, nur weil „irgend jemand" behauptet hat, er zeichne eine Gestalt, ohne jemals etwas über die Anatomie gelernt zu haben.

„Ich verstehe es jetzt, und ich bin dazu bereit. Sagen Sie mir nur, was ich bei der künstlerischen Anatomie lernen muß."

„Das will ich Ihnen gern erklären."

Im allgemeinen teilt man die künstlerische Anatomie in zwei Hauptbereiche ein. Der erste Bereich bezieht sich auf die Kenntnis vom Aufbau des Skeletts, der zweite auf den Aufbau der Muskulatur. Letzterer umfaßt auch die Morphologie und das äußere Erscheinungsbild des menschlichen Körpers. Von diesen beiden Bereichen interessiert der zweite, die Anatomie der Muskeln den Künstler am meisten, denn er bestimmt in der Mehrzahl der Fälle die Form des menschlichen Körpers. Deshalb widmen wir ihm den größeren Raum und verweilen, wo es notwendig ist, etwas länger bei den allgemeinen Grundsätzen, die für das Zeichnen des menschlichen Körpers gelten.

Trotzdem wollen wir mit dem Studium des Skeletts beginnen, um zunächst das Gerüst kennenzulernen, das den menschlichen Körper stützt. Anschließend befassen wir uns dann mit dem, was dieses Gerüst bedeckt: die Muskeln, die Haut etc.

Der Aufbau des menschlichen Schädels

Damit Sie mehr von diesem Studium haben, rate ich Ihnen, wie folgt vorzugehen: Lesen Sie zunächst die im Text gegebenen Erklärungen. Überprüfen und studieren Sie den Text und verfolgen Sie ihn aufmerksam anhand der dazugehörenden Abbildungen. Untersuchen und analysieren Sie schließlich die Erläuterungen an sich selbst. Dabei sollen Sie an Ihrem Kopf durch Berühren oder Beklopfen mit den Fingern den oder die entsprechenden Knochen ausfindig machen und in jedem Einzelfall seine Lage, Form und Größe nachprüfen.

Befolgen Sie diese Hinweise bitte sehr aufmerksam. Fangen wir also an.

Die Schädelknochen

Wie Ihnen bekannt, setzt sich der Schädel im wesentlichen aus folgenden Knochen zusammen: Stirnbein, Hinterhauptsbein, Schläfenbeine, Scheitelbeine, Siebbein und Keilbein. Von diesen ist allein das Schläfenbein von künstlerischem Interesse. Die Untersuchung der Lage dieses Knochens ist insofern interessant, weil er sich als zygomatischer Fortsatz der Wangenknochen nach hinten verlängert und dort das Jochbbein bildet.

Beachten Sie auf der Frontalansicht des Skeletts die Lage der beiden Schläfenbeine zu jenen länglichen Knochen, die als Jochbeine bezeichnet werden. Sie stellen fest, daß das Jochbein spürbar über das Schläfenbein hinausragt.

Jetzt verstehen Sie gewiß, daß die leichte Vertiefung in Höhe des Schläfenbeins bei manchen Gesichtern (ausgemergelten, mageren, knochigen Gesichtern besonders alter Menschen) einen erheblichen Unterschied zwischen der Ebene der Ohren und der des Backenbartes und den Enden des Kieferknochens mit sich bringt.

Studieren Sie außerdem am Schläfenbein nahe den Augenhöhlen jene Mulde, die man in der Anatomie als Schläfengrube bezeichnet. Genau am Rand dieser Grube oberhalb der Augenhöhle befindet sich eine sichtbare Kante, die auf den Abbildungen 1 und 2 den Buchstaben A trägt.

Merken Sie sich die Lage und die Form der Schläfengrube und der Kante A. Beachten Sie, daß diese beiden Elemente vor allem bei knochigen Gesichtern gut zu sehen sind, wenn die Skelettform aufgrund des fehlenden Fettgewebes stärker hervortritt.

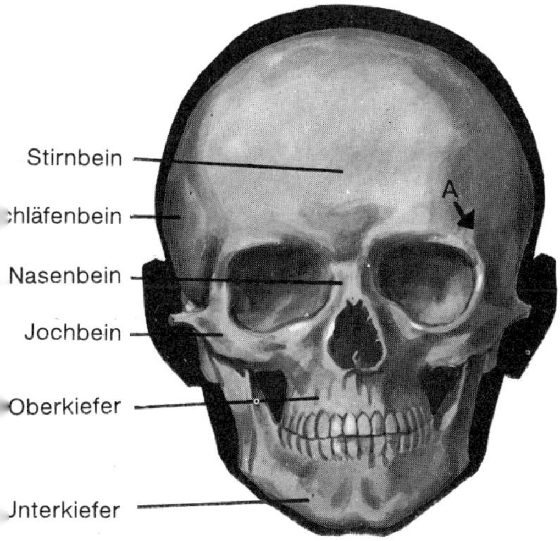

Abb. 1

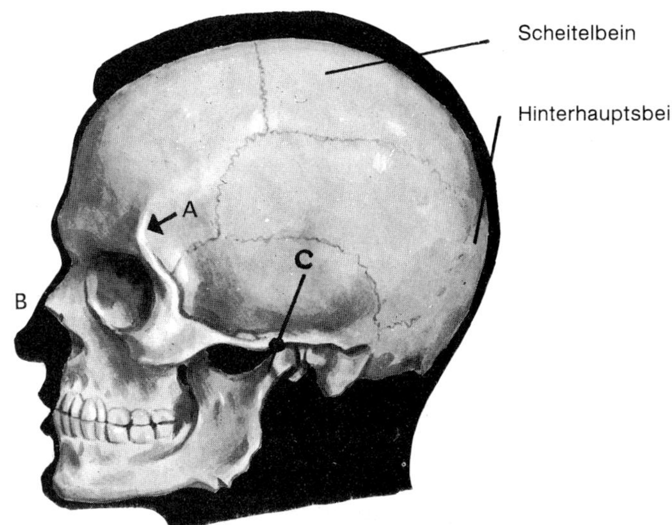

Abb. 2

Befassen wir uns nun mit den Hauptknochen des Schädels: Stirnbein, Schläfenbein, Nasenbein, Jochbein, Hinterhauptsbein, Oberkiefer, Unterkiefer und Scheitelbein.

Jochbein oder Wangenknochen

Mit dem Wort „Wangenknochen" scheint schon alles erklärt zu sein. Betrachten Sie jedoch auf den Abbildungen 1 und 2 die genaue Lage dieser beiden wichtigen Knochen. Beachten Sie, daß sich das Jochbein oder der Wangenknochen unmittelbar unterhalb der Augenhöhle befindet und über die Kinnlade hinausragt. Sehen Sie sich die Mulde unter dem Wangenknochen gut an. Untersuchen Sie ebenfalls den hinteren Abschnitt des Jochbeins, wo es zusammen mit dem Jochbogen jene Kante bildet, von der bereits die Rede war. Bedecken Sie diese Knochen nun in Gedanken mit Fleisch. Stellen Sie sich vor, welche Form das Gesicht annimmt, wenn das Jochbein einschließlich „Wange" und Jochbogen völlig bedeckt ist. Bei einem runden Gesicht mit vollen Wangen ist die Mulde ganz ausgefüllt. Nur der knochige Vorsprung des Wangenknochens hebt sich weiterhin ab und bleibt je nach Fettgehalt des Gesichtes mehr oder weniger sichtbar. In einem mageren Gesicht erkennt man dagegen exakt die Form und die Größe des Jochbeins in der eingefallenen Wange.

Untersuchen Sie diese wichtigen Faktoren in Ihrem eigenen Gesicht. Betrachten Sie sich dazu im Spiegel. Versuchen Sie, sich den Knochen, seine genaue Lage, seinen Verlauf und seine Maße unter der Haut vorzustellen.

Die Nasenbeine

Hierbei handelt es sich im wesentlichen um zwei kleine Knochen von identischer Form, die sich auf der Mittelachse im symmetrischen Zentrum des Gesichts treffen und dort den festen Teil des Nasenrückens bilden. Der untere Teil des Nasenrückens besteht aus Knorpel – eine feste, elastische Masse, die zwar gewisse Bewegungen mitmacht, der Nase jedoch auch Stand verleiht. Für uns ist wichtig zu wissen, daß das untere Ende des Nasenbeins leicht auszumachen ist, ganz gleich, ob es sich um eine gerade, eine Himmelfahrts- oder eine Adlernase handelt.

Der Oberkiefer

Er bildet die obere Hälfte der Kieferhöhle. An seinem unteren Rand befinden sich hufeisenförmig die Zähne. Es sei darauf hingewiesen, daß der Oberkieferknochen ein integrierter Bestandteil des Schädels ist und keinerlei Gelenk besitzt, um sich unabhängig zu bewegen.

Der Unterkiefer

Seine Bedeutung aus anatomischer und künstlerischer Sicht, die Aufmerksamkeit, die sein Studium erfordert, und die Schwierigkeiten, die dieses Studium mit sich bringt, beruhen auf folgendem außerordentlich wichtigem Merkmal:

Der Unterkieferknochen ist beweglich

Er ist der einzige Knochen des Kopfes, der sich bewegen läßt. Mit Hilfe gewisser Muskeln hebt und senkt er sich in dem Rhythmus, wie sich der Mund zum Lachen, Rufen, Klagen und Weinen öffnet und schließt.

Der Mechanismus für diese Bewegung ist ganz einfach. Am vorderen Ende des Unterkiefers (Punkt C des Skeletts im Profil) befindet sich, verbunden mit dem Schläfenbein, ein querliegender Gelenkkopf. Die Bewegung erfolgt nun so, als befände sich in Punkt C ein Loch, das gleichzeitig als Achse und Scharnier fungiert, so daß sich der Unterkiefer durch Heben und Senken öffnen und schließen läßt.

Nachstehend finden Sie die Vereinfachungen dieses Mechanismus. Sehen Sie ihn sich genau an, und studieren Sie ihn. Als schematische Darstellung D habe ich zwei mehr oder weniger zylindrische Formen gewählt, die die Kieferhöhle wiedergeben sollen. Der Querstrich in der Mitte entspricht dem Alveolarrand (Stelle, an der die Zähne sitzen). Auf der nächsten Illustration (E) habe ich für jede dieser beiden Formen zwei kleine Verbindungsstücke konstruiert, ein gerades und eines mit einem rechten Winkel. Am Punkt a habe ich sie durch eine Achse verbunden, die den oben erwähnten Gelenkkopf symbolisiert. Jetzt brauchen Sie sich nur noch vorzustellen, daß sich dieser kleine Mechanismus öffnen und schließen läßt, um jede Stellung des Ober- und Unterkiefers berechnen zu können (F). An Ihnen ist es nun, diese Bewegungen und Stellungen zu untersuchen. Beachten Sie vor allem die Form der Zahnreihe (b und c) und die charakteristische Art und Weise, in der sie sich trennen und wieder vereinen, wenn man den Mund öffnet und schließt. Merken Sie sich die Beziehung zwischen dieser Bewegung und der Länge der Achse bzw. des Scharniers (a).

Überträgt man die Schematisierung dieser Bewegung (Abb. 4) zunächst auf das Skelett und dann auf die äußere Form des Mundes, ist das gesamte Problem gelöst. Allerdings nur theoretisch . . .

Sie sollten jetzt zu Papier und Bleistift greifen und unverzüglich dieses wichtige Problem in der Praxis studieren. Ich rate Ihnen, eine ganze Weile bei diesem Studium zu bleiben. Zeichnen Sie zunächst diesen kleinen Mechanismus, der das Zusammenspiel von Ober- und Unterkiefer wiedergibt. Stellen Sie ihn geschlossen, halb geöffnet und weit geöffnet von oben, unten etc. gesehen dar. Zeichnen Sie anschließend – ausgehend von diesen Abbildungen – Skizzen des Skeletts und des Mundes. Denken Sie sich schließlich noch andere Stellungen und Blickwinkel aus, und zeichnen Sie sie aus dem Kopf oder

Abb. 3

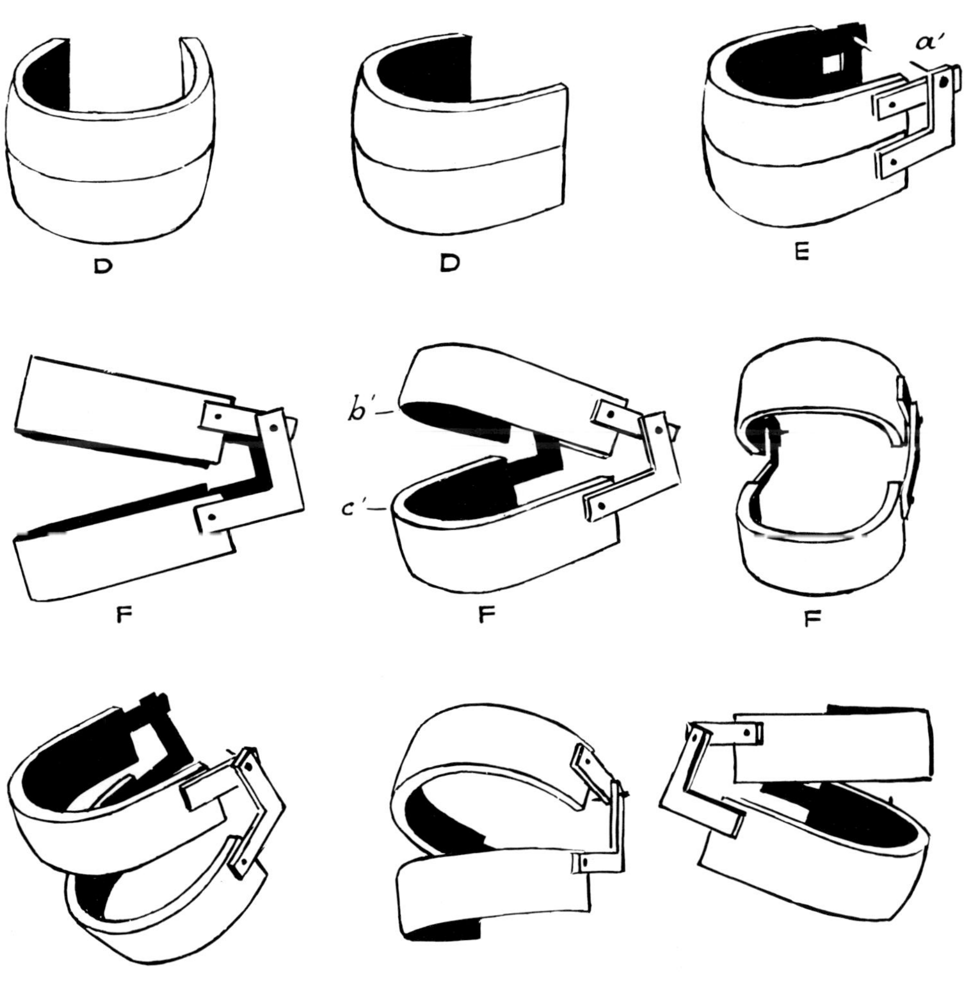

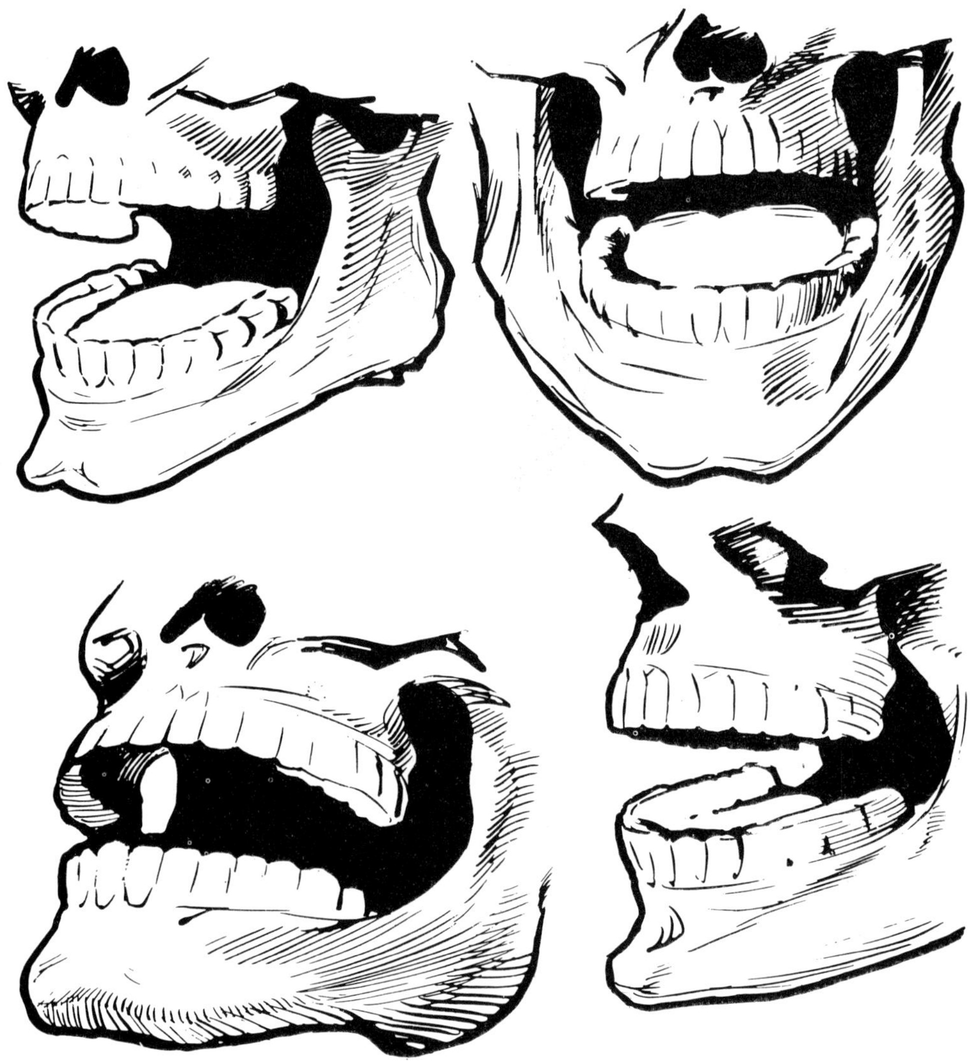

Abb. 4

nach einem Modell. Setzen Sie sich vor einen Spiegel, dann können Sie sich selbst als Modell nehmen. Absolvieren Sie diese Übungen gründlich. Wenn Sie später einen Kopf zeichnen, werden Sie feststellen, daß diese Kenntnisse und diese Übungen Ihnen eine wertvolle Hilfe sind.

Die Anatomie der Muskeln

„Wenn ein Hund mit dem Schwanz wedelt, ein Kind versucht, sich aufzusetzen oder Sie selbst sich an der Nase kratzen, setzt eine Reihe derart komplexer Prozesse ein, daß der Mechanismus der Wasserstoffbombe dagegen vergleichsweise einfach ist." Das erklärt der Amerikaner Dr. J. D. Ratcliff in einem Artikel über „die geheimnisvolle Aktivität der Muskeln", um den phantastischen Mechanismus, der unsere Bewegungen möglich macht, besser verständlich werden zu lassen.

Glücklicherweise braucht uns die wissenschaftliche Komplexität dieses Mechanismus nicht zu interessieren. Unser Interesse gilt vielmehr im wesentlichen der Lage und der Form der Muskeln und der Analyse ihrer Funktion vom streng künstlerischen Gesichtspunkt aus. Dazu gehört zum Beispiel, inwieweit das äußere Bild des Arms von der Struktur seiner Muskeln bestimmt wird, und inwiefern sich seine Haltung (ob er angehoben, gebeugt und gestreckt ist) von der Leistung der Muskeln ableitet, die mit den entsprechenden Knochen und ihren Gelenken verbunden sind. Genau das sollen Sie unter anderem beim Studium dieses Buches erfahren. In einem Satz: Durch das Studium der Form und der Bewegung der Muskeln lernen Sie, den menschlichen Körper zu zeichnen.

Erinnern wir uns zunächst einiger allgemeiner Grundregeln, die auf alle Muskulaturen zutreffen!

Allgemeine Grundsätze über die Anatomie der Muskeln

1. Bei den Muskeln handelt es sich um aktive Bewegungsorgane des menschlichen Körpers. Sie können sich zusammenziehen und wieder entspannen, als bestünden Sie aus Gummi.
2. Man unterscheidet zwei Arten von Muskeln:
   a) die glatten Muskeln. Sie ziehen sich langsam und unwillkürlich zusammen, wie zum Beispiel jene, die während der Verdauung auf den Darm einwirken;
   b) die quergestreiften Muskeln, die sich rasch und willkürlich zusammenziehen lassen. Dazu gehören alle Muskeln, die wir beim Heben des Armes, Öffnen des Mundes etc. bewegen. Diese wollen wir vom künstlerischen Standpunkt untersuchen.
3. Die Muskeln bestehen aus Fasersträngen und enden in einer oder mehreren Sehnen, die den Muskel mit dem Knochen verbinden.
4. Die Form der Muskeln variiert je nach Funktion und Bewegung. Man teilt sie wie folgt ein:
   a) Schließmuskeln. Sie sind ringförmig und schließen gewisse Ausgänge.
   b) Ringmuskeln in Form eines Knopfloches wie jene, die die Augen und den Mund schließen.
   c) Flächenmuskeln. Sie sind flach und länglich wie zum Beispiel die Stirn.
   d) Fächerförmige Muskeln wie die Schläfenmuskeln, die die Bewegung des Kiefers ermöglichen.
   e) Spindelförmige Muskeln wie jene, die den Arm bewegen. Sie sind in der Mitte dicker als an den Enden.

5. Spindelförmige Muskeln finden sich am häufigsten im menschlichen Körper. Am bekanntesten ist der Bizeps des Armes (das ist jener Muskel, den Kinder beim Beugen des Armes vorzeigen, um ihre Kräfte zu beweisen).

Es ist schon darauf hingewiesen worden, daß der Muskel ein motorisches Organ ist. (Normalerweise ist er der Antrieb für die Knochen.) Jetzt brauchen wir uns nur noch einmal daran zu erinnern, wie die Muskeln funktionieren und wie sich die Knochen bewegen. Dann können wir diese Übersicht beenden.

Die meisten Bewegungen der Skelettknochen gehorchen dem physikalischen Gesetz des Hebels. Dabei stehen sich zwei entgegengesetzt wirkende Kräfte gegenüber, nämlich die Kraft und der Widerstand, die auf einen bestimmten Punkt einwirken, den Druckpunkt.

Wir führen nachstehend auf den Abbildungen 5 und 6 die Hebelwirkung des Arms als Beispiel auf. Merken Sie sich die Namen der Knochen und Muskeln, die bei dieser Bewegung beteiligt sind: Der Oberarm besteht aus dem Oberarmbein, und der Unterarm besteht aus Elle und Speiche. Im Oberarm liegen der Bizeps und der Trizeps vor bzw. hinter dem Oberarmbein. Der Druckpunkt befindet sich im Ellbogen, also an der Verbindungsstelle der drei Knochen. Betrachten Sie die Stelle, an der die unteren Sehnen der beiden Muskeln mit den Knochen verbunden sind. Mehr ist eigentlich nicht hinzuzufügen, um zu erklären, wie die Bewegung abläuft. Abbildung 5 zeigt den nach oben gebeugten Arm, als stemme er ein Gewicht. Dabei zieht sich der Bizeps zusammen und zieht die Speiche in die Höhe, während der Trizeps sich entspannt und die Arbeit seinem Partner überläßt. Auf der folgenden Abbildung ist die Bewegung umgekehrt (Abb. 6). Der Arm streckt sich. Jetzt entspannt sich der Bizeps, während sich der Trizeps zusammenzieht, die Elle mitnimmt und der Arm sich entsprechend dem Hebelgesetz senkt.

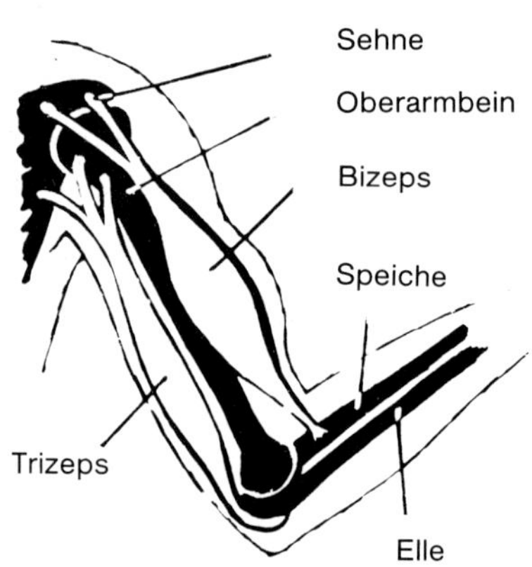

Abb. 5

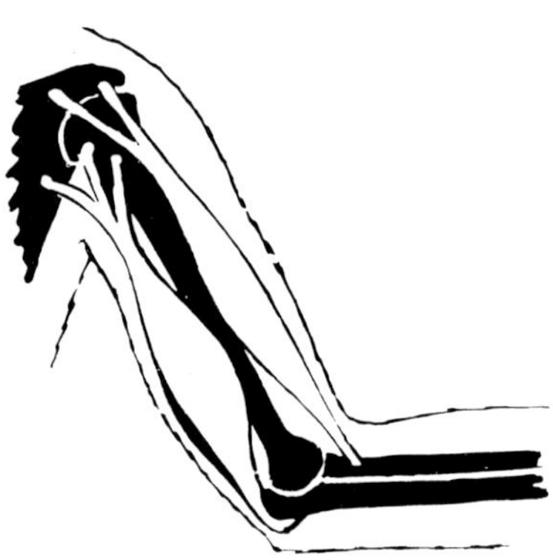

Abb. 6

Die wesentlichen Muskeln des menschlichen Kopfes

Hier unterscheidet man zwei Kategorien: die Kaumuskeln einschließlich der Schläfenmuskeln und dem Großen Kaumuskel, und die mimischen oder Ausdrucksmuskeln, als da sind der Stirnmuskel, der Augenbrauenmuskel, die Ringmuskeln der Augen und des Mundes, die Hebemuskeln der Oberlippe, der Backenmuskel, der Dreiecksmuskel des Mundes, der Senkmuskel der Unterlippe, die kleinen und großen mimischen Gesichtsmuskeln sowie die Lachmuskeln (Abb. 7).

Die Kaumuskeln sind, wie ihr Name besagt, in erster Linie zum Kauen da. Die mimischen Muskeln bilden die Grundlage der Gesichtsbewegung, der Fältchen und der Sorgen- und Lachfalten. Manche von ihnen sind als Besonderheit tief in die Haut eingegraben oder mit anderen Muskeln verflochten; das heißt, sie sind nicht an einem Knochen festgemacht.

Wir werden jetzt jeden dieser Muskeln einzeln untersuchen und dabei ziemlich gründlich vorgehen, denn dieses Studium ist von herausragender Bedeutung, wenn Sie ein menschliches Gesicht zeichnen wollen.

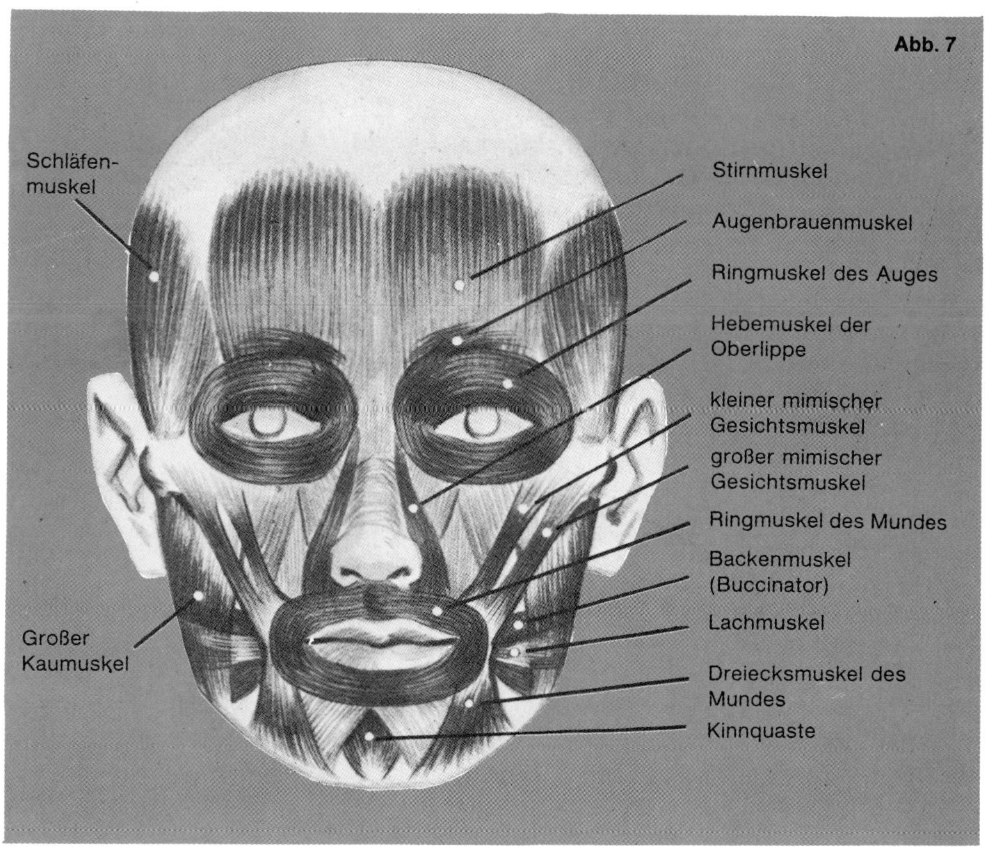

Der Schläfenmuskel

Schließen Sie bitte fest den Mund, und pressen Sie dabei die Zähne zusammen (tun Sie es bitte vor dem Spiegel). Berühren Sie nun Ihren Kopf in Höhe der Schläfen oder blicken Sie scharf in den Spiegel, erkennen Sie das beträchtliche Volumen dieses Muskels.

Natürlich gibt es zahlreiche Anlässe, bei denen Sie den Kiefer kraftvoll schließen müssen: zum Beispiel beim Kauen, aber auch wenn Sie vor Wut außer sich sind, wenn man sie beleidigt hat und Sie Ihren Ärger kaum noch bezähmen können – also jedesmal, wenn Sie Wut ausdrücken möchten. Genau dazu dient der Schläfenmuskel in der Zeichnung: Mit seiner Hilfe können wir Verärgerung, Wut, Haß ausdrücken.

Der Schläfenmuskel bedeckt, wie der Name sagt, das fächerförmige Schläfenbein. Er zieht sich unter dem Jochbein entlang und trifft mit seinem unteren Ende auf eine der Kanten des Unterkiefers. Zieht sich der Muskel zusammen, nimmt er diese Kante mit nach oben, so daß sich der Mund schließt. Anders ausgedrückt, der Schläfenmuskel hebt den Unterkiefer soweit, bis dieser an den Oberkiefer stößt. Der Muskel entfaltet eine ungewöhnliche Kraft.

Der Große Kaumuskel

Sie spüren diesen Muskel im unteren Winkel des Kiefers, wenn Sie den Mund fest schließen und die Zähne kräftig zusammenbeißen. Wie den vorigen Muskel benutzen wir auch diesen zum Kauen. Er zieht sich gemeinsam mit dem Schläfenmuskel zusammen und entspannt sich wieder. Mit seinem oberen Teil ist er an die Verlängerung des Jochbeins gebunden, mit dem unteren an den Rand des Kiefers. Dieser Muskel wird wie der vorige etwa bei Wut sichtbar.

Es folgt jetzt eine Untersuchung elf weiterer Muskel, die alle unser Mienenspiel beeinflussen.

Der Stirnmuskel

Dieser Muskel ist vielseitig. Er kann Überraschung, Entsetzen und Schrecken, aber bei diskretem oder schallendem Lachen auch Freude ausdrücken . . . Der Muskel ist flach und dünn. Er bedeckt die Stirn und macht beim Zusammenziehen die berüchtigten Stirnfalten und Runzeln. Er zieht bei den zuvor erwähnten Gefühlen die Augenbrauen und die Oberlider in die Höhe.

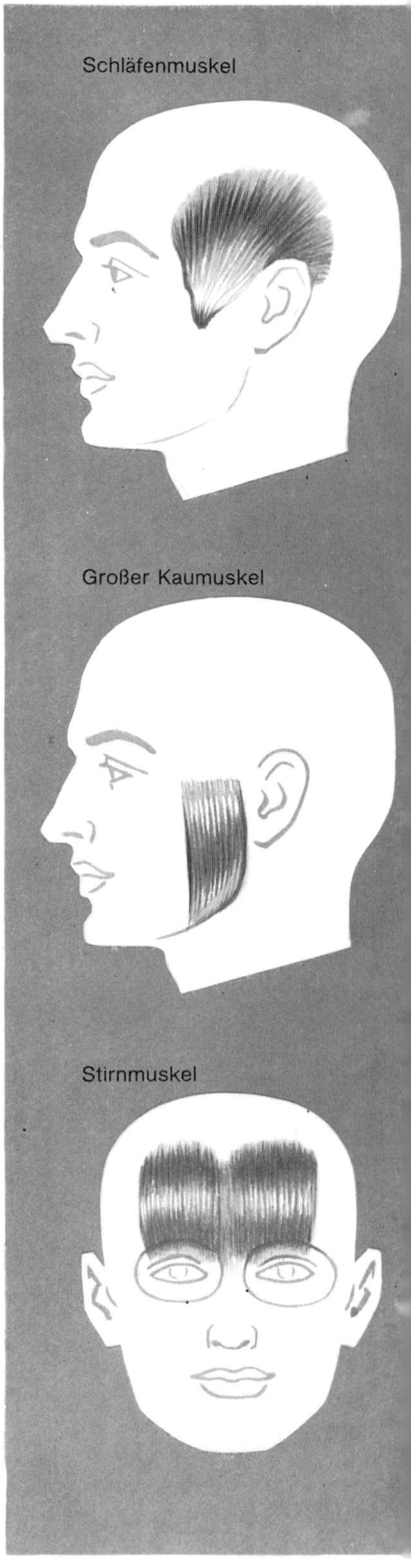

Abb. 8–13

Augenbrauenmuskel
Ringmuskel der Augen

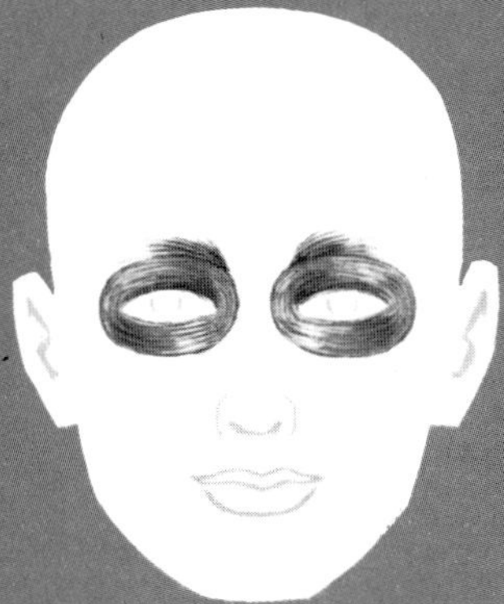

Die Augenbrauenmuskeln

Diese Muskeln treten in Aktion, um Besorgnis und all jene Zustände auszudrücken, bei denen man die Augenbrauen runzelt, sie zusammen-, in die Höhe oder hinabzieht – wenn wir uns also sorgen, wütend sind, nachdenken, leiden und auch, wenn wir weinen. Die Augenbrauenmuskeln bestehen aus zwei Muskelfasern, die genau unterhalb der Augenbrauen liegen. Beim Zusammenziehen schieben sie die Augenbrauen zur Mitte. Deshalb sind sie ebenfalls die Ursache für die senkrechte Falte zwischen den Augenbrauen und auf der Stirn. Schauen Sie doch bitte einmal so richtig verärgert in den Spiegel . . . Jetzt ist alles klar, nicht wahr?

Der Ringmuskel der Augen

Abgesehen davon, daß dieser Muskel das Oberlid ständig unwillkürlich öffnet und schließt, tritt er bei jedem Gesichtsausdruck des Menschen in Aktion. Er umschließt das Auge und bildet einen Ring, der das Lid bedeckt und sogar darüber hinausgeht. Der Muskel zieht sich beim Ausdruck des Schmerzes von allein zusammen und unterstreicht jene nur allzu gut bekannten Falten und Fältchen, die man volkstümlich als „Krähenfüße" bezeichnet. Auch bei einem erfreuten Gesichtsausdruck und beim Lachen verursacht er Fältchen, allerdings in geringerem Maße.

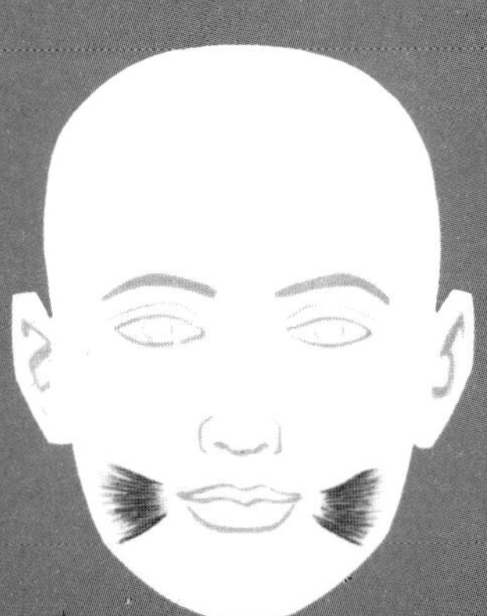

Buccinator

Der Buccinator

Ihn benötigen wir zum Blasen. Blähen wir die Wangen auf, entspannt er sich. Beim Blasen zieht er sich zusammen, komprimiert die Luft, stößt sie hinaus und verringert so den Umfang der Mundhöhle. Dieser Muskel tritt in Aktion beim Pfeifen, Spielen eines Blasinstrumentes oder wenn wir ganz einfach auf eine zu heiße Suppe blasen. Er hat seinen Sitz in den Wangen, beginnt oberhalb des Zahnfleisches bzw. der Backenzähne und endet in den Muskeln, die den Mund umgeben.

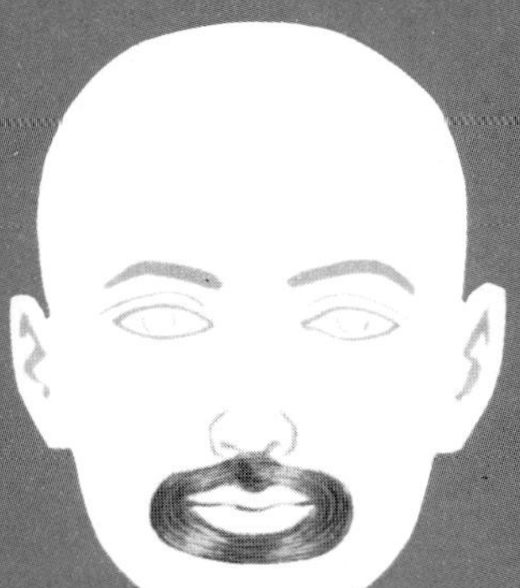

Ringmuskel des Mundes

Der Ringmuskel des Mundes

Ohne diesen Muskel könnte man weder einen Strohhalm mit dem Mund fassen noch ein Getränk aufsaugen. Vor allem aber öffnet und schließt dieser Muskel die Lippen. Er tritt daher (wie der Ringmuskel der Augen) beinahe bei jedem Gesichtsausdruck in Aktion. Er umschließt den Mund wie ein Ring.

Hebemuskel der Oberlippe

Dies ist der Muskel der Trauer, denn er spielt eine wesentliche Rolle bei allen Ausdrucksformen des Kummers. Er allein kann schon absolute Verachtung, Mißbilligung oder Abneigung ausdrücken. Beim Zusammenziehen nimmt er die Oberlippe mit und dehnt und hebt gleichzeitig die Nasenflügel. (In Wirklichkeit treten bei dieser Bewegung noch weitere Muskeln in Aktion, die ich hier jedoch nicht erwähnen möchte, damit die Aufzählung nicht zu lang wird.) Das obere Ende des Hebemuskels ist am Nasenbein befestigt, das untere, das aus zwei Muskelfasern besteht, endet in den Nasenflügeln und der Haut der Oberlippe.

Die Dreieckmuskeln des Mundes

Diese Muskeln unterstützen den vorigen beim Ausdruck des Kummers, des Schmerzes, der Betrübnis und treten bei zahlreichen weiteren Ausdrucksformen in Aktion: bei Abscheu, Widerwille, Angst, Wut. Sie befinden sich zu beiden Seiten des Mundes und besitzen die Form eines Dreiecks, dessen Spitze beinahe an den Mundwinkeln beginnt. Beim Zusammenziehen senken die Dreieckmuskeln die Mundwinkel.

Die Kinnquaste

Als Muskel des Ausdrucks der Wut, des Ärgers, ja jedweder Aggressivität wirkt er gemeinsam mit den anderen Muskeln, die die Lippen umgeben. Er hebt das Kinn sowie die Unterlippe und zieht letztere gleichzeitig in die Breite zu jenem typischen verärgerten Gesichtsausdruck. Der Muskel hat seinen Sitz am Kinn und ist am oberen Rand mit dem Unterkiefer verbunden. Der untere Rand liegt in der Kinnhaut.

Der kleine mimische Gesichtsmuskel

Bei der Kontraktion dieses Muskels zieht sich der mittlere Teil der Oberlippe nach oben und in die Breite. Der Muskel verändert den Verlauf der Oberlippe, um Kummer oder Schmerz auszudrücken. Er besteht aus einem kleinen Muskelstrang, der von den Wangenknochen über die Wange läuft und in der Haut der Oberlippe endet.

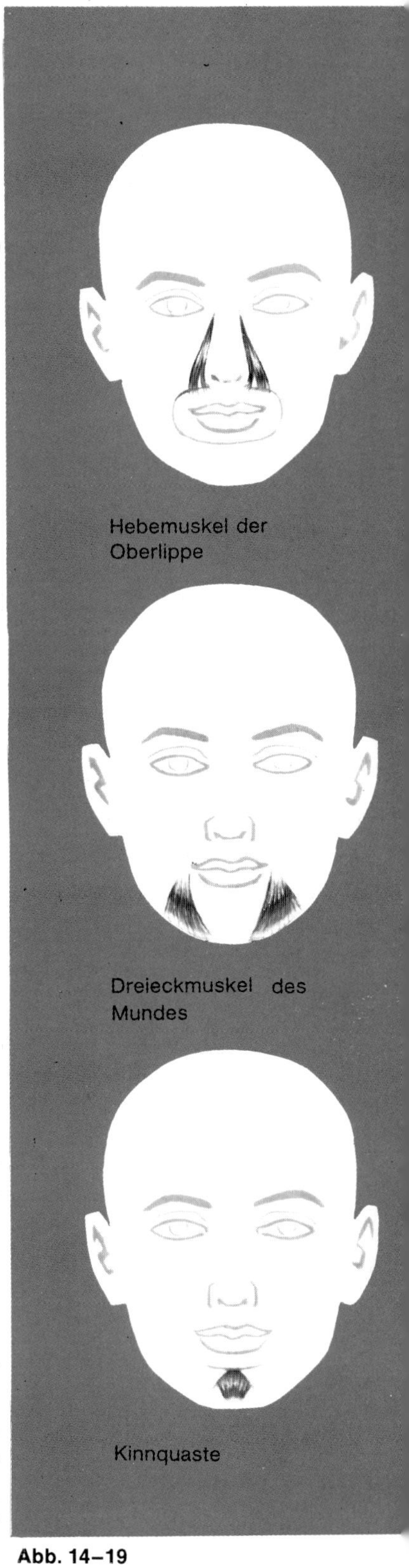

Abb. 14–19

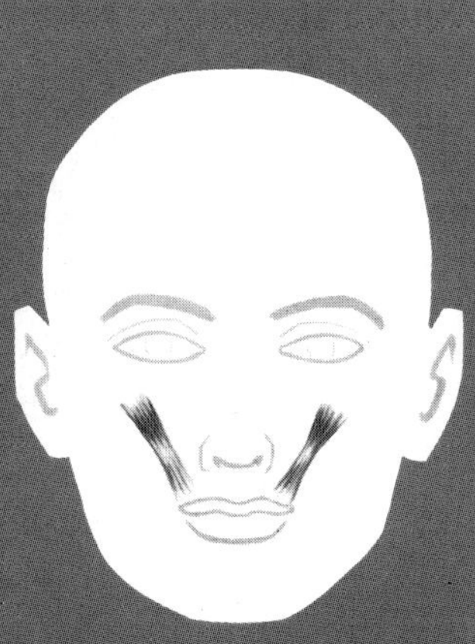

kleiner mimischer Gesichtsmuskel

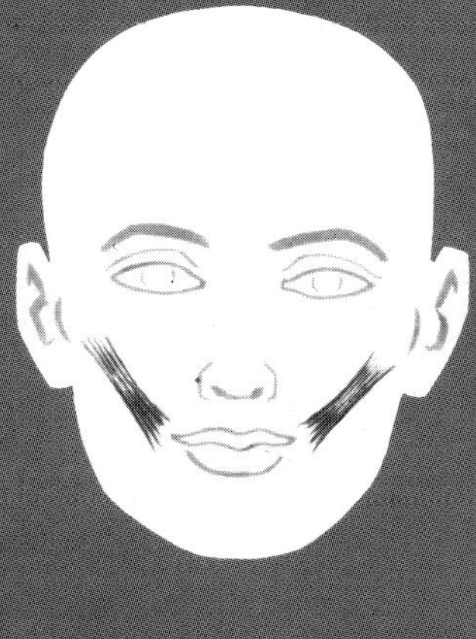

großer mimischer Gesichtsmuskel

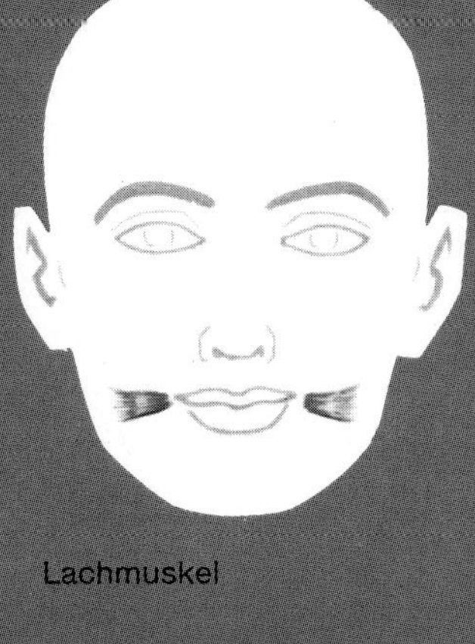

Lachmuskel

Der große mimische Gesichtsmuskel

Jetzt lachen Sie bitte mit mir, denn dies ist der sympathische, fröhliche Lachmuskel. Seine Wirkung ist für das Lächeln und das Auflachen von Bedeutung. Der Muskel verläuft bekanntlich von den Wangenknochen zu den Mundwinkeln, so daß er diese beim Zusammenziehen hebt und gleichzeitig die sogenannten „Krähenfüße“ neben und unter den Augenwinkeln verstärkt. Wir sind ihm also in der Tat „zu Dank verpflichtet“.

Der Lachmuskel

Mit ihm hat man ebensoviel Freude wie mit dem vorigen, denn er trägt zum Hochziehen der Lippen bei. Wir haben ihn bis zuletzt aufgespart, weil er so klein ist. Er nimmt seinen Anfang an der Wange und endet waagerecht nahe den Mundwinkeln, die er nach außen zieht, sobald er in Aktion tritt.

Das ist alles, was Sie meiner Ansicht nach wissen müssen, um eine präzise Vorstellung von den Gesichtsmuskeln und ihren Haupt- oder von Fall zu Fall auch Hilfsfunktionen zu bekommen. Ich rate Ihnen, diese kurze Zusammenfassung mehrmals durchzuarbeiten und dabei die entsprechenden Abbildungen zu Rate zu ziehen, um sich mit den Namen, der Lage, der Form und der Größe jedes Muskels vertraut zu machen. Anschließend können wir auf diese Kenntnisse aufbauen und zum nächsten Teil übergehen. In diesem werden Sie die unterschiedlichen Mienen des menschlichen Gesichtes studieren und in jedem Einzelfall untersuchen, welche Muskeln sich dabei zusammenziehen oder entspannen. Es versteht sich von selbst, daß kaum jemals ein Muskel allein in der Lage ist, ein Gefühl oder eine Leidenschaft auszudrücken. Agierte zum Beispiel der Lachmuskel allein, erhielte man zwar ein Lächeln oder ein Lachen, aber ein gezwungenes Lachen (das natürlich ebenfalls eine bestimmte Art des Ausdrucks ist). Damit der Mensch aufrichtig lacht, müssen der Ringmuskel des Mundes, die beiden mimischen Gesichtsmuskeln, der Lachmuskel, der Stirnmuskel, der die Augenbrauen hebt und die Stirn zu einer optimistischen Miene verzieht, gleichzeitig eingreifen. Dieses Ineinandergreifen der Muskeln erzeugt in jedem Einzelfall einen anderen Gesichtsausdruck, und den wollen wir nun untersuchen.

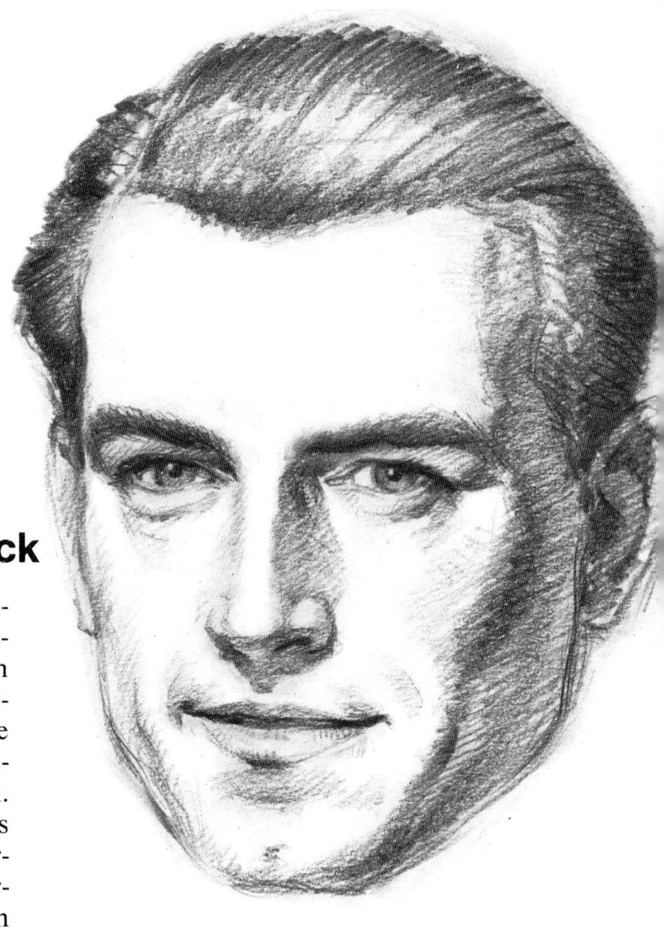

Abb. 20

Der Gesichtsausdruck

Für diese Lektion über den Gesichtsausdruck benötigen Sie einen Spiegel, um die Übungen nachzuvollziehen. Auf diese Weise können Sie beobachten, wie sich Ihre Muskeln je nach Gesichtsausdruck zusammenziehen. Sie müssen also nur so tun, als lachten oder litten Sie oder ärgerten sich. Dann folgen Sie Leonardo da Vincis Rat, den er uns in seinen Aufzeichnungen hinterlassen hat:

„Noch etwas! Betrachten Sie nicht nur Ihr Mienenspiel im Spiegel, sondern machen Sie sich auch ein paar Skizzen. Zeichnen Sie zum Beispiel, wie Sie lachen, wie sich Ihr Mund schmerzlich verzieht, wie Ihre Stirn, Ihre Augenbrauen und Ihre Augen Sorge, Überraschung etc. ausdrücken. Auf diese Weise lernen Sie noch mehr und außerdem besser."

Lächeln, Lachen und schallendes Gelächter

Das Lächeln

Nur der große mimische Gesichtsmuskel und der Lachmuskel weisen eine sichtbare Kontraktion auf. Beide haben die Aufgabe, die Lippen leicht zu öffnen, indem sie die Mundwinkel heben und in die Breite ziehen. Die ansteigende Kurve der Mundwinkel sowie die kleinen Falten, die von der Verdickung der Haut herrühren, beruhen auf diesen Muskelbewegungen. Gleichzeitig bewirkt das Lächeln eine leichte Veränderung im gesamten Gesicht, an der fast alle Gesichtsmuskeln, wenn auch beinahe unsichtbar, beteiligt sind. So zieht sich zum Beispiel der untere Teil der Ringmuskeln der Augen leicht zusammen. Dadurch hebt sich die Haut des Unterlids und erzeugt winzige Fältchen unter den Augen. Manchmal bewegen die Augenbrauenmuskeln und der Stirnmuskel dabei auch die Augenbrauen, die sich dann unmerklich heben. Das beeinflußt wiederum leicht die Stirn, auf der sich Falten bilden. Andererseits können Sie sich auch entspannen und jene für die Aufmerksamkeit oder die Sorge so charakteristischen Falten glätten.

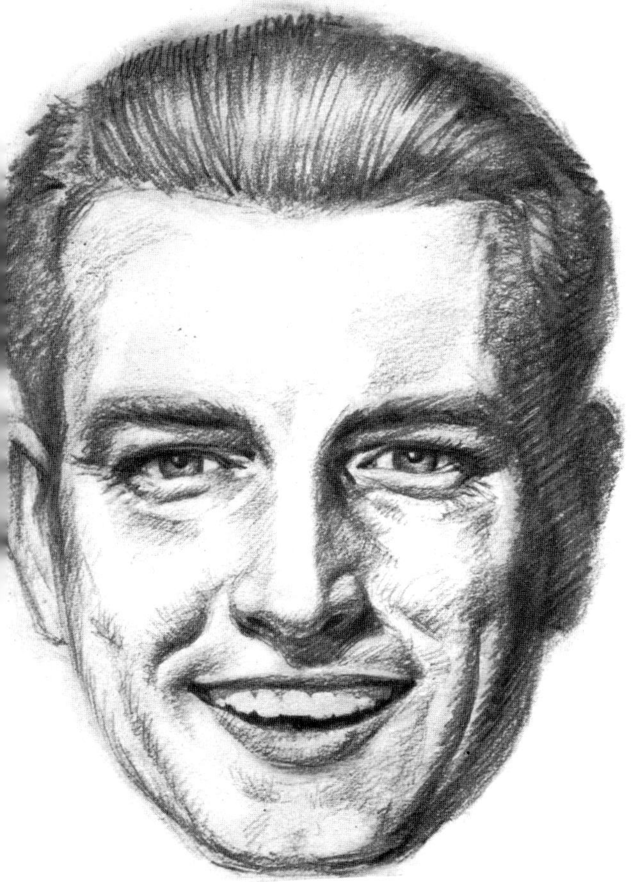

Abb. 21

Das Lachen

Beachten Sie sehr aufmerksam, was in Ihrem Gesicht geschieht, wenn Sie richtig lachen. Ein lachendes Gesicht muß der Künstler am häufigsten zeichnen, vor allem, wenn er sich mit der Gebrauchsgrafik und der Werbung befaßt. Sie erinnern sich gewiß, daß in der Werbung, in Prospekten und auf Plakaten häufig lachende Gesichter anzutreffen sind.

Sehen Sie sich auf der obigen Abbildung (Abb. 21) an, welche Wirkung das Zusammenziehen vor allem des großen mimischen Gesichtsmuskels sowie des Lachmuskels auf die Mundform ausübt. Beachten Sie, daß zu beiden Seiten des Mundes aufgrund dieser Kontraktion die charakteristischen Lachfalten auftauchen. Gleichzeitig bläht die Kontraktion die Wangen auf und zieht die Haut unter den Augen in Falten. Sehen Sie sich die lachenden, fröhlichen, leicht zusammengekniffenen Augen an. Auch sie tragen zum Gesichtsausdruck bei und betonen die „Krähenfüße" (oder die Falten) neben den Augenwinkeln. Sehen Sie sich Ihr Lachen im Spiegel an; studieren Sie die Bewegung der Stirn und der Augenbrauen. Dann begreifen Sie, daß sich die Augenbrauenmuskeln und der Stirnmuskel je nach Art des Lachens (ein etwas steifes oder offenes Lachen, das dem Ausbruch eines Gelächters nahekommt) mehr oder weniger zusammenziehen.

Um das Zeichnen von lächelnden Gesichtern zu erlernen, müssen Sie vor allem die Form des Mundes, der Lippen und der Mundwinkel, die Lage und die Form der Fältchen zu beiden Seiten des Mundes und das Verfahren zur Darstellung der Zähne analysieren.

Versuchen wir nun, eine Art Standardlächeln genauer zu untersuchen (das sich für jedes Gesicht eignet). Beachten Sie die genaue Lage und die Funktion des großen mimischen Gesichtsmuskels. Er ist der Hauptfaktor dieser Bewegung! Stellen Sie sich vor, wie er sich nach oben und seitwärts zieht, um den Mund zu öffnen. Dabei treten die Kieferknochen und die anderen Muskeln ebenfalls in Aktion.

Merken Sie sich also folgendes:

Abb. 22

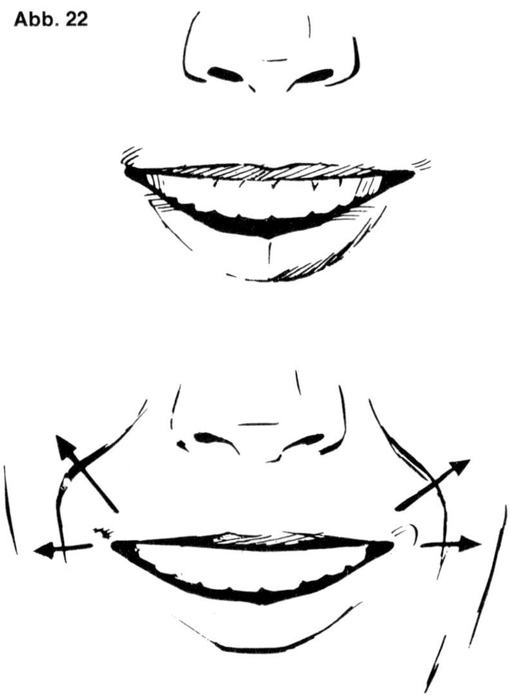

1. Aufgrund der Kontraktion des großen mimischen Gesichtsmuskels und des Lachmuskels verziehen sich die Mundwinkel beim Lachen zu einem kleinen Bogen, anstatt einen Winkel zu bilden.
2. Die Oberlippe wird von denselben Muskeln angehoben und auseinandergezogen. Sie liegt jetzt waagerecht. Die Unterlippe beschreibt dagegen einen Bogen.
3. Aufgrund der Verschiebung der Ober- und Unterlippe wird nur die obere Zahnreihe sichtbar.
4. Die charakteristischen Lachfältchen zu beiden Seiten des Mundes werden im wesentlichen von der Kontraktion des großen mimischen Gesichtsmuskels hervorgerufen. Aus diesem Grund entsprechen die Spitzen der Fältchen jenen Stellen, an der die Muskeln festgemacht sind.

Studieren Sie die Form dieser Fältchen, und versuchen Sie, sich die Muskeln vorzustellen, von denen sie hervorgerufen werden. Ihre Lage und ihre Form sind für die Art des Lachens entscheidend. Sie werden feststellen, daß die Lachfältchen in einem gewissen Abstand zu den Mundwinkeln beginnen und die Spitze etwas höher liegt.

Wenn wir lachen, werden unsere Lippen schmaler und ziehen sich auseinander. Beachten Sie, daß die Haut sich spannt und keinerlei senkrechte Fältchen mehr aufweist. (Siehe auch „Wie zeichne ich einen Kopf und ein Porträt“, ebenfalls erschienen in dieser Buchreihe.)

Lassen Sie uns zum Abschluß noch von einem wichtigen Detail sprechen, nämlich von der Darstellung der Zähne. An ihnen erkennt man häufig die völlige Unerfahrenheit des Zeichners. Der Hobbyzeichner neigt zu Beginn meistens dazu, die Zähne so exakt wiederzugeben, wie er sie zu sehen glaubt – das heißt, durch einen sichtbaren Abstand voneinander getrennt. Desgleichen bemüht er sich, die gewölbte Form des Zahnfleisches zu zeichnen. Trotz aller Bemühungen des Künstlers wirkt ein derartiges Gebiß jedoch außerordentlich künstlich. Das Ergebnis ist katastrophal. Ich bitte Sie daher sehr herzlich: Fangen Sie so etwas gar nicht erst an! Merken Sie sich die folgende Regel:

Bei der Wiedergabe eines Gebisses muß man die Form unbedingt vereinfachen. Das heißt, die Trennungslinien dürfen nicht zu sehen sein. Die Form wird durch einen einfachen weißen Rand begrenzt.

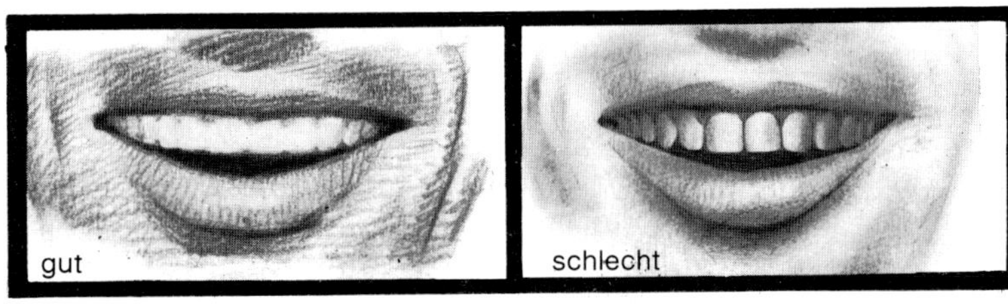

Man läßt also einen weißen Streifen stehen und skizziert den unteren Teil der Zähne einfach hinein. Darüber hinaus kann man die seitlichen Zähne noch durch kaum wahrnehmbare senkrechte Striche voneinander trennen.

Betrachten Sie zum Abschluß dieser Untersuchung über das Lachen die Form des Mundes (Lippen, Zähne, Lachfalten) bei unterschiedlicher Kopfhaltung (von vorn, aus der Dreiviertelansicht, im Profil – Abb. 23).

Abb. 23

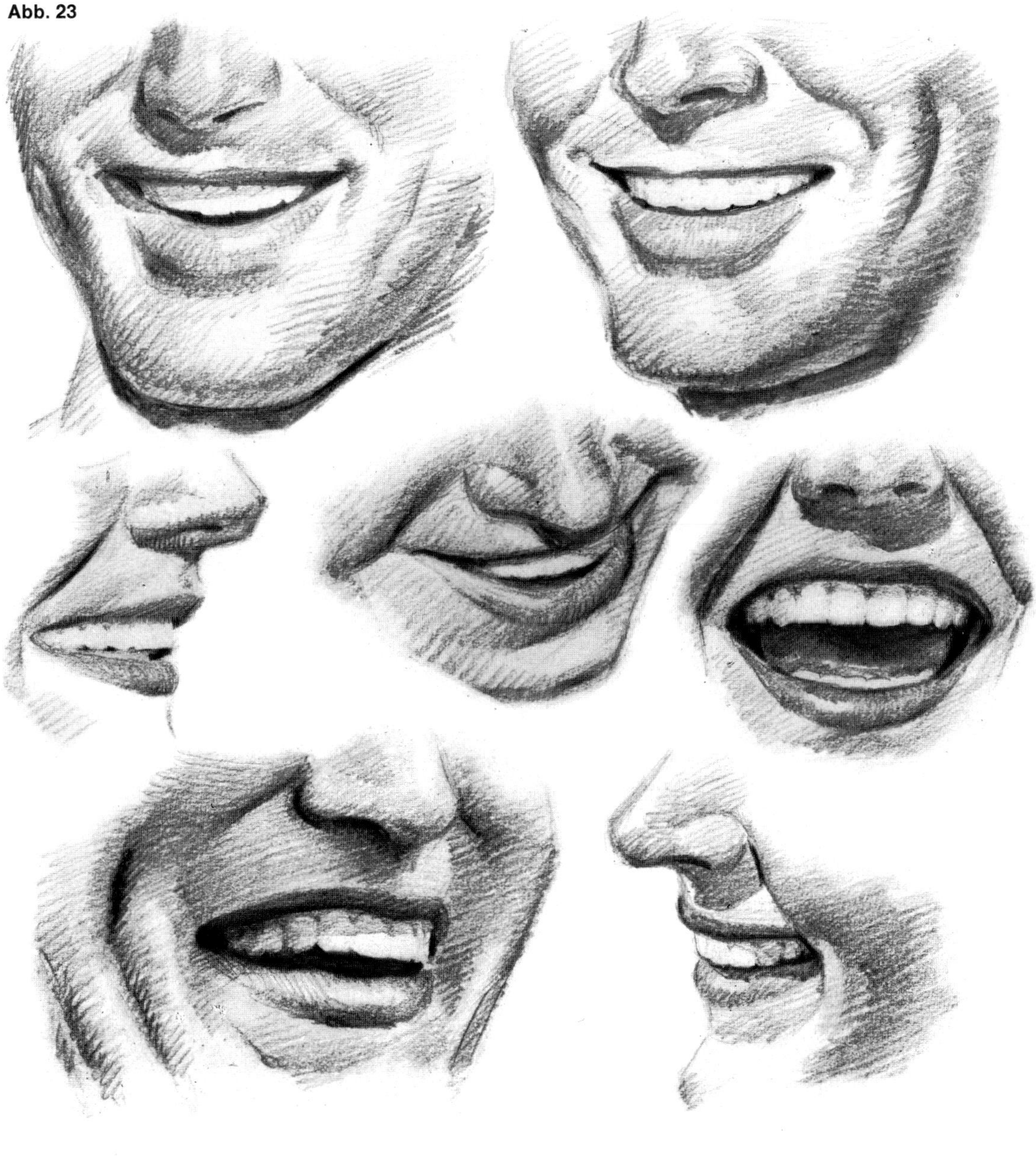

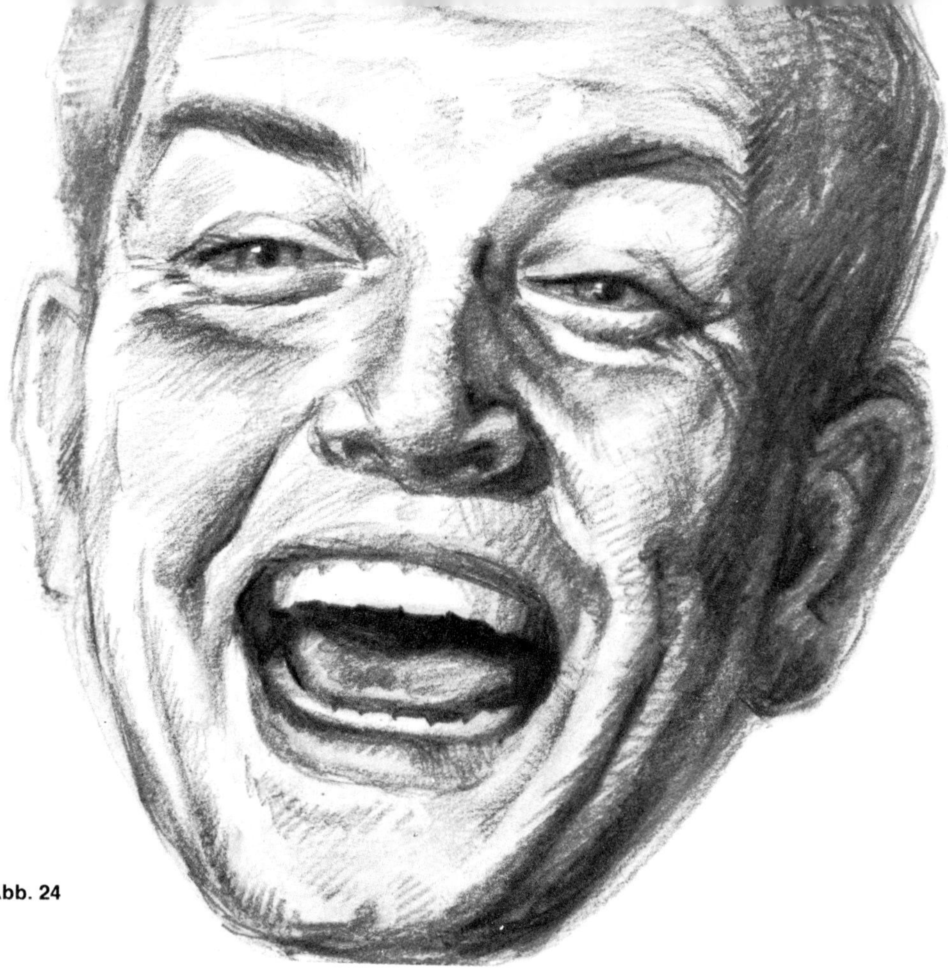

Abb. 24

Schallendes Gelächter

Hier treten dieselben Muskeln in Aktion wie beim einfachen Lachen. Sie ziehen sich jedoch, ebenso wie die Augenbrauen und der Stirnmuskel, stärker zusammen. Die Augenbrauen- und der Stirnmuskel arbeiten mit maximaler Kraft. Sie heben die Brauen an und legen die Stirn in Falten. Beachten Sie auch, daß der Kopf leicht nach hinten geworfen wird und der Mund stärker geöffnet ist. Der Mund ist beinahe kreisförmig geworden. Neben den charakteristischen Lachfalten tauchen weitere Falten auf.

Sehen Sie sich aufmerksam an, was beim schallenden Gelächter mit den Zähnen geschieht. Beide Zahnreihen sind zu sehen, wobei die untere nicht ganz so deutlich zu erkennen ist. Alles in allem hat man es also mit einem wichtigen Aufbau- und Perspektivproblem zu tun, dessen Lösung in der vorigen Untersuchung über den Bewegungsmechanismus von Ober- und Unterkiefer zu finden ist (Abb. 3, Seite 11).

Trauer, Weinen, Schmerz

Die Trauer

Trauer bedeutet aus anatomischer Sicht im Prinzip eine Entspannung der Muskeln, eine allgemeine Erschlaffung, bei der nur die Augenbrauenmuskeln und jene, die die Oberlippe anheben, eine gewisse Spannung beibehalten. Stellen Sie sich vor, daß die Lachmuskeln völlig entspannt sind, die Mundwinkel herabhängen und die Muskeln des Unterkiefers insgesamt restlos schlaff sind. Dann sehen die Wangen gespannt aus, und die Augenlider scheinen stärker geschlossen als gewöhnlich. Der Blick wirkt wie erloschen – ein

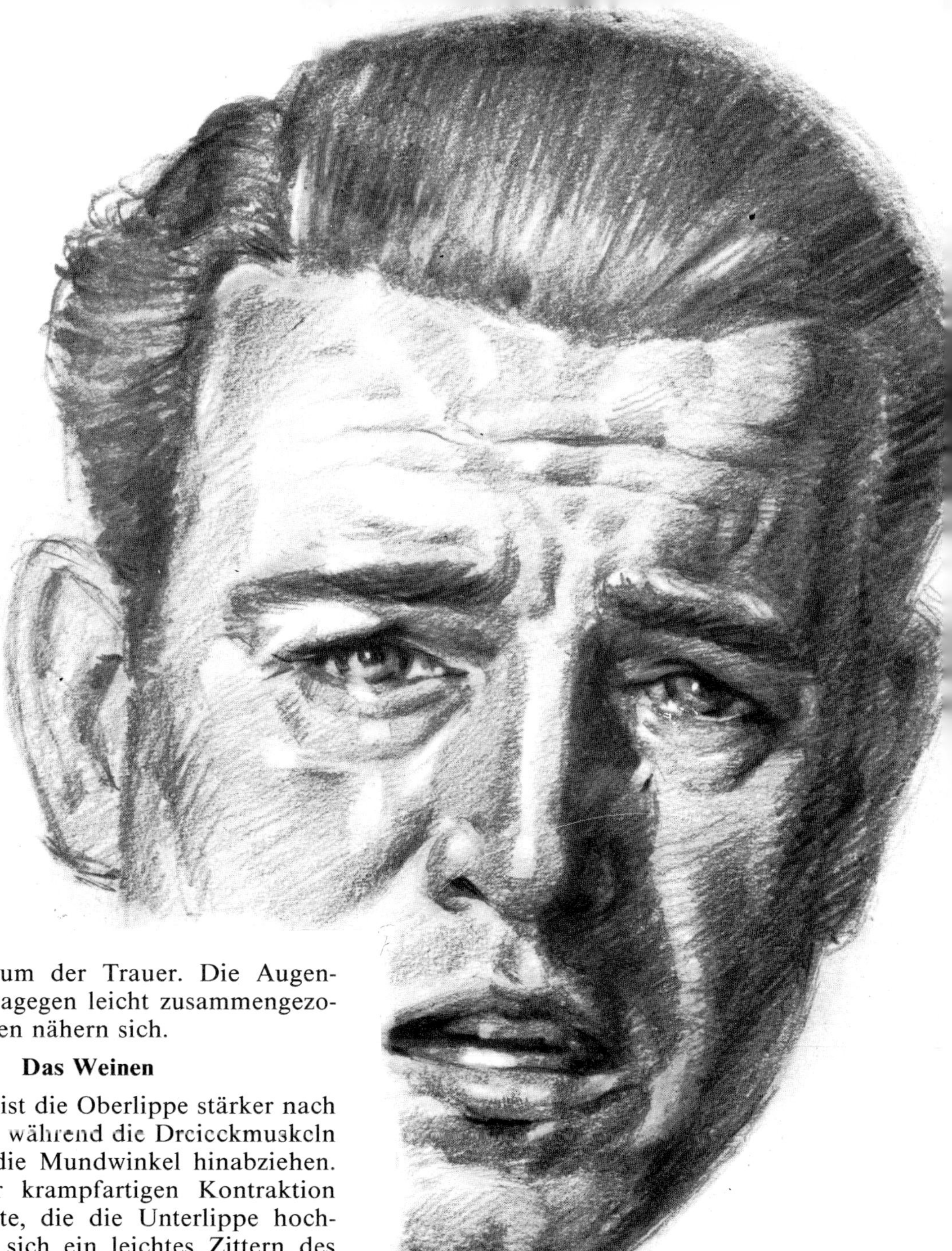

Abb. 25

Charakteristikum der Trauer. Die Augenbrauen sind dagegen leicht zusammengezogen: die Brauen nähern sich.

Das Weinen

Beim Weinen ist die Oberlippe stärker nach oben gezogen, während die Dreieckmuskeln des Mundes die Mundwinkel hinabziehen. Aufgrund der krampfartigen Kontraktion der Kinnquaste, die die Unterlippe hochschiebt, kann sich ein leichtes Zittern des Kinns einstellen. Gleichzeitig beginnen die Nasenflügel aufgrund des sich zusammenziehenden Hebemuskels der Oberlippe zu beben. Sie weiten sich und ziehen sich, unterbrochen von Schluchzern, im Atemrhythmus wieder zusammen. Die Augenbrauenmuskeln ziehen sich ebenfalls wieder zusammen. Dadurch gehen die Brauen in die Höhe und nähern sich einander. Dabei bilden sich auf der Stirn senkrechte Falten oder Fältchen.

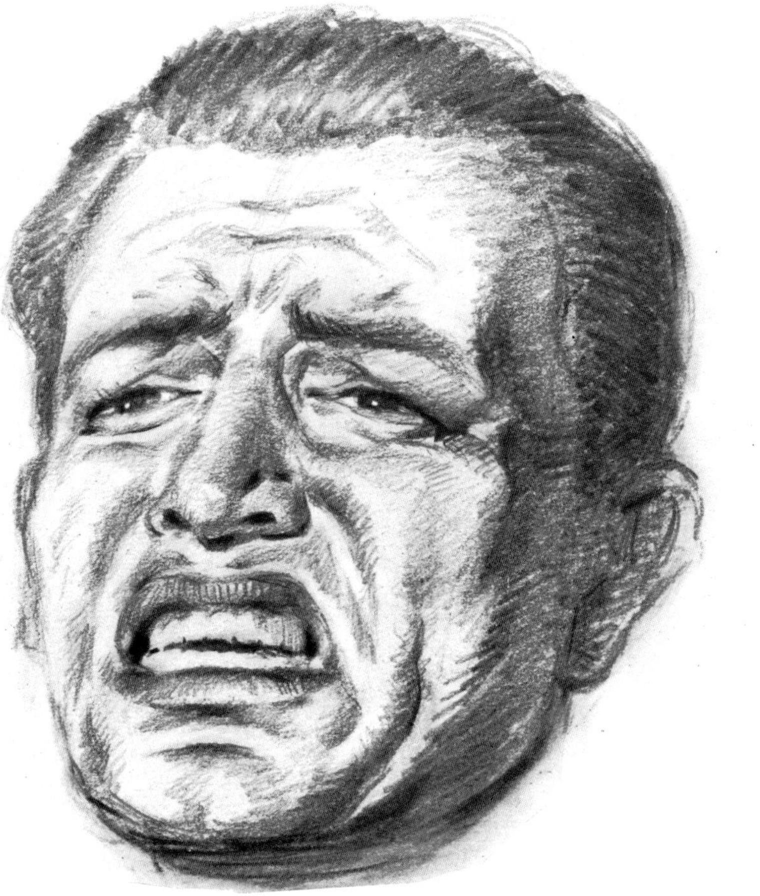

Abb. 26

Der körperliche Schmerz

Bei körperlichem Schmerz ist der Mund entweder leicht geöffnet oder gewaltsam geschlossen. Im einen wie im anderen Fall gehen die Lippen auseinander, und die beiden Zahnreihen werden sichtbar. Bei dieser Lippenstellung (bogenförmig, geöffnet wie bei den als Symbol der Tragödie geltenden Masken) treten alle Muskeln rund um den Mund in Aktion. Die führende Rolle übernimmt dabei eindeutig der sich zusammenziehende kleine mimische Gesichtsmuskel, der als Schmerzmuskel gilt. Er hebt die Oberlippe an und zieht sie in die Breite. Diese starke Kontraktion macht zwei Falten zu beiden Seiten des Mundes sichtbar und bestimmt gemeinsam mit dem Ringmuskel des Mundes die stark ausgeprägten Falten unterhalb der Unterlider und in den Augenwinkeln. Betrachten Sie die Form der Augen, wenn sie Schmerz ausdrücken: Sie sind halb geschlossen, wobei sich rundherum zahlreiche Fältchen zeigen. Beachten Sie ferner die wichtige Rolle der Augenbrauenmuskel. Sie runzeln die gesamte Stirnfläche und vereinen die dadurch entstehenden Falten mit denen, die vom Stirnmuskel erzeugt worden sind. Vergessen Sie schließlich nicht, daß man den Kopf instinktiv hebt und nach hinten wirft, wenn man Schmerz ausdrücken will.

Sorge, Neid, Selbstgefälligkeit

Die Sorge

Gerunzelte Augenbrauen, die sich zur Mitte ziehen, sind der typische Ausdruck von Sorge. Der Mund bleibt schmal und waagerecht. Man bemerkt vor

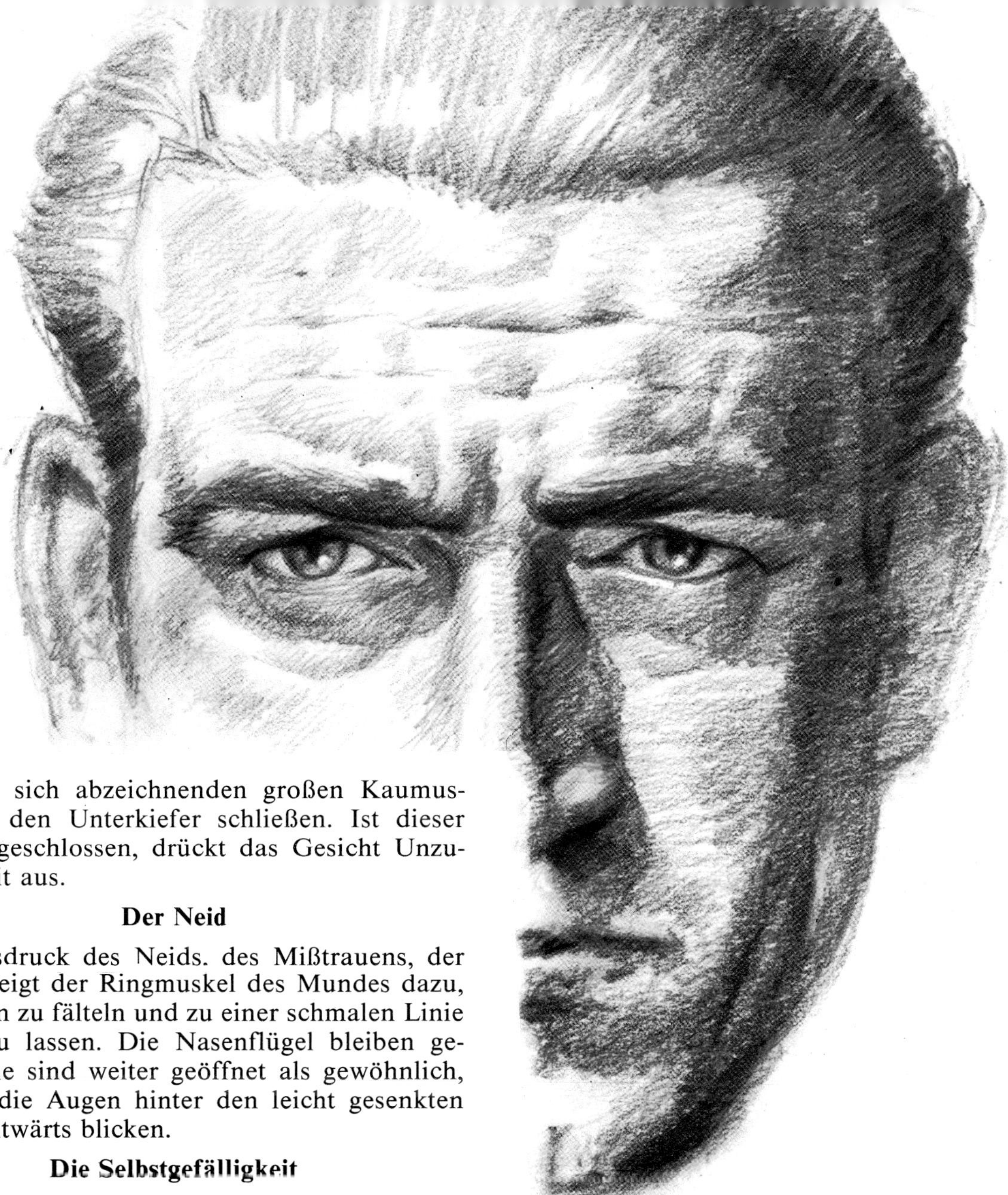

Abb. 27

allem die sich abzeichnenden großen Kaumuskeln, die den Unterkiefer schließen. Ist dieser kraftvoll geschlossen, drückt das Gesicht Unzufriedenheit aus.

Der Neid

Beim Ausdruck des Neids, des Mißtrauens, der Unruhe neigt der Ringmuskel des Mundes dazu, die Lippen zu fälteln und zu einer schmalen Linie werden zu lassen. Die Nasenflügel bleiben gespannt; sie sind weiter geöffnet als gewöhnlich, während die Augen hinter den leicht gesenkten Lidern seitwärts blicken.

Die Selbstgefälligkeit

Selbstgefälligkeit, Verachtung, Geringschätzung und Hochmut weisen jenen Gesichtsausdruck auf, aufgrund dessen man von einem eitlen Menschen sagt, er sehe auf andere hinab. Grafisch gesehen, setzt sich das in hochgezogenen Augenbrauen (manchmal eine etwas höher als die andere), fallenden Oberlidern und einen leicht gehobenen oder nach hinten geworfenen Kopf um. Hinzu kommen ein verkniffenes Gesicht, ein Ausdruck von Verachtung oder Hochmut, der in erster Linie von der Kontraktion der Dreieckmuskeln des Mundes herrührt. Diese ziehen die beiden Mundwinkel hinab, während der Hebemuskel die Oberlippe und die Kinnquaste, die mittlere Partie der Lippen anheben.

Angst und Schrecken

Die Angst

Bei Angst weiten sich die Augen und gehen die Augenbrauen in die Höhe, während der Mund jeden Augenblick ein „Oh!" auszurufen scheint. Die Augenbrauen und die Augen sind einfach zu zeichnen. Man gibt den Brauen die Form eines Bogens, der nach oben zeigt. Zur Mitte sind sie leicht gerunzelt, um die Sorge auszudrücken, die mit der Angst einhergeht. Man zeichnet die Augenlider geöffneter als gewöhnlich, so daß das Weiß des Augapfels sichtbar wird und die Iris und die Pupille sich gut abheben. Der Mund ist wie erstarrt geöffnet, wobei der Ringmuskel und die beiden Dreieckmuskeln die Mundwinkel abrunden und senken.

Der Schrecken

Der Schrecken ruft eine übersteigerte Angst hervor, die fast von einem Schrei begleitet wird. Die Augen müssen weit aufgerissen sein. Die heftige Kontraktion der Ringmuskeln und des Stirnmuskels, bei der die Lider und die Augenbrauen in die Höhe gezogen werden, öffnet die Augen weit. Dabei bilden sich auf der Stirn tiefe Falten. Gleichzeitig treten alle Muskeln rund um den Mund in Aktion, insbesondere die der unteren Hälfte, die die Zähne freigeben. Die Nasenflügel weiten sich nervös. Dadurch bilden sich zwei Falten, die an die Lachfalten erinnern.

Haß, Wut, Verärgerung

Der Haß

Der Haß ist normalerweise ein andauerndes inneres Gefühl, das sich vom Gesicht ablesen läßt. Versucht man, diesen Gesichtsausdruck zeichnerisch wiederzugeben, sollte man einen hermetisch geschlossenen Unterkiefer darstellen, bei dem die Großen Kaumuskeln hervortreten. Der Mund ist ebenfalls geschlossen und bildet eine waagerechte Linie. Die Lippen sind schmal, die Mundwinkel leicht nach unten gezogen. Die weit aufgerissenen Augen blikken feurig, auch wenn dieser Blick durch die leicht gerunzelten, streng waagerechten Augenbrauen etwas gemildert wird.

Die Wut

Bei Wut oder jeder Form von Gewalt schiebt sich der Unterkiefer leicht nach vorn. Die Unterlippe dringt durch das Zusammenziehen der Kieferquaste nach außen. Gleichzeitig ziehen die Dreieckmuskeln zu beiden Seiten des Mundes die Unterlippe kräftig nach unten, während der kleine mimische Gesichtsmuskel die Oberlippe mit Hilfe der in die Nase eingelassenen Hebemuskeln anhebt. In solch einem Fall „fletscht" das Modell bei völlig oder beinahe geschlossenem Kieferknochen „die Zähne", als wollte es sozusagen mit seinen Reißzähnen drohen. Ganz gleich, um welche Art Brutalität es sich handelt, immer weiten sich die Nasenflügel in ganz erstaunlicher Weise. In dieser Beziehung hat Sir Carlos Bell aufgezeigt, daß wir bei gewissen Gefühlsäußerungen durch die Nase atmen und dadurch automatisch das Dehnen und Heben der Nasenflügel auslösen. Dabei ist festzustellen, daß die tiefen Falten zu beiden Seiten des Mundes gleichzeitig Falten unter den Augen hervorrufen. Diese bleiben übrigens weiter geöffnet als gewöhnlich. Die runde Iris und die

Pupille sind klar zu erkennen. Die heftig gerunzelten Augenbrauen sind auf die Nasenwurzel ausgerichtet. Dadurch legen sich die Stirn, die Stelle zwischen den Augenbrauen und selbst die Nasenwurzel in Falten.

Die Verärgerung

Die Verärgerung oder der Ausbruch einer lange unterdrückten Wut werden von denselben oder von noch verstärkten Bewegungen bestimmt. Die Augenlider öffnen sich, die Augenbrauen steigen in die Höhe; sie sind gerunzelt. Und die Stirn legt sich in Falten. Der Mund steht offen, wobei sich der Unterkiefer wieder nach vorn schiebt, während sich alle Muskeln um die Lippen herum mit außerordentlicher Heftigkeit zusammenziehen.

Damit schließen wir die Kapitel „Anatomie des menschlichen Kopfes“ und „Gesichtsausdruck“ und hoffen, daß Sie in der Lage sind, auf dieser Grundlage weitere Gefühle darzustellen. Meine Aufgabe ist also beendet; Ihre allerdings noch lange nicht. Denken Sie an die Notwendigkeit, diesen Lehrstoff in die Praxis umzusetzen und selbst zu zeichnen. Skizzieren Sie Mund und Augen in unterschiedlichen Positionen. Solche Übungen sind unerläßlich, wenn Sie sich mit der Gebrauchsgrafik oder der Werbung befassen wollen. Auf künstlerischem Gebiet sind sie natürlich ebenfalls notwendig, denn der äußere Aspekt eines Gesichtes spiegelt immer die Grundhaltung des Modells wieder, sei sie nun optimistisch oder pessimistisch, extrovertiert oder introvertiert, selbst wenn man es völlig passiv darstellt. Und diese Grundhaltung muß ein künstlerisches Porträt aufzeigen.

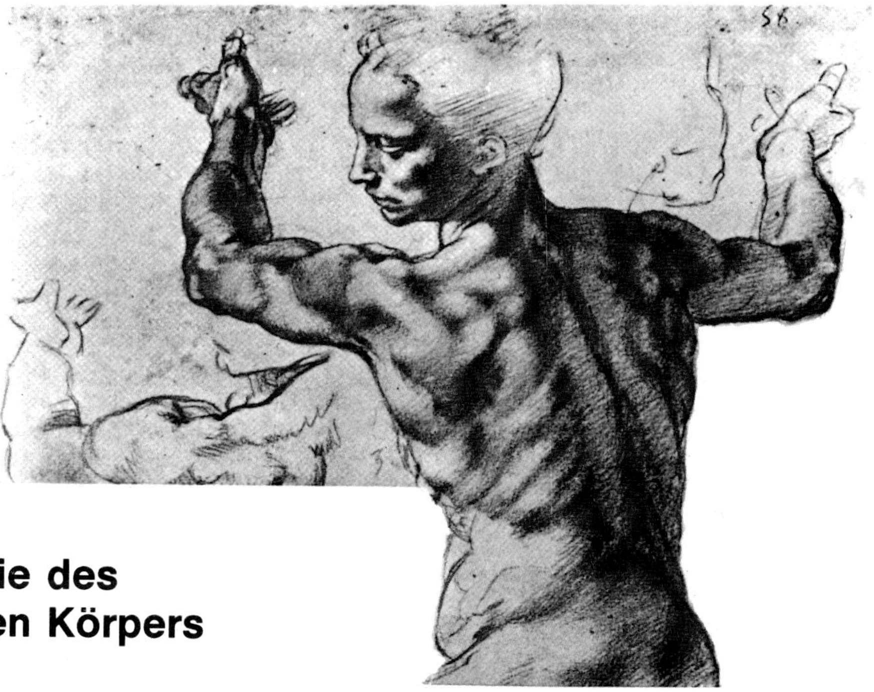

Studie von Michelangelo (eine der Gestalten in der Sixtinischen Kapelle).

Die Anatomie des menschlichen Körpers

Am 14. Januar 1506 arbeitete der Bürger Felice de Freddis in seinem Weinberg in Rom. Plötzlich geschah etwas Unerwartetes. Felice war eben dabei, eine neue Furche zu ziehen, als sein Spaten an einen harten Gegenstand stieß, der allem Anschein nach kein einfacher Stein war.

Vielleicht ist es ein Skelett, dachte Felice und grub weiter. Nein, es war eine Statue mit Armen, Rumpf und Kopf...

Die Nachricht sprach sich rasch in Rom herum. Es war die Zeit der Hochrenaissance, die Epoche eines Michelangelo, Raffael und Leonardo da Vinci.

„Es stimmt... Im Weinberg von Felice hat man eine zweieinhalb Meter hohe griechische Statue gefunden, die von weiteren Gestalten umgeben ist... Alle aus Marmor!"

Papst Julius II. sandte unverzüglich den Architekten Giuliano di Sangallo zu der Statue. Als dieser den Weinberg erreichte, war Michelangelo Buonarroti schon zur Stelle.

Michelangelo begrüßte seinen Freund di Sangallo mit den Worten: „Wer hat eigentlich behauptet, die Griechen hätten keine fundierten Kenntnisse in der Anatomie besessen?" Dann trat er an die Statue und strich mit den Fingern über das Relief der Arme, des Torsos und des Leibs. „Schauen Sie einmal, Giuliano. Sehen Sie sich an, wie die Muskeln des Leibs sich zusammenziehen. Wie der Sägemuskel und der schräge Bauchmuskel vibrieren..."

„Das ist die Laokoongruppe", erklärte di Sangalla spontan. „Die berühmte Marmorgruppe, die der Historiker Plinius beschrieben hat.[1] Bitte, entschuldigen Sie mich, Michelangelo. Ich muß unverzüglich den Papst informieren."

---

[1] „Laokoon und seine Söhne" ist eine Marmorgruppe aus der Werkstatt von Agesandros, Polydoros und Athenodoros aus Rhodos. Sie entstand um 25 v. Chr. Laokoon und seine Söhne werden bei der Darbringung eines Opfers von zwei Schlangen erstickt, die dem Meer entstiegen sind. Es ist eine Strafe dafür, daß sie die Stadt vor dem berühmten Trojanischen Pferd warnten. Die Laokoongruppe befindet sich heute im Vatikan. Sie wurde 1532 von dem Florentiner Fra Giovanni Montorsoli restauriert.

Kurz darauf traf Papst Julius II. persönlich an der Fundstelle ein. Im Weinberg hatte sich bereits eine große Menschenmenge angesammtelt. Beim Anblick des Heiligen Vaters verstummten alle und fielen auf die Knie.

Ein einziger Mann blieb aufrecht und mit verschränkten Armen, dem Papst den Rücken zugekehrt, stehen und war ganz in den Anblick der Gruppe versunken: Michelangelo Buonarroti.

Während alles abwartete, stellte sich der Papst hinter Michelangelo und legte sanft die Hand auf die Schulter des großen Genies. Michelangelo bemerkte den Papst gar nicht. Er blieb weiterhin stehen und sagte:

„Das ist der Mensch, wie Gott ihn geschaffen hat. Er hat ihn nach seinem Ebenbild geschaffen. Ehre sei dem Schöpfer bis in alle Ewigkeit."

Da kniete der Papst nieder und antwortete:

„Amen."

Die Laokoongruppe im Weinberg des Felice wurde für die Künstler der Renaissance einschließlich Michelangelo zu einer Quelle der Inspiration. Anhand dieser Skulptur lernten sie, dem Körper Bewegung zu verleihen, die Gliedmaßen zu drehen, also sich im wahrsten Sinne des Wortes besser auszudrücken.

Man kann sich leicht vorstellen, wie oft Michelangelo die Laokoongruppe besichtigte. Er arbeitete zu diesem Zeitpunkt unter anderem gerade an seiner berühmten Skulptur des Moses. Zwei Jahre später nahm er sein kolossales Gemälde in der Sixtinischen Kapelle in Angriff. Michelangelo hat von sich behauptet, seine Lehrmeister seien die Überreste der Antike gewesen, die man in Florenz und Rom gefunden hatte. Natürlich hat er sich nicht damit begnügt, sie zu betrachten. Er hat ihren Aufbau aufmerksam studiert und mit lebenden Modellen verglichen. Er hat ihre plastische Struktur unter Berücksichtigung des Skeletts sorgfältig analysiert.

Versuchen wir, seinem Beispiel zu folgen. Bedenken wir, daß der Realismus und die Vollkommenheit der Laokoongruppe im wesentlichen auf einer gründlichen praktischen Kenntnis der künstlerischen Anatomie beruhen. Analysieren wir die Lage und die Form jedes einzelnen Muskels, und versuchen wir, im Innern das Knochengerüst zu sehen, das den menschlichen Körper stützt.

Das Skelett

„Wenn Sie in der Lage sind, das Skelett unter der Haut zu sehen, dürfen Sie von sich behaupten, daß Sie den menschlichen Körper zeichnen können", pflegte der Anatomieprofessor an der Akademie der Schönen Künste zu uns zu sagen. Und er zeigte uns immer wieder dasselbe Beispiel. Mit feierlich ausgestrecktem rechtem Arm fragte er: „Wissen Sie, weshalb meine rechte Schulter höher ist als die linke? Nun, ich will es Ihnen sagen: Es liegt ganz einfach daran, daß sich das Schlüsselbein und das Schulterblatt nach oben schieben, wenn ich den Arm hebe."

Zu jener Zeit hatten wir freilich die Form, die Lage und die Rolle des Schlüsselbeins, der Schulterblätter und auch des Steißbeines bereits durchgenommen. Wir wußten, daß sich das menschliche Skelett aus unendlich vielen verschiedenen Knochen zusammensetzt. Studenten, die nicht ausreichend erklären konnten, was mit der Kniescheibe geschieht, wenn man das Knie beugt, scheiterten elendig.

Beginnen wir mit ein paar grundsätzlichen Dingen:

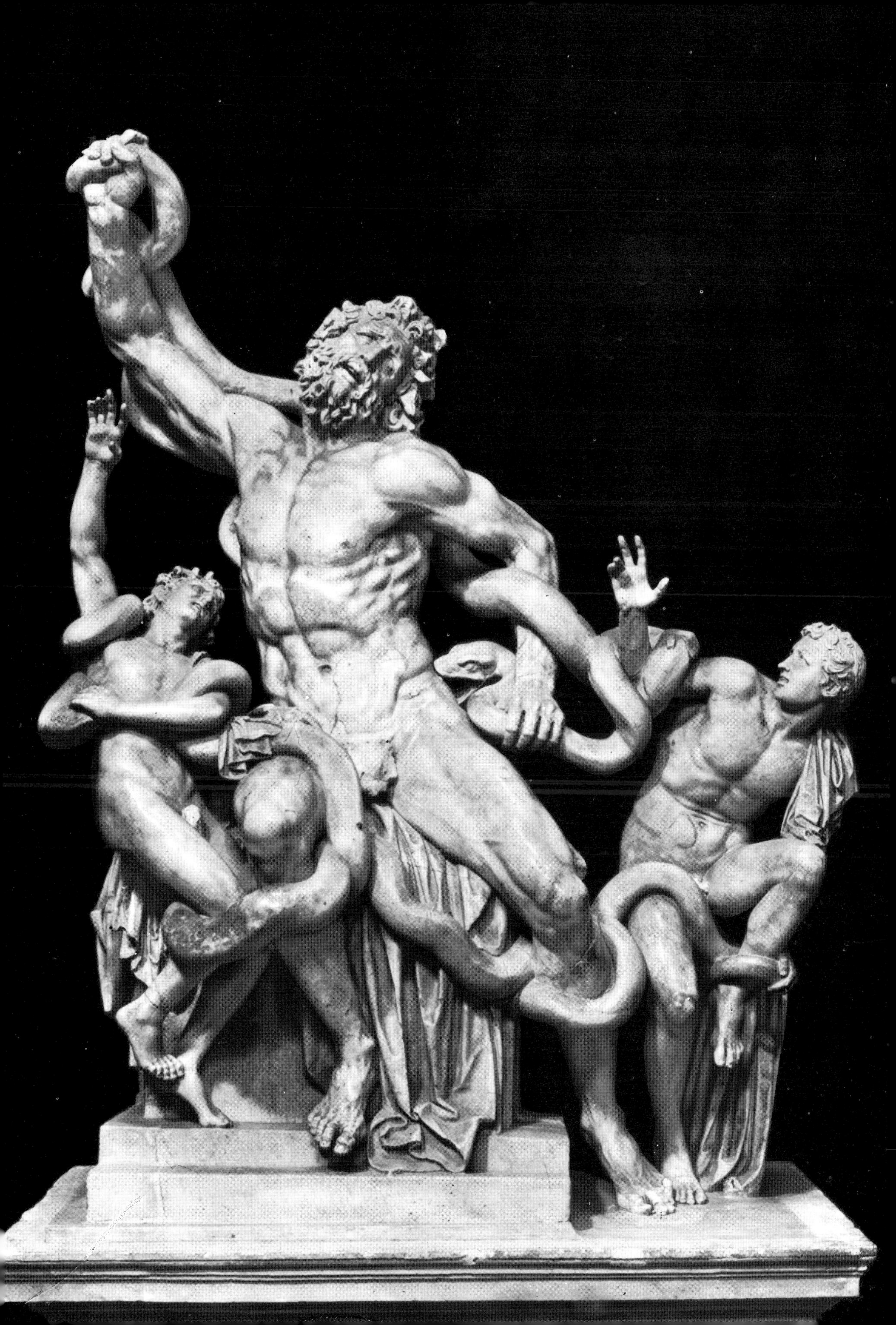

Die künstlerische Anatomie des menschlichen Körpers

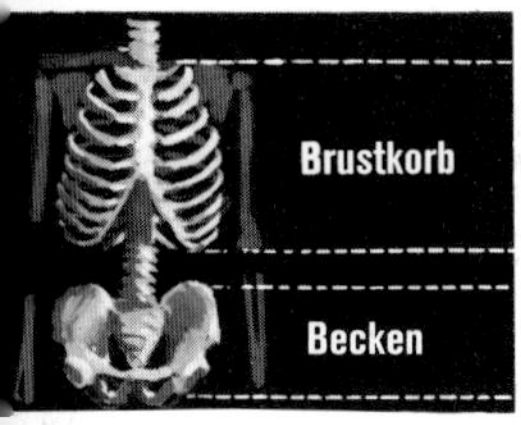

Das Skelett bildet das Gerüst des menschlichen Körpers. Es besteht, wie Ihnen bereits bekannt, aus drei Hauptabschnitten: dem Kopf, dem Rumpf und den Gliedern.

Der Rumpf

Der Rumpf besteht aus der Wirbelsäule, die den Kopf und den Brustkorb hält (der durch das Kreuzbein mit ihr verbunden ist), und dem fest mit ihr verbundenen Becken.

Abb. 1

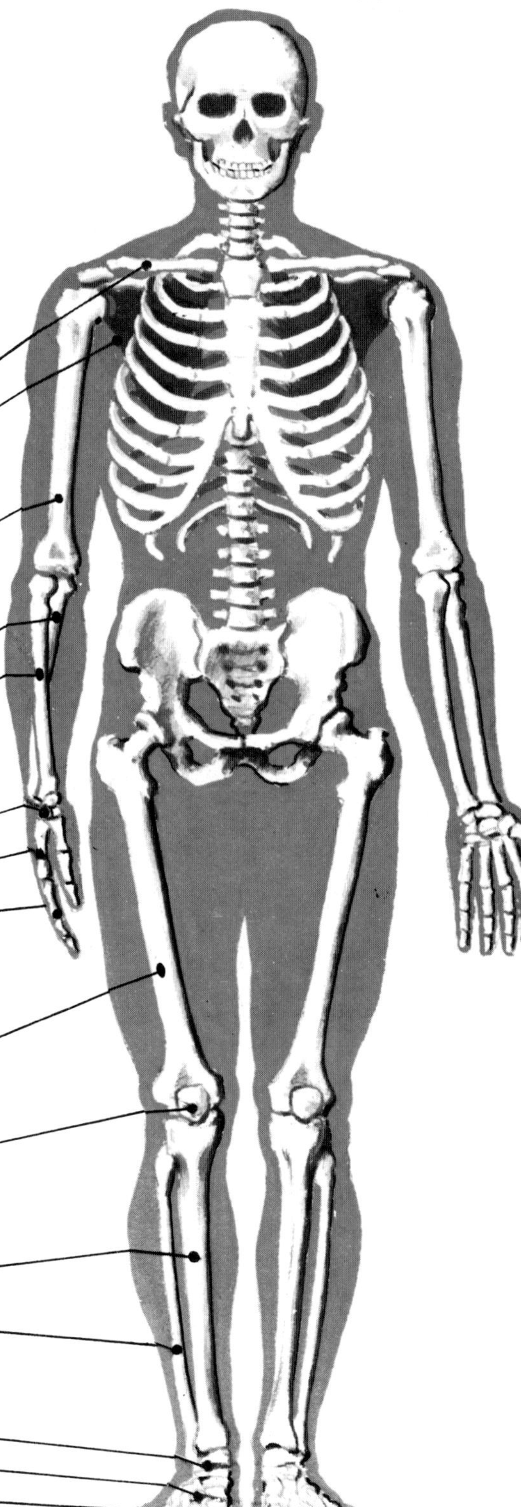

Die oberen Teile des Skeletts

Im oberen Teil des Rumpfes bilden das *Schlüsselbein* und das *Schulterblatt* die Schulter. Sie sind beweglich miteinander verbunden. An das Schulterblatt schließt sich der Armknochen an – das *Oberarmbein* an. Dieses ist durch ein weiteres Gelenk, den Ellbogen, mit dem Unterarm verbunden. Er besteht aus*Elle* und *Speiche*. Am Ende dieser beiden Knochen befindet sich die Hand, die ihrerseits von den *Handwurzelknochen,* den *Mittelhandknochen* und den *Fingerknochen* gebildet wird.

Die unteren Teile des Skeletts

Sie beginnen mit den Schenkeln, die durch das *Oberschenkelbein* mit dem Becken verbunden sind. An ihrem unteren Ende befinden sich die *Kniescheibe* und das Kniegelenk, von dem die Unterschenkelknochen ausgehen: *Schienbein* und *Wadenbein* Ihnen schließt sich der Fuß an, der seinerseits aus *Fußwurzelknochen,* *Vorfußknochen* und *Zehenknochen* besteht.

Das Skelett ist das Gerüst des menschlichen Körpers.

Abb. 1: Das Skelett des Mannes von vorn gesehen.

Abb. 2

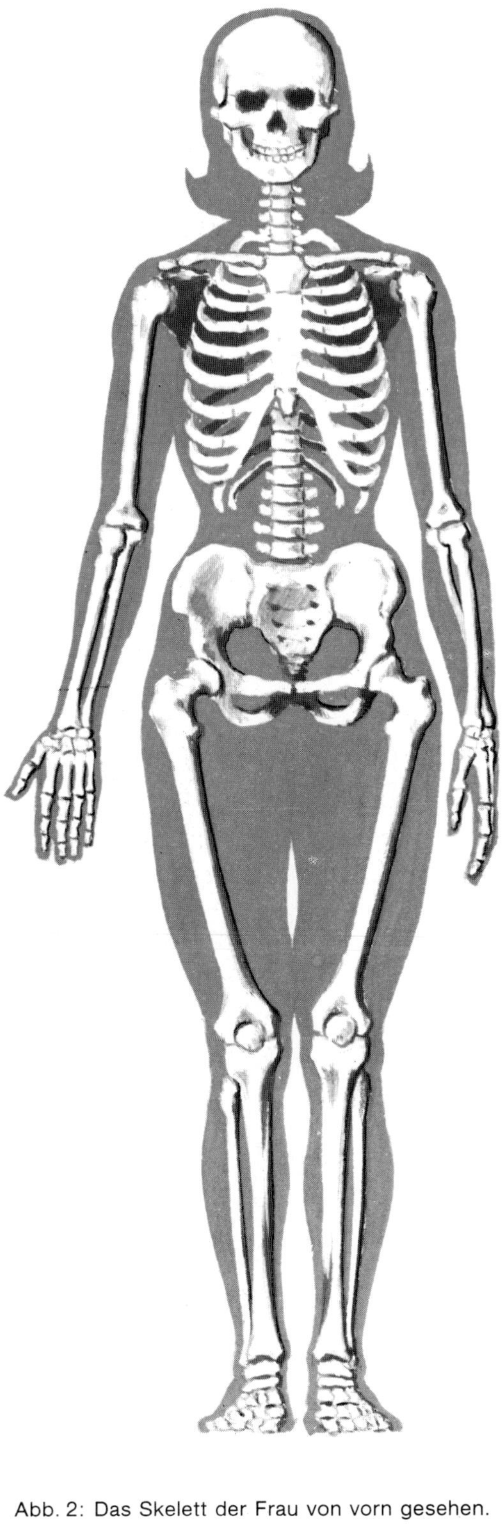

Abb. 2: Das Skelett der Frau von vorn gesehen.

Die wesentlichen Unterschiede zwischen dem Skelett des Mannes und dem der Frau

Der Körper der Frau ist proportional kleiner als der des Mannes. Abgesehen von diesem allgemeinen Merkmal, lassen sich die folgenden Punkte beim Skelett des Mannes im Vergleich zu dem der Frau nennen:

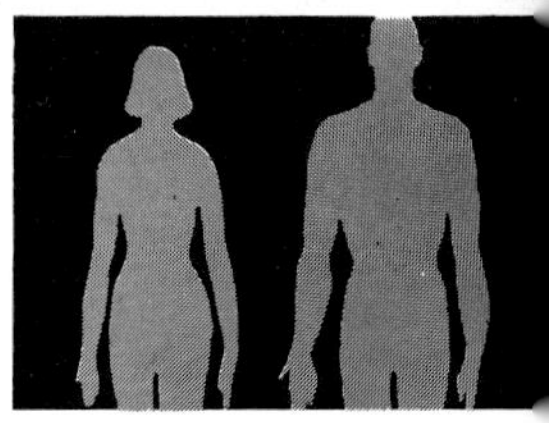

1. Der Brustkorb des Mannes ist breiter.
2. Das Becken des Mannes ist schmaler.

Der Mann hat in der Tat im allgemeinen breitere Schultern, jedoch schmalere Hüften als die Frau. Die Frau hat dagegen schmalere Schultern und breitere Hüften als der Mann. Diese Unterschiede springen direkt ins Auge, wenn man die Skelette beider Geschlechter auf dieser Doppelseite betrachtet.

An Gründen dafür fehlt es nicht. Die körperliche Tätigkeit des Mannes bei der Arbeit und beim Sport erfordert einen kräftig ausgebildeten Atmungsapparat, starke Knochen und gut entwickelte Muskeln vor allem im oberen Teil des Rumpfes (Oberkörper und Schultern). Deshalb besitzt der Mann breitere Schultern als die Frau. Die Unterschiede im Becken zwischen Mann und Frau haben physiologische Gründe. Die Geschlechtsaufgaben der Frau (die Notwendigkeit eines größeren Beckens während der Schwangerschaft) erklären die proportional breiteren Hüften.

Befassen wir uns nun gründlich mit jedem der oben erwähnten Knochen.

Die Frau ist proportional kleiner.

Form, Lage und anatomische Funktion der Hauptknochen des menschlichen Körpers

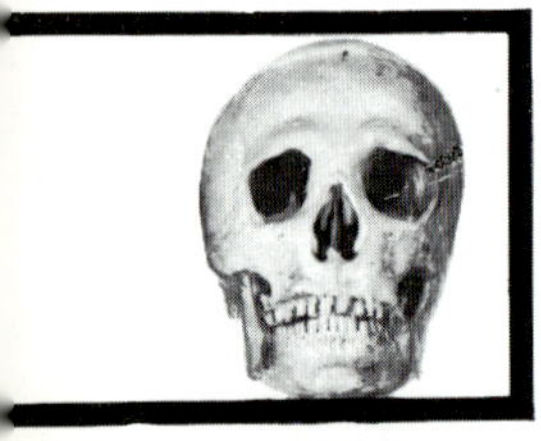

Der Kopf: Die Knochen des menschlichen Kopfes haben Sie in einem früheren Kapitel studiert (Seiten 8–12). Merken Sie sich, daß er aus dem Schädel und dem Gesicht besteht, die – mit der einzigen Ausnahme des Unterkiefers, der beweglich ist – ein starres Ganzes bilden. Es wird von einer genau bestimmbaren Muskulatur überzogen, die das Öffnen und Schließen des Mundes ermöglicht. (Wir raten Ihnen, sich dazu noch einmal den Text und die Abbildungen auf den vorgenannten Seiten anzusehen.)

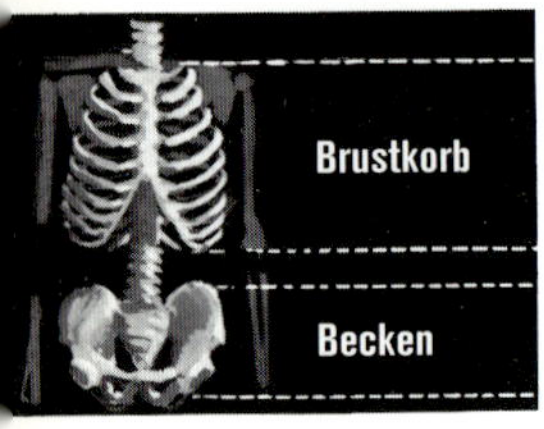

Der Rumpf: Er besteht aus der Wirbelsäule, dem Brustkorb und dem Becken. Sein Studium ist für die künstlerische Anatomie unentbehrlich. Erst wenn Sie die Form und die anatomische Funktion der Rumpfknochen genau kennen, können Sie alle Stellungen des menschlichen Körpers begreifen und auch zeichnen; denn der Rumpf bestimmt alle Bewegungen und die korrekte Haltung der Arme und Beine. Folgen Sie dieser Unterweisung daher aufmerksam. Wir beginnen mit der Wirbelsäule.

Die Wirbelsäule

Sie bildet die Mittelachse des Rumpfes. Fahren Sie einmal an ihr entlang. Sie beginnt an der Schädelbasis in Höhe des Unterkiefers, stützt anschließend den Brustkorb und endet im Steißbein. Zusammengesetzt ist sie aus ringförmigen Wirbeln, die unten drei knochige Zapfen, einen mittleren und zwei seitliche besitzen. Der innere Zapfen, Dornfortsatz genannt, ist besonders interessant, weil er in manchen Fällen von außen sichtbar ist, wie wir anschließend noch sehen werden (siehe nebenstehende Abbildungen 3 und 4).

Hat der Körper eine „Hab-acht-Stellung" eingenommen, ist die Wirbelsäule, von vorn und hinten gesehen, völlig senkrecht. Sie liegt im Zentrum des Körpers. Von der Seite betrachtet, zeigt sie die charakteristische Form eines länglichen „S", das sich vom Nacken über den Rücken bis zur Lendenregion erstreckt (Abb. 4). Die Wirbelsäule kann sich in sich selbst drehen, sich verdrehen sowie sich vor-, zurück- und seitwärts beugen – allerdings nur in gewissen Grenzen, die wir hier nicht im einzelnen ausführen können.

Alle diese Bewegungen verbinden sich zur Körperhaltung des Menschen und bestimmen die Lage des Kopfes, des Oberkörpers und des Beckens.

Abb. 3

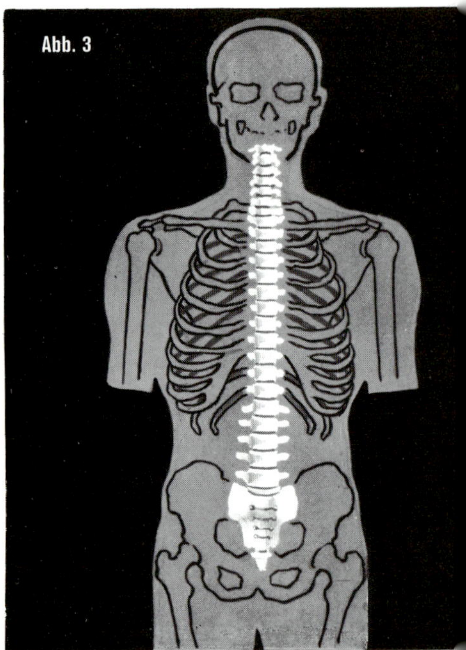

Abb. 4

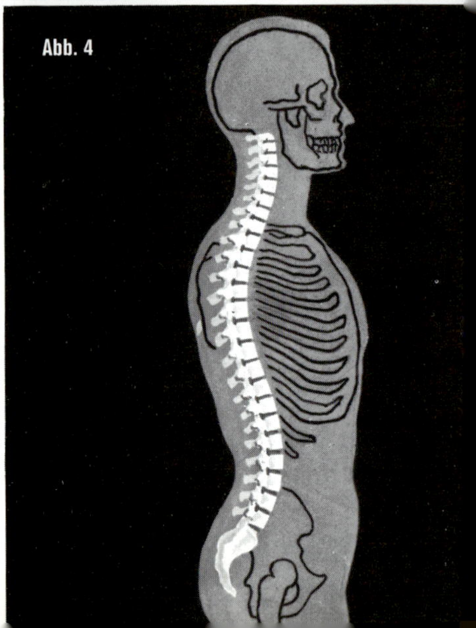

Betrachten Sie zum Beispiel auf Abbildung 5 den im militärischen Sinne in „Rührt-Euch-Stellung“ befindlichen Körper. Beachten Sie, daß sich das Becken zur einen und der Oberkörper zur anderen Seite neigt, wenn das gesamte Körpergewicht auf einem einzigen Fuß ruht und der andere entlastet ist. Dabei biegt sich die Wirbelsäule je nach der Bewegung der Körperteile entsprechend mit. Sehen wir uns das an einem weiteren Beispiel an. Abbildung 6 zeigt einen Körper, der einen Schritt andeutet. Der Kopf und der Oberkörper sind nach einer Seite gedreht, das Becken nach der anderen, während die Wirbelsäule sich in sich selbst dreht. Sie ermöglicht auf diese Weise das Biegen der Taille und die Drehung des Hal-

Abb. 5

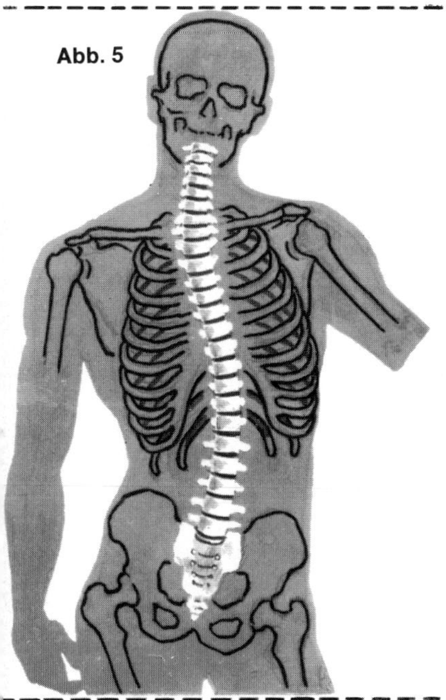

Abb. 6

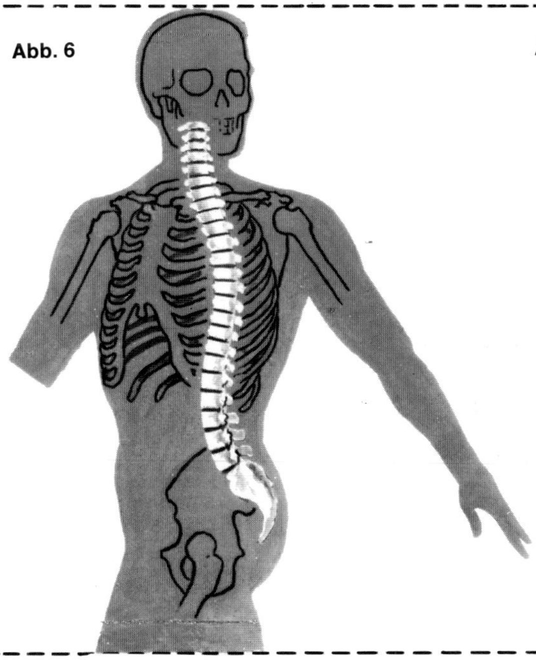

Abb. 6A

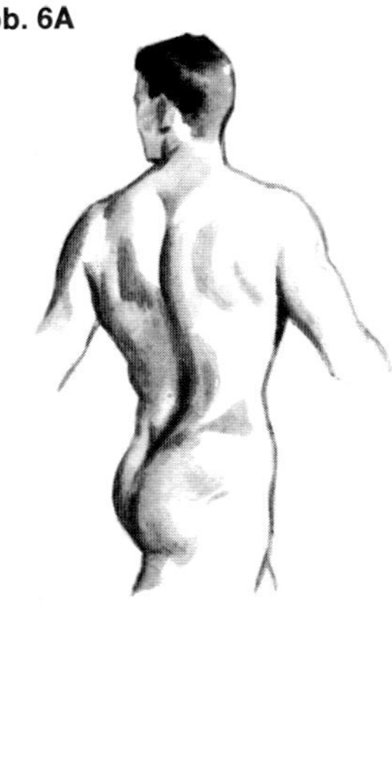

ses. Merken Sie sich jedoch eine Besonderheit: In solch einem Fall drücken sich die Bewegungen der Wirbelsäule auch nach außen hin aus. Auf dem Rücken ist eine tiefe Furche zu erkennen, deren Form genau der der Wirbelsäule entspricht (Abb. 6A).

Und da gerade von der Oberfläche die Rede ist, betrachten Sie bitte auch Abbildung 7. Hier sehen Sie deutlich einen hervorspringenden Knochen. Es ist der Dornfortsatz des siebten Wirbels, der immer dann sichtbar wird, wenn man den Kopf senkt.

Abb. 7

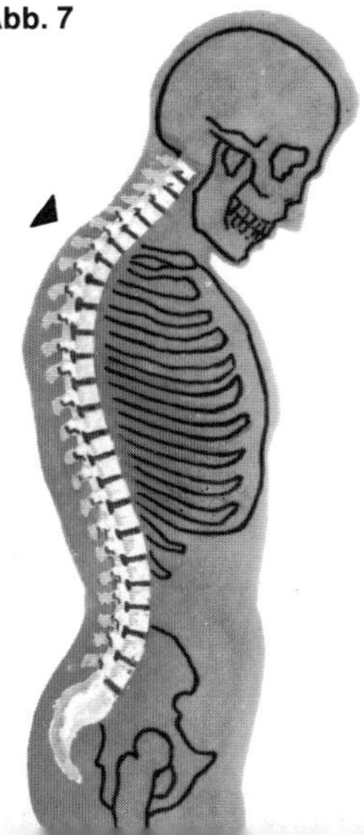

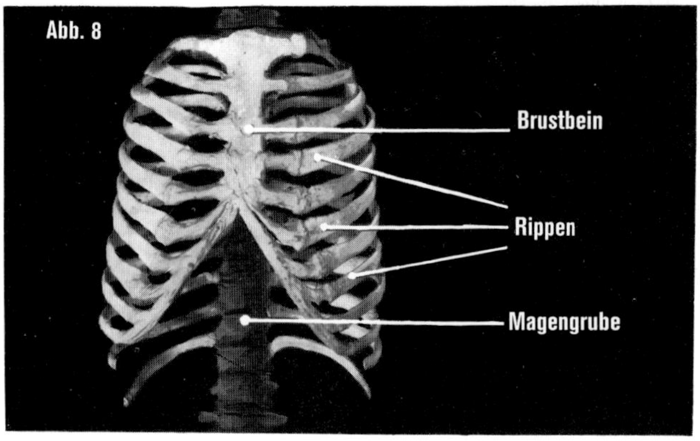

Abb. 8

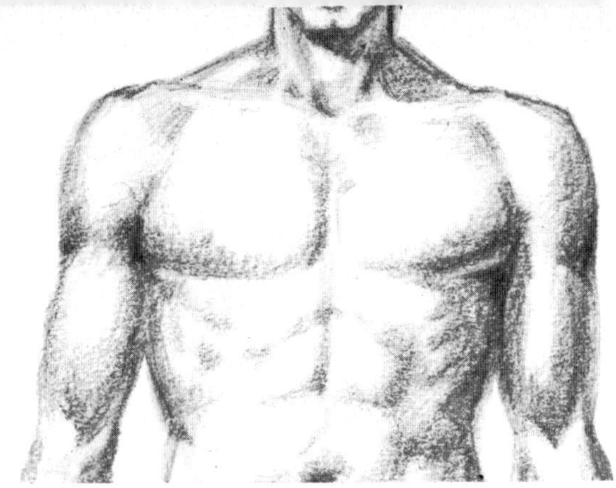

Abb. 9

Der Oberkörper

Der Oberkörper – der Thorax – wird im wesentlichen von den im Rücken an der Wirbelsäule und vorn am Brustbein befestigten echten Rippen gebildet. Das Brustbein nimmt für den Aufbau des menschlichen Körpers eine sehr wichtige axiale Stellung ein (Abb. 8 und 9). Die Lage der Wirbelsäule und der Einfluß des Oberkörpers auf die Form des Rumpfes sind deutlich zu erkennen, zumal sich das Ende des Brustbeins (Punkt A) unter der Haut deutlich abzeichnet. An den Enden der Rippen befinden sich Gelenke (Abb. 8 und 9). Dank dieser Gelenke passen sie sich der Biegung und der Drehung des Oberkörpers an. Dehnen sich die Lungen beim Einatmen aus, heben sich die Rippenbögen beinahe waagerecht, a) Rippen und b) unterer Rippenbogen mit den Spitzen A und B zeichnen sich jetzt deutlich ab (Abb. 11 und 12). Diese Stellen werden ebenfalls sichtbar, wenn man den Oberkörper zurückbeugt, die Arme hebt und gleichzeitig den Leib anspannt oder die Taille einzieht, indem man den Oberkörper weitet oder streckt.

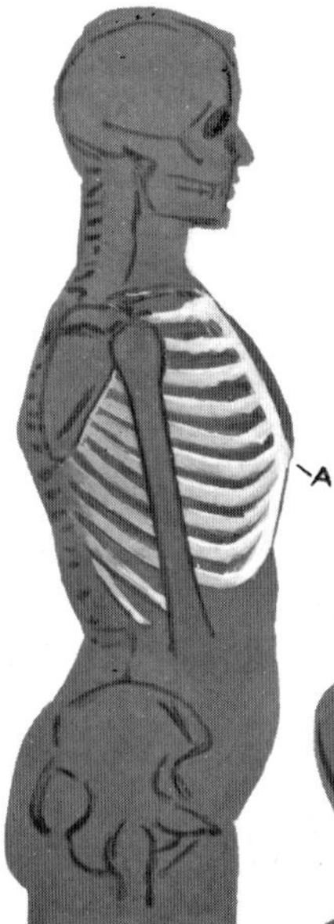

Abb. 10

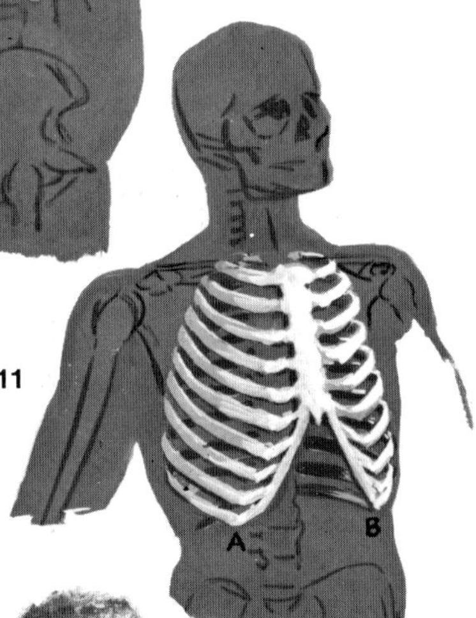

Abb. 11

Abbildung 13 (der Torso Laokoons) zeigt ein herrliches Beispiel für die Struktur eines Thorax. Die Achse des Brustbeins ist gut zu sehen, ebenfalls die Rippenbögen und die eigentlichen Rippen.

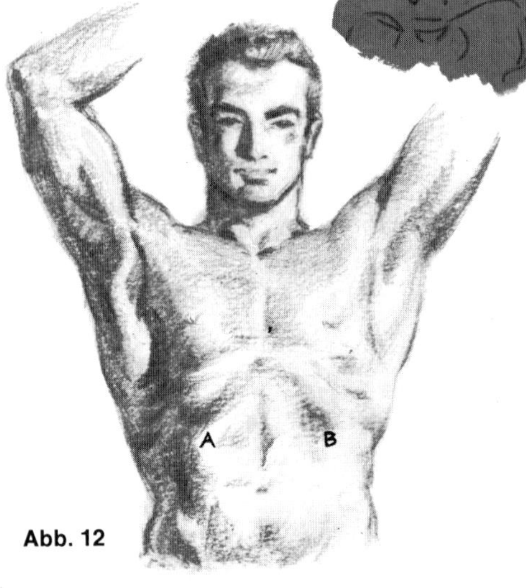

Abb. 12

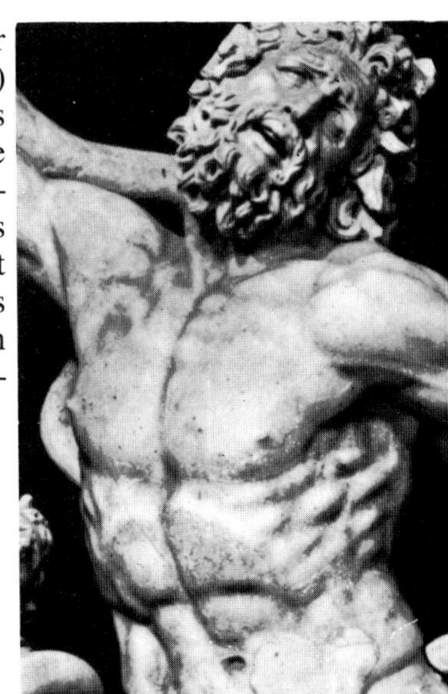

Abb. 13

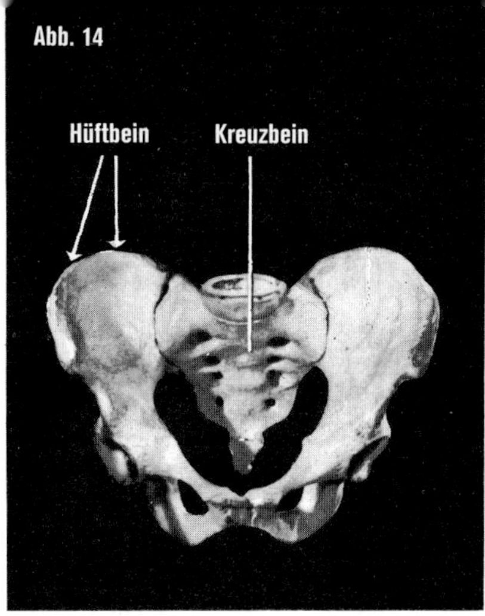

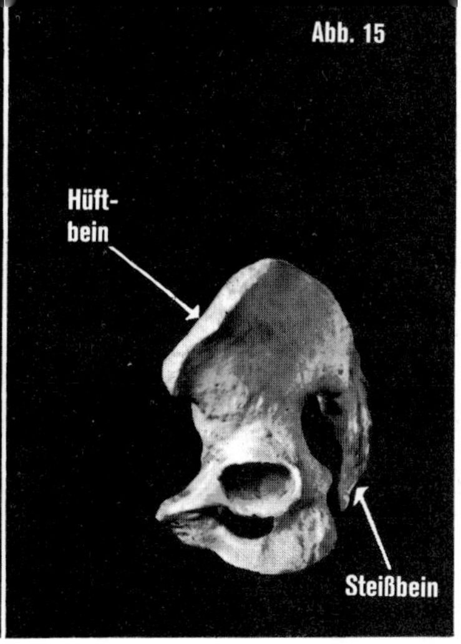

Das Becken

Das Becken besteht im wesentlichen aus drei Knochen: dem Kreuzbein, an dessen Ende sich das Steißbein befindet (ein Überrest des Schwanzes der Säugetiere), und zwei weiteren Knochen, den Hüftbeinen. Im oberen Teil ist das Becken mit der Wirbelsäule, im unteren mit den Oberschenkelbeinen verbunden (Abb. 14 und 15). Wie wir bereits festgestellt haben, ist das Becken des Mannes schmaler als das der Frau (Abb. 1 und 2).

Für uns ist einer der wichtigsten Teile des Beckens die Kante des Hüftbeins, die dem Hüftknochen entspricht (Abb. 14 und 15). Er ist beim Menschen leicht zu erkennen. Betasten Sie Ihren eigenen Hüftknochen. Sie brauchen dazu nur den Daumen in die Taille zu stemmen und nach unten zu drükken. Der Knochen ist besonders bei schlanken Gestalten gut sichtbar. Bei ihnen bestimmt er, von vorn gesehen, wesentlich die Figur. Desgleichen tritt er bei Menschen mit Normalgewicht bei gewissen Posen hervor. Davon gebe ich Ihnen anschließend einige Beispiele. Auf Abbildung 16 ist der Abdruck der Hüftkante (gekennzeichnet mit einem schwarzen Pfeil) klar zu erkennen. Das Becken ist verschoben, das Körpergewicht ruht auf einem Fuß, während sich der andere entspannt (dasselbe war auf Abbildung 5). Abbildung 17 zeigt das gleiche Phänomen. Diesmal sieht man die Gestalt von hinten, und das rechte Bein tritt einen Schritt zurück. Auf Abbildung 18 mit der Gestalt in der Dreiviertelansicht ist der Oberkörper zurückgebeugt. Betrachten Sie ebenfalls die Form des Beckens von vorn, von hinten und aus der Dreiviertelansicht.

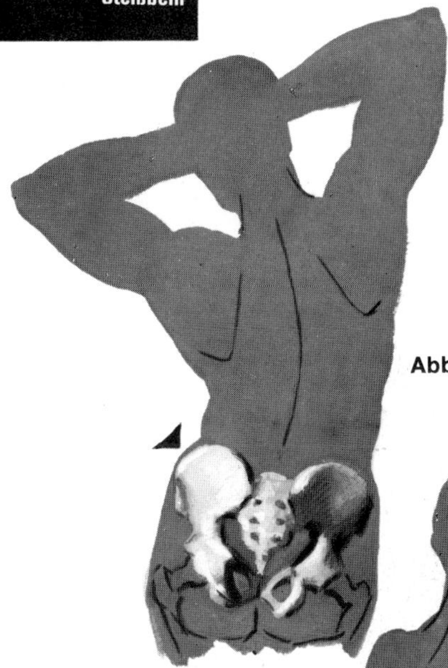
Abb. 16

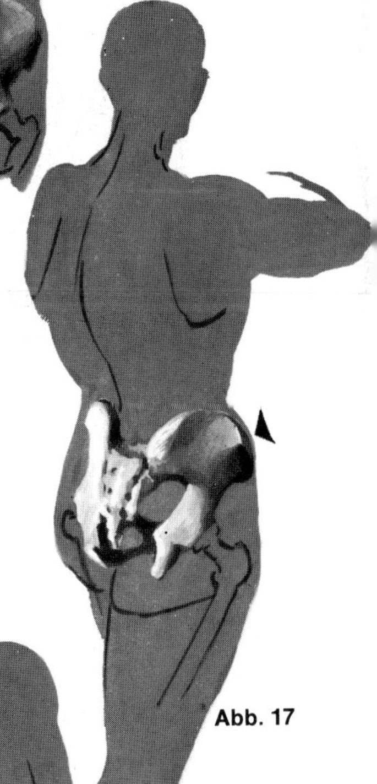
Abb. 17

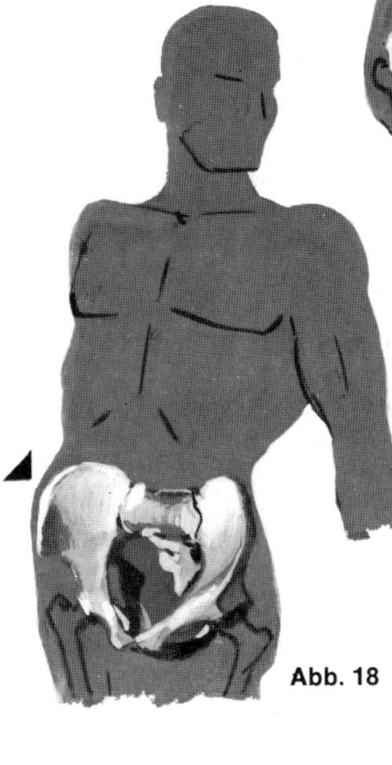
Abb. 18

Die oberen Teile des Skeletts

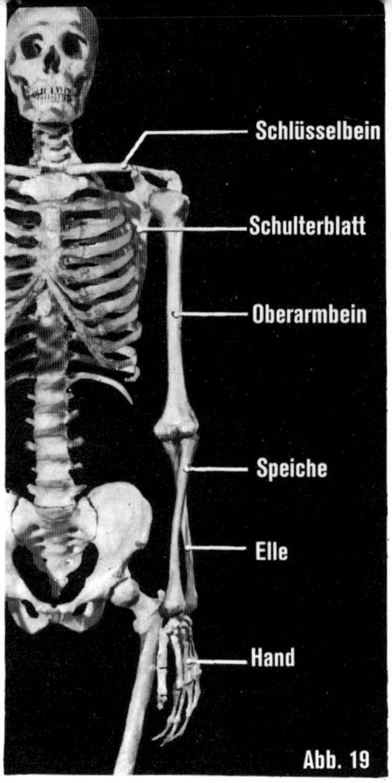

Abb. 19

Darunter versteht man die Schulter, Ober- und Unterarme und die Hände mit ihren jeweiligen größeren und kleineren Knochen sowie deren Gelenke (Abb. 19).

Wir wollen nun mit dem Studium des obersten Teils beginnen, der mit den beiden Schlüsselbeinen, den beiden Schulterblättern und den beiden Oberarmbeinen die Form der Schulter bestimmt.

Das Schlüsselbein. Stellen Sie sich darunter einen dünnen, leicht gebogenen Knochen vor, der das Brustbein beinahe waagerecht mit der Schulterspitze verbindet. Der Knochen liegt unmittelbar unter der Haut und ist daher von außen tadellos zu sehen (Abb. 20).

Das Schlüsselbein ist an seinem inneren Ende mit dem Brustbein verbunden (Punkt A) und bildet an dieser Stelle die bekannte kleine Grube unterhalb des Halses. An seinem anderen Ende ist das Schlüsselbein durch ein Gelenk an der oberen Spitze des Schulterblattes befestigt.

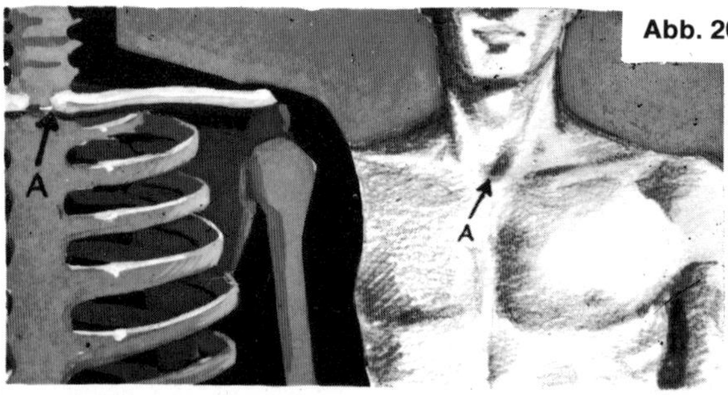

Abb. 20

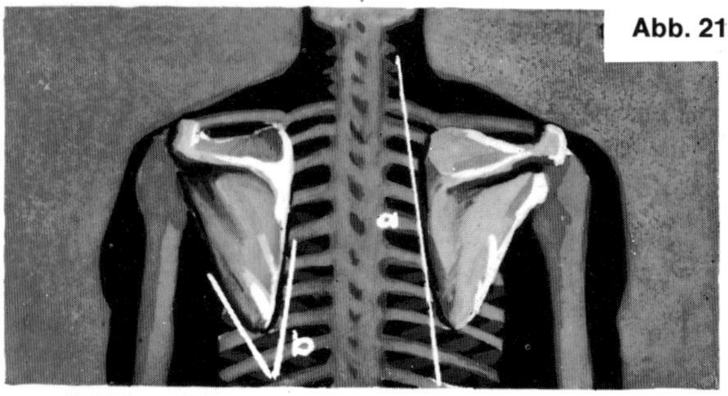

Abb. 21

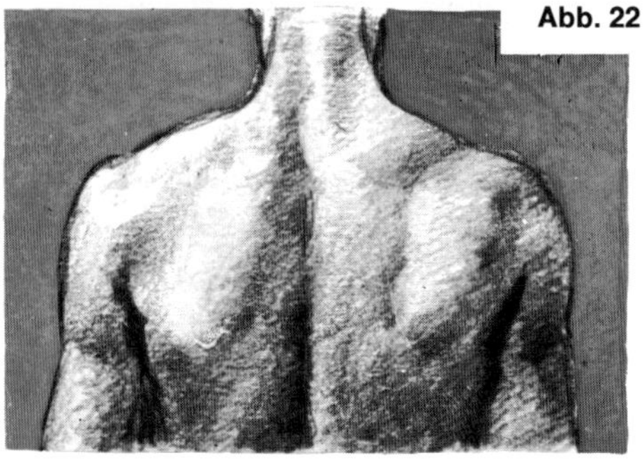
Abb. 22

Das Schulterblatt (Abb. 21 und 22). Wie Sie selbst feststellen können, handelt es sich um einen flachen, dreieckigen Knochen, der nach außen gewölbt ist. Für uns ist dies ein wichtiger Knochen, bei dem es folgende Punkte zu berücksichtigen gilt: a) die spitzen Enden, die fast immer von außen sichtbar sind (vor allem bei schlanken Gestalten), b) die Neigung der auf Abbildung 21 angedeuteten Linien, c) die Lage und der Abstand eines Knochens zum anderen. Dabei darf deren Symmetrie nicht außer acht gelassen werden. Ferner muß man berücksichtigen, daß der Abstand durch die Bewegung des Arms spürbar verändert wird, wie wir später noch feststellen werden, d) die Erhebung, die sich quer über die obere Hälfte eines jeden Schulterblattes erstreckt und in einer leicht ansteigenden Linie zum äußeren Rand führt. (Überprüfen Sie diese Punkte anhand von Abbildung 21, und betrachten Sie dazu ebenfalls das Relief und die Struktur auf Abbildung 22).

Das Oberarmbein ist der einzige Oberarmknochen. Er beginnt an der Schulter und reicht bis zum Ellbogen. (Betrachten Sie seine Form und seine Lage auf Abbildung 19.)

Das Schlüsselbein ist durch ein Gelenk mit dem Schulterblatt verbunden, das wiederum mit dem Oberarmbein in Verbindung steht. Bei den meisten Bewegungen – wenn die Schulter gehoben oder gesenkt wird, der Arm sich hebt oder streckt – verlagern sich diese Knochen gemeinsam. Die Lage der Knochen zueinander ändert sich also jedesmal.

Wenn wir den menschlichen Körper wirklich perfekt zeichnen wollen, müssen wir dieses Problem gründlich analysieren. Betrachten wir das Gelenksystem zunächst in seinen Einzelteilen und dann als Ganzes. Abbildung 23 hilft uns dabei:

1. Das Schlüsselbein ist durch ein Gelenk mit dem Schulterblatt verbunden.
2. Das Schulterblatt ist durch ein Gelenk mit dem Oberarmbein verbunden.
3. Das Schlüsselbein ist durch ein Gelenk mit dem Brustbein verbunden.

Sehen Sie sich die nebenstehenden Schemazeichnungen gut an. Zeichnen Sie sie nach, um sie besser zu behalten. Und merken Sie sich, daß alle diese Bewegungen von außen sichtbar sind.

(Bevor Sie weiterlesen, betrachten Sie bitte aufmerksam Abbildung 23.) Setzen wir dieses Gelenksystem nun in Bewegung, und analysieren wir die drei folgenden Merkmale.

Abb. 23

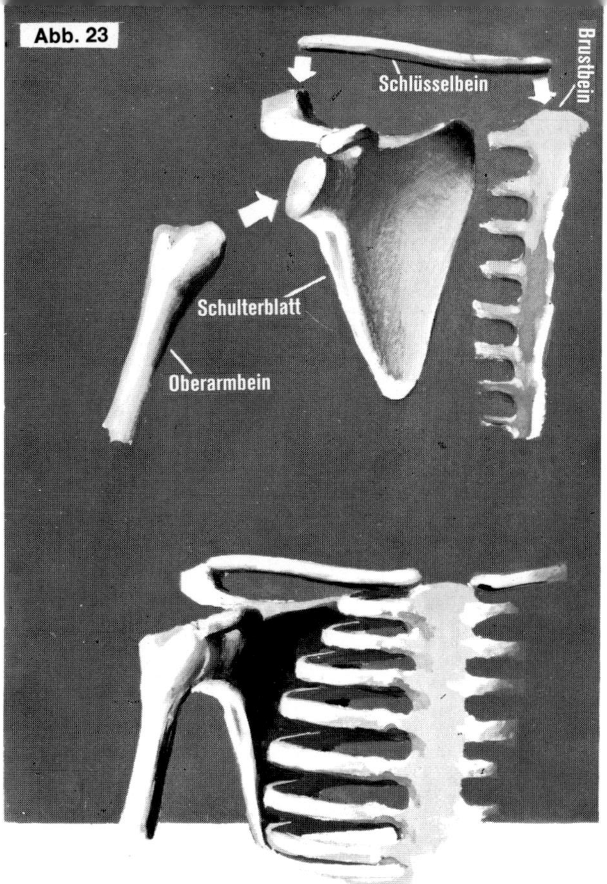

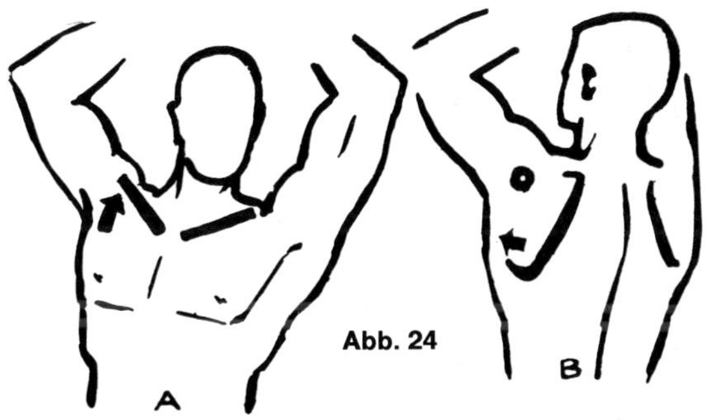

Abb. 24

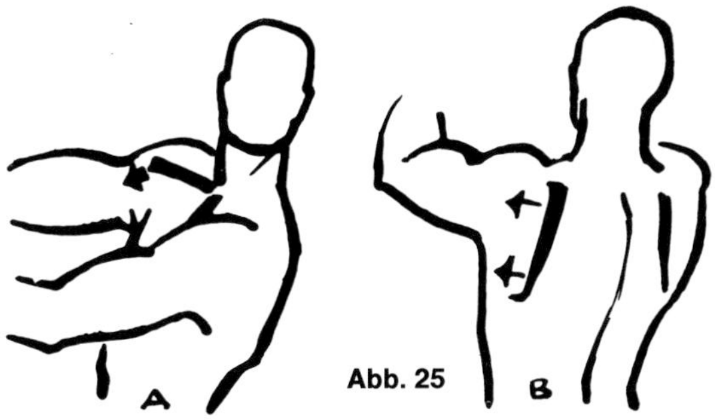

Abb. 25

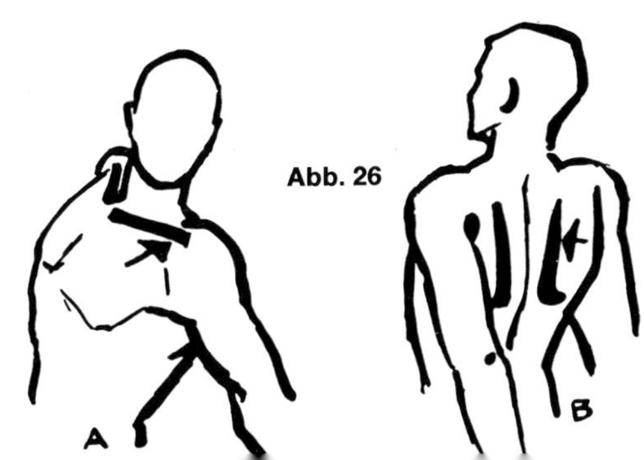

Abb. 26

Abbildung 24: *Hebt man den Arm*, geht das Schlüsselbein in die Höhe, wobei seine Spitze, die am Gelenk des Brustbeins befestigt ist, an Ort und Stelle bleibt (A).

Abbildung 25: *Streckt man die Arme nach vorn*, bilden die Schlüsselbeine einen Winkel mit der Spitze auf dem Brustbein. Gleichzeitig gehen die Schulterblätter auseinander und verlagern sich in Richtung Arme (B).

Abbildung 26: *Streckt man die Arme zurück*, geschieht das Gegenteil. Die immer noch am Brustbein befestigten Schlüsselbeine verlagern sich leicht nach hinten, während die Schulterblätter sich in der Rückenmitte nähern.

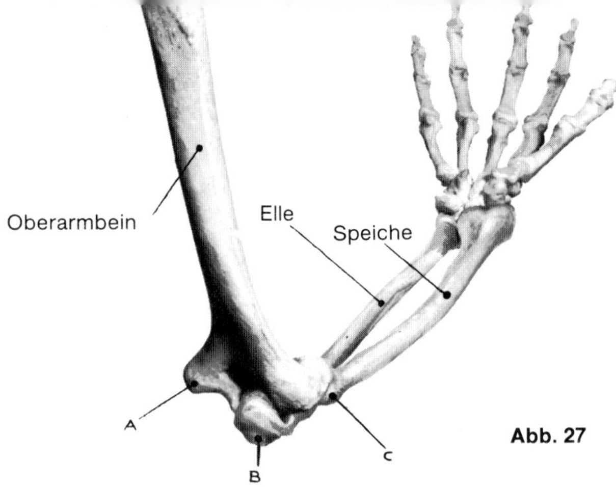

Abb. 27

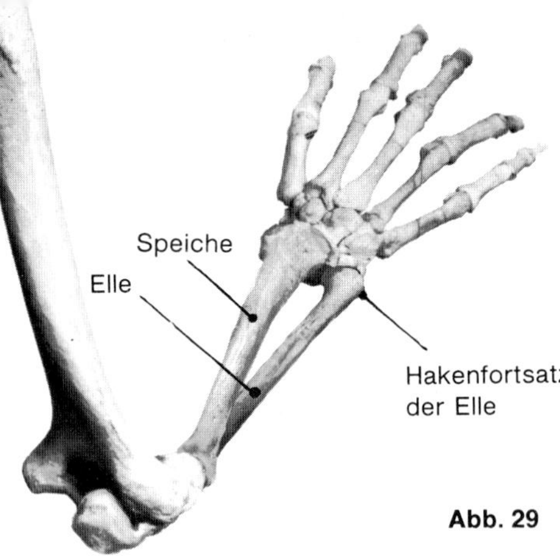

Abb. 29

Elle und Speiche

Das Studium der Unterarmknochen (Elle und Speiche) und ihrer Gelenkverbindungen mit dem Ellbogen und dem Handgelenk ist von allergrößter Wichtigkeit. Lesen Sie bitte aufmerksam und langsam. Beachten Sie zunächst die Form des Ellbogens bei gebeugtem Arm (Abb. 27). Dabei tauchen drei äußerlich sehr gut sichtbare knochige Ausbuchtungen auf (Abb. 28): die erste auf der Innenseite (A) gehört zum Endstück des Oberarmbeins, die zweite unten in der Mitte (B) gehört zum Hakenfortsatz der Elle. (Er bildet die eigentliche Ellenbogenspitze.) Die dritte auf der Außenseite (C) besteht aus dem unteren Ende des Oberarmbeins. Studieren Sie Form und Lage dieser drei Ausbuchtungen anhand der Abbildungen 31 und 32.

Betrachten Sie nun die Gelenkverbindung, mit deren Hilfe sich die Hand unter entscheidender Mitwirkung von Elle und Speiche drehen läßt. Auf Abbildung 27 liegen die Knochen parallel zueinander. Auf Abbildung 29 ist die Handfläche nach unten gedreht. Dabei dreht sich die Speiche mit und wird dadurch zur Diagonale. Sie liegt nun über der Elle und ermöglicht dadurch die Drehbewegung. Die erste Bewegung bezeichnet man als *Auswärtsdrehung* (Supination), die zweite als *Einwärtsdrehung* (Pronation). Betrachten Sie die einwärtsgedrehte Hand auf Abbildung 30 und den sich abzeichnenden Hakenfortsatz der Elle.

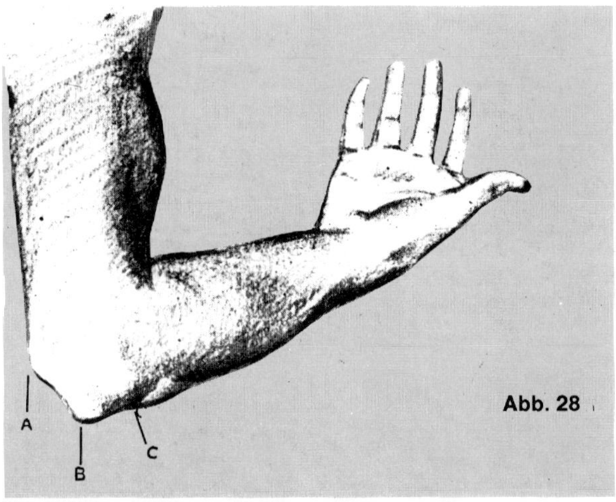

Abb. 28

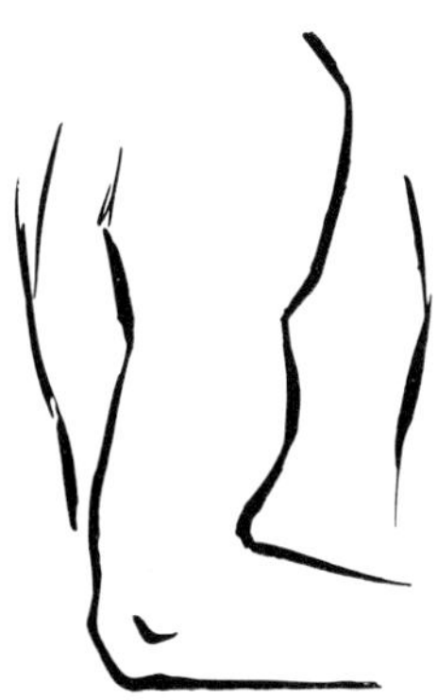

Abb. 31

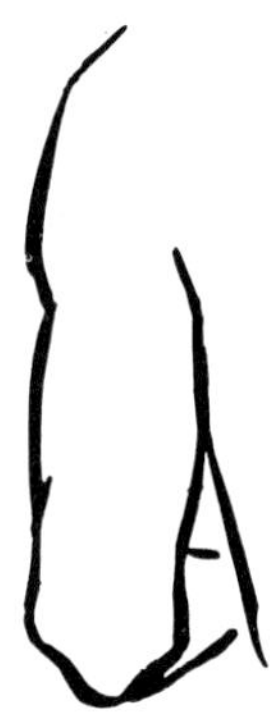

Abb. 32

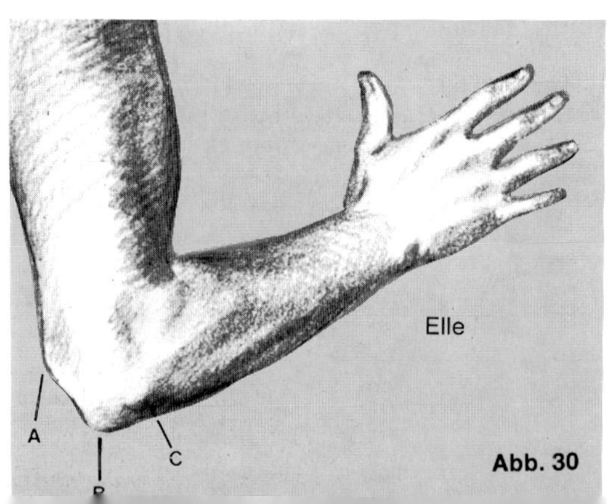

Abb. 30

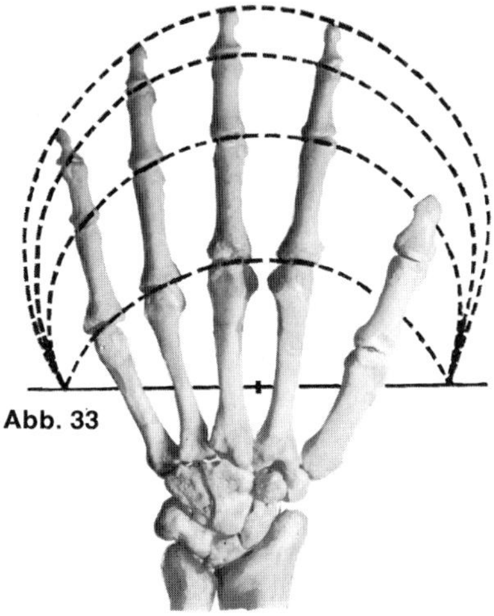

Abb. 33

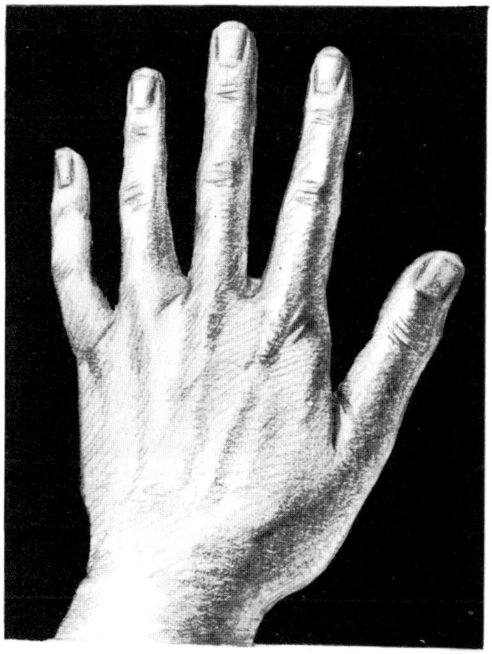

Abb. 34

Die Hände

Sie setzen sich zusammen aus den Handwurzelknochen, den Mittelhandknochen und den Fingerknochen. Die Handwurzelknochen bestimmen die Form des Handgelenks. Die fünf Mittelhandknochen, die voneinander getrennt und durch Gelenke mit dem Handgelenk und den Fingern verbunden sind, entsprechen der Handfläche und dem Handrücken. Die Fingerknochen sind jeweils zu dritt durch Gelenke miteinander verbunden. Eine Ausnahme bildet der Daumen, der nur aus zwei Knochen besteht. Die meisten Handknochen sind von außen zu erkennen. Das zwingt uns, die genaue Form dieser Knochen – vor allem der Finger – zu studieren. Deutlich zu sehen ist zum Beispiel, daß sie in der Mitte feiner sind als an den Enden. Das muß man berücksichtigen, wenn man eine knochige oder eine längliche Hand zeichnet (Abb. 34). Beachten Sie andererseits, daß die Finger nichts anderes sind als die Verlängerung der Mittelhandknochen. Die Lage der Fingergelenke muß also immer in Zusammenhang mit der des Handgelenks gesehen werden. Die Gelenke müssen sich also auf einer geraden Linie befinden (Abb. 35 und 36). Merken Sie sich ein wichtiges Detail, auf das wir zurückkommen, wenn wir eine Hand zeichnen: Die Fingergelenke liegen auf einer Reihe parallel verlaufender Bögen.

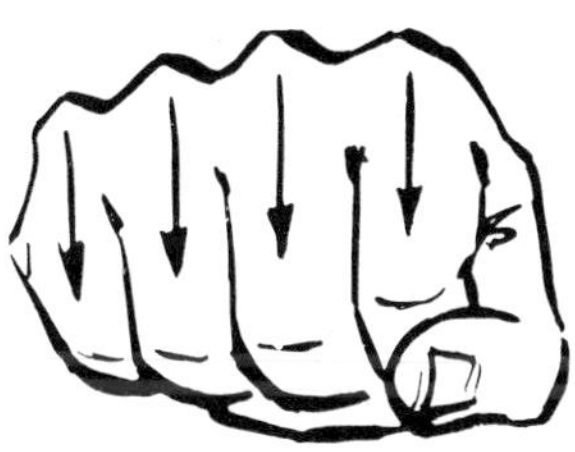

Abb. 35

Abb. 36

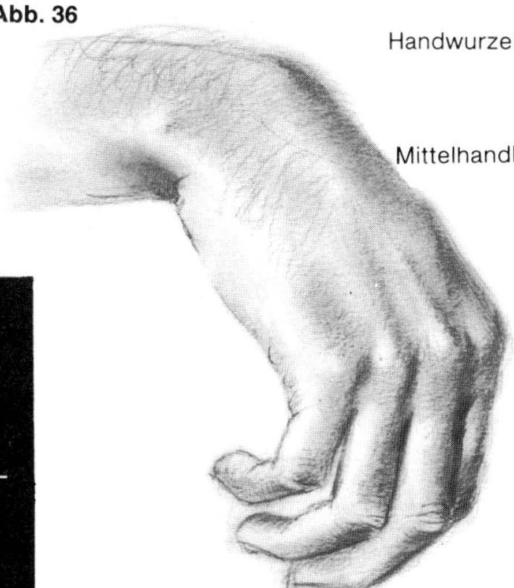

Abb. 37

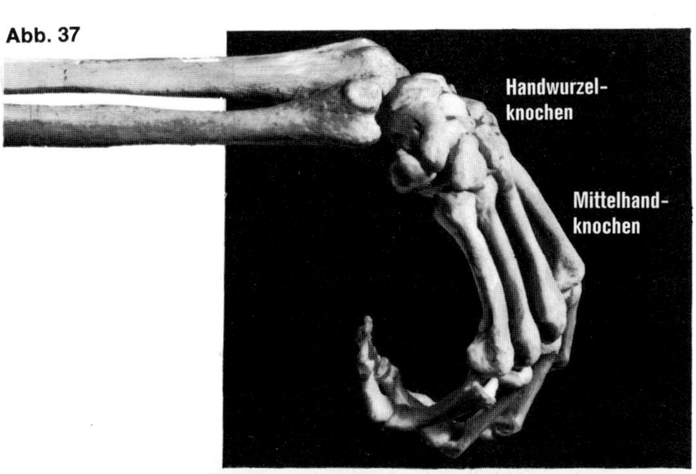

Der untere Teil des Skeletts

Abb. 38

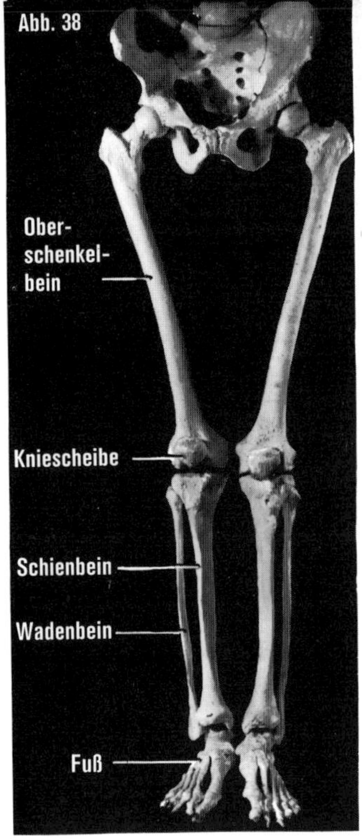

Der untere Teil des Skeletts beginnt mit den Schenkeln und ihren Oberschenkelbeinen. Anschließend kommen die Kniescheibe, das Schienbein und das Wadenbein und endlich der Fuß mit den Fußwurzelknochen, den Vorfußknochen und den Zehen (Abb. 38).

Das Oberschenkelbein

Dies ist der längste und dickste Knochen des menschlichen Körpers. Aufgrund seiner Gelenkverbindung mit dem Becken ist er äußerst beweglich (Abb. 39). Sie umfaßt den kugelförmigen Kopf des Oberschenkelbeins, der sich in die bereits erwähnte Aushöhlung des Beckens einfügt. Beachten Sie, daß der Kopf auf einer Art kurzer Verlängerung des Oberschenkelbeins sitzt, Oberschenkelhals genannt. Anschließend kommt eine weitere knochige Ausbuchtung, deren Vorsprung wir beachten müssen: der große Trochanter, der außerordentlich exponiert liegt, wenn man auf die Seite stürzt. Der große Trochanter bestimmt vor allem beim Mann die äußere Form dieser Körperpartie. Betrachten Sie auf Abbildung 40 A) den vorstehenden Hüftknochen und B) die leichte Einbuchtung aufgrund von fehlenden Knochen unmittelbar unter der Haut, C) einen weiteren, diesmal kaum wahrnehmbaren Vorsprung, der hier auf den großen Trochanter des Oberschenkelbeins zurückzuführen ist.

Die Form des Oberschenkelbeins ist dick und länglich, beinahe zylindrisch. Der Knochen ist jedoch nicht völlig gerade. Von der Seite gesehen, ist er spürbar gebogen, wodurch sich die gewölbte Form der vorderen Schenkelpartie erklärt (Abb. 41).

Zum Kniegelenk hin verdickt sich das Oberschenkelbein erneut und bestimmt dadurch die knochigen Vorsprünge zu beiden Seiten des Knies. Diese wollen wir auf der nächsten Seite untersuchen.

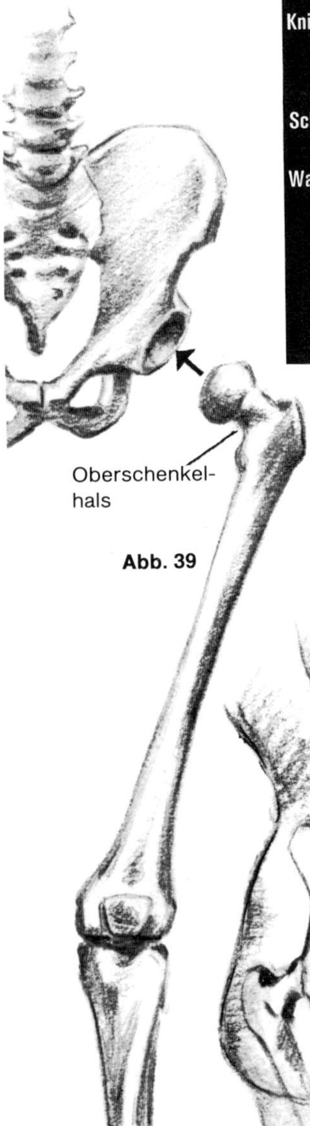

Abb. 39

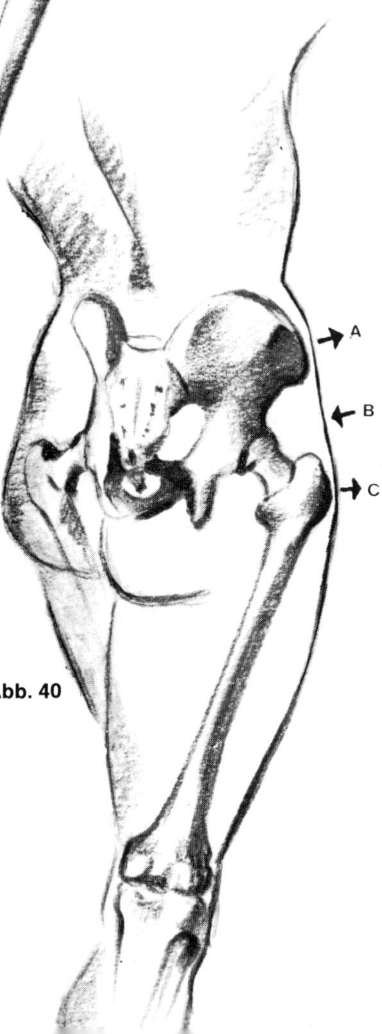

Abb. 40

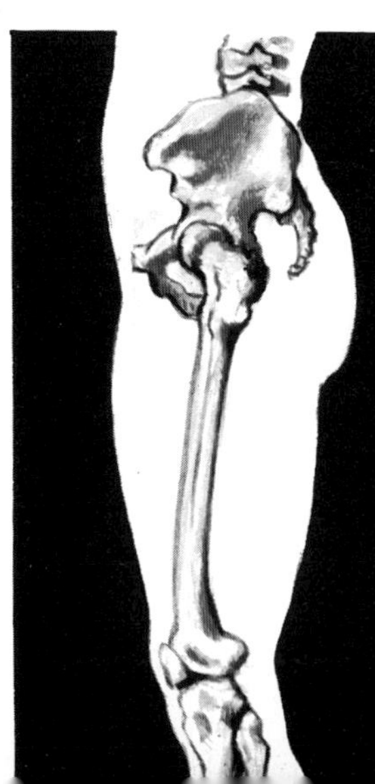

Abb. 41

Kniescheibe, Schienbein und Wadenbein sowie die Füße

Betrachten Sie diese Knochen auf der nebenstehenden Abbildung 42. Sie werden feststellen, daß die Kniescheibe die Form einer kleinen Muschel besitzt. Obwohl sie völlig einzeln zu liegen scheint, wird sie doch von Bändern und Muskeln gehalten. Beim ausgestreckten Bein befindet sich die Kniescheibe oberhalb des Gelenks und liegt vor dem Oberschenkelbein. Ihre Form ist von außen sichtbar (Abb. 43). Beugt man das Knie, dringt die Kniescheibe dagegen in die Höhlung, die durch den Spielraum des Gelenks entsteht, und ist von außen nicht mehr zu erkennen (Abb. 44). Dagegen sind das Ende des Oberschenkelbeins (A) und der Kopf des Schienbeins (B) ganz deutlich sichtbar. Studieren Sie die Form des Knies bei diesen beiden Stellungen sehr gründlich. Das Schienbein zeichnet sich entlang dem Unterschenkel klar ab, wie Abbildung 45 zeigt. Beachten Sie auf dieser Zeichnung auch die Lage und die Form der Knochen, von vorn gesehen. Dann erkennen Sie deren Einfluß auf das äußere Erscheinungsbild. Neben den bereits erwähnten Knochen kann das Äußere ebenfalls von den vorstehenden Wadenbeinen mitgeprägt werden.

Am Ende des Beins sind zwei Vorsprünge zu erkennen: die Knöchel. Die Knöchel sind nicht uninteressant. Sie können feststellen, daß der innere Knöchel etwas höher liegt als der äußere (Abb. 45 und 46).

Zu den Füßen ist zu sagen, daß die Fußwurzelknochen, die Vorfußknochen und die Zehen sowohl hinsichtlich ihrer Form als auch ihrer Lage den Handknochen entsprechen. Interessant für uns sind hier a) die Form des Fußbogens und b) die Vorsprünge der Ferse, die auf das Fersenbein zurückzuführen sind. Ferner sei darauf hingewiesen, daß die Form der Füße vor allem auf ihrer knochigen Struktur beruht (Abb. 47)

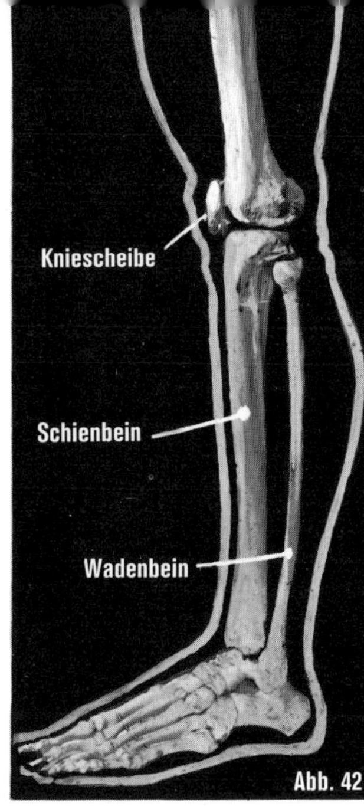

Abb. 42

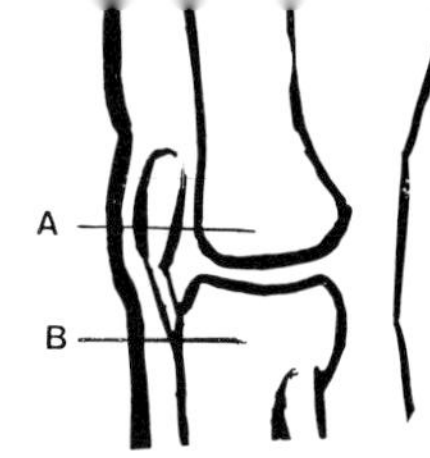

Abb. 43

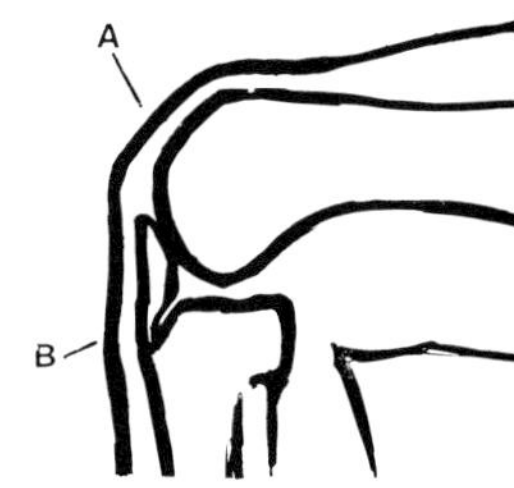

Abb. 44

Abb. 45
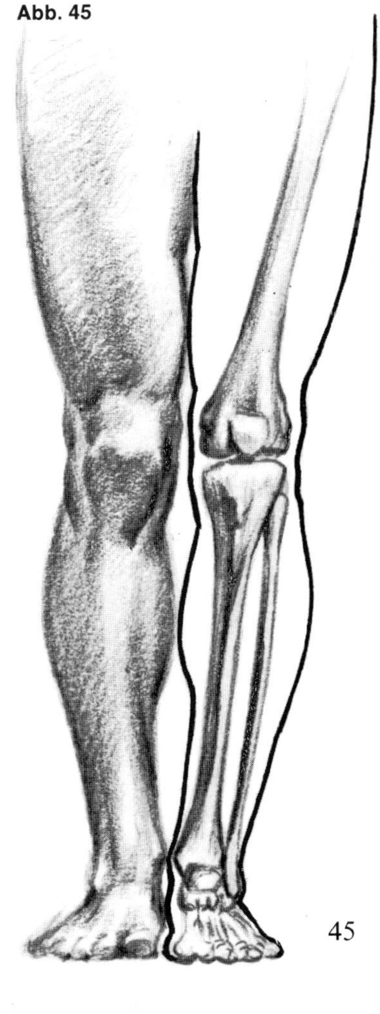

Abb. 46
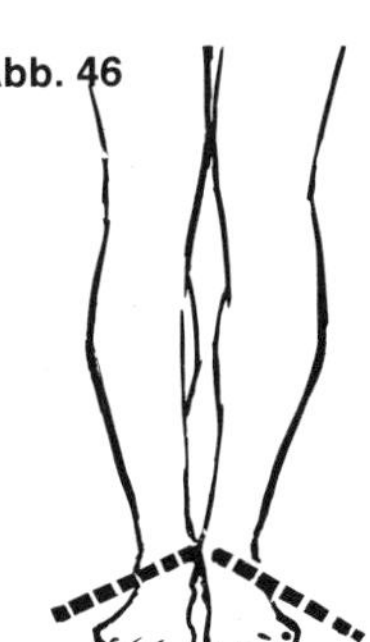

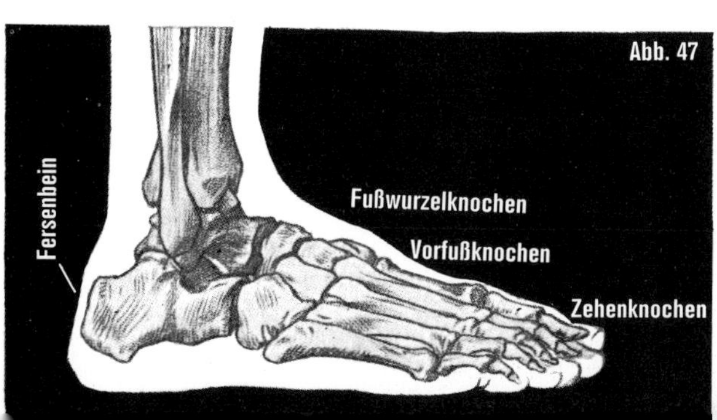

Abb. 47

Die Anatomie der Muskeln des menschlichen Körpers

Eines Tages unterhielt ich mich mit einem Hobbyzeichner. „Ich glaube, ich kann den menschlichen Körper in den korrekten Proportionen zeichnen", erklärte er. „Jeder Körperteil sitzt an seinem richtigen Platz. Aber sehen Sie sich das an. Wenn es darum geht, ihn zu modellieren, dem Arm oder Bein mit Hilfe von Schatten eine Form zu geben, weiß ich nicht mehr, was ich tun soll!"

Dieses Problem ist bei Hobbykünstlern weit verbreitet. Ihre Zeichnungen von menschlichen Körpern ähneln im allgemeinen dem schlechten Beispiel von Abbildung 48. Sie haben nur eine vage Vorstellung von der Form des menschlichen Körpers. Natürlich ist ihnen bekannt, daß sich im Arm „solch ein kugelförmiger Muskel" befindet, daß es im Knie ebenfalls ein Volumen gibt. Sie haben irgendwo gelesen, „daß der menschliche Körper ein Ganzes aus zylindrischen Formen ist". Aber das ist schon alles, und das reicht eben nicht aus. Neben Abbildung 48 sehen sie denselben Körper in gleicher Haltung, bei dem die Regeln der Anatomie berücksichtigt wurden (Abb. 49 auf der gegenüberliegenden Seite und Abb. 51 auf Seite 49).

Nun, dieses Ergebnis können Sie ebenfalls erreichen. Es ist wirklich nicht schwierig. Alles hängt von Ihrer Lernbereitschaft ab. Sie müssen sich vor allem selbst von der Notwendigkeit überzeugen, den Inhalt dieses Kapitels gründlich durchzuarbeiten. Bedenken Sie in diesem Zusammenhang folgendes:

Die äußere Form des menschlichen Körpers wird wesentlich von der Eigenform jedes einzelnen Muskels bestimmt.

Erinnern Sie sich an Ihr Studium der Kopf- und Gesichtsmuskeln im vorigen Kapitel. (Arbeiten Sie es, falls nötig, bitte noch einmal durch.) Anschließend können wir uns ohne weitere Verzögerung an das Studium der Muskeln des Körpers und der Gliedmaßen machen.

Der Körper von vorn – die wesentlichen Muskeln

Ziehen Sie bei den folgenden Erklärungen bitte die Abbildungen 50 und 51 zu Rate.

Kopfnicker: Wir finden diesen V-förmigen Muskel im Hals. Er beginnt an der Schädelbasis hinter den Ohren und endet in zwei Strängen, die am Brustbein und an der inneren Spitze des Schlüsselbeins befestigt sind. Zieht sich der Kopfnicker zusammen, beugt sich der Kopf nach vorn; gleichzeitig kann er sich auch auf die Seite legen oder in die dem Muskel gegenüberliegende Seite gedreht werden. In diesem Fall richtet sich der Kopfnicker beinahe senkrecht auf. Wie dem auch sei: er zeichnet sich stets nach außen hin ab, und die kleine dreieckige Höhle, die von den beiden unteren Muskelsträngen gebildet wird, kann deutlich sichtbar werden (Abb. 50, Punkt A). Es sei darauf hingewiesen, daß das Volumen in der Mitte des Kehlkopfes auch „Adamsapfel" genannt wird.

Abgesehen vom beschriebenen Muskel befinden sich vierzehn weitere Muskeln am Hals. Von ihnen ist hier nicht die Rede, weil sie sich nicht nach außen hin abzeichnen. Auf diese Weise ist auf Abbildung 51 der Kapuzenmuskel sichtbar, den wir später behandeln.

Großer Brustmuskel: Er bedeckt den Oberkörper, wo seine Fasern in eine kurze kräftige Sehne übergehen, die unter dem Schultermuskel hindurchläuft

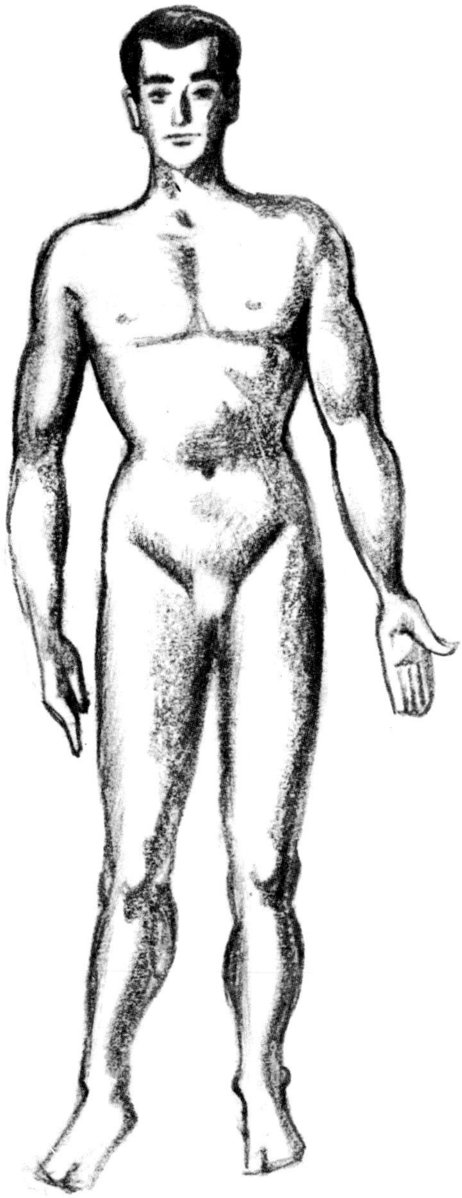

Abb. 48

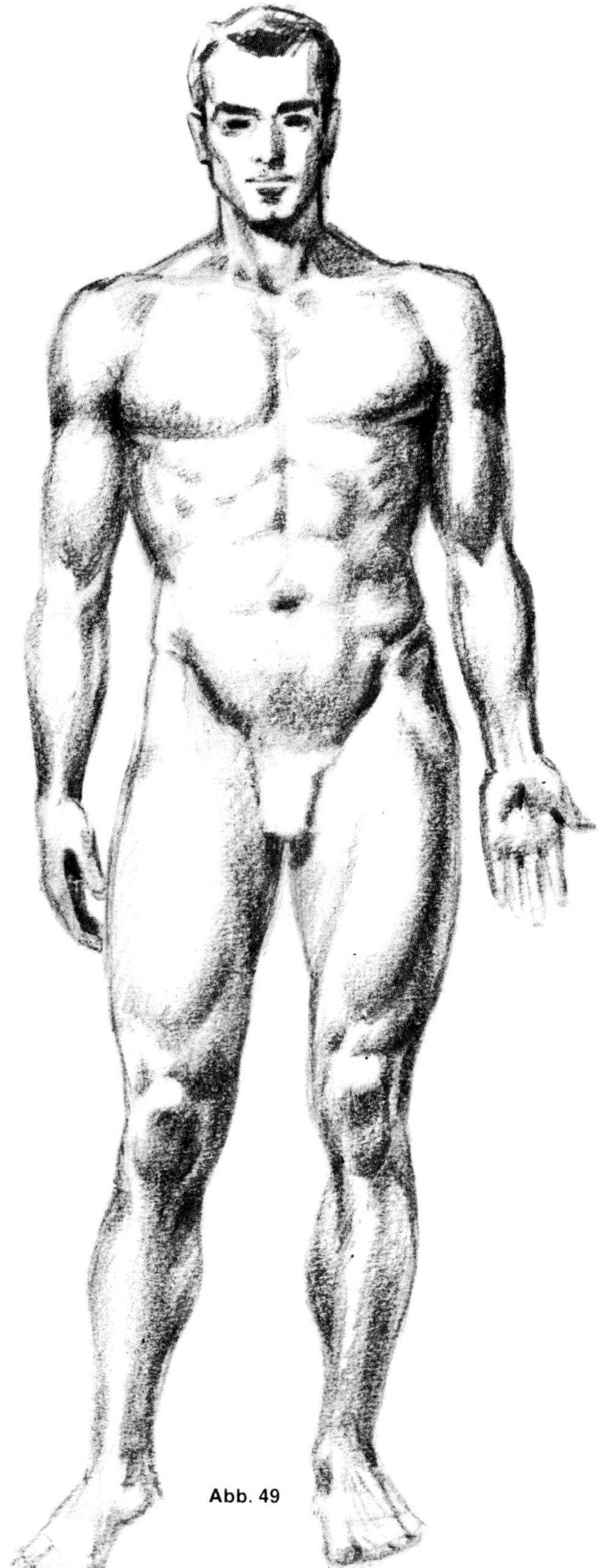

Abb. 49

und am Oberarmbein festmacht. Deshalb kann man den gehobenen Arm wieder senken. Der vorspringende Muskel in der Mitte des Torsos führt zur Bildung einer Furche (Abb. 50, Punkt B) und bestimmt ebenfalls die waagerechte Linie unter den beiden symmetrischen Teilen der Brust (C). Hebt man den Arm, wird der große Brustmuskel beinahe unsichtbar. Gleichzeitig zeichnen sich die Rippen außerordentlich stark ab. Streckt man die Arme und drückt die Hände fest zusammen, wird er verstärkt sichtbar.

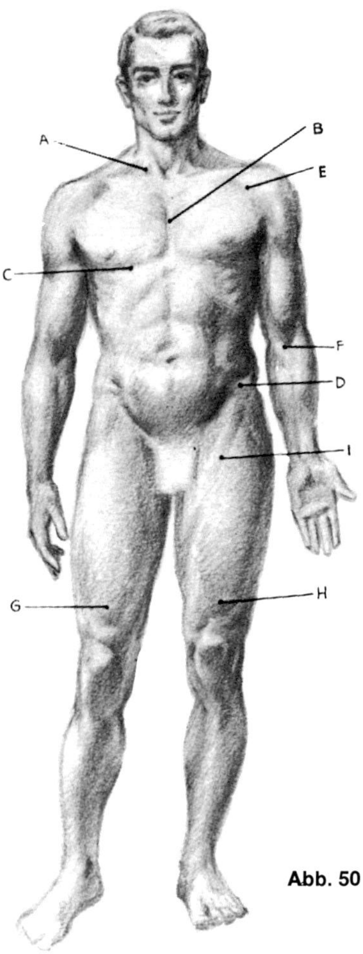

Abb. 50

Großer Sägemuskel: Man nennt ihn so, weil seine Form an die Zacken einer Säge erinnert. Der Muskel sitzt unterhalb des Brustmuskels nahe der Achselhöhle. Wir benutzen ihn, um das Schulterblatt vorzuschieben und die Schulter hochzuziehen. Er greift auch beim Heben der Rippen ein. Der Muskel ist bei muskulösen Menschen zu beiden Seiten des Brustkorbs stark sichtbar. Vor allem im oberen Teil zeichnet er sich ab, während sich sein Volumen nach unten hin verringert.

Schräger Bauchmuskel: Er sitzt zu beiden Seiten des Brustkorbs und reicht bis zu den Hüften. Dadurch ermöglicht er gewisse Bewegungen des Thorax und des Beckens. Es handelt sich um jenen Teil des Brustkorbs, der sich an den Seiten abzeichnet. In seinem unteren Teil nahe den Hüften und den Leisten bildet er einen kaum wahrnehmbaren waagerechten Vorsprung (D).

Gerader Bauchmuskel: Er besteht aus drei oder vier rechteckigen Paaren, die auf der mittleren Ebene des Leibes liegen. Das letzte Paar befindet sich stets unterhalb des Nabels. Dieser Muskel greift ein, wenn man den Brustkorb zum Becken hinabbeugt und umgekehrt. Er zeichnet sich beim stehenden Körper ab.

Schultermuskel: Er bedeckt die Schulter wie eine Kapuze. Mit ihm schieben wir die Schulter vor und zurück und ziehen sie vor allem nach oben. Er tritt außerdem in Aktion, wenn man die Arme hebt, indem man sie nach hinten zieht. Jede Bewegung des Arms beeinflußt den Schultermuskel, der seinerseits unmittelbar von der jeweiligen Form des großen Brustmuskels abhängig ist. Die als Punkt E bezeichnete Einbuchtung ist bei muskulösen Gestalten stark sichtbar (Abb. 50).

Bizeps: Wir kennen seine umfangreiche zylindrische Form auf der Vorderseite des Arms, wenn dieser entspannt ist. Wir benutzen ihn, um den Unterarm zu beugen. Er tritt auch beim Heben des Arms in Aktion. Der Muskel ist sehr kräftig und gut sichtbar.

Runder Einwärtsdreher: Er liegt schräg an der Innenseite des Unterarms, nahe dem Gelenk. Wie sein Name besagt, dreht er die Hand einwärts. Seine Form ist vor allem im oberen Teil gut sichtbar, wo er mit dem Armspeichenmuskel und der Spitze des Bizeps jenes „V“ bildet, das für die Ellenbeuge charakteristisch ist.

Armspeichenmuskel: Er hält den Unterarm in einer Mittelposition zwischen Einwärtsdrehung und Auswärtsdrehung. Er tritt vor allem bei der Beugung des Arms in Aktion. Dann zeichnen sich seine Form und sein Volumen klar ab.

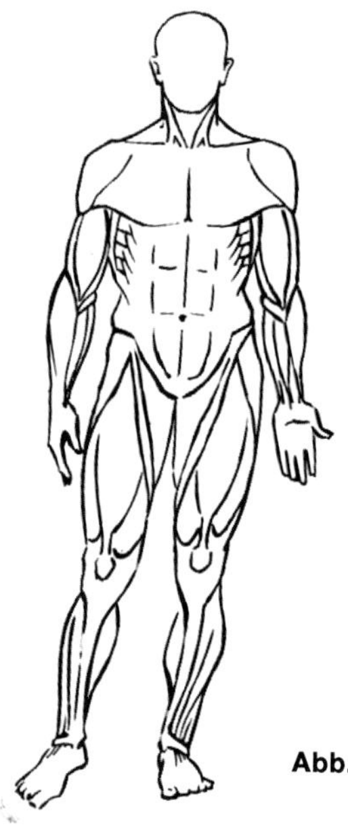
Abb. 51A

Großer und kleiner Speichenbeuger: Sie bilden den vorderen und mittleren Teil des Unterarms. Ihr Volumen wird vor allem sichtbar, wenn man die Hand zum Unterarm hin beugt. Wenn man zum Bei-

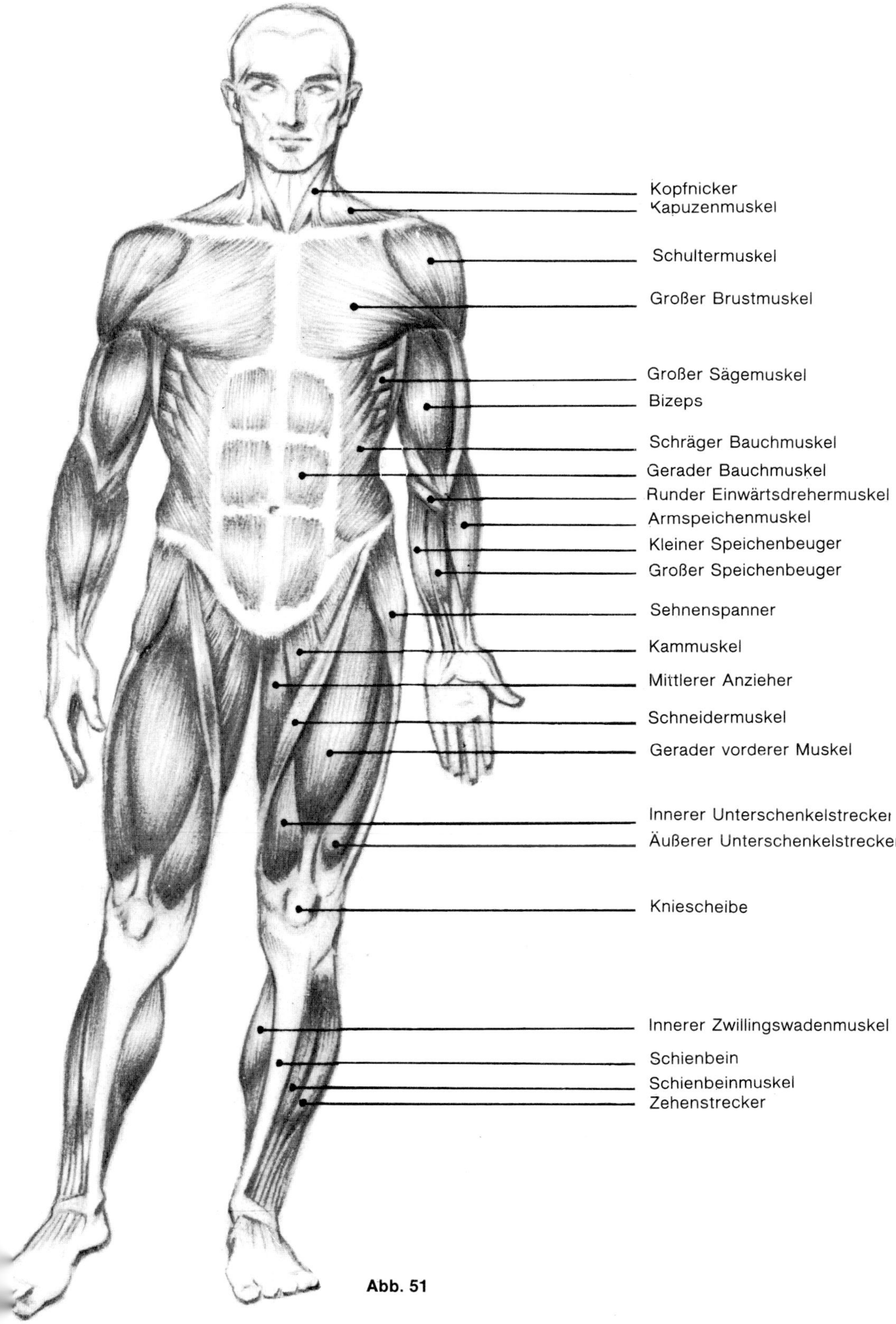
Kopfnicker
Kapuzenmuskel
Schultermuskel
Großer Brustmuskel
Großer Sägemuskel
Bizeps
Schräger Bauchmuskel
Gerader Bauchmuskel
Runder Einwärtsdrehermuskel
Armspeichenmuskel
Kleiner Speichenbeuger
Großer Speichenbeuger
Sehnenspanner
Kammuskel
Mittlerer Anzieher
Schneidermuskel
Gerader vorderer Muskel
Innerer Unterschenkelstrecker
Äußerer Unterschenkelstrecker
Kniescheibe
Innerer Zwillingswadenmuskel
Schienbein
Schienbeinmuskel
Zehenstrecker

Abb. 51

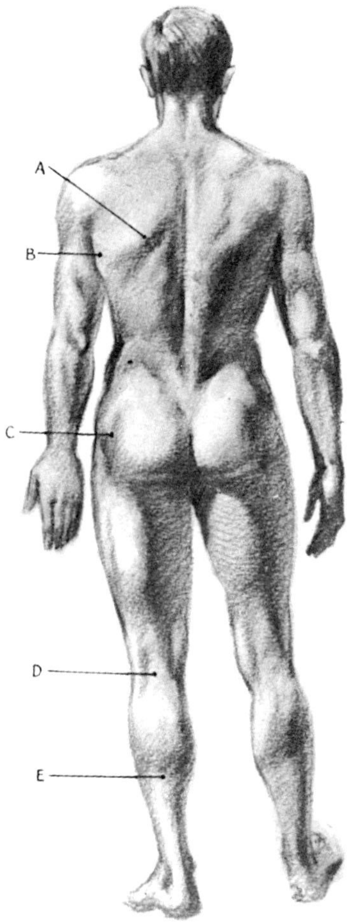

Abb. 52

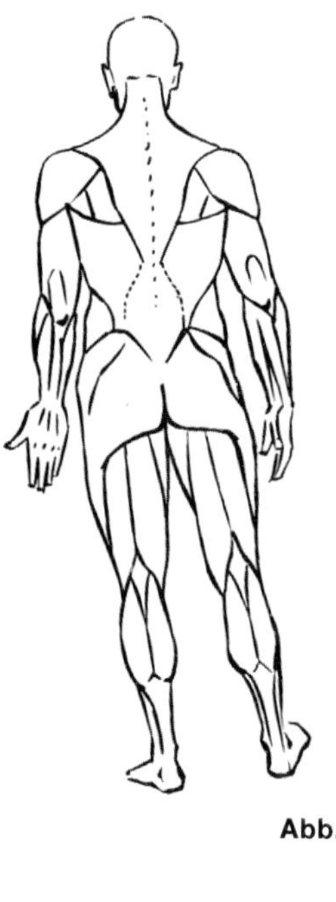

Abb. 53A

spiel die Hand zur Faust schließt, sind die Sehnen an den Enden der Muskeln auf der Vorderseite des Handgelenks gut zu sehen.

Sehnenspanner: Diesen Muskel werden wir beschreiben, wenn wir den seitlichen Körper behandeln. Begnügen Sie sich hier im Augenblick mit seiner Form und Lage.

Kammuskel und Anzieher: Sie bedecken die obere Innenseite des Schenkels nahe der Leiste. Trotzdem beeinflussen sie die Form dieser Körperpartie nur wenig.

Innerer Unterschenkelstrecker: Sie finden ihn auf der Innenseite des Oberschenkels nahe dem Knie.

Gerader vorderer Muskel: Er beginnt in der Hüfte und endet in einer Sehne am Schienbein. Er gehört zu den Muskeln, die auf die Schenkel einwirken, wie wir später noch sehen werden.

Äußerer Unterschenkelstrecker: Er befindet sich in der Außenseite des Schenkels nahe dem Knie. Der Block aus dem geraden vorderen Muskel sowie dem inneren und äußeren Unterschenkelstrecker bestimmt die von vorn gesehene Form des Schenkels. Die Unterschenkelstrecker treten gemeinsam mit dem geraden vorderen Muskel beim Heben des Beins, zum Beispiel um einen Fußtritt auszuteilen, in Aktion. Während dieser Bewegung ziehen sich die drei Muskeln zusammen, und ihre Formen werden eins, so daß sie sich nur als Ganzes abzeichnen. Im entspannten Zustand, wenn das Bein ganz langsam gebeugt wird, zeichnen sich die unteren Vorsprünge der drei Muskeln oberhalb des Knies deutlich einzeln nach außen hin ab (G). Betrachtet man dasselbe angespannte Bein bei starker Muskelkontraktion, erkennt man, wie sich die drei Muskeln deutlicher abzeichnen. Wie die Kniescheibe rutschen sie ein wenig in die Höhe (H).

Schneidermuskel: Hierbei handelt es sich um einen langen, bänderförmigen Muskel, der in der Hüfte beginnt, vorn diagonal über den Schenkel läuft und auf dei Außenseite des Knies endet (genauer gesagt, im Gelenkende des Schienbeins). Er ermöglicht das Anziehen des Schenkels an das Becken und das Übereinanderschlagen der Beine. Seine Form und Lage bilden eine flache Furche im Oberschenkel, die den Block aus dem vorderen Muskel und dem Schenkelstrecker schräg in zwei Teile teilt (I).

Innerer Zwillingswadenmuskel: Ihn wollen wir bei der Behandlung der von hinten gesehenen Gestalt untersuchen. Beachten Sie hier nur seine Form und seine Lage.

Schienbein: Hierbei handelt es sich natürlich nicht um einen Muskel, sondern um einen Knochen. Wir erwähnen ihn hier ebenso wie die Kniescheibe, weil er von außen stark sichtbar ist.

Vorderer Schienbeinmuskel: Er befindet sich am Schienbein auf der Außenseite des Beins. Er reicht vom Knie bis zum Fuß, den er nach oben ziehen kann. Manchmal erkennt man die Furche, die diesen Muskel vom Zehenstrecker trennt.

Zehenstrecker: Er befindet sich an der Außenseite des Beins. Wie der Name andeutet, ermöglicht er die Bewegung und die Streckung der Zehen. Im unteren Abschnitt endet er in einer Reihe normalerweise sichtbarer Sehnen, die verzweigt an der Achse der Zehen festgemacht sind.

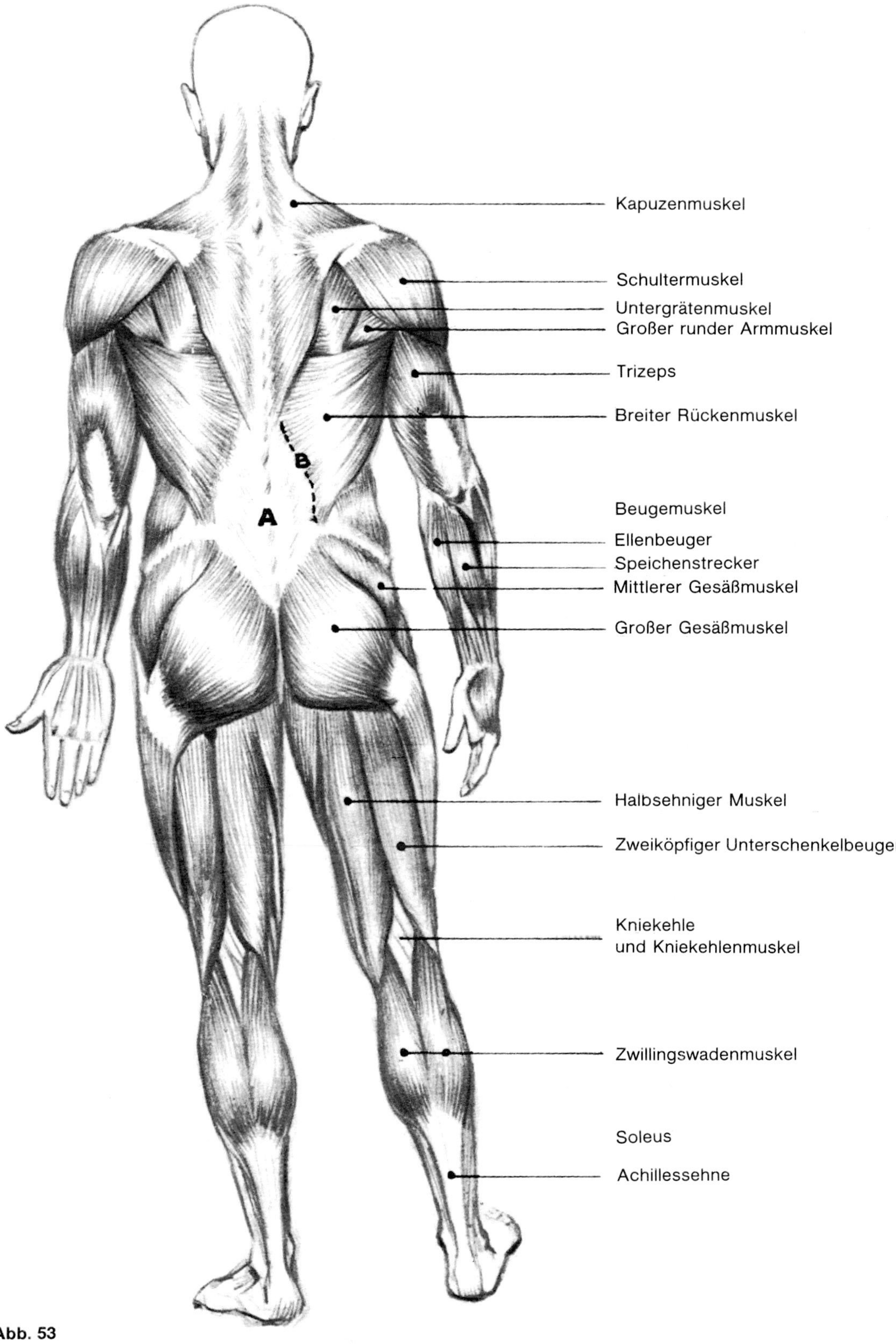
Kapuzenmuskel
Schultermuskel
Untergrätenmuskel
Großer runder Armmuskel
Trizeps
Breiter Rückenmuskel
B
A
Beugemuskel
Ellenbeuger
Speichenstrecker
Mittlerer Gesäßmuskel
Großer Gesäßmuskel
Halbsehniger Muskel
Zweiköpfiger Unterschenkelbeuger
Kniekehle
und Kniekehlenmuskel
Zwillingswadenmuskel
Soleus
Achillessehne

Abb. 53

Der Körper von hinten – die wesentlichen Muskeln

Verfolgen Sie die nachstehenden Erklärungen anhand der Abbildungen auf den Seiten 51 und 53.

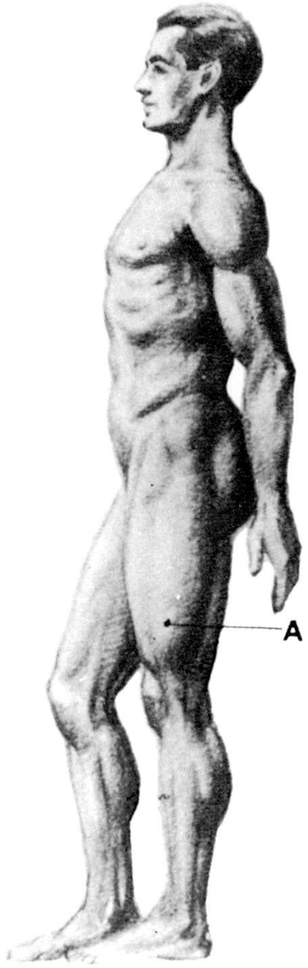

Abb. 54

Der Kapuzen- oder Trapezmuskel: Er besitzt im großen und ganzen die Form einer Kapuze oder eines unregelmäßigen Vierecks, ähnelt also dem geometrischen Trapez, dem er einen seiner Namen verdankt. Der Muskel befindet sich im oberen Teil des Rückens und im hinteren Teil des Nackens. Er ist ebenfalls von vorn sichtbar, wie auf Abbildung 51 zu erkennen. Der Kapuzenmuskel zieht sich teilweise oder ganz zusammen. Im ersten Fall hebt er die Schultern an, beugt den Kopf auf die entsprechende Seite und zieht das Schulterblatt hinaus. Tritt der gesamte Muskel in Aktion, schiebt er die Schulterblätter zur Mitte, und die oberen und seitlichen Ränder des Muskels zeichnen sich deutlich ab.

Untergrätenmuskel und großer runder Armmuskel: Beide Muskeln bilden die Dreiecke über und zu beiden Seiten des Schulterblattes. Beide wirken auf das Oberarmbein ein und helfen, den Arm nach vorn zu heben und nach hinten zu strecken. Der Untergrätenmuskel wird vor allem sichtbar, wenn man den Arm nach hinten wirft und in eine Rotationsbewegung nach außen bringt. Das Zusammenziehen des Kapuzenmuskels, des Untergrätenmuskels und des großen runden Armmuskels verhindert allerdings in seltenen Fällen auch, daß sich die Schulterblätter nach außen abzeichnen (Abb. 52, Punkt A).

Breiter Rückenmuskel: Betrachten Sie auf Abbildung 53 die Form dieses Rückenmuskels. In der Mitte und am unteren Ende des Rückens finden Sie eine etwas hellere Raute (Abb. 53, Punkt A). Diese bezeichnet man als *Aponeurose* (Sehnenhautblatt). Es handelt sich um eine flache Sehne (eine sehnige Membrane), die hier die normalerweise strangförmigen Sehnen ersetzt. (Auf Abbildung 51 finden Sie am Ende des geraden vorderen Muskels des Oberschenkels eine strangförmige Sehne, die den Muskel mit der Kniescheibe verbindet.) Der breite Rückenmuskel wirkt auf das Oberarmbein ein. Mit seiner Hilfe kann man den Arm senken und nach hinten ziehen. Genau in Höhe der Achselhöhlen verbreitert sich der Muskel seitwärts. Dadurch bildet er jenen länglichen Vorsprung im Rücken, der außerordentlich stark zutage tritt, wenn man den Arm hebt. Beugt sich der Körper zurück, zieht sich der breite Rückenmuskel zusammen, und die aponeurotische Linie verstärkt sich und wird sichtbar (Linie B auf Abb. 53).

Mittlerer Gesäßmuskel: Er befindet sich im oberen Teil des Gesäßes und bestimmt dessen Form sowie die der Hüften. Dort steht er auch ein wenig vor.

Großer Gesäßmuskel: Dies ist der umfangreichste Gesäßmuskel. Er tritt wie der vorige bei gewissen Bewegungen des Oberschenkelbeins in Aktion, um das Bein zu strecken oder das Oberschenkelbein zu drehen. Bei stehendem Körper ist der Muskel völlig oder teilweise entspannt. Beugt sich der Körper zurück und ziehen sich die Muskeln kräftig zusammen, ändert das Gesäß seine Form. Es verschmälert sich an der Seite.

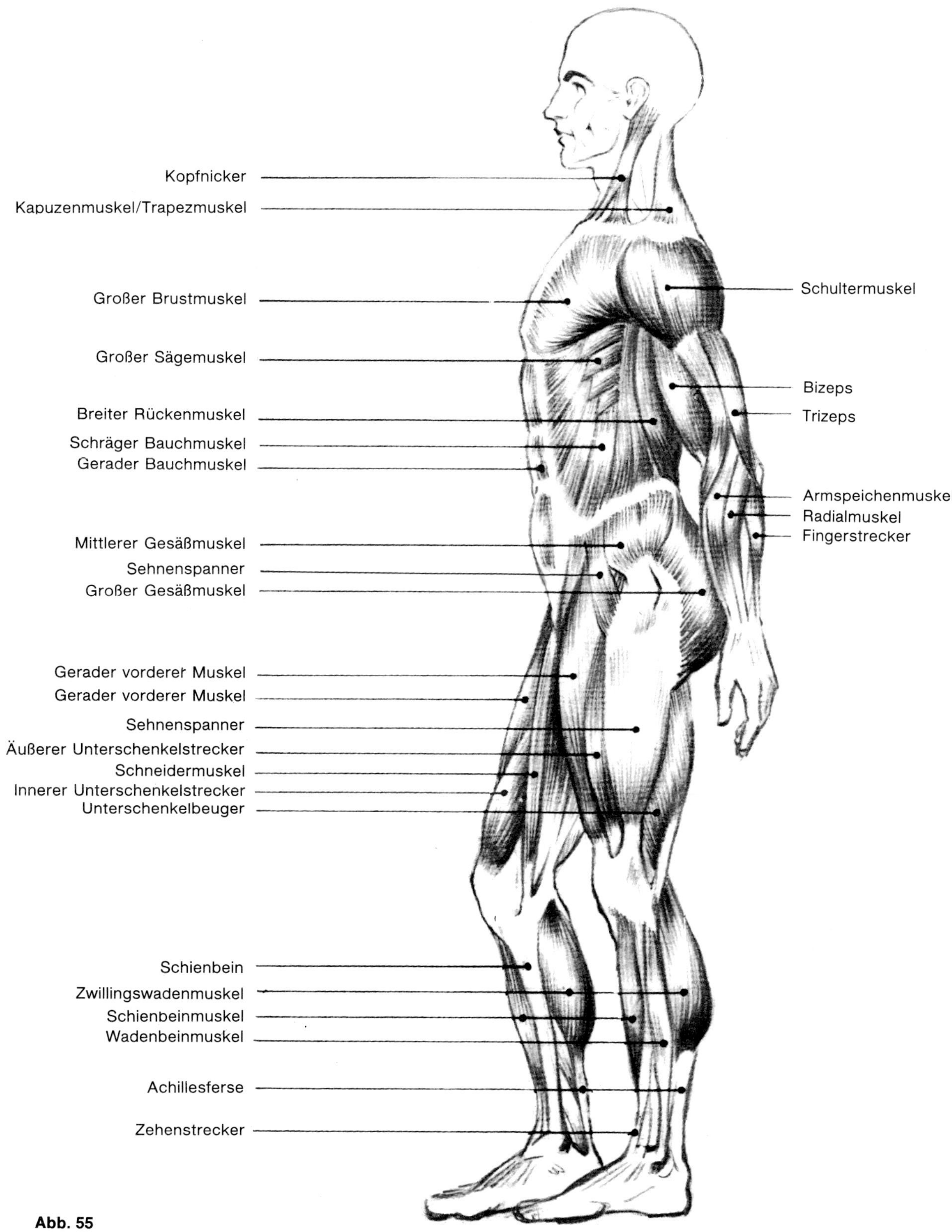
Kopfnicker
Kapuzenmuskel/Trapezmuskel
Großer Brustmuskel
Großer Sägemuskel
Breiter Rückenmuskel
Schräger Bauchmuskel
Gerader Bauchmuskel
Mittlerer Gesäßmuskel
Sehnenspanner
Großer Gesäßmuskel
Gerader vorderer Muskel
Gerader vorderer Muskel
Sehnenspanner
Äußerer Unterschenkelstrecker
Schneidermuskel
Innerer Unterschenkelstrecker
Unterschenkelbeuger
Schienbein
Zwillingswadenmuskel
Schienbeinmuskel
Wadenbeinmuskel
Achillesferse
Zehenstrecker
Schultermuskel
Bizeps
Trizeps
Armspeichenmuskel
Radialmuskel
Fingerstrecker

Abb. 55

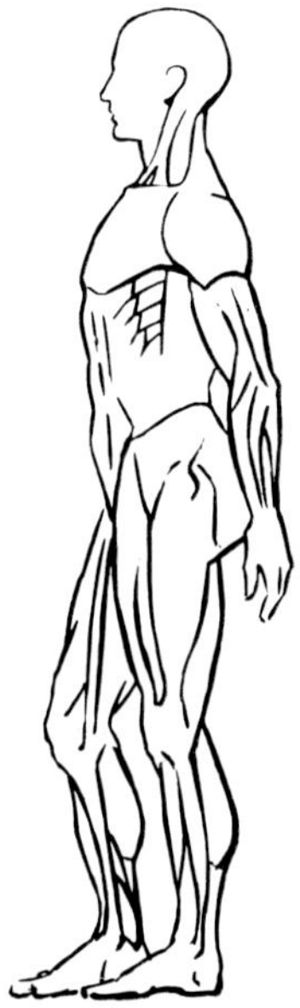

Abb. 55A

Halbsehniger Muskel und zweiköpfiger Unterschenkelbeuger: Diese beiden Muskeln bilden die Rückseite des Schenkels. Sie verhalten sich ein wenig wie der Bizeps des Arms, ermöglichen hier jedoch das Anziehen des Unterschenkels an den Oberschenkel. Ziehen sie sich zusammen – bei gebeugtem Bein –, zeichnen Sie sich stark ab. Das gilt vor allem für die beiden Sehnen am Ende, die zu beiden Seiten des Knies befestigt sind. Die Fläche zwischen den beiden Sehnen und der Verbindungsstelle mit dem Zwillingswadenmuskel hinter dem Kniegelenk bildet eine sechseckige Höhlung, die Kniekehle (Abb. 52, D).

Innerer und äußerer Zwillingswadenmuskel: Diese Muskeln bilden die Wade. Sie beginnen beide in der Kniekehle, laufen anschließend zusammen und enden in einer langen, robusten Sehne, der Achillessehne. Die Achillessehne ist die stärkste und dickste Sehne des menschlichen Körpers. Sie ist ihrerseits mit dem Fersenbein verbunden. Die Wadenbeinmuskeln dienen der Bewegung. Man braucht sie beim Gehen, Laufen. Ihr umfangreiches spindelförmiges Äußeres bestimmt die Form der Wade. In Höhe jener Stelle, wo der Muskel in die Achillessehne übergeht (Abb. 52, E), ist deutlich eine Verschmälerung festzustellen.

Der Körper von der Seite – die wesentlichen Muskeln

Hier handelt es sich um dieselben Muskeln, die wir schon anhand der vorigen Abbildungen untersucht haben. Betrachten Sie sie trotzdem noch einmal von der Seite. Folgende Muskeln kommen noch dazu:

Radialmuskel: Er befindet sich im Unterarm neben dem Auswärtsdreher. Er bewegt die Hand und streckt sie. Seine Konturen verschmelzen mit denen des Auswärtsdrehens, und man hat den Eindruck, einen einzigen Muskel vor sich zu haben. Trotzdem zeichnet sich der Radialmuskel ab, wenn man ein Gewicht in der Hand hebt und diese dabei gleichzeitig beugt.

Sehnenspanner: Er sitzt oben in der Außenseite des Schenkels und ist oben am Hüftbein und unten am Schienbeinkopf befestigt. Der Spanner wirkt auf die Oberschenkelsehnenhaut ein und ist beim Heben und Senken des Beins beteiligt. Er hilft auch, das Gleichgewicht zu halten, wenn der Körper auf einem Bein steht. Er zeichnet sich stets ab, vor allem aber beim gebeugten Schenkel, denn er ist nur selten völlig entspannt (Abb. 54, A)

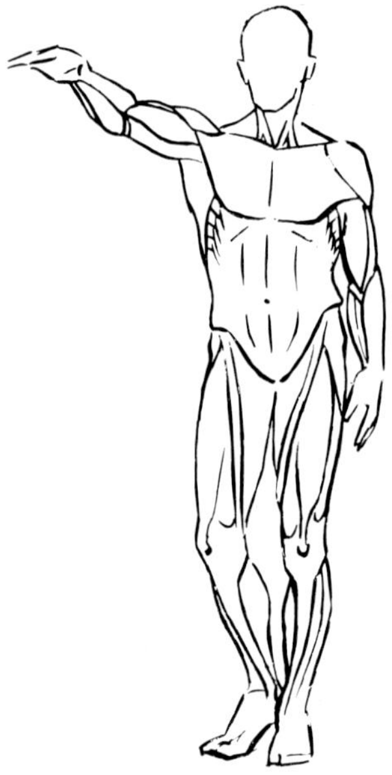

Abb. 56A

Eine praktische Übung

Nachdem Sie dieses Kapitel aufmerksam durchgearbeitet haben, sollen sie jetzt die Muskelschemata selbst zeichnen. Beginnen Sie mit den drei Körpern von vorn, von der Seite und von hinten (Abb. 51, 53, 55). Damit Sie besser verstehen, worum es sich bei den Schemazeichnungen handelt, habe ich sie schon abgebildet (Abb. 51A, 53A, 55A). Nur die Umrisse eines jeden Muskels sind wiedergegeben. Zweck der Übung ist, Form und Lage der Muskeln im Körper festzuhalten. Legen Sie diese Skizzen in einem größeren Maßstab an (etwa 20 cm hoch). Bauen Sie die Körper auf, und legen Sie dabei besonderen Wert auf die Genauigkeit der Umrisse. Zeichnen Sie anschließend die inneren Begrenzungen eines jeden Muskels, und geben Sie seinen Namen an.

Beginnen Sie nun mit den Skizzen 56, 57, 58. Untersuchen Sie gleichzeitig die Lage und die Form jedes einzelnen Muskels. Beachten Sie zum Beispiel, welche Form der große vordere Muskel und die dazugehörigen inneren und äußeren Unterschenkelstrecker auf dem von vorn gesehenen Körper am rechten Bein annehmen, wenn sie sich zusammenziehen und nur noch eine einzige umfangreiche, längliche Wölbung bilden. Am linken Bein sind sie dagegen entspannt, so daß alle drei Wölbungen klar abgegrenzt sichtbar bleiben. Der gerade vordere Muskel liegt dabei im Vergleich zu den Unterschenkelstreckern etwas höher. Beachten Sie ebenfalls die besondere Form des rechten Brustmuskels bei gehobenem Arm. Hier werden der Rippenbogen in Höhe der Magengrube sowie der große Sägemuskel etc. sichtbar.

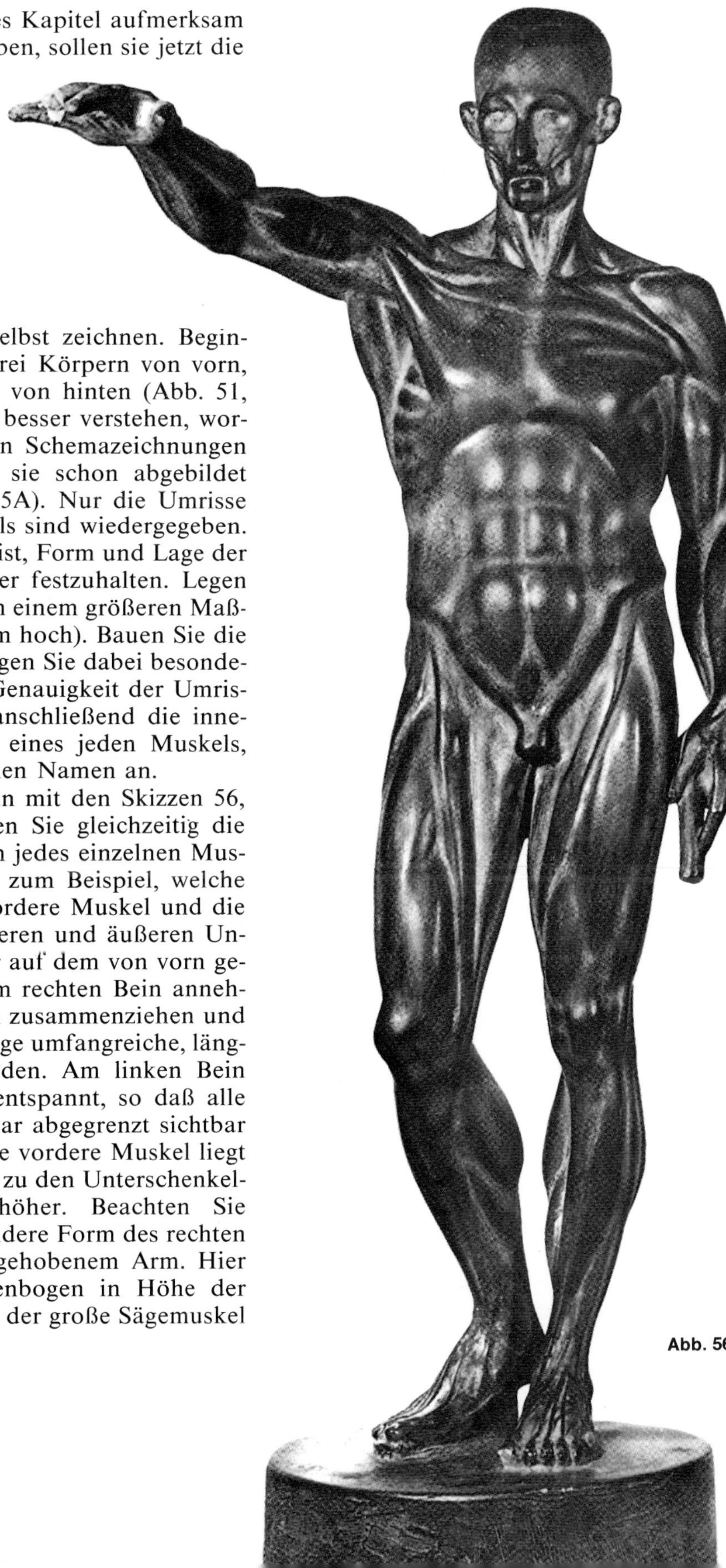

Abb. 56

Beachten Sie auf Abbildung 57 die Lage und die Form des Kopfnickers am Hals. Am ausgestreckten Arm sind die V-förmige Verschmälerung – ausgehend von der dicksten Stelle des Bizeps' – sowie der Beginn des Auswärtsdrehers und der Hohlhandmuskel deutlich zu erkennen. Beachten Sie die Vertiefung an jener Stelle des Unterarms, an der die Muskeln zusammenlaufen. Betrachten Sie ebenfalls die kleine bandartige Wölbung in Höhe des Einwärtsdrehers. Studieren Sie die typischen Wölbungen des großen Sägemuskels (diesen Muskel lassen zahlreiche Zeichner völlig außer acht) und die Senkung

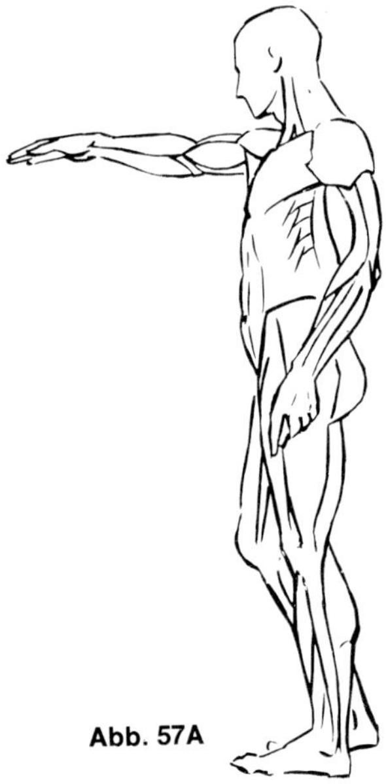

Abb. 57A

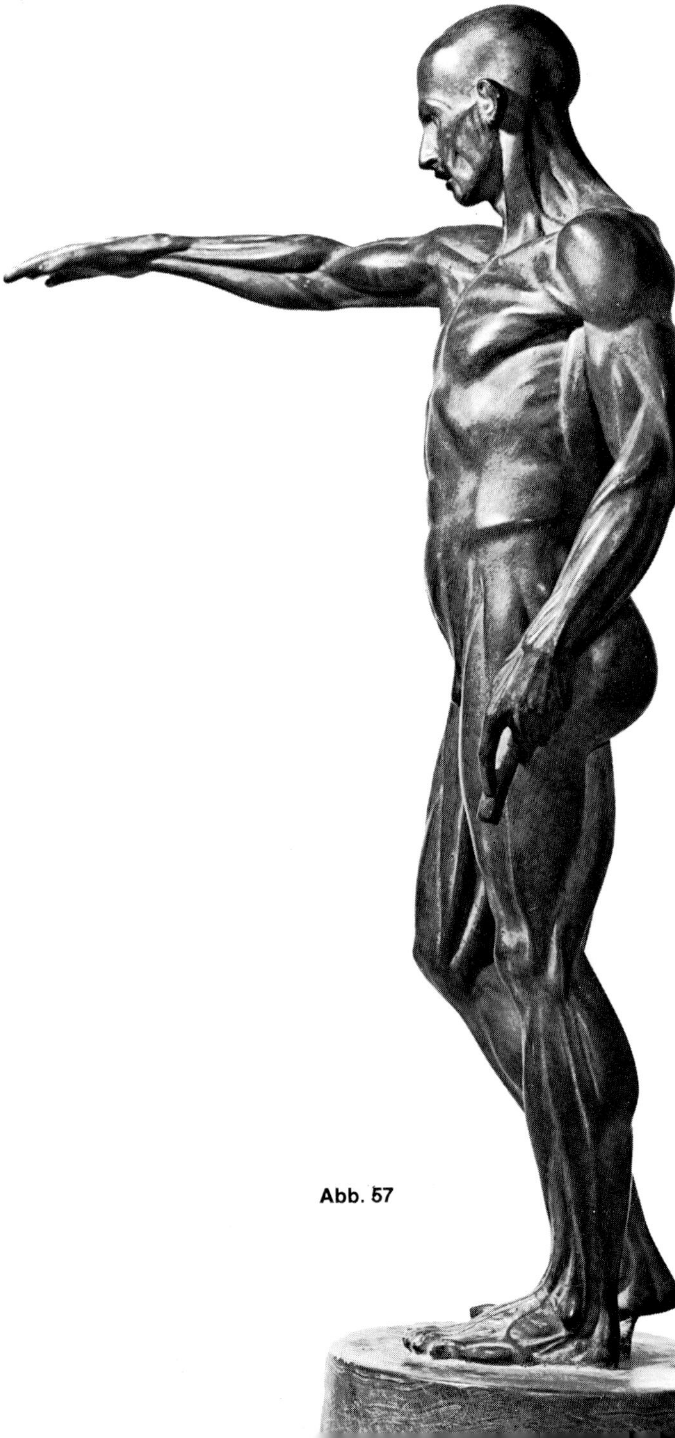

Abb. 57

aufgrund des Rippenbogens. Vergessen Sie keinesfalls die sich abzeichnenden Sehnen im Schenkel und die starke Verschmälerung der Waden dort, wo die kräftigen Zwillingswadenmuskel zur Achillessehne auslaufen.

Überprüfen Sie auf der Rückenansicht von Abbildung 58 nun, wie sich das Schulterblatt bei gehobenem und nach vorn gestrecktem Arm spreizt. (Denken Sie daran, daß das Schlüsselbein ebenso reagiert.) Der Abdruck der Schulterblätter und die Vertiefung der Wirbelsäule treten klar zutage. Erkennen Sie, wie die Ränder des Kapuzenmuskels in dieser Vertiefung zusammen-

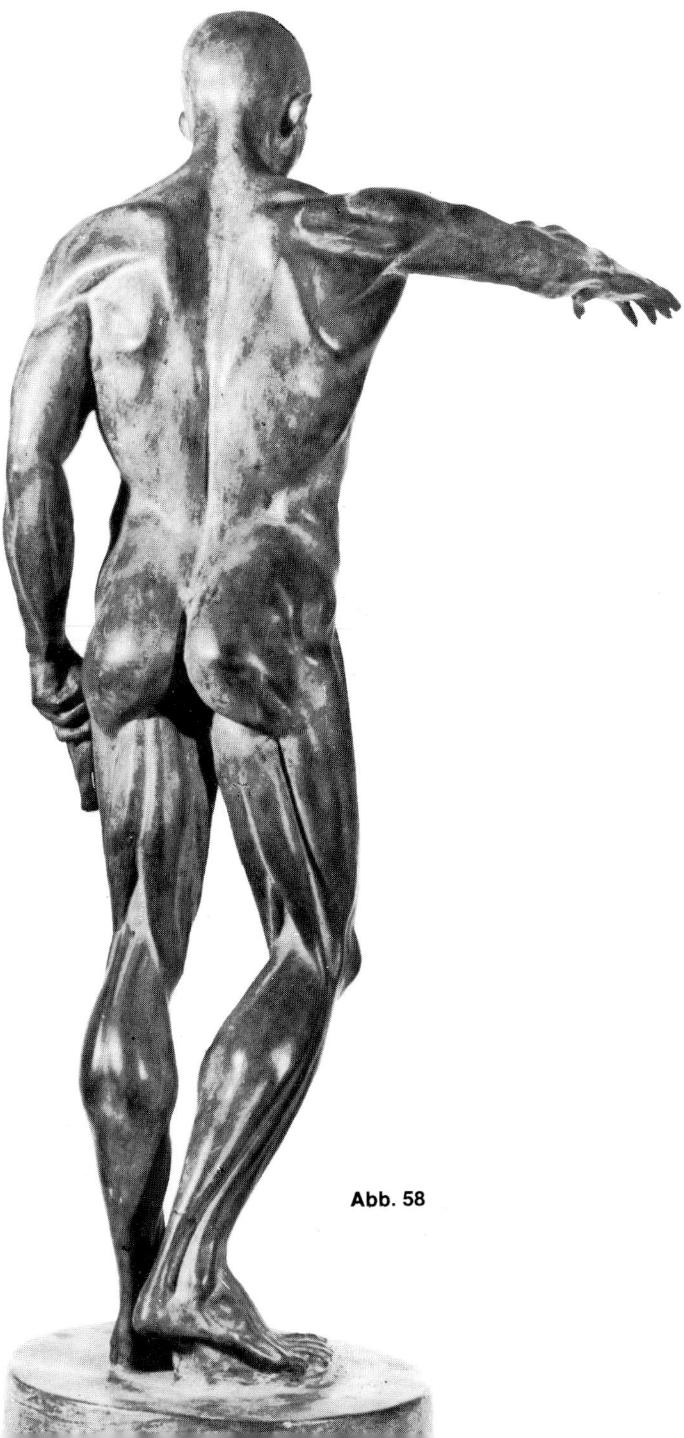

Abb. 58

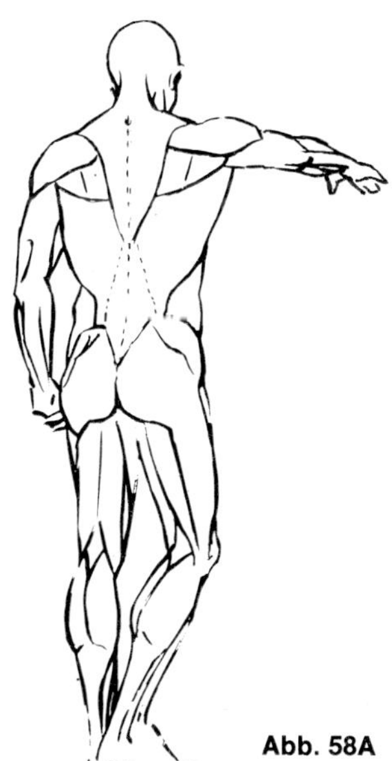

Abb. 58A

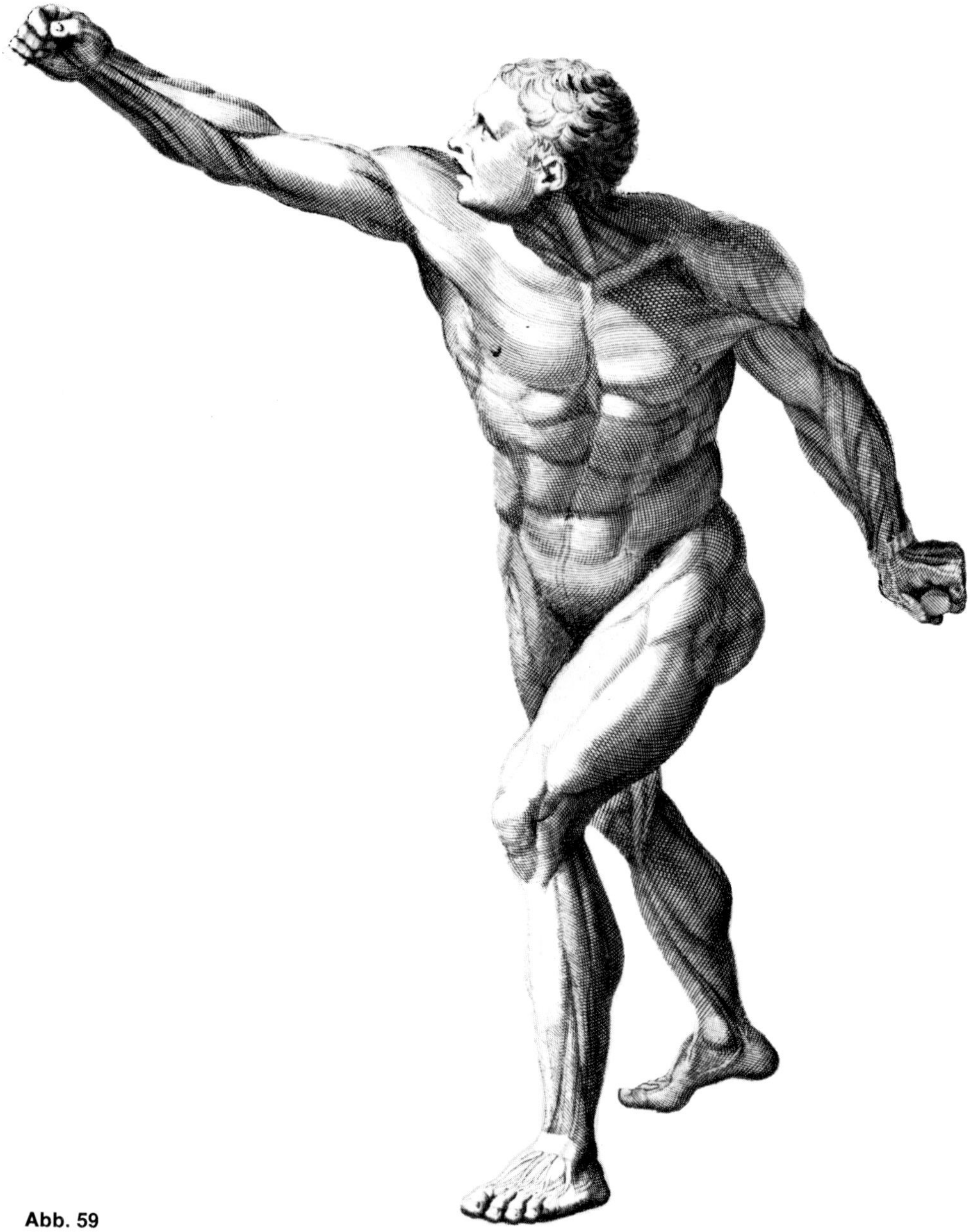

Abb. 59

laufen? Und weiter unten die Begrenzung des breiten Rückenmuskels und auf der linken Schulter den unteren Rand des Schultermuskels? Untersuchen wir nun die Beine. Sie erkennen hier die Sehnen des Unterschenkelbeugers und des halbsehnigen Muskels, die von der Kniekehle hinablaufen. Diese sind sehr wichtig und am rückwärtigen Bein sichtbar.

Werden sie schon langsam mit jenem eigenartigen Zusammenspiel von Muskeln, Sehnen und Sehnenhäuten vertraut?

Sie können jetzt das Muskelschema zweier weiterer Gestalten zeichnen. Sie halten sich genau an die Anatomie, wie sie die Künstler der Renaissance zeichneten – hier nach der griechischen Skulptur „Der Gladiator“. Wie Sie se-

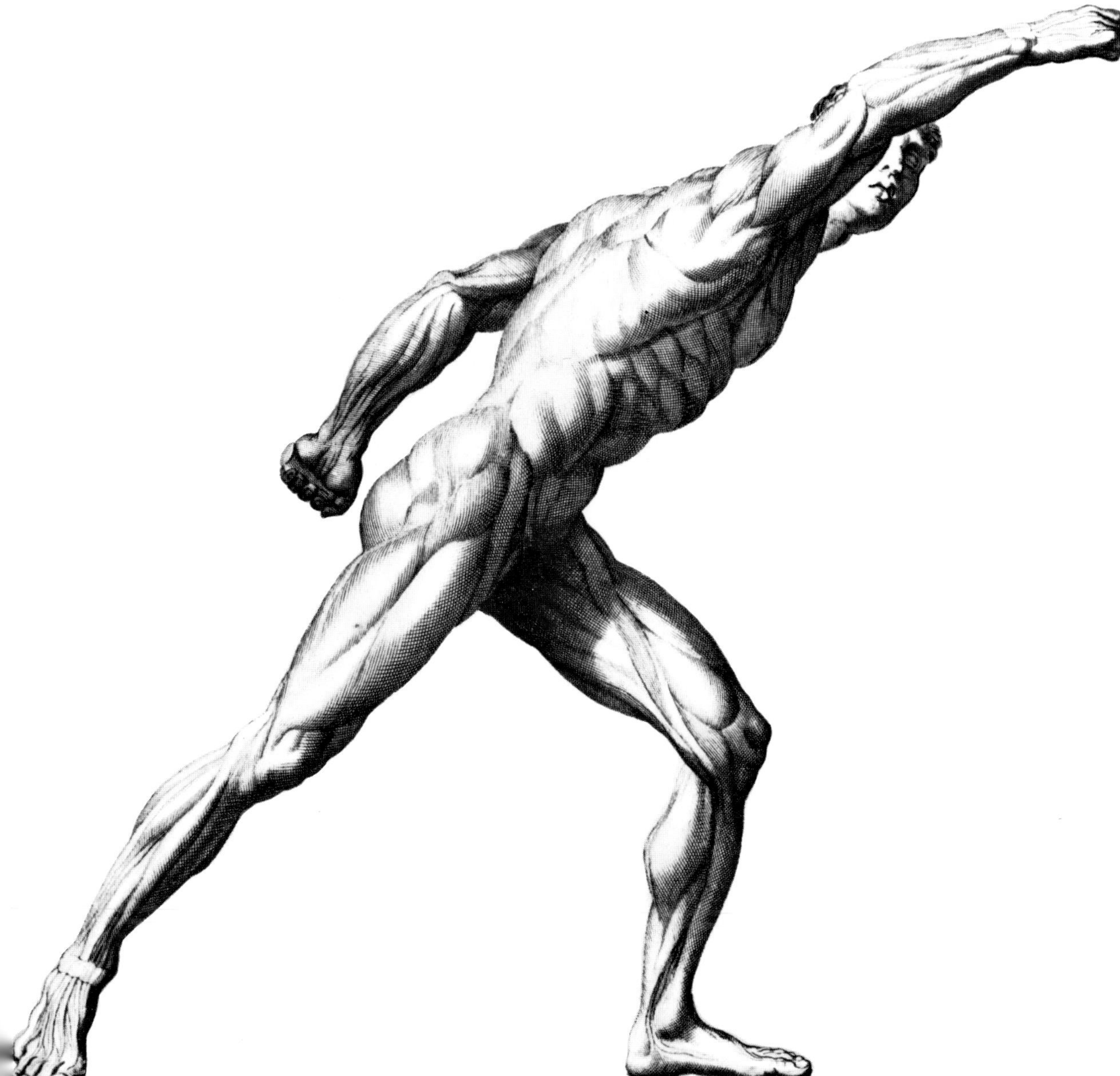

Abb. 60

hen, handelt es sich um denselben Körper, einmal von vorn und einmal von der Seite gesehen. Die gesamten Muskeln sind aus didaktischen Gründen mit einem auffälligen Relief wiedergegeben worden.

Sind Sie in der Lage, diese detaillierte Studie zu vereinfachen und zu schematisieren und dabei die Form und die Lage von Kopfnicker, Brustmuskel, Schultermuskel usw. bis hin zur Achillessehne präzise wiederzugeben?

Verfahren Sie nun ebenso – ich weiß, das ist schwieriger – mit der Abbildung der „Lakoongruppe“ auf Seite 33. Zögern Sie nicht. Wovor haben Sie Angst?

Vergleichende Anatomie

Die Tierzeichnung

Ohne das Thema vertiefen zu wollen, stellen wir beim Vergleich der wesentlichen Punkte der menschlichen Struktur mit der der Tiere fest, daß die Unterschiede rein äußerlich sind. Bei den Säugetieren (mit Ausnahme einiger reiner Wassertiere) finden wir zum Beispiel immer einen Kopf, einen Rumpf und vier Extremitäten. Dieselben Elemente treffen wir auch bei den Vögeln und gewissen vierfüßigen Reptilien an.

Nachdem Sie jetzt die Struktur, also das Skelett des Menschen kennen, fällt es Ihnen gewiß nicht schwer, die charakteristische Form der meisten Tiere zu verstehen und zu behalten. Sie brauchen nur genau hinzuschauen, zu vergleichen, zu untersuchen und sich die Größe und die Lage der wichtigsten Knochen zu merken. Sehen Sie sich dann einem Pferd, einem Hund oder einem Vogel gegenüber, können Sie sich das innere „Gerüst“, das ihre Form und ihre Bewegungen bestimmt, leicht vorstellen.

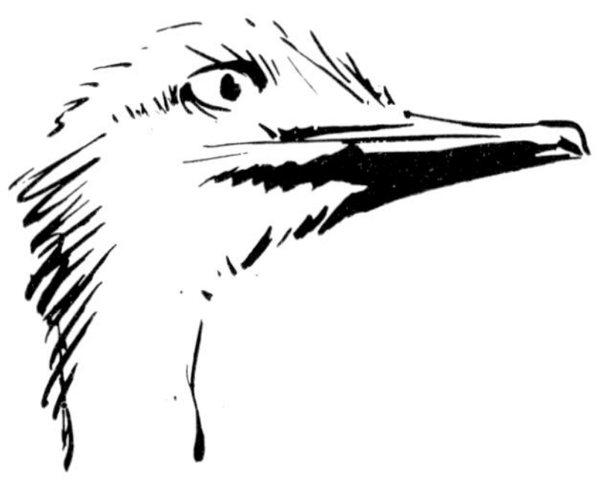

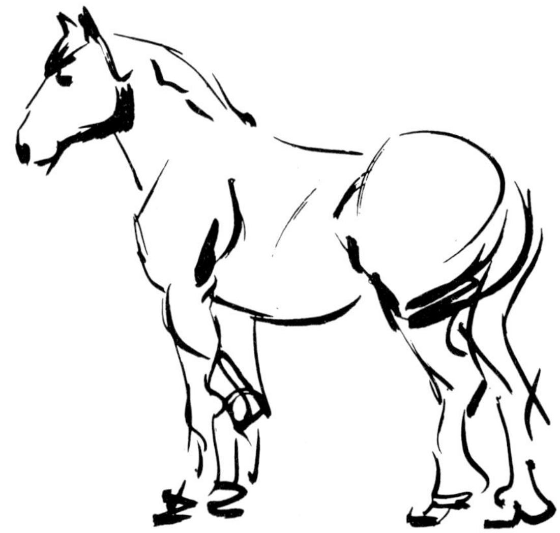

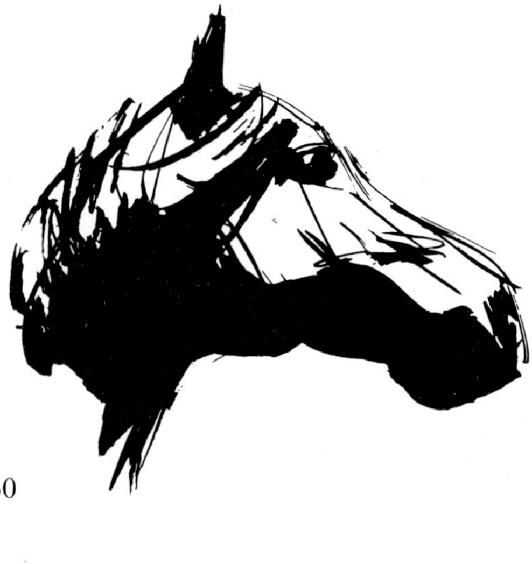

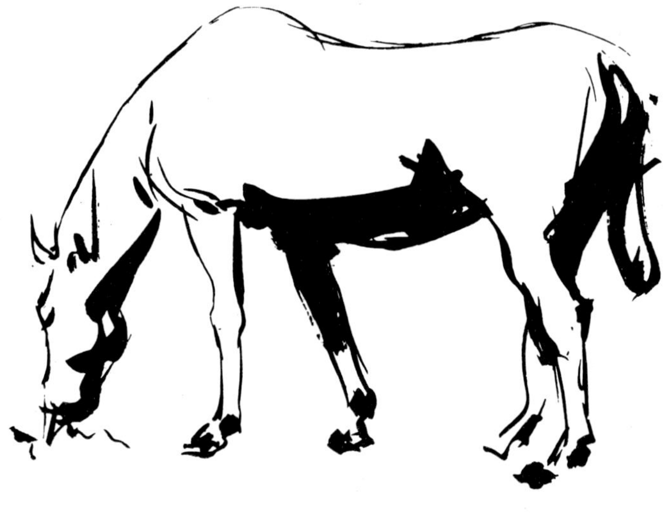

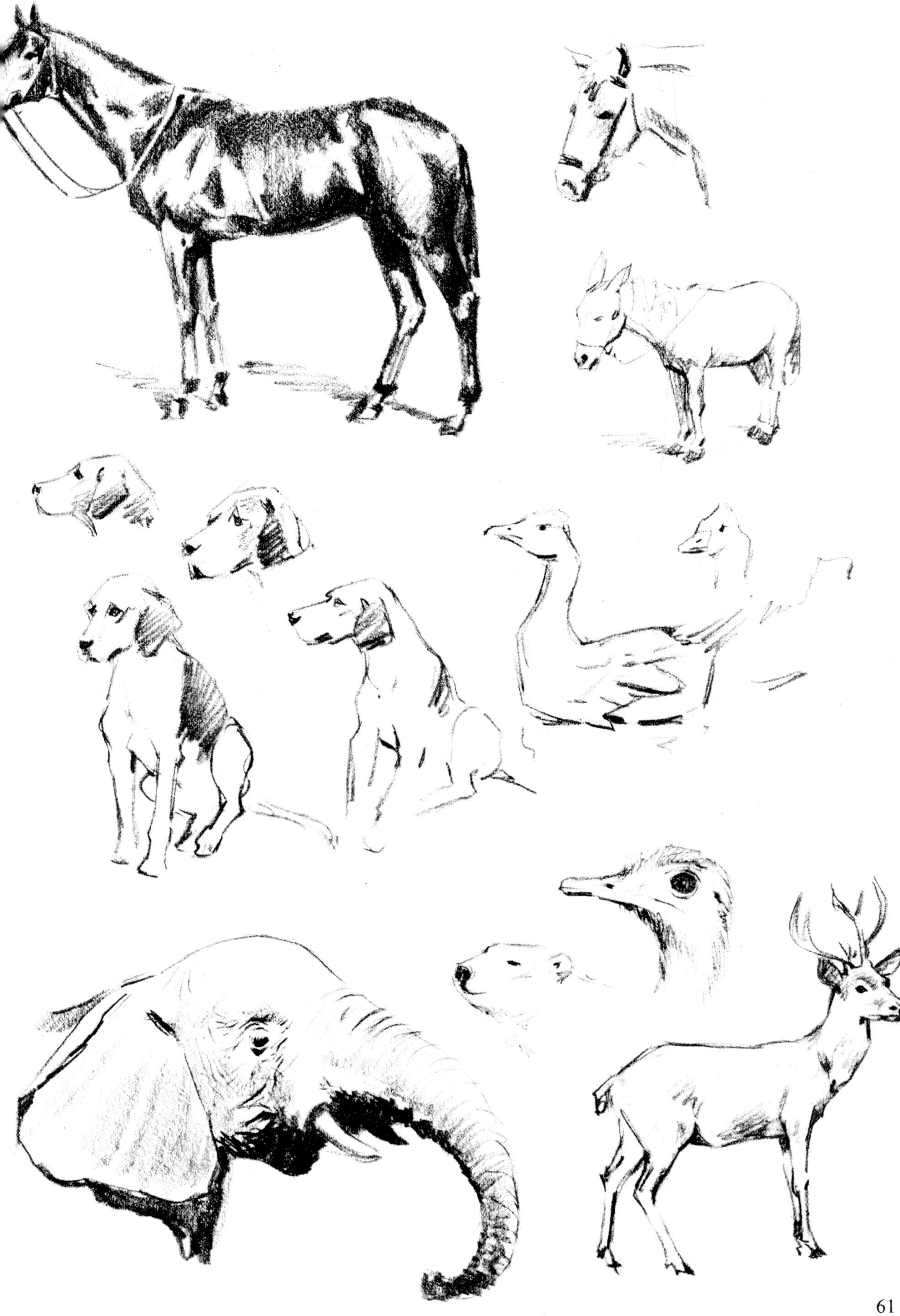

Der Mensch und das Pferd

Ausgangspunkt unserer Untersuchung ist der Vergleich zwischen dem Skelett des Menschen und dem des Pferdes. Kennt man das Skelett des Pferdes, sind einem in der Tat die Skelette aller Vierfüßer von der Katze bis zum Elefanten bekannt.

Natürlich sieht der Kopf jeweils anders aus. Der Kopf des Pferdes ist proportional viel länger als der des Menschen. Die Schädelhöhle ist kleiner. Ferner fallen einem die lange Nase und der erhebliche Abstand zwischen den Augen und dem Mund auf. Trotzdem sind sich beide Köpfe hinsichtlich ihrer wesentlichen Knochen und deren Funktion ähnlich. Bei beiden findet sich der zweiteilige Schädel mit festem Oberkiefer und beweglichem Unterkiefer. Ein für uns wichtiges Detail besteht jedoch darin, daß das Kiefergelenk bei

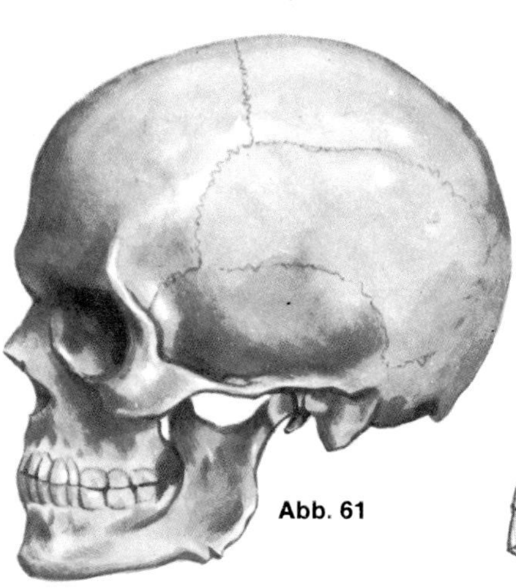

Abb. 61

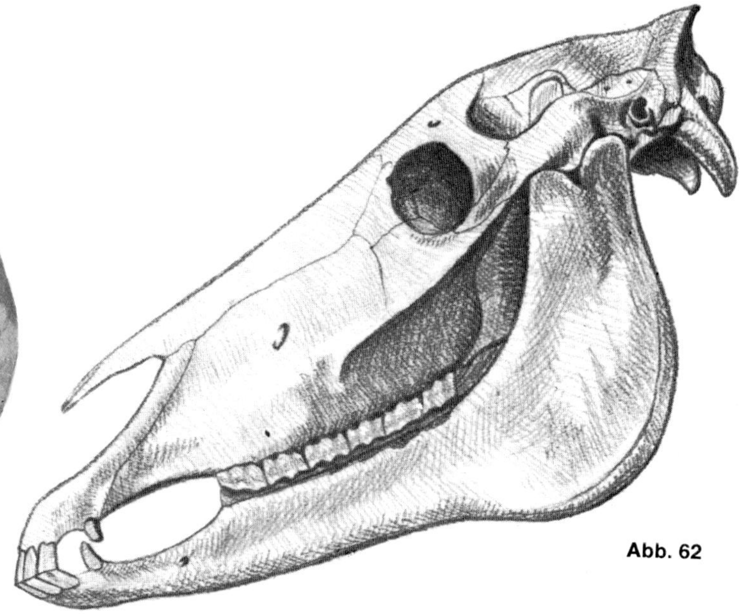

Abb. 62

den Tieren weiter zurückliegt als beim Menschen (und zwar bei den Vögeln noch weiter hinten als bei den Säugetieren). Auf diese Weise können sie das Maul weiter öffnen.

Der Hals mit seiner typischen Wölbung ist beim Pferd zwar länger als beim Menschen; er besteht jedoch ebenfalls aus sieben Halswirbeln. Nahe dieser Wirbel befindet sich das Schulterblatt. Es wird von kräftigen Muskeln gestützt. Das Pferd besitzt wie fast alle Vierbeiner keine Schlüsselbeine, so daß es die Vorderbeine nicht (wie der Mensch seine Arme) zur Seite strecken kann. An die Halswirbel und die Schulterblätter schließt sich wie beim Menschen das Rückgrat an, dessen Wirbel auf dem Rücken und auf der Kruppe des Pferdes sichtbar sind. Davon zweigen die Rippenbögen ab und bilden den Brustkorb des Tieres.

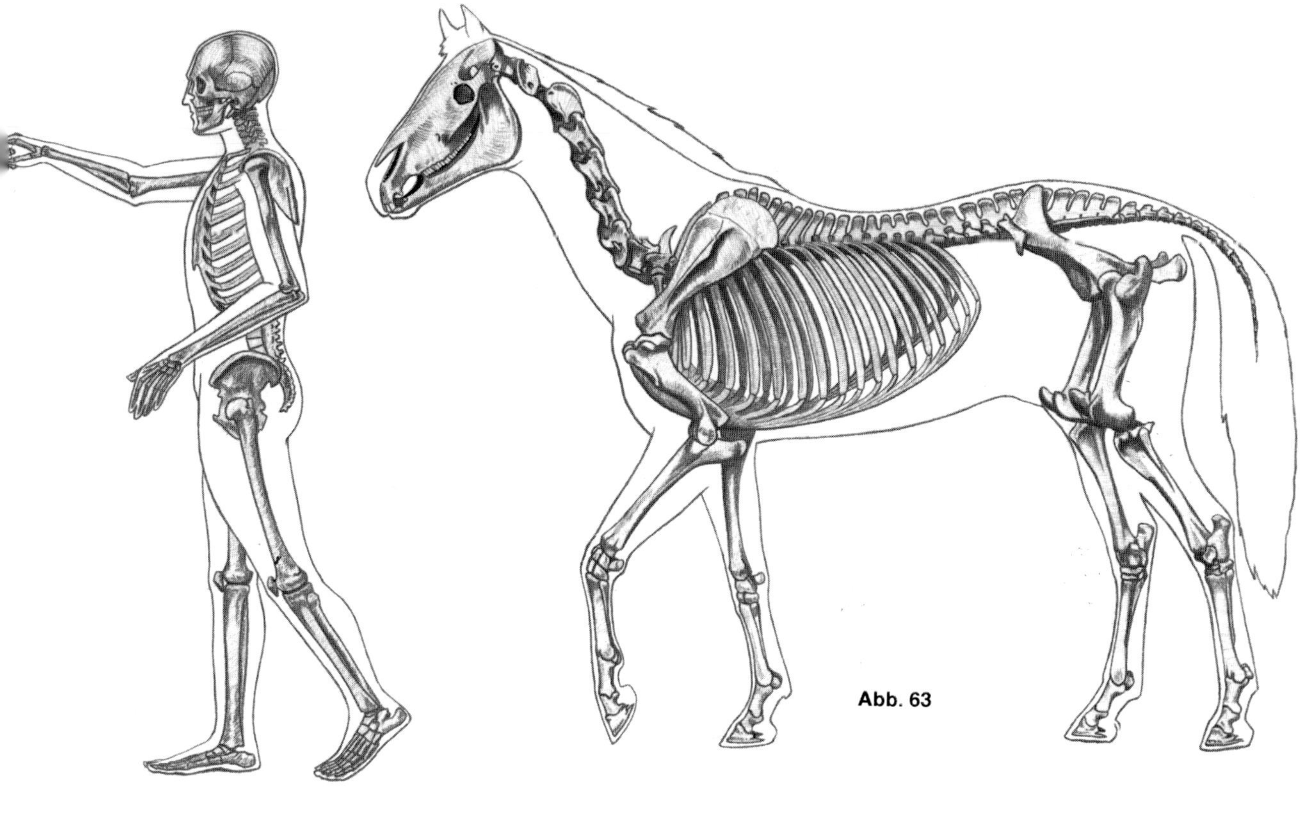

Abb. 63

Vergleichen wir nun die Arme und Beine des Menschen mit den Vorder- und Hinterbeinen des Pferdes. Bedenken Sie, daß der Schlüssel zum Verständnis des Aufbaus der meisten Tiere in der Form und im Mechanismus dieser Extremitäten liegt.

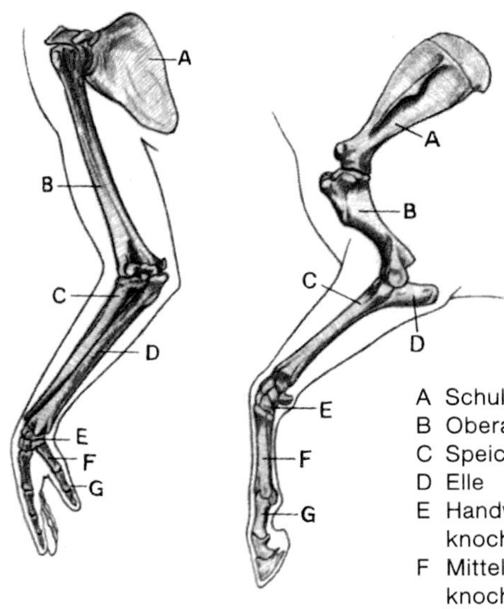

A Schulterblatt
B Oberarmbein
C Speiche
D Elle
E Handwurzelknochen
F Mittelhandknochen
G Zehen

Abb. 64

Beim Pferd ist das Oberarmbein kürzer und dicker und nicht so vorspringend, weil es vom Muskelpaket der Brust umschlossen wird.
Elle und Speiche, die unserem Unterarm entsprechen, stellen ein Ganzes dar, das hinsichtlich seiner Proportionen in Form und Größe dem des Menschen entspricht.
In Höhe der Handwurzelknochen (unser Handgelenk) besitzt das Pferd keine Hand, sondern vielmehr eine Art Verlängerung des Beins. Trotzdem entspricht dieser Teil ganz genau der Hand, nur daß vier Finger zu einem Block verschmolzen sind und die Nägel die Hufe bilden.

Vergleichen wir zum Abschluß die Beine des Menschen mit den Hinterbeinen des Pferdes. Was ist hier festzustellen?

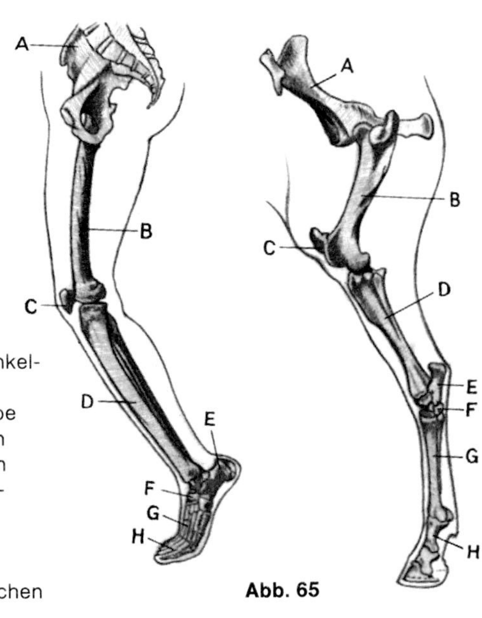

A Becken
B Oberschenkelknochen
C Kniescheibe
D Schienbein
E Fersenbein
F Fußwurzelknochen
G Vorfußknochen
H Zehenknochen

Abb. 65

Beim Pferd spielt das Becken eine untergeordnete Rolle. Das Oberschenkelbein ist gerader und kürzer und von einem Muskelpaket umschlossen.
In Höhe der Gelenkverbindung des Oberschenkelbeins mit dem Schienbein und dem Wadenbein (letzteres ist kaum ausgebildet) finden wir die Kniescheibe. Beachten Sie, daß die Kniescheibe bei den Tieren beinahe unter dem Bauch sitzt.
Der eigentliche Fuß mit einem ebenso stark, wenn nicht noch stärker hervorragenden Fersenbein bildet die Verlängerung des Schienbeins. Es folgen Fußwurzelknochen, Vorfußknochen und die Zehen. Letztere sind in einem Knochen zusammengefaßt und enden im Huf.

Zum Abschluß sei noch darauf hingewiesen, daß sich manche Tiere wie der Mensch auf flachen Fußsohlen fortbewegen. Man nennt sie daher *Sohlengänger.* Zu ihnen gehört zum Beispiel der Bär.

Sie werden sich gewiß erinnern, daß das Pferd ebenso wie Hund, Katze, Hirsch, Löwe und andere Säugetiere die Besonderheit aufweisen, *sich auf den Zehenspitzen fortzubewegen* und nicht auf der Fußsohle, wie wir es tun.

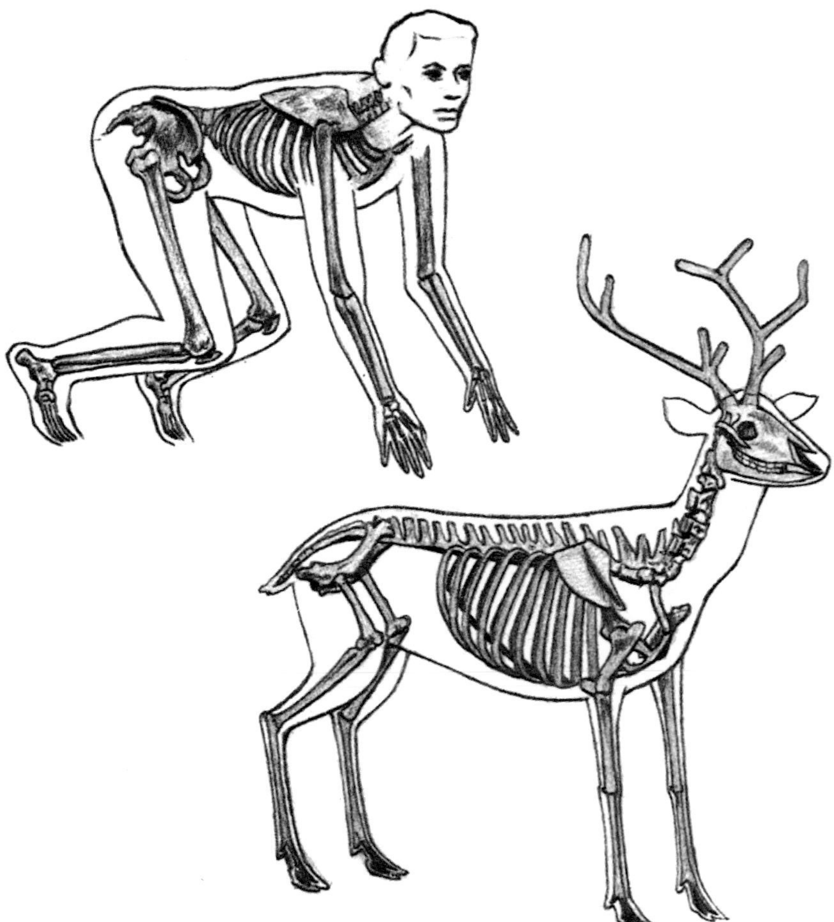

Abb. 66

Abb. 66: Stellen Sie sich einen Menschen vor, der beinahe wie ein Läufer in den Startlöchern hockt. Vergleichen Sie diese Gestalt mit einem Hirsch, fällt sofort die Ähnlichkeit der Beine des Menschen mit den Hinterbeinen des Hirschs auf. Sie müssen nur beachten, daß das Oberschenkelbein beim Tier viel kürzer ist, während die „Fußsohle" länger und schmaler ausfällt.

Hier noch das Skelett eines Vogels. Sie sehen, daß er ebenfalls im wesentlichen aus einem Kopf, einem Rückgrat, an dem der Brustkorb befestigt ist, und den vier Extremitäten besteht. Die Flügel entsprechen unseren Armen. Sie bestehen aus drei sehr ähnlichen Knochen (Abb. 67).

Erwähnen wir noch, daß das Rückgrat aller Tiere aus Wirbeln besteht. Bei manchen, wie den Fischen, erinnern die Gräten an die Rippen. Sie besitzen nur den Ansatz eines Brustkorbs (Abb. 68).

Abb. 67

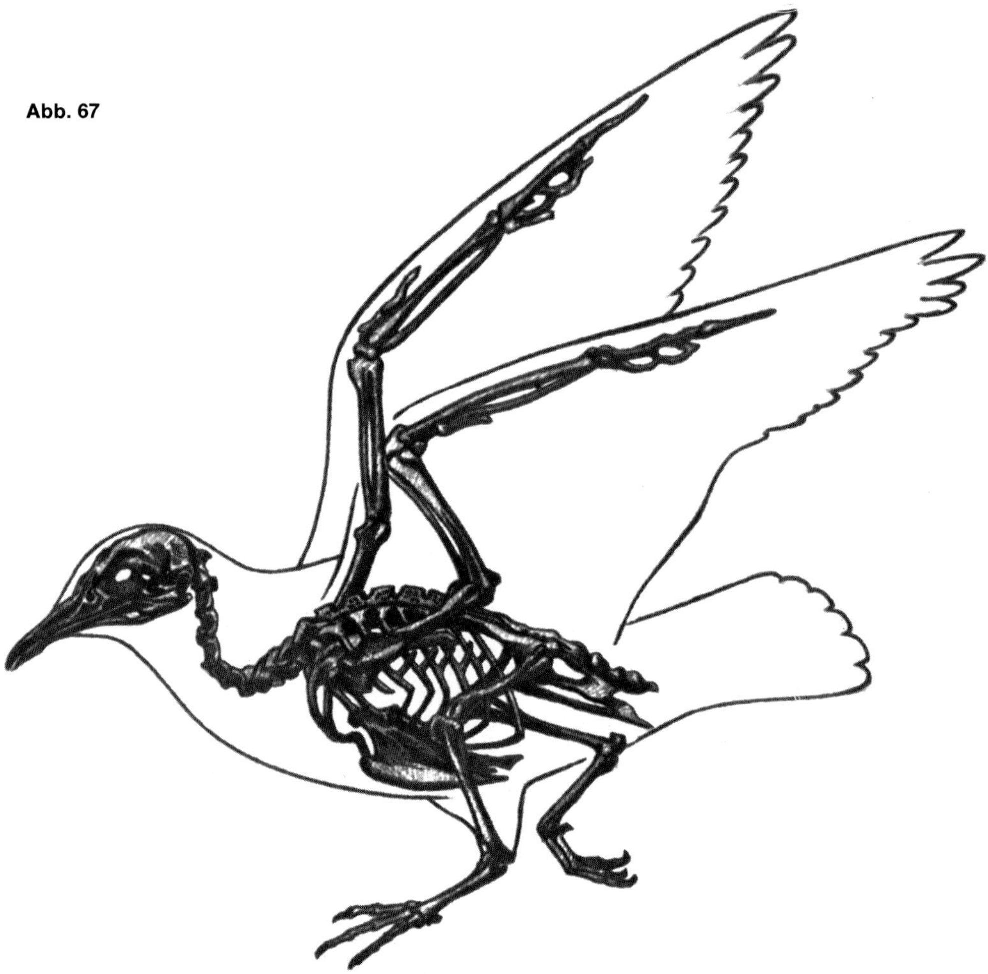

Abb. 68

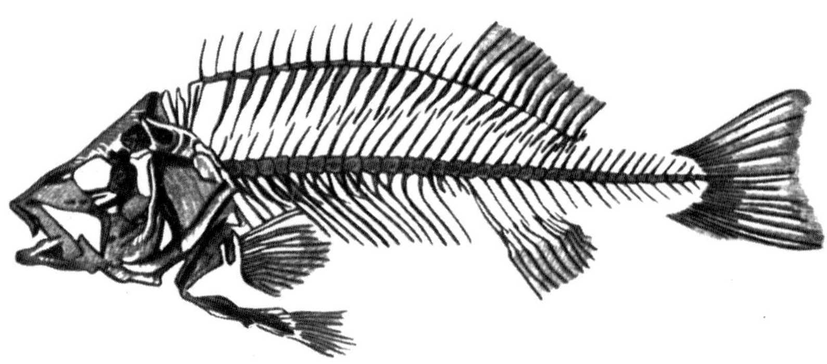

Die Aktmalerei

Orsipos: der erste nackte Athlet

Im achten Jahrhundert vor Christus fanden im griechischen Olympia die ersten Olympischen Spiele der Geschichte statt. Diese Spiele waren das bedeutendste Ereignis im alten Griechenland: rund 40 000 Menschen nahmen daran teil. Ihretwegen wurden die Kriege unterbrochen, und unmittelbar nach ihrem Abschluß errichtete man zu Ehren der Sieger Statuen.

Der Brauch wollte es, daß die Athleten mit nacktem Oberkörper zu den Wettbewerben antraten und als einziges Kleidungsstück einen Schurz oder, genauer gesagt, einen Gürtel trugen.

Pausanias berichtet jedoch, daß der Läufer Orsipos während der fünften Olympiade seinen Gürtel zerriß und völlig unbekleidet lief. Auf diese Weise gewann er den Lauf, denn er wußte, daß ein nackter Mensch schneller sein kann als ein bekleideter. Die Zuschauer erregten sich und protestierten, schreibt Pausanias weiter. Ihr Unmut richtete sich jedoch nicht gegen die Nacktheit des Athleten. Sie waren in den Sporthallen, wo die jungen Leute beim Unterricht und beim Training stets nackt waren, nichts Ungewöhnliches. Nein, die Leute bezeugten ihren Unwillen, weil der Läufer als der leichtere gegenüber seinen Konkurrenten einen sicheren Vorteil ausgespielt hatte.

Orsipos' Verhalten beeinflußte die Geschichte der Kunst ganz erheblich, insbesondere alles, was den menschlichen Körper betraf.

Von nun an befaßten sich die griechischen Künstler mit der Anatomie des Menschen. Sie bestimmten seine idealen Proportionen, studierten seine Bewegungen, die unterschiedlichen Züge und Ausdrucksformen und legten damit die Grundlage der künstlerischen Entwicklung der Aktmalerei von der Antike bis zur Renaissance und der Renaissance bis in unsere Tage.

In Michelangelos „David“ und seinem Gott in „Das Jüngste Gericht“ finden wir die klassischen griechischen Skulpturen als Vorbild. Uns selbst die neoklassizistische Periode Picassos ist geprägt von einer bestimmten Kunstauffassung der Griechen.

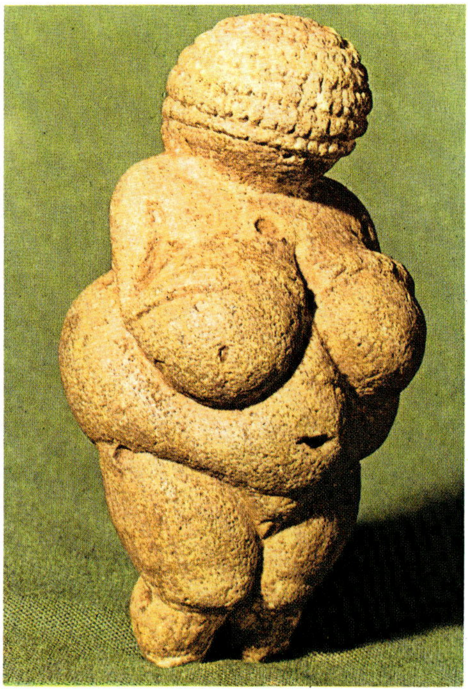

Abbildung 1: *Venus von Willendorf,* Museum für Naturgeschichte, Wien.

Entwicklung und Technik der Kunst der Aktmalerei

Eigentlich sollte man sich ausführlich mit der Geschichte der Aktmalerei seit ihren Anfängen befassen und die Entwicklung anhand der Werke und Erkenntnisse der bedeutendsten Künstler untersuchen.

Wir können in diesem Buch jedoch keine erschöpfende Studie aller Aktdarstellungen, die sich in den Museen der ganzen Welt befinden, liefern. Wir wollen statt dessen versuchen, die Entwicklung mit Hilfe repräsentativer Beispiele der unterschiedlichen Schulen aufzuzeigen.

Die Vorgeschichte: Der nackte Mensch als magische Darstellung

Eines der ersten bekannten Kunstwerke in der Geschichte der Menschheit ist eine kleine Kalksteinstatue von 11,4 cm Höhe. Sie stellt eine nackte Frau dar, die „Venus von Willendorf", und stammt etwa aus der Zeit um 20 000 vor Christus (Abb. 1). In dieselbe Periode des Paleolithikums lassen sich auch die „Venus von Lespugue" und die „Venus von Laussel" datieren.

Beim Anblick dieser primitiven Darstellungen könnte man sich fragen: Wem ähneln diese Frauen eigentlich? Anthropologische Untersuchungen haben aufgezeigt, daß der Mensch jener Zeit von Jagd und Fischfang lebte, be-

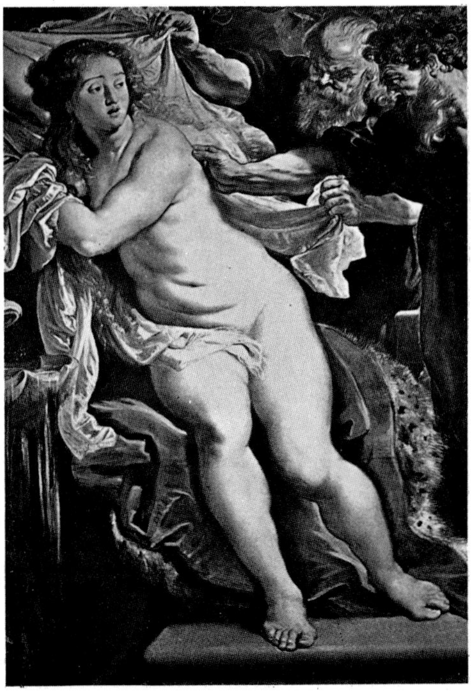

Abbildung 2: Peter Paul Rubens, *Susanne im Bad* (Ausschnitt).

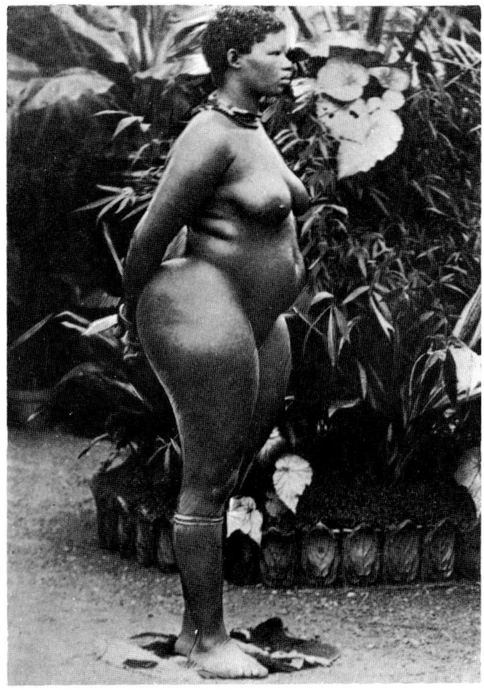

Abbildung 3: Hottentottenfrau vom Stamm der Boschimans.

reits das Feuer kannte, in kleinen Gruppen an beliebigen Plätzen wohnte und nackt war, aber Amulette trug, die aus kleinen Knochen und Muscheln angefertigt worden waren. Nach Mortillet waren die Frauen ziemlich kräftig, allerdings etwas anders gebaut als eine Frau des 17. Jahrhunderts (Abb. 2) oder eine robuste Bäuerin von heute.

Denselben Körperbau findet man übrigens immer noch bei den Frauen der Hottentotten, die zu den primitiven Stämmen Südafrikas zählen (Abb. 3).

Vergleichen wir diese Frauen mit jenen, die von den Menschen der Steinzeit geschaffen wurden, ist festzustellen, daß letztere auf die Darstellung der Schönheit des menschlichen Körpers verzichteten. Sie richteten ihre Aufmerksamkeit vielmehr auf andere Attribute. Nehmen wir als Beispiel die „Venus von Willendorf". Der Künstler hat den Kopf völlig vernachlässigt und als einfache Kugel ohne Mund und Nase und nur mit zwei Löchern für die Augen dargestellt. Die Brüste, der Leib und die Geschlechtsteile wurden dagegen bewußt vergrößert und beweisen den Wert, den die primitiven Völker dem Fortbestand ihrer Rasse, der Fruchtbarkeit und der Mutterschaft beimaßen.

Uns ist heute bekannt, daß es sich bei diesen kleinen Statuen um Fetische handelte, denen der primitive Mensch magische Kräfte zusprach. Indem er die Größe der sexuellen Attribute übertrieb, drückte er seinen Wunsch aus, die Fruchtbarkeit der Frauen zu erhöhen.

Die kleinen Statuen wurden meistens in den dunkelsten und entlegensten Ecken der Höhlen aufgestellt. Sie besaßen also einen nutzbringenden Zweck und keinerlei künstlerischen Wert.

Paleolithikum und Neolithikum: Von der Anarchie zur Zivilisation

Die Epoche des Paleolithikums erstreckt sich über mehr als 20 000 Jahre. In dieser Zeit lebten die Menschen als Nomaden. Sie ernährten sich von dem Ergebnis der Jagd und lebten von der Hand in den Mund. Sie fürchteten Hunger, Krankheit und Tod und glaubten an Zauber und Hexerei.

Diese dem Wesen nach naturalistische Einstellung findet sich auch in dem Bemühen um Realismus in den Bildern.

Mit der Zeit lernte der Mensch dann, den Acker zu bestellen. Er wurde seßhaft, baute sich ein Haus, zähmte die Tiere, schuf ein Wirtschaftssystem, errichtete Dörfer und Städte und begann vor allem, sich um seine Zukunft zu sorgen. Er gab der Sonne, dem Regen, dem Blitz und dem Donner eine neue Bedeutung: er betrachtete sie als Werkzeuge der Götter und Dämonen, die über höhere Kräfte verfügten und daher über sein Leben bestimmten. Diese Angst vor dem Übernatürlichen, das Bedürfnis nach einer Gemeinschaft und nach Sicherheit führte dazu, daß sich der Mensch mit der Welt befaßte, in der er lebte, Fragen stellte und zu beantworten suchte und sich selbst in diese Welt einzuordnen trachtete. All diese Überlegungen waren der Anlaß für eine symbolische Kunst, in der Zeichen an die Stelle von Gegenständen traten und abstrakt wurden.

Die Entwicklung vom Naturalismus der paleolithischen Periode zu den geometrischen Formen des Neolithikums ist häufig mit dem Weg der modernen Malerei verglichen worden.

Einerseits erfolgte eine Schematisierung der Formen: die Reduzierung des menschlichen Körpers auf seine einfachste Ausdrucksform; andererseits entwickelte sich ein Dekor aus abstrakten Zeichen für Schalen, Vasen und Waffen.

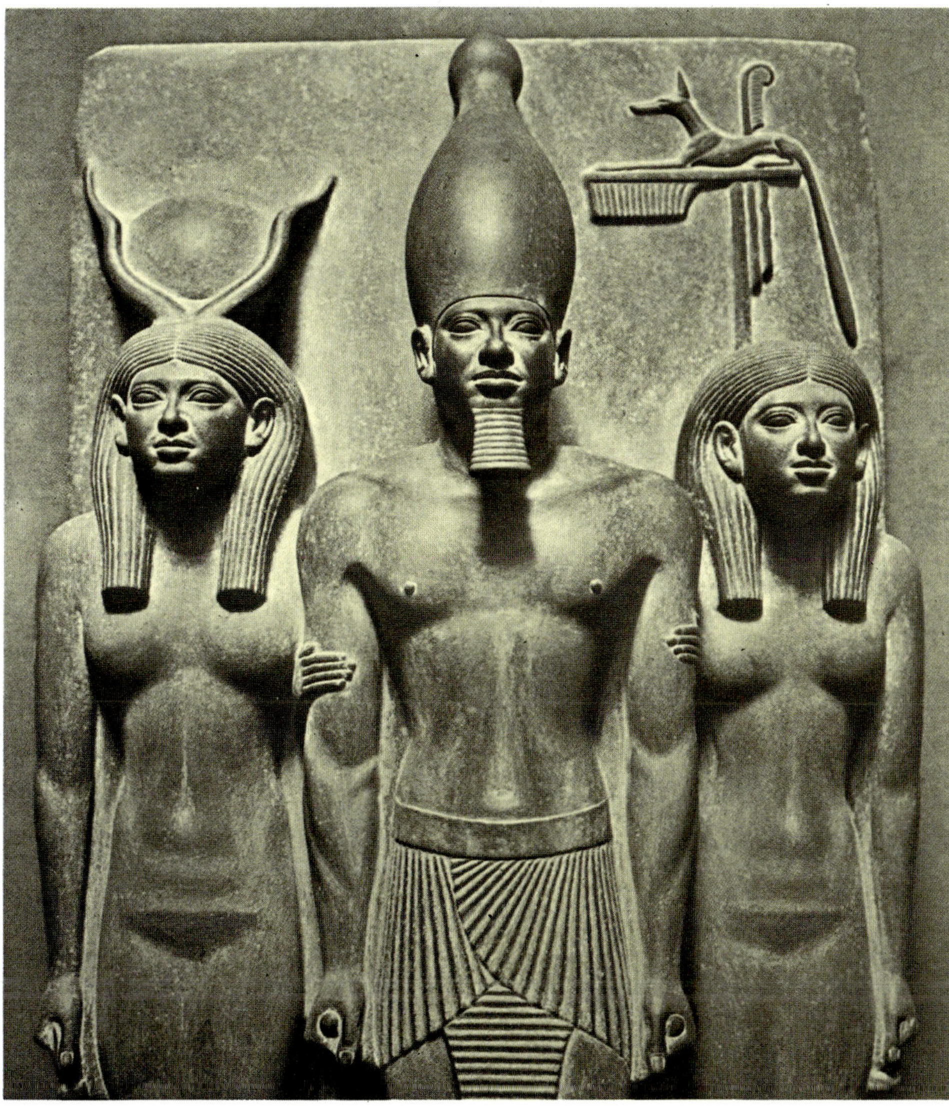

Abbildung 4: *König Mycerinus zwischen zwei Göttinnen*. In der altägyptischen Kunst waren Skulpturen Denkmäler des Staates.

Ägypten:
Die Kunst im Dienst der Pharaonen und der Religion

Die Geschichte des alten Ägypten umfaßt eine Periode von etwa 3170 Jahren. Ihre Anfänge gehen zurück auf das Jahr 3200 vor Christus. Ihr Ende kam im Jahre 30 vor Christus. Während dieses gesamten Zeitraums hat sich die

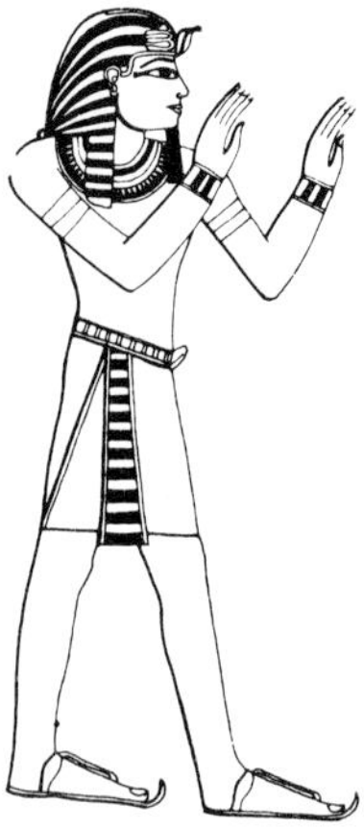

Abb. 5

ägyptische Kunst gehalten. Ihr besonderer Stil und ihr Bild vom Menschen blieben in dieser Zeit praktisch unverändert. Der menschliche Körper wurde sowohl als Skulptur als auch auf den Flachreliefs häufig in steifer hieratischer Haltung dargestellt. Kopf und Glieder erschienen im Profil (siehe nebenstehende schematische Zeichnung), während der Körper immer von vorn gezeigt wurde. Auffallend ist die Plazierung des Auges: im Gegensatz zum im Profil erscheinenden Gesicht sieht man das Auge von vorn (Abb. 5). Zu erwähnen ist ferner der quasi gleichbleibende Ausdruck sowohl der Gesichtszüge als auch des Körpers. Das gilt für Gemälde wie Skulpturen.

Woher rührt diese Gleichförmigkeit des Stils, der sich über mehr als 3000 Jahre erhalten hat und sich über Generationen von Künstlern nicht weiterentwickelte? Die Antwort auf diese Frage gibt uns die Geschichte. Von allen Kulturen liefert das alte Ägypten als erstes das Beispiel eines geordneten Staatswesens. Es setzte sich zusammen aus Kaufleuten, Handwerkern, Priestern, Soldaten, Kurtisanen, Adeligen und Sklaven, deren Funktionen der politischen und juristischen Struktur des Landes entsprachen.

Der Bereich Kunst unterstand der strengen Aufsicht des Staates und der Religion. Die Kunst unterlag äußerst strikten Gesetzen: Die Werke durften nur einem einzigen Zweck dienen: den König in den Rang der Götter zu erheben, um ihm den Respekt und den Gehorsam seiner Untertanen zu sichern, den Priester zu ehren und den Honorationen zu helfen, die Ordnung aufrecht zu erhalten. Jede naturalistische Darstellungsweise war verboten, auch jedes Anzeichnen von Persönlichkeit oder Originalität, die der Künstler entwickelt haben mochte. Der Künstler mußte sich jedweder Anwandlung von Kreativität enthalten. All das hat dazu geführt, daß die Kunst im alten Ägypten nur als zweckgerichtet betrachtet werden kann.

Doch auch diese Periode besaß in der Gestalt von Amenophis IV. Akhenaton ihren Revolutionär – den ersten, den die Weltgeschichte kennt. In den wenigen Jahren seiner Regentschaft an der Spitze des neuen Imperiums veränderte er die Religion sowie die künstlerischen und die politischen Strukturen. Der Wert mancher Werke dieser Epoche, die den menschlichen Körper darstellen, sollte nicht unterschätzt werden. Zu ihnen gehört der berühmte „Hokkende Schreiber", ein Beispiel des vollkommenen Realismus. Seit der Regentschaft Amenophis IV. findet man immer wieder Beispiele für solche Meisterwerke, insbesondere eine Reihe von Köpfen aus Blaubasalt.

Eine Bemerkung ist hier in bezug auf die Aktdarstellung jedoch angebracht: Mit Ausnahme der allerersten Zeit des Alten Imperiums, in der die

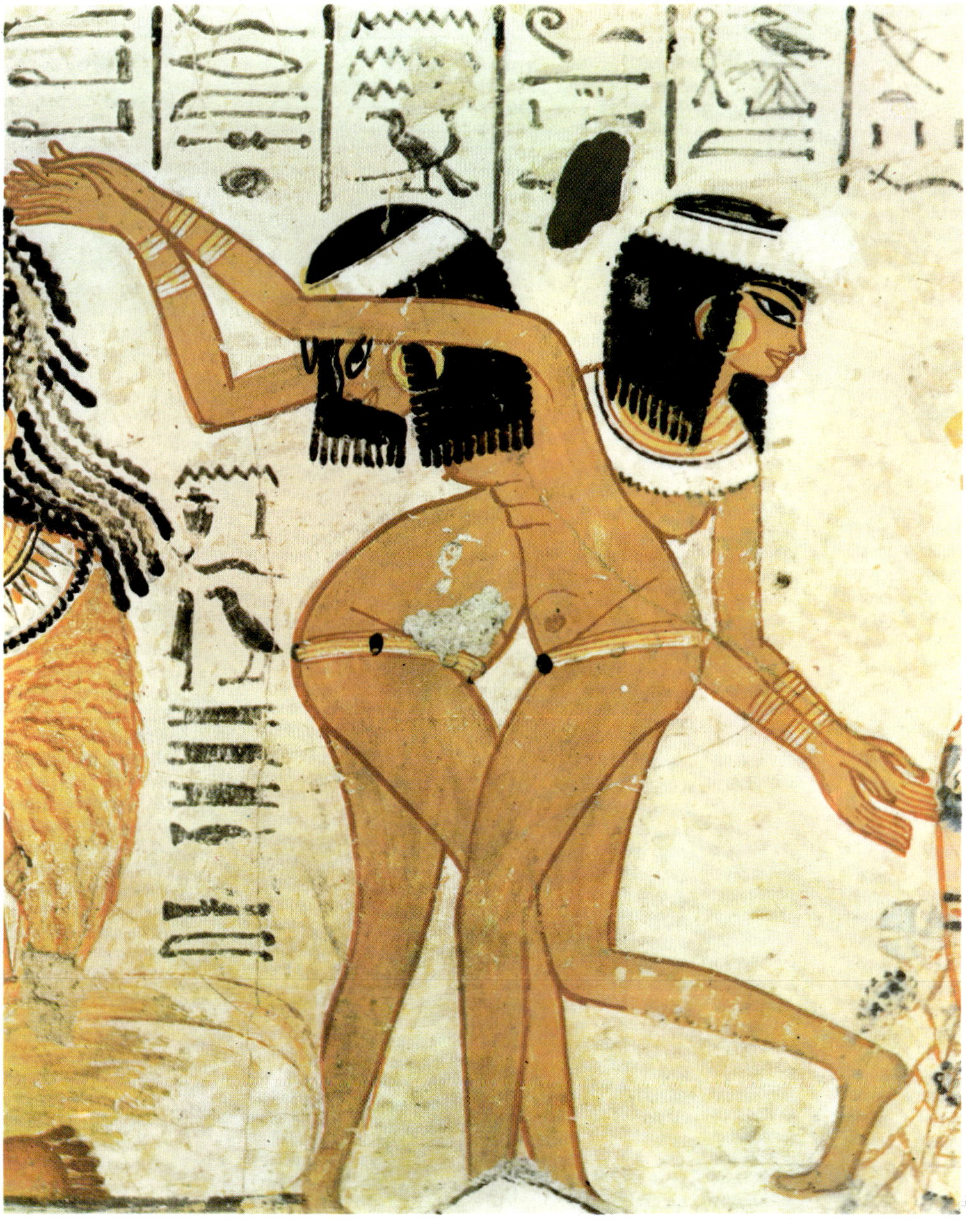

Abbildung 6: *Ägyptische Tänzerinnen*. British Museum, London.

Skulpturen von Gestalten völlig unbekleidet waren, waren die menschlichen Körper in der Folge sowohl auf bildhaften Darstellungen als auch als Skulpturen mit einer Art Lendenschurz bedeckt. Der Oberkörper und die Beine blieben nackt. Die Frau war immer bekleidet. Die Königinnen und die Frauen von hohem Rang trugen einfache Schleier und häufig – wie auf den Fresken zu erkennen – eine Art Büstenhalter aus Spitze, der nur die eine Brust bedeckte. Die Sklaven, Tänzerinnen und Musikantinnen waren dagegen einzig und allein mit einem Gürtel in Höhe der Hüften bekleidet (Abb. 6).

Abbildung 7: Die alten Ägypter stellten die Frau praktisch niemals völlig nackt dar. Normalerweise bedeckte man den Körper mit einem feinen Tuch, das wie feuchter Stoff als zweite Haut am Körper haftete. Rechts sehen Sie als Beispiel den Torso einer Prinzessin.

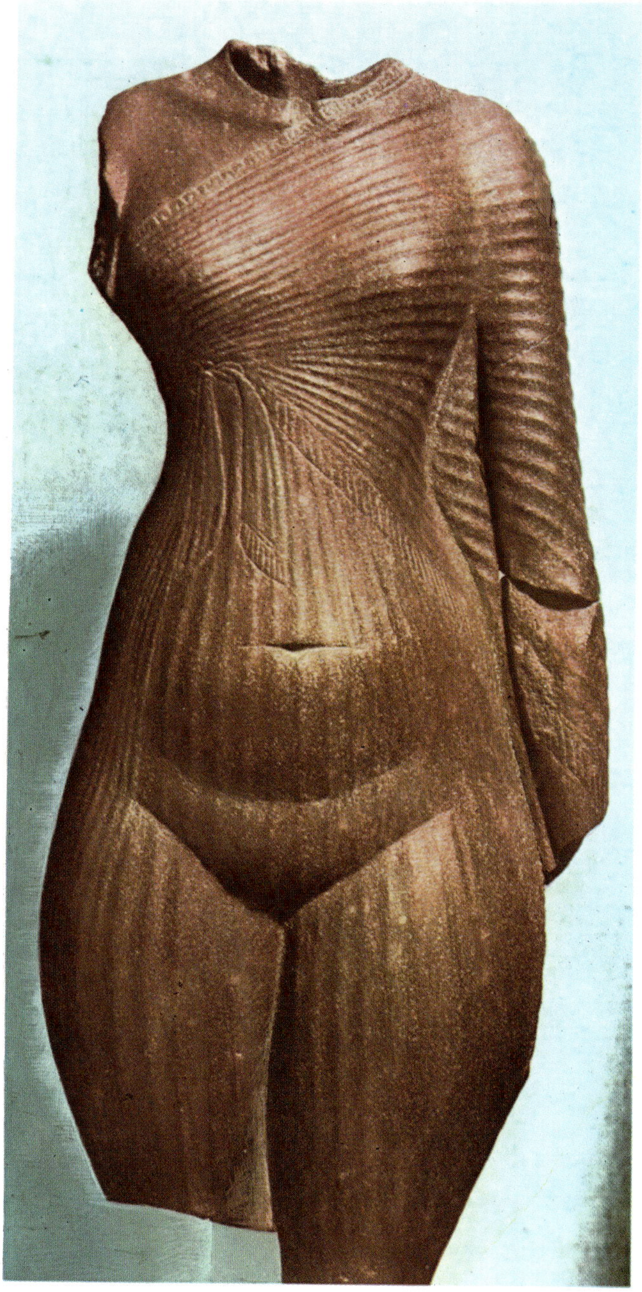

Es scheint, daß auch während des Mittleren und Neuen Imperiums die Frauen nicht völlig nackt dargestellt wurden. Dagegen finden sich unzählige Beispiele für einen weiblichen Körper, der mit einem äußerst feinen Tuch bedeckt ist. Dieses modelliert den Körper derart, daß er nackt zu sein scheint (Abb. 7). Diese Art von Aktdarstellung wurde, wie wir noch sehen werden, von den Griechen übernommen.

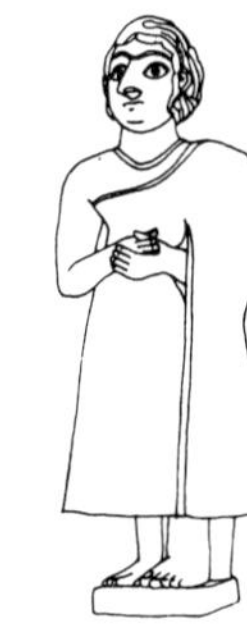

Abb. 8

Mesopotamien: Die Kunst im Dienst der Technokraten

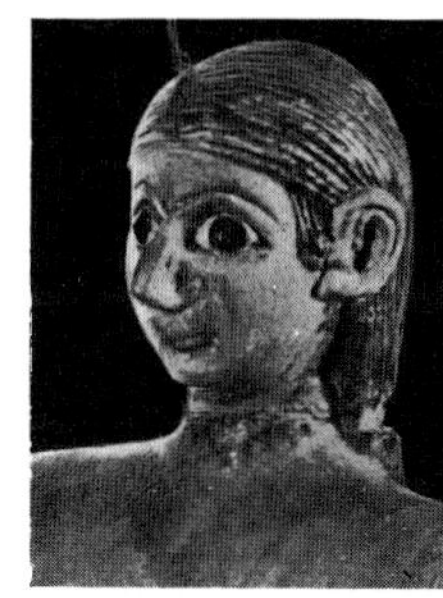

Abbildung 9: Der Sänger Ur-Nanshe aus dem Chor des Tempels von Ishtar. Nationalmuseum Damaskus.

Die Sumerer gründeten mehr als 3000 Jahre vor unserer Zeitrechnung im Zweistromland Mesopotamien zwischen dem Euphrat und dem Tigris die ersten Städte der Welt. Die berühmteste von ihnen war Babylon. Ferner ist bekannt, daß die Sumerer schon lange vor den Ägyptern den Handel und das Handwerk entwickelten.

Sie führten auch ein Banksystem ein. Trotz dieser hoch entwickelten Lebensweise und des hohen Niveaus, das im Zeichen des Handels stand, besaßen die Sumerer eine absolut konventionelle Kunst, der es an jedweder Phantasie mangelte. Sie war noch gleichförmiger als die ägyptische Kunst. Bei der Darstellung des Menschen berücksichtigte man weder die Proportionen des Körpers noch die Perspektive. Die Augen waren riesengroß aufgerissen, der Blick verschreckt, die Nase übermäßig groß und die Stirn gerade. Der Rumpf war abgeflacht oder übertrieben in die Länge gezogen, schwerfällig und ohne Tiefenwirkung. Er kam einer Karikatur ziemlich nahe (Abb. 9).

Kreta: Einem glücklichen Volk eine glückliche Kunst

Im Gegensatz zu der ernsten Monotonie der ägyptischen und der mesopotamischen Kunst finden wir in der minoischen Kunst die Widerspiegelung eines Volkes, dessen Leben sorglos verlief und nur von Festen, Prozessionen, Umzügen, Turnieren und Schauspielen unterbrochen wurde. Die Kreter waren in lebhafte Farben gekleidet und schmückten ihre Paläste ebenfalls mit kräftigen Tönen: Die Säulen waren rot, die Kapitelle blau, die Mauern gelb. Die Frauen spielten eine aktive Rolle im öffentlichen Leben und bei den Spielen. Auf einer der zahlreichen Darstellungen sieht man sogar eine Frau im „Minirock“ und mit nacktem Oberkörper, die über einen Stier springt.

Trotzdem ist die Darstellung des nackten Körpers auf Kreta eine Ausnahme. Die Kreter zogen dekorative Fresken den Skulpturen vor. Die Frauen, die wir auf den Fresken in den Palästen, beim Ausüben der Spiele oder in höfischen Szenen sehen, tragen die traditionelle Tracht: einen langen Rock mit einer Art Jacke und ein Mieder, das die Brüste unbedeckt läßt. Abbildung 10 zeigt uns diese etwas befremdliche, aber alltägliche Tracht.

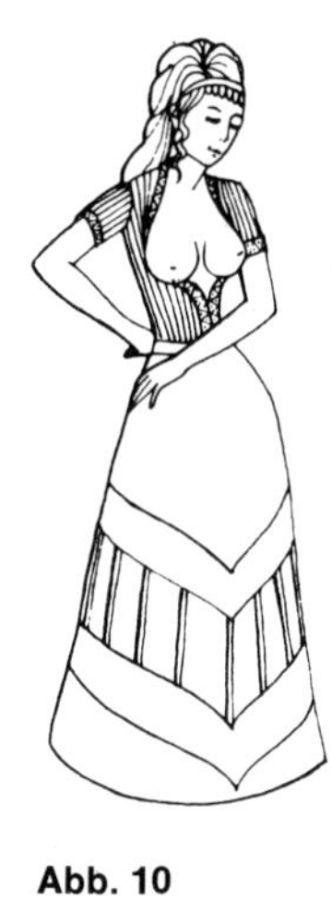

Abb. 10

Griechenland: Kunst um der Kunst willen

Jetzt haben wir den Zeitpunkt erreicht, zu dem sich die Kunst endlich von den Kriterien und Gesetzen, die ihre Entwicklung behinderten, freimachen konnte. Nachdem sie nicht mehr willkürlichen Erfordernissen zu gehorchen brauchte, hörte sie auch auf, anonym zu sein. Sie begann, eine eigenständige Existenz zu führen, und enthüllte die Persönlichkeit und das Genie der Künstler, deren Werke noch heute als Höhepunkte der Kunst betrachtet werden. Zu nennen sind in diesem Zusammenhang Myron, Phidias, Polyklet und Praxiteles.

Künstlerische Phänomene haben häufig einen Konflikt als Ursprung. In Griechenland war dies der Bruch mit der gesellschaftlichen Ordnung, der die Kultur und die Künstler beeinflußte. Es hatte ein ständiger Kampf zwischen dem Adel, der die Macht ausübte, und einer fortschrittlichen Demokratie der neuen führenden Klasse aus Bewohnern ländlicher Herkunft geherrscht, die es im Handel und in der Industrie zu Ansehen gebracht hatte.

Dieses neue Bürgertum wollte sich selbst regieren, um seine Interessen gegenüber dem Adel zu wahren, der seinerseits seine Autonomie und die Privilegien seines Standes behalten wollte. Letztendlich mußte sich der Adel jedoch den Anhängern der Demokratie, die die wirtschaftliche Macht in Händen hielten, beugen. Das ist der Beginn eines wesentlich anpassungsfähigeren Staatswesens, das die individuellen Freiheiten auf allen Gebieten des kulturellen und künstlerischen Lebens respektierte.

Die griechische Kultur beginnt 1000 Jahre vor unserer Zeitrechnung mit der Invasion der Dorier. Diese begünstigten die geometrische Epoche, die sich vor allem in der Töpferei bemerkbar machte. Ihr folgte etwa ab 700 vor Christus die archaische Periode.

Die ersten Aktdarstellungen der archaischen Epoche datieren von 500 vor Christus. Es handelt sich um Statuen der siegreichen Athleten bei Olympischen Spielen. Der männliche Körper wurde völlig nackt wiedergegeben.

Zu Beginn der klassischen Periode, etwa ab 470 vor unserer Zeitrechnung, taucht eine der ersten nackten weiblichen Gestalten der griechischen Bildhauerkunst auf: „Die Flötenspielerin“, ein Flachrelief am Thron Ludovisis (Abb. 11). Interessant ist der Kontrast zwischen der Flötenspielerin, die nackt und halb liegend mit übereinandergeschlagenen Beinen eine ungezwungene Haltung einnimmt und der Priesterin. Genau nach Vorschrift gekleidet, steht sie ihr mit zurückhaltender, erstarrter Miene gegenüber. Darin drückt sich der Gegensatz zwischen der Frau aus dem Volk und der Aristokratin aus. Das

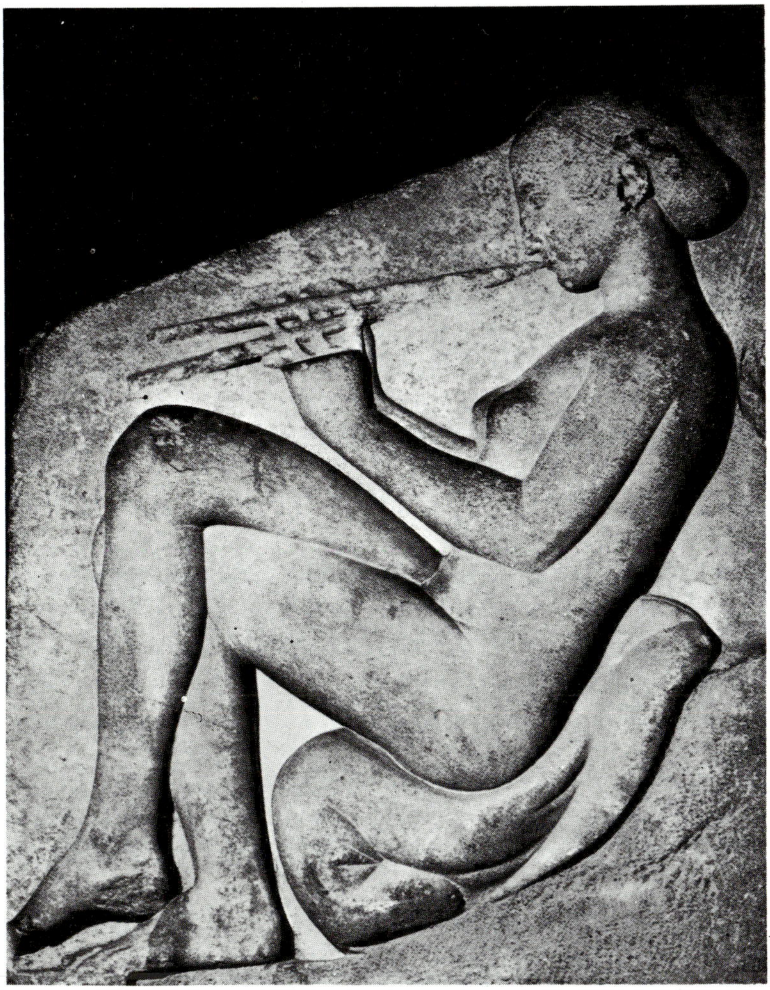

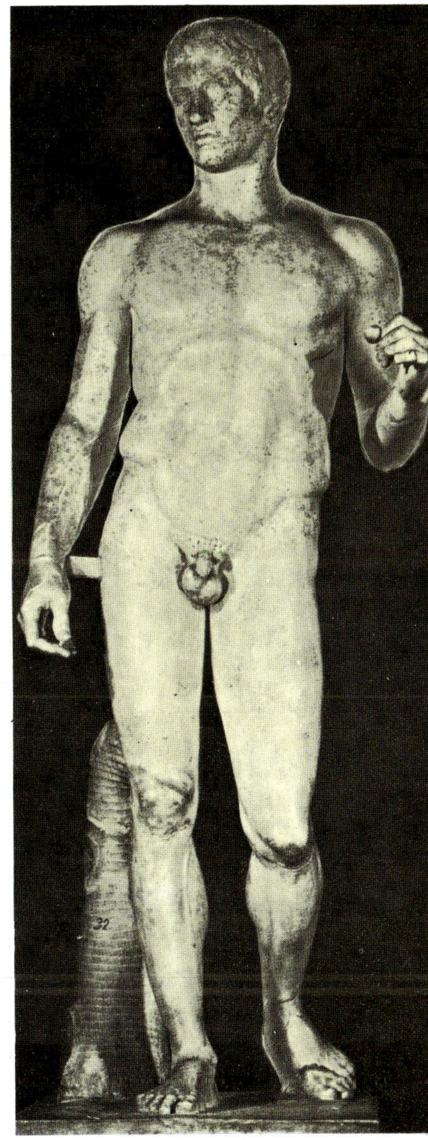

Abbildung 11: *Flötenspielerin am Thron Ludovis,* Thermenmuseum, Rom.

Abbildung 12: Polyklet, *Doryphorus,* Nationalmuseum Neapel.

Bild stellt den Klassenunterschied dar, der auch schon bei den Ägyptern wiedergegeben wurde. Dort waren die Königinnen stets ein wenig bekleidet, während die Sklavinnen sich nackt zeigten.

Wir schreiben das 5. Jahrhundert vor Christus und stellen fest, daß der Adel noch immer seinen Gebräuchen treu ist. Der nackte Frauenkörper wird nicht gern gesehen. Er ist, um einen Ausspruch von Julius Lange zu zitieren, „demokratisch wie der Tod“.

Der männliche nackte Körper wird dagegen toleriert. Er ist Gegenstand der Werbung für die Olympischen Spiele, wo man einen richtigen Kult mit dem Athleten aus der privilegierten Klasse trieb. Der berühmte „Doryphorus“ des Polyklet (Abb. 12) ist dafür ein gutes Beispiel, auch wenn gewisse Züge an die Skulpturen der Sieger des 6. Jahrhunderts erinnern. Trotzdem wird der Wille, die Wirklichkeit so darzustellen, wie sie sich zeigt, immer stärker. In der Mitte dieses Jahrhunderts unterstützt Perikles diese Tendenz ganz erheblich. Der äußerst liberale große Kunstliebhaber versammelte die besten Architekten, Maler und Bildhauer Griechenlands in Athen um sich.

Er ließ den Parthenon errichten und beauftragte Phidias mit der Schaffung der Skulpturen. Der bedeutende Bildhauer des Goldenen Zeitalters Athens schuf für die Giebeldreiecke und die Friese des großen Tempels Götter und Gottheiten in der Haltung der Sterblichen.

Während dieser Zeit entwickelte sich auch die Darstellung der Frau weiter. Wir finden sie jetzt mit denselben durchsichtigen Kleidungsstücken bedeckt, die schon die Ägypterinnen trugen und die den Körperbau deutlich erkennen lassen. Ein Jahrhundert ging zu Ende, in dem Perikles' Erbe neben dem Gedankengut der Philosophen und Sophisten weitergeführt wurde und im Körperkult seinen Höhepunkt erreichte.

Die griechische Kunst war auf dem Gipfel angelangt. Der berühmte „Hermes“ des Praxitiles ist nicht allein die Darstellung des Körpers des Athleten, sondern die in einem Körper sublimierte Schönheit. Haltung und Gesten drücken die Absicht des Künstlers aus, die Ästhetik in ihrer reinsten Form widerzugeben. Eben wegen dieser Vollkommenheit kann man das Werk von allen Seiten und nicht nur von vorn bewundern (Abb. 14). Auf dem Höhepunkt seiner Kunst schuf Praxiteles dann die berühmte „Aphrodite“ (oder Venus) von Knida (Abb. 13).

> „Sie hieß Phryné und war als Kurtisane die Geliebte des Praxiteles. Er lernte sie auf den Festen des Poseidon kennen, als sie – einer Göttin gleich – am Strand von Athen den Wellen entstieg. Er schuf ihr Bild, wie sie aus dem Bade kommt, und nannte es ‚Venus der Liebe‘. Und eine Venus der Liebe blieb sie und stand im Tempel von Knida.
>
> Aus ganz Griechenland strömten die Menschen herbei, um sie zu bewundern. ‚Sie war völlig unbekleidet, alle ihre weiblichen Reize lagen frei da. Sie bedeckte sich nur mit einer Hand als unsicheres Alibi für ihre Schamhaftigkeit‘.“

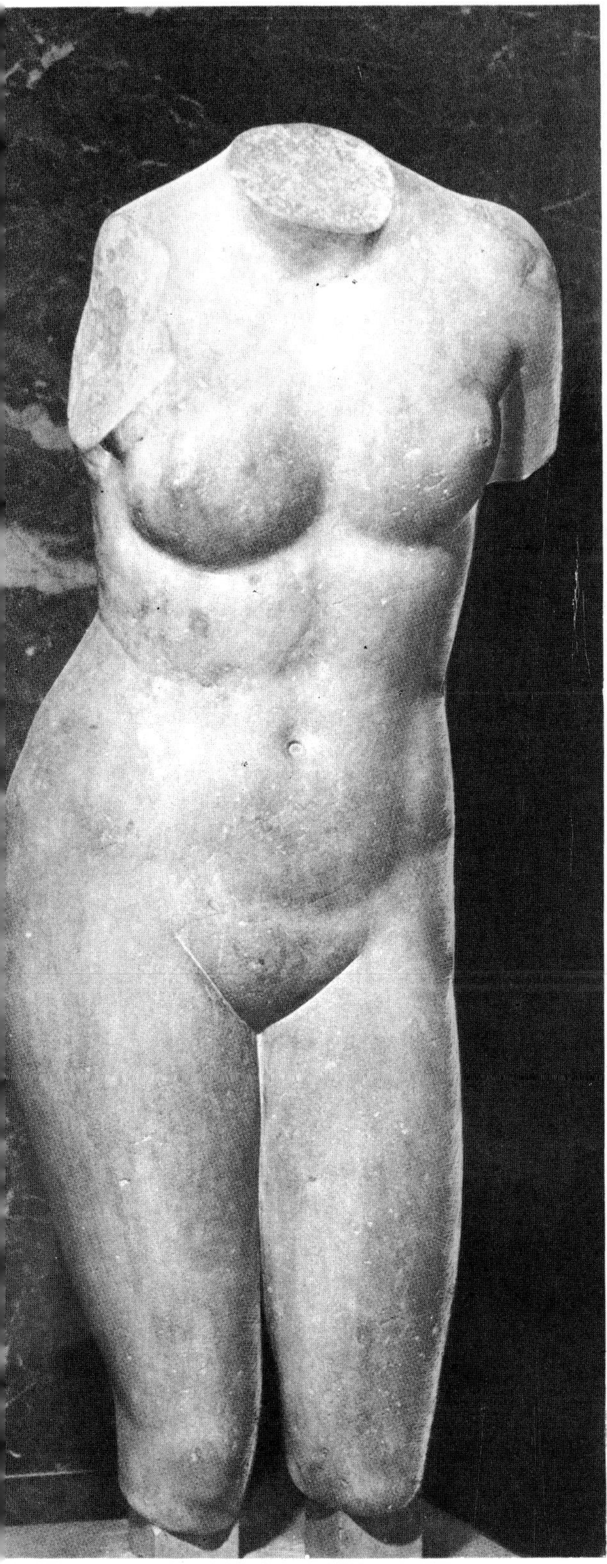

bbildung 13: *Venus von Knida,* Louvre, Paris.

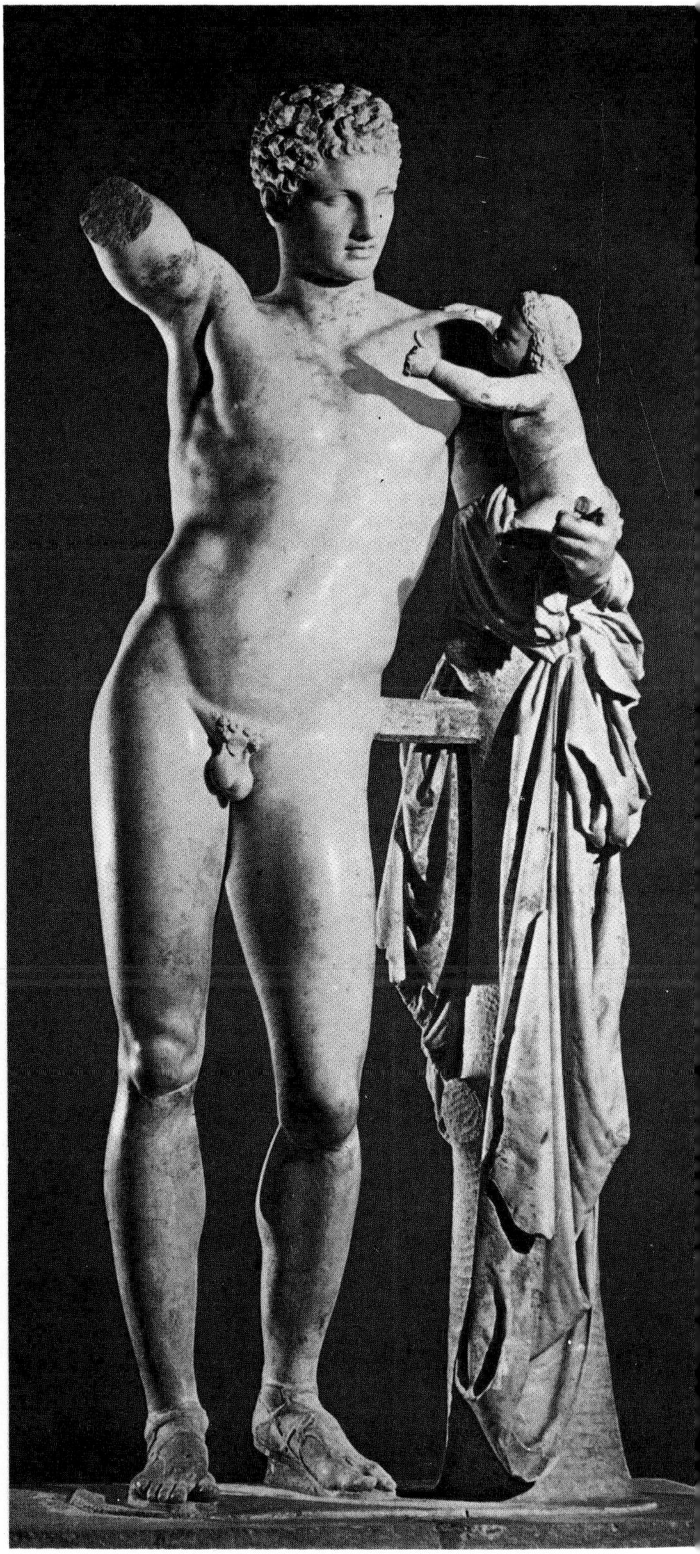

Abbildung 14: Praxiteles, *Hermes,* Olympiamuseum, Griechenland.

Es ist bekannt, daß die Darstellung des nackten weiblichen Körpers auch ihren Platz in der Malerei, an Mauern und auf Tafeln von Wohnhäusern und Palästen fand. Leider sind die Werke der berühmten Künstler jener Zeit (Apellos, Parrhasios, Zeuxis, Nikias) nicht erhalten geblieben.

Ein Jahrhundert nach dem goldenen Zeitalter Athens, vom 3. bis 1. Jahrhundert vor Christus, erleben wir die letzte Entwicklungsperiode der griechischen Kunst: die Hellenistische Periode. Während dieser Zeit verbreitet sich die griechische Kunst bis nach Ägypten, Pergamon in Kleinasien, Rhodos und Antiochien, Syrien und Italien. Es war die Epoche, in der die Bildhauerkunst ihren Höhepunkt erreichte. Doch die Griechen konnten dieses Niveau weder halten noch es auf das Gebiet der Philosophie übertragen. Die Geschichte lehrt uns, daß sich die Menschen einzig und allein dem absoluten Rationalismus hingaben und mit allen Traditionen brachen, die bis dahin die Grundlagen der griechischen Kunst gewesen waren. Diese neue Sicht der Dinge führte dazu, daß die Künstler ihre Recherchen in einer anderen Richtung anstellten. Sie entfernten sich mehr und mehr von den herkömmlichen Regeln der klassischen Kunst. Als Reaktion darauf wurde ihr Ausdruck komplizierter, eigenartiger und auch substanzloser und leitete schließlich das Ende der griechischen Kunst ein.

Rom:
Die Kunst als Politik des Imperiums

Die römische Kunst hat ihren Ursprung zum einen in der etruskischen Kunst (die Etrusker gehörten zu den Urvölkern Italiens) und zum anderen in der griechischen Kunst. In Wirklichkeit verschrieben sich die Römer allerdings der Weiterführung des klassischen griechischen Stils. Sie griffen gewissermaßen die Fackel der Griechen auf, als deren Quellen versiegten.

Die Römer hielten sich rund 350 Jahre an ihre Vorbilder, ohne jedoch große Erfolge verzeichnen zu können. Man findet in der römischen Kunst tatsächlich keinen bestimmten Stil, auch keinen schöpferischen, innovativen Impuls wie bei den Griechen. Als einzige, allerdings ruhmreiche Erneuerung führten die Römer die Büste ein.

Die Römer hinterließen Hunderte von Büsten der Cäsaren und Kaiser sowie eine erhebliche Anzahl von Flachreliefs, deren Hauptthema den Schlachten und Triumpfen der römischen Kaiser entlehnt waren. Aus diesem Grund kann man die römische Kunst im wesentlichen als politisch bezeichnen.

In jener Zeit war der Mensch vor allem Untertan des Römischen Reiches und Diener der Cäsaren. Es war daher unvermeidlich, daß das Bildnis des Cäsars in alle vier Richtungen des Imperiums verbreitet wurde, und zwar in Form von Porträts, Büsten, Flachreliefs und auf den Geldstücken. Weitere künstlerische Strömungen entwickelten sich am Rande der offiziellen Kunst, brachten jedoch nichts Neues. Die Fresken in den römischen Palästen und Villen wie denen von Pompeji (Abb. 15) mögen für ihre Epoche noch so kunstvoll gewesen sein, sie können sich weder mit ihrer Schönheit noch ihrem Wert mit den Meisterwerken der römischen Bildhauerkunst messen.

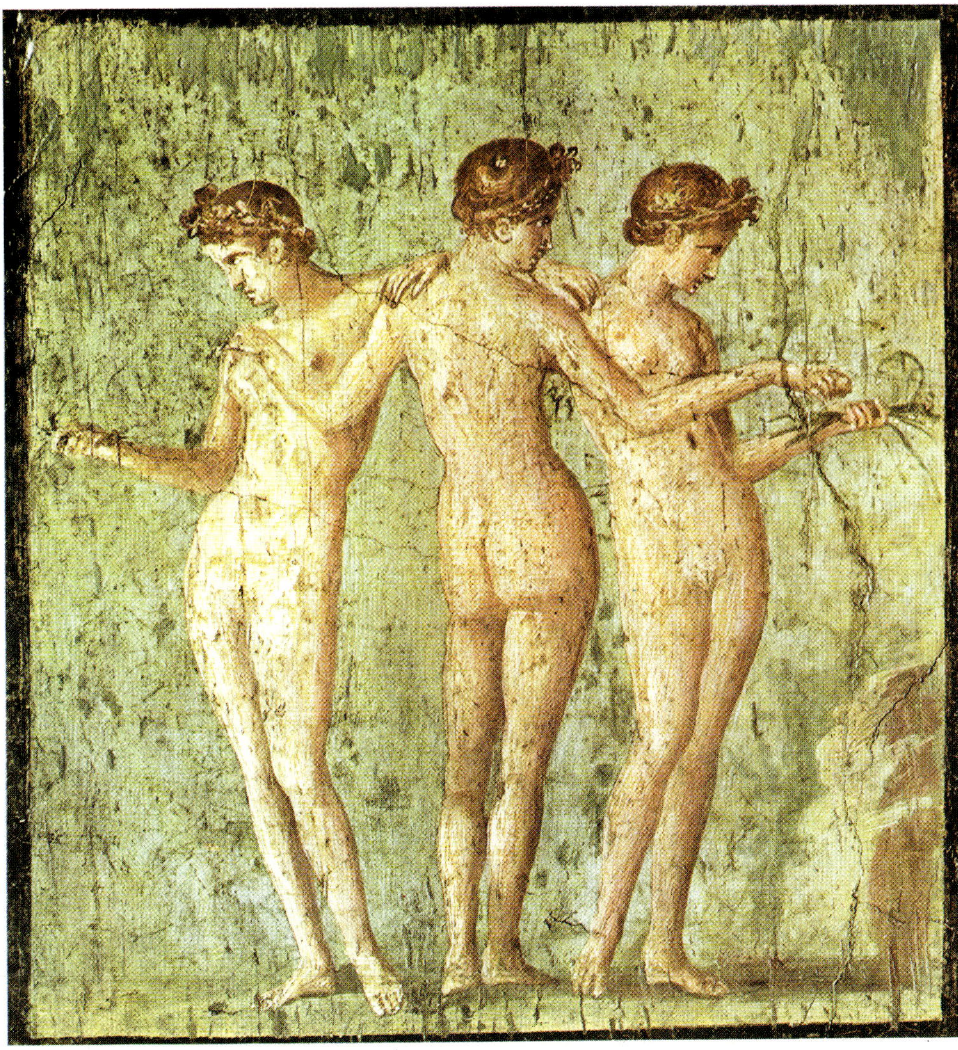

Abbildung 15: *Drei Grazien,* Nationalmuseum, Neapel.

Das Mittelalter oder die Kunst des Christentums

Das Mittelalter umfaßt in etwa die tausend Jahre vom vierten bis zum 14. Jahrhundert. In dieser Zeit schöpfte die Kunst alle Formen aus der religiösen Inspiration und stellte dadurch das Bild einer zutiefst religiösen Gesellschaft dar, die von einer Geistlichkeit geführt wurde, deren Kirche der Erlösung diente.

Jahrhundertelang war die menschliche Gestalt in schematischer, manchmal auch unproportionierter, unwirklicher, feierlicher Form dargestellt worden. Die Kaiser, die Heiligen und Gott erschienen stets von vorn. Später verlor das Antlitz alles menschliche Aussehen und wurde abstrakt.

Während der gesamten frühchristlichen Periode hatte die Kunst keine andere Funktion als die Verbreitung und die Unterweisung der christlichen Religion. Die Skulpturen und Gemälde wurden also zu Idiogrammen.

Der byzantinische Stil führte als Innovation Großartigkeit und eindrucksvolle Feierlichkeit in die Darstellung ein. Christus wurde zu einer königlichen Erscheinung, die Jungfrau Maria bekam das Aussehen einer Herrscherin; ihnen folgte ein Hofstaat aus prächtig gekleideten Aposteln und Heiligen, der sie mit dem gesamten Ritual und dem Prunk eines byzantinischen Herrscherhauses umgab.

Im Jahre 725 entstand in Byzanz eine Bildersturmbewegung, die mehr als ein Jahrhundert – bis 843 – formell jede figurative Darstellung verbot. Alle Bilder wurden zerstört. „Die Kirchen waren absolut weiß, und wer versuchte, eine Statue aufzustellen oder ein Bild zu malen, unterlag schwerster Bestrafung“, berichtet der Bildhauer Ghiberti im 15. Jahrhundert. Die Bildersturmbewegung hatte mehrere Ursachen. Die wichtigste war die Abneigung der Christen gegen die Darstellung von Idolen und die Sinnlichkeit der klassischen Antike.

Während dieser Zeit, also vom sechsten bis siebten Jahrhundert, geht es im Westen parallel zur Invasion der Hunnen mit der Kunst abwärts. Die Menschen verlassen die Städte und ziehen auf die Dörfer. Selbst die Könige müssen sich auf ihre Ländereien begeben. Arnold Hauser berichtet, daß in Westeuropa in dieser Zeit völliger Dekadenz niemand in der Lage war, ein menschliches Gesicht darzustellen. Im Jahre 800 gründete Karl der Große dann die pfälzische Schule, in der Kunst unterrichtet und das neugewonnene Wissen in Form großer, mit Miniaturen reich geschmückter Schriften in die Praxis umgesetzt wurde (Abb. 16).

Im Hochmittelalter folgte eine Periode, in der die Kunst von den klösterlichen Werkstätten ausging, denn die Hauptaufgabe der Mönche war das Schreiben und Illustrieren von Büchern. Dann erreichen wir die Feudalzeit. Der König brauchte eine Armee, doch die Staatskassen waren leer. Er „kaufte“ daher seine Soldaten im Austausch gegen große Ländereien. So entstand die Klasse der Lehnsherren. Diese konnten in der Folge unabhängig von der Monarchie über ihre Untertanen regieren. Jeder Lehnsherr sorgte völlig isoliert von den anderen für die Befriedigung seiner eigenen Bedürfnisse. Aus diesem Grund gibt es keine Motivation für eine Weiterentwicklung von Kunst und Kultur. Der Glaube an die christliche Lehre ist stärker als je zuvor, und die Kirche unterstützt die Auffassung, daß es nichts Menschliches gibt, was dem Wesen nach göttlich ist. Im 11. Jahrhundert entsteht die romanische Kunst.

Die Kirchen und Kathedralen sind ihr erster Ausdruck. Die romanischen Skulpturen und die romanischen Maler folgen dem kühnen Stil der Architekten und stellen den Menschen häufig weiterhin feierlich und unpersönlich dar.

Die romanische Kunst entwickelt sich jedoch weiter. Am Ende sind die Gestalten nicht mehr so starr und nehmen bereits das Erscheinen der Gotik vorweg.

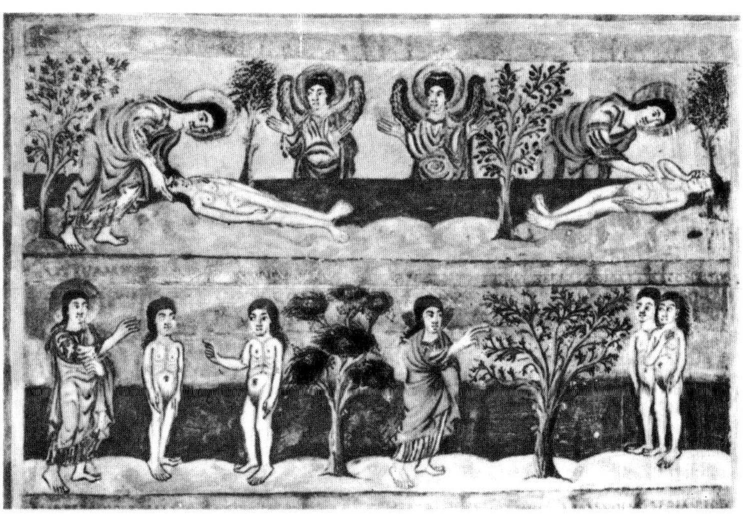

Abbildung 16: Die Geschichte von Adam und Eva nach den Richtlinien der karolingischen Schule. Ausschnitt einer Manuskriptseite.

Vom 12. Jahrhundert an nimmt das tägliche Leben eine andere Wendung. Die Städte erhalten – parallel zur Entwicklung von Handel und Industrie – großen Zulauf. Dadurch entsteht ein neues Bürgertum. Von diesem verbesserten Klima, das von mittelalterlicher Geistigkeit durchdrungen war, konnten die Künstler bis dahin nur träumen. Ihre Vorstellungskraft entwickelte sich, und sie gaben sich ganz ihrer Inspiration hin. Auf diese Weise entstand die Gotik, deren Schönheit in Formen und Proportionen uns allen bekannt ist. Der große Künstler dieser Epoche und ungeheure Erneuerer ist ein Italiener: Giotto. Als erster konkretisiert er die Formen und kündigt dadurch bereits die Renaissance an.

Im 13. Jahrhundert gehören die Künstler einer Gilde an. Wir erleben den Beginn einer autonomen Kunst. Der Künstler ist nicht mehr Handwerker der Kirchen oder Klöster, er untersteht auch nicht mehr den Anordnungen eines mönchischen Architekten. Als Mitglied einer Gilde vertritt er seine eigenen Interessen, führt die Aufträge in seinem Atelier aus und ist endlich sein eigener Herr und Meister. Er kann sich der Entdeckung neuer Themen und neuer Ausdrucksformen hingeben. Man beginnt, auf Holztafeln – den Vorläufern der Leinwand – zu malen. Dies ist eine sehr wichtige Etappe in der thematischen Entwicklung der Kunst.

Das Mittelalter geht zu Ende. Jahrhundertelang ist die Darstellung des menschlichen Körpers als Folge der Bestimmungen des Staates und der Kirche praktisch unterblieben. Wir haben gesehen, daß Aktdarstellungen beinahe nicht existieren, ja sogar verfolgt wurden. Die Schönheit des menschlichen Körpers wurde bewußt verschwiegen. Trotzdem gelang es den Künstlern in den letzten Jahren dieser erstarrten Periode sehr schnell, nackte Körper darzustellen, die der Wirklichkeit so nahe wie möglich kamen.

Die flämische Malerei oder die Kunst des Übergangs vom Autoritarismus des Mittelalters zum Liberalismus der Renaissance

Um 1420 gründete Jan von Eyck gemeinsam mit anderen bekannten Künstlern die Flämische Schule. Van Eyck stammte aus Brügge, der damaligen westflämischen Hauptstadt.

Die Regeln dieser neuen Schule entfernten sich vom Stil der gotischen Malerei und beschritten einen anderen Weg. Zu den Anhängern van Eycks gehörten der Meister Flémalle, van der Weyden, Petrus Christus etc.

Ohne es zu ahnen, näherten sie sich der humanistischen Kunst der Renaissance. Van Eyck setzte seine Theorien sofort in die Praxis um. 1432 schuf er gemeinsam mit seinem Bruder einen Altaraufsatz aus zwölf Holztafeln, das Polyptychon „Das mystische Lamm“ der Kathedrale von Gent. An den beiden Außenseiten befinden sich in Lebensgröße die völlig nackten Körper von Adam und Eva. Man kann diese beiden Gestalten als die ersten Aktdarstellungen der Ölmalerei bezeichnen. Van Eyck brach hier mit der langen mittelalterlichen Tradition. Er malte seine zwei Meter hohen Gestalten von unten und berücksichtigte dabei auch die Perspektive.

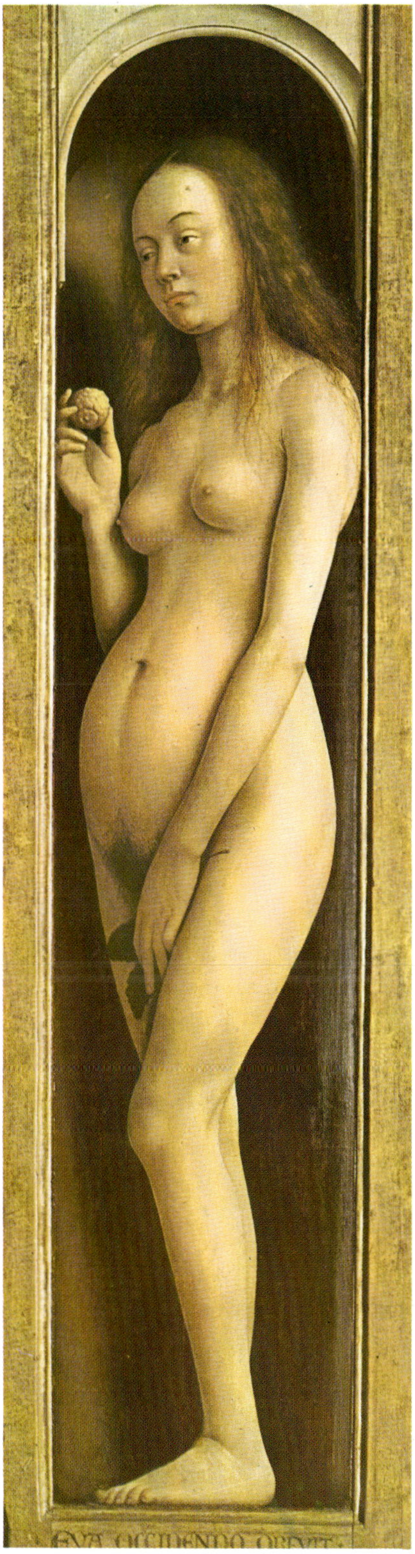

Eva ist nach dem ästhetischen Kanon jener Zeit dargestellt: die schmalen Schultern sind etwas nach vorn geschoben, die Brüste sind gut ausgebildet, aber leicht hängend, der Brustkorb ist hohl, und der Leib steht vor. Es ist denkbar, daß van Eyck eine schwangere Frau als Modell wählte, um der Ästhetik jener Zeit so nahe wie möglich zu kommen.

Vergleichen wir die Gestalt auf Abbildung 17 mit der Ehefrau von Arnofin in van Eycks berühmtem Gemälde „Porträt von Arnofin und seiner Ehefrau", erkennen wir den seltsamen Körperbau, den die Mode damals erforderte (Abb. 18).

Nicht nur die außerordentliche Begabung des Künstlers führte dazu, daß van Eycks Werke zu den herausragendsten der Kunstgeschichte gehören. Es lag auch an dem „historischen Augenblick", zu dem sie entstanden: am Kreuzweg einer soeben endgültig aufgegebenen Kunstrichtung und einem offenen Weg zu einer künstlerischen Erneuerung.

Abbildung 17: Jan van Eyck, *Eva*, Ölmalerei um 1432.

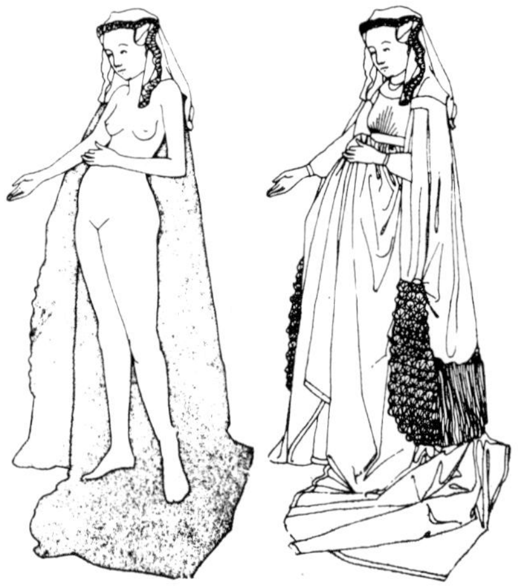

Abbildung 18: Die flandrische Trachtenmode um 1400 formte in gewisser Weise den weiblichen Körperbau. Die Schultern waren schmal, der Leib stand vor.

Die Wiedergeburt der Künste

Wir benötigen kein Adjektiv, um die Veränderung zu beschreiben, die sich ab dem 15. Jahrhundert auf allen Gebieten der Kultur, der Kunst und der Wissenschaft bemerkbar machte. Die Geschichte selbst hat die beste Beschreibung durch die Verleihung des Namens für diese Epoche geliefert: die Renaissance, also die Wiedergeburt.

Zahlreiche Fragen werfen die Gründe und die Wirkung dieser Epoche auf.

Grob betrachtet, lassen sich die Ursprünge gegen Ende des Mittelalters datieren. Den Anstoß dazu gaben der Zuzug von immer mehr Menschen in die Städte, der wirtschaftliche und kaufmännische Aufschwung und die Bildung einer intellektuellen Gesellschaft. Das Bürgertum war nicht länger vom Staat abhängig. Es genoß völlige Autonomie und schätzte die schönen Künste.

Nach Burckhardt beinhaltet der Ausdruck „Renaissance" die „Wiederentdeckung der Welt und des Menschen", also eine Rückkehr zur Natur mit der Kenntnis der griechischen Kunst als Ausgangsbasis. Es ging vor allem darum, die Natur als Thema zu wählen und so nahe wie möglich an der Wirklichkeit zu bleiben.

Arnold Hauser geht noch weiter. Er sagt, die künstlerische Auffassung der Renaissance begnügte sich nicht mit der Darstellung der Wirklichkeit und der Natur, sondern gab darüber hinaus die Züge des Menschen bewußt unter einem methodischen, ja wissenschaftlichen Aspekt wieder. Das betraf die Darstellung der Persönlichkeit des Modells, die Proportionen des Körpers, seine Anatomie, die Perspektive, die Farbharmonie etc.

Das bedeutet jedoch nicht, fügt Hauser hinzu, daß sich der Künstler in einen reinen Beobachter der Natur verwandelte. Trotzdem wurde das Kunstwerk zu einer Naturstudie.

Das veranlaßt uns zu der Frage, was die Renaissance tatsächlich war und hervorbrachte.

Zunächst einmal gab die Renaissance dem Künstler die Möglichkeit, sich in seinem Werk mit einer persönlichen Note auszudrücken und als Neuheit jener Zeit eine Kunstform zu entwickeln, die weltlich oder religiös, mystisch oder sinnlich, dramatisch oder heiter – kurz ein Abbild des Lebens selbst sein durfte.

Die Renaissance erlaubte dem Künstler die freie Ausübung seiner Kunst, denn sie ließ ihn seine Persönlichkeit auch außerhalb der traditionellen, von Staat oder Kirche vorgeschriebenen Wege ausdrücken.

Auch die Themen standen nicht mehr von vornherein fest: Päpste und Fürsten, Bürger, Philosophen und Bauern fanden sich nebeneinander auf der Leinwand oder als Skulptur wieder. Ebenso vielfältig waren die Themen: bukolische oder danteske Szenen, hübsche oder häßliche, lächelnde oder schmerzlich verzerrte Gesichter standen nebeneinander. Bei manchen Gemälden war die Atmosphäre erfüllt von Sinnlichkeit, während andere dem religiösen Geist treu blieben.

Für den Beginn der Renaissance lassen sich weder ein genauer Ort noch ein genaues Datum nennen. Man legt ihre Anfänge im allgemeinen nach Italien, genauer gesagt ins Florenz des 14. Jahrhunderts, wo Giotto sich bereits als Erneuerer erwiesen hatte.

Weitere Künstler wie Fra Angelico, van Eyck und selbst Dürer – obwohl er nach Ansicht mancher Fachleute noch zum Ausklang der Gotik gehört – waren die Wegbereiter des neuen Zeitalters.

Die wirklichen Förderer dieser bedeutenden Erneuerung waren jedoch die florentiner Künstler: der Maler Masaccio, der Bildhauer Donatello und der Architekt Brunelleschi. Alle drei waren eng miteinander verbunden und taten sich zusammen, um die Grundlagen für die neue Kunst zu schaffen.

Während der nächsten gut hundert Jahre folgten ihnen jene Künstler, die heute zu den berühmten Meistern der Renaissance zählen: Cranach in Deutschland, Botticelli, Correggio, Leonardo da Vinci, Michelangelo, Raffael und Tizian in Italien.

Betrachten wir nun einige Aktdarstellungen dieser Künstler im einzelnen.

Masaccio hinterließ bei seinem Tod im Alter von 27 Jahren ein Werk von außerordentlicher Reife: „Die Vertreibung von Adam und Eva aus dem Paradies". Wir zeigen auf Abbildung 19 einen Ausschnitt dieses 1427 entstandenen Gemäldes, das mit seiner Bewegung und seinem Realismus mit allen tradierten Gesetzen bricht. Der Künstler stellt die Gestalten als lebende Wesen dar und zeigt sie in der Dreiviertelansicht in Bewegung. Sie geben ihrem heftigen Schmerz angesichts der biblischen Strafe Ausdruck. Allerdings sind im Körper von Adam und Eva gewisse proportionale Fehler festzustellen. Adams Arme sind zu kurz, während die Beine der beiden Gestalten übermäßig lang erscheinen. Die Anatomie der Beine ist nicht ganz klar erkennbar, und Evas schmerzliche Gesichtszüge wirken ziemlich verschwommen. Dagegen sind die Töne und die Volumina, die mit Hilfe des Lichtes und des Helldunkels erreicht werden, durchgehend wunderbar wiedergegeben. Man ist beinahe sicher, daß Masaccio dieses Werk ohne Modell anfertigte und sich höchstens mit ein paar Skizzen behalf. Das hatte den Nachteil, daß er keinerlei Anhaltspunkte besaß, denn es gab bis zu diesem Zeitpunkt kein einziges Werk, auf dem nackte Menschen mit einem derartigen Realismus dargestellt worden waren.

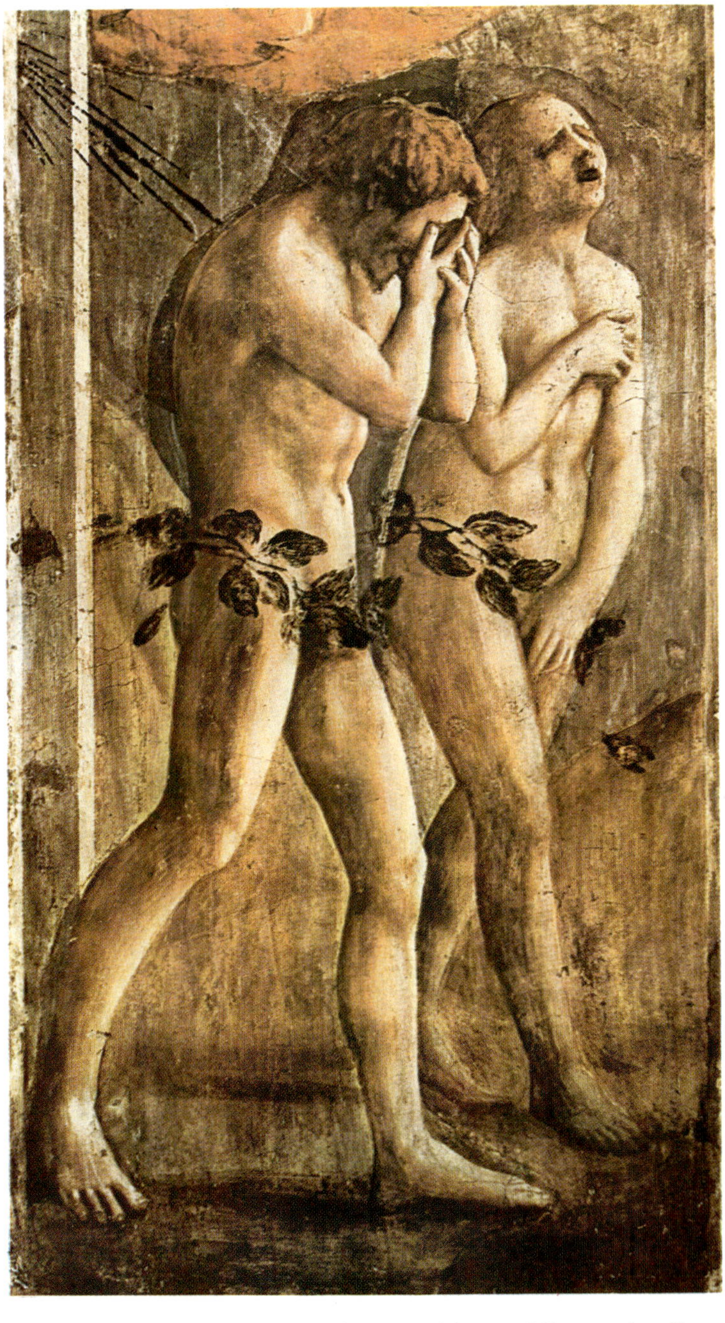

Abbildung 19: Masaccio, *Vertreibung von Adam und Eva aus dem Paradies.* Kirche Santa Maria del Carmine, Florenz.

Betrachten wir nun die „Eva“ von Albrecht Dürer, dem Initiator der Renaissancebewegung in Deutschland (Abb. 20).

Es ist bekannt, daß Dürer mehrere Studien nach natürlichen Beispielen herstellte, bevor er dieses Gemälde schuf. Unter den Künstlern jener Epoche brach ein heftiger Streit über die neue Ästhetik aus, die sich in Eva ausdrückte.

Dürer benutzte für seine Frauengestalten die sogenannten heroischen Proportionen, die auf dem Kanon der neun Köpfe beruhen. Dieser Kanon bedingt, daß der Kopf im Verhältnis zum übrigen Körper zu klein ausfällt.

Dank der Bewegung des rechten Knies der Eva, die ein leichtes Wiegen der Hüfte nach sich zieht, ist die Haltung ausgesprochen elegant.

Die Schultern fallen außerordentlich stark ab, und die Brüste liegen tiefer als normal, entsprechen jedoch dem ästhetischen Kanon der Gotik. Diese Proportionen findet man auf den meisten Gemälden Dürers.

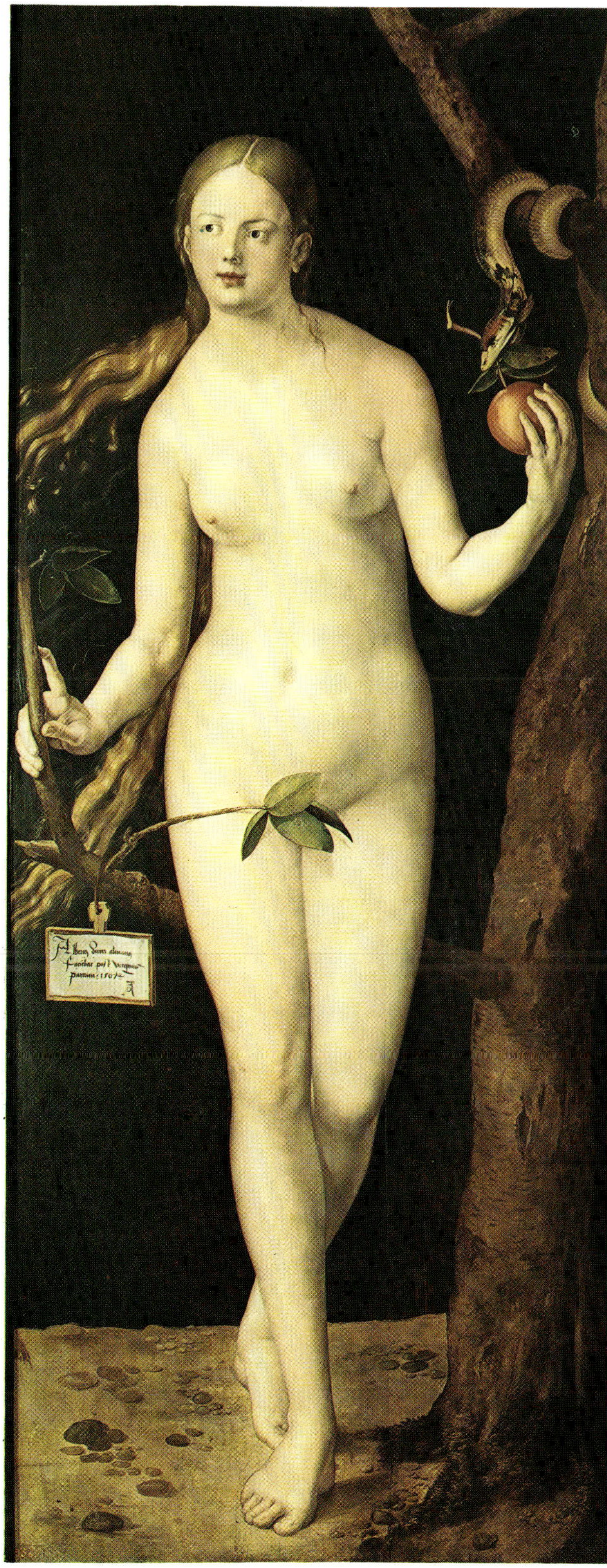

Abbildung 20: Der Kanon des menschlichen Körpers war in der Renaissance unter den Künstlern ein ständig umstrittenes Thema. Albrecht Dürer unternahm zahlreiche Studien und fertigte unzählige Zeichnungen an, um nachzuprüfen, ob der Kanon der acht-Kopfhöhen korrekt war. In dem nebenstehend abgebildeten Werk: *Eva*, 1507, Prado, Madrid, benutzt er den Kanon der neun Köpfe.

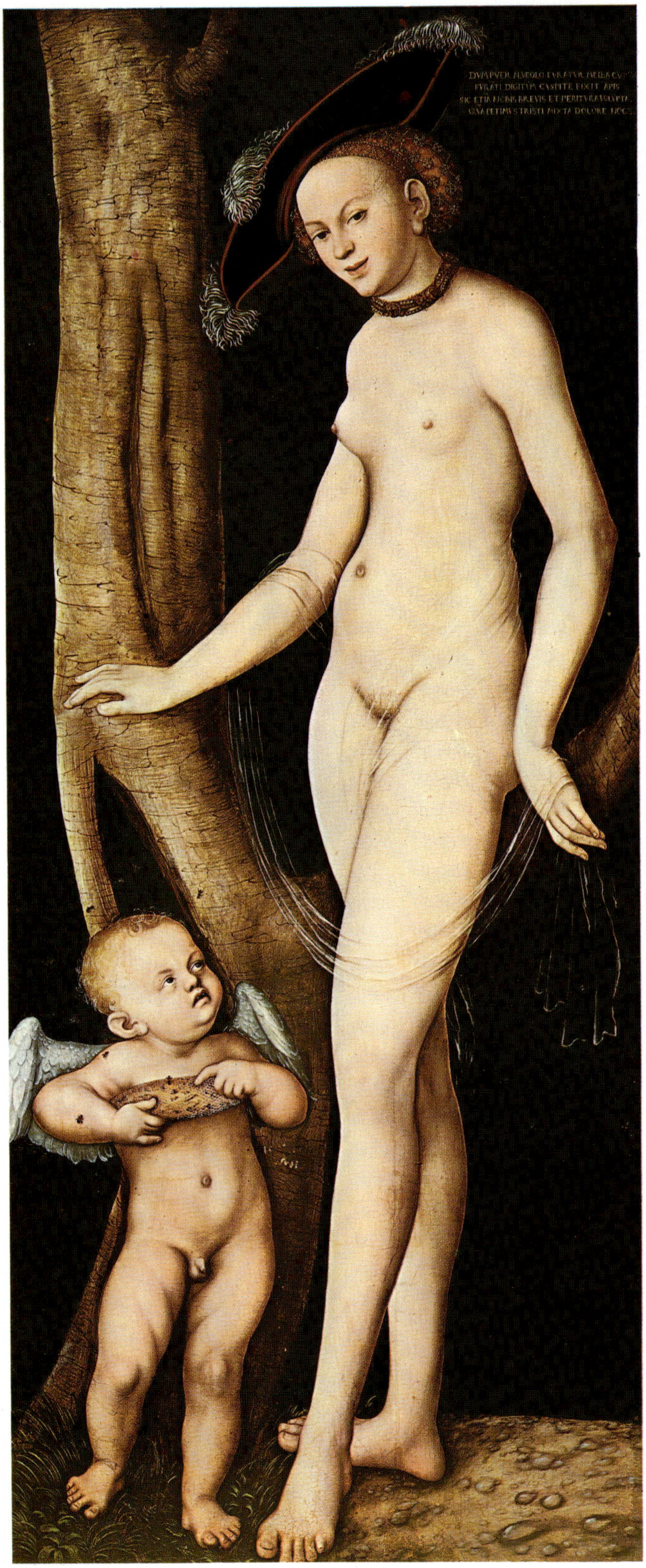

Bei den nackten Gestalten von Lucas Cranach findet man zum erstenmal seit der griechischen Antike eine Sinnlichkeit, die vielleicht ein Reflex des Heidentums der klassischen Kunst ist und der gesamten Bewegung der Renaissance zugrunde lag. Das Gemälde „Venus und Cupidon“ auf der nebenstehenden Abbildung ist dafür ein hervorragendes Beispiel.

Die Venus trägt einen Hut, der mit Federn geschmückt ist. Das kurze Kollier hat nur den Zweck, die Nacktheit noch erregender darzustellen. Dasselbe gilt für den durchsichtigen Schleier, der nichts verbirgt. Die Schamhaare sind – im Gegensatz zur Wirklichkeit – bewußt erotisch dargestellt. Vom Gesichtsausdruck läßt sich eine Einladung ablesen . . .

Bei allen Aktdarstellungen Cranachs finden wir den ästhetischen Kanon seiner Epoche wieder: kleine Brüste, extrem schmaler Oberkörper und Taille, die mit dem vorstehenden Leib und den verlängerten Oberschenkeln im Konstrast stehen. Die Venusgestalten des Malers sind nicht gerade ein Modell für die Anatomie. Betrachtet man die Venus von Abbildung 21, stellt man die unvollkommene Form des Schlüsselbeins und des ziemlich verschwommenen linken Knies fest.

Abbildung 21: Cranach, *Venus und Amor,* Königliches Museum der Schönen Künste, Brüssel.

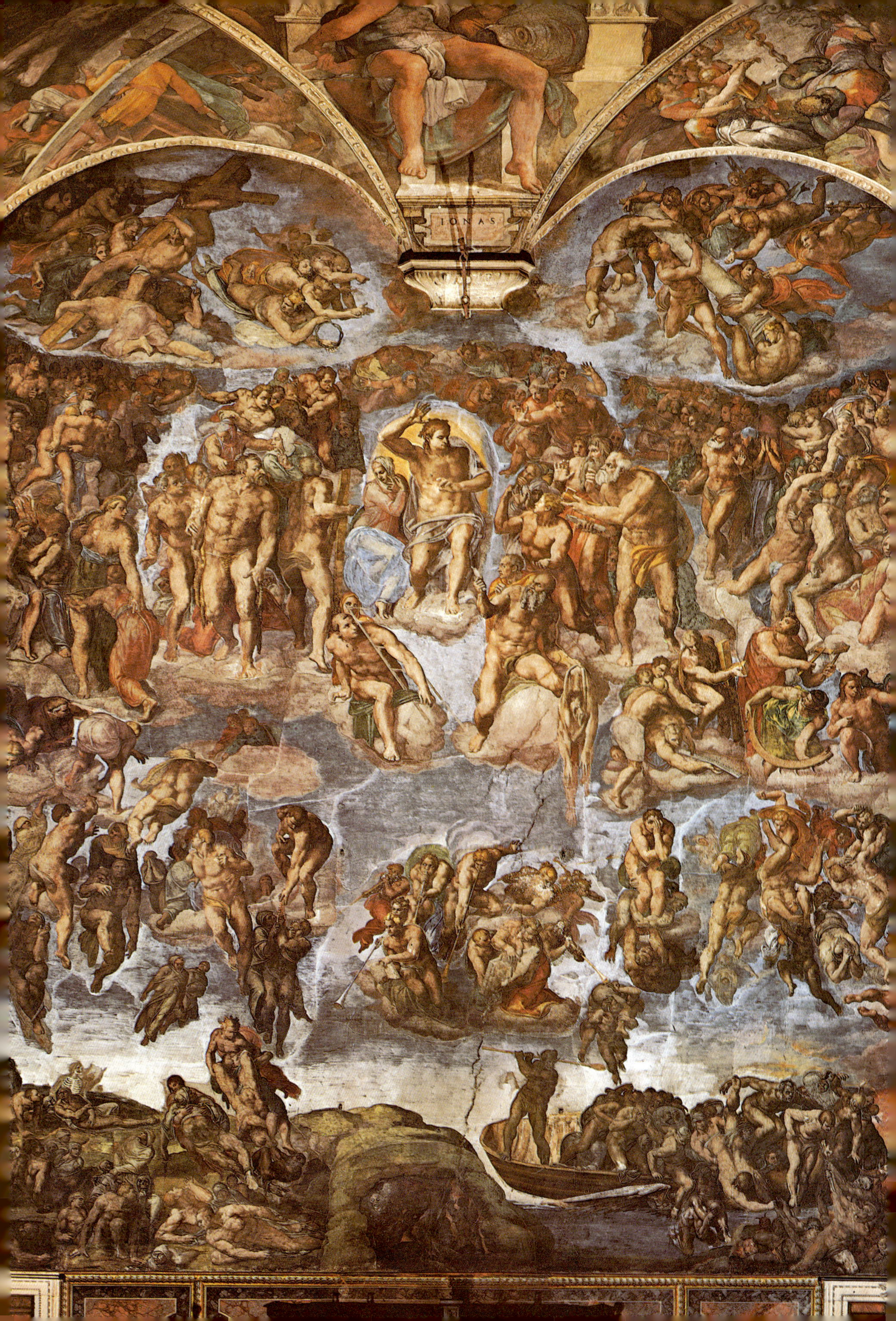
IONAS

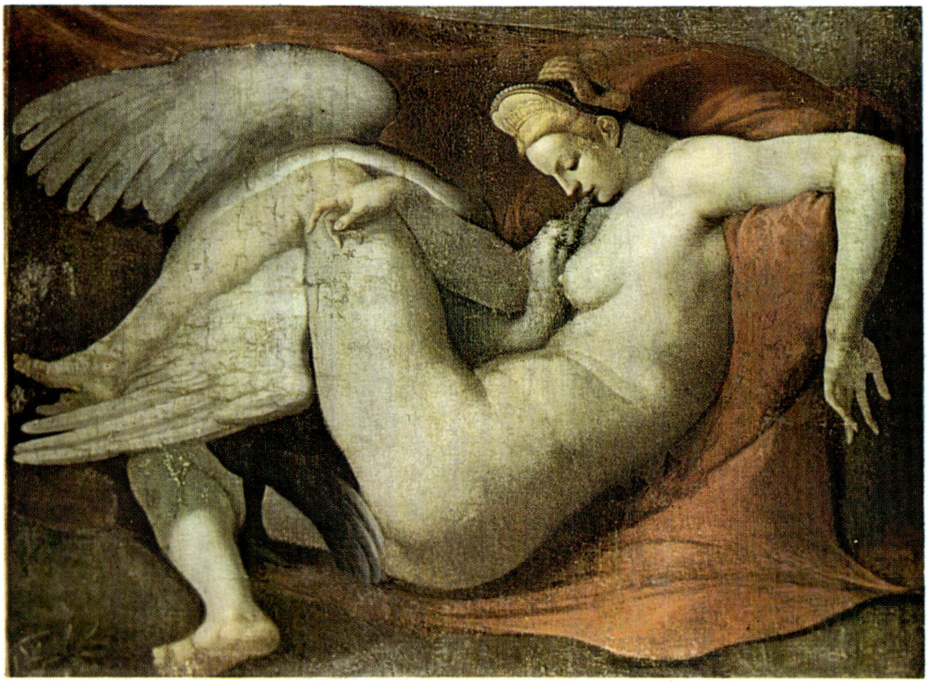

Abbildung 25: Michelangelo, *Leda und der Schwan*, National Gallery, London.

wußt begangen, um den Akzent auf den Körper, das eigentliche Zentrum, zu legen. Wie dem auch sei, die Gestalt der Leda und die Komposition des Werkes werden dadurch nicht weniger sehenswert.

Raffael war hinsichtlich seines Alters und seines Stils ein junger Künstler. Er starb im Alter von 37 Jahren. Bereits sehr früh malte er so berühmte Werke wie „Die Hochzeit der Jungfrau Maria". Er war damals erst 21 Jahre alt. Mit 25 Jahren schuf er das Fresko „Die Schule von Athen", das zusammen mit „Jüngstes Gericht" von Michelangelo als das bedeutendste Kunstwerk der römischen Renaissance gilt. Mit 28 Jahren schuf er bereits das Werk, das Abbildung 26 zeigt: „Die drei Grazien".

Der „glückliche junge Mann", wie ihn ein zeitgenössischer Maler – Le Franc – nannte, verstand es, die geistige Auffassung Leonardo da Vincis und die Ausdruckskraft eines Michelangelos mit der heiteren Tradition der klassischen Antike zu verbinden. Raffael malte nur wenige nackte Gestalten, zeichnete jedoch zahlreiche Skizzen von ihnen. Man kann sagen, daß er alle seine bekleideten Gestalten vorab nackt gesehen hat. Im Gegensatz zu den anderen Künstlern waren Raffaels Aktstudien jedoch keine „Skizzen" seiner bekleideten Personen, sondern nur Anhaltspunkte, „die es ihm ermöglichten, die gan-

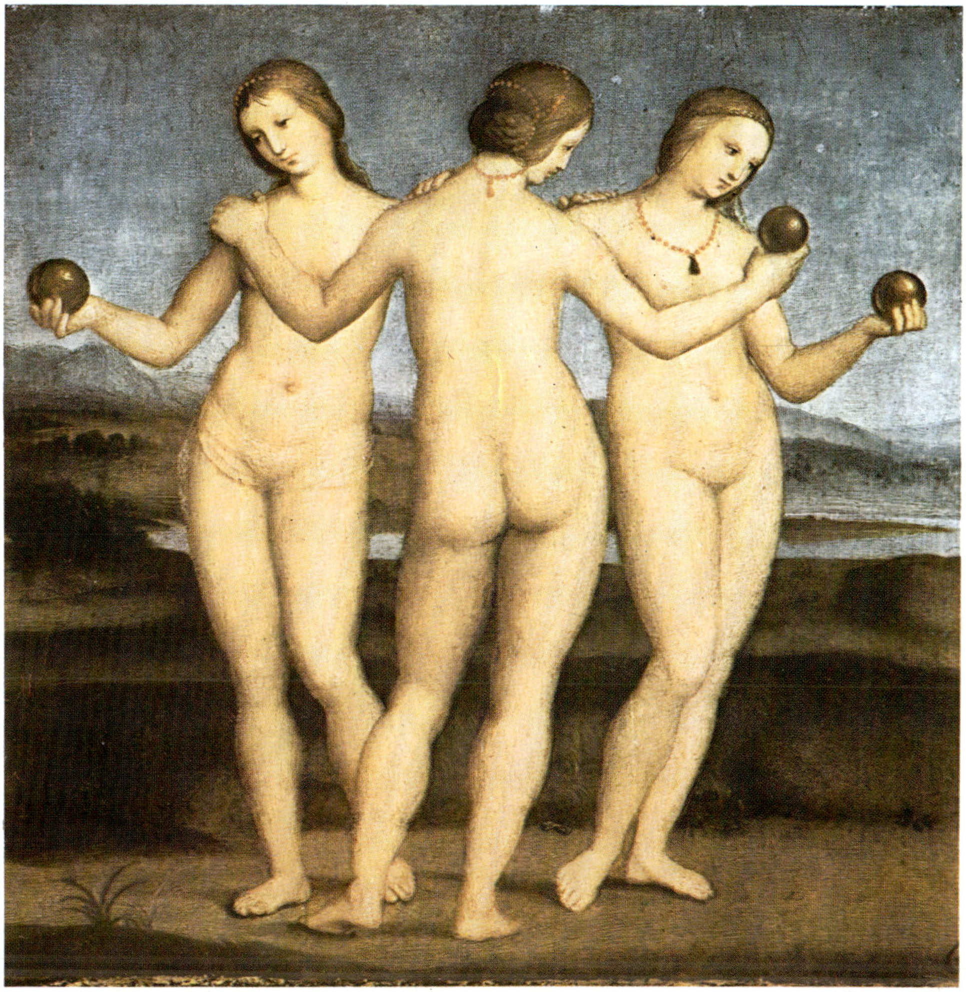

Abbildung 26: Raffael, *Die drei Grazien,* Condé-Museum, Chantilly.

ze Schönheit, die er gesehen hatte, zu idealisieren". Dieses Bedürfnis nach Idealisierung macht sich deutlich in der Komposition der „Drei Grazien" bemerkbar, deren Proportionen genau dem klassischen Kanon der acht Köpfe entsprechen. Der Aufbau dieser Gestalten ist makellos. Die mangelnde Tiefenwirkung verleiht den Körpern eine Sanftheit, die den griechischen Statuen nicht unähnlich ist. Und die klassische Anlage der Komposition drückt eine moderne Auffassung der antiken Kunst aus.

Tiziano Vellecio, genannt Tizian, wurde im Gegensatz zu Raffael sehr alt. Er starb mit 99 Jahren. Tizian besaß eine Vorliebe für die Aktmalerei. Seine vier Danaïden, seine sechs Dianen und seine fünfzehn Venusdarstellungen bezeugen sein außerordentliches Talent als Maler.

Tizian begnügte sich in der Tat nicht mit einer gründlichen Kenntnis der Anatomie und dem Zeichnen perfekter Proportionen. Er verstand besser als jeder Künstler vor ihm, mit der Farbe umzugehen. Er wandte die Fleischfarbe bereits in einer Weise an, wie es später Rubens, Rembrandt, Velasquez und Goya taten.

Fast alle seine Bilder haben eine Landschaft als Hintergrund. Manche dieser Landschaften verdienen wegen ihrer Farben und des Gefühls von Atmosphäre, das sich durch den Übergang von einer Farbe zur anderen und das Verschmelzen der Formen ergibt, Beachtung. (Es ist bekannt, daß Tizian manchmal seine Finger zu Hilfe nahm, um Abstufungen zu erzielen.) In der „Venus mit dem Orgelspieler" finden wir ein gutes Beispiel für einen intelligenten Aufbau. Die Proportionen entsprechen hier dem Kanon der siebeneinhalb Köpfe; der gestreckte Körperbau dieser Venus ist vollkommen: das Schlüsselbein, die Schultern, der Oberkörper, die Schenkel und die Knie werden perfekt wiedergegeben, ohne dem weichen Gesamteindruck zu schaden.

Zum Abschluß wollen wir ein Gemälde von Antonio Allegri untersuchen, ein Maler des 16. Jahrhunderts, der besser unter dem Namen Correggio bekannt ist. Mit ihm beenden wir unser Studium der Renaissance. Correggio wurde vor allem durch seine „heidnischen Gemälde" bekannt, die ihm als Vorwand für seine nackten weiblichen Gestalten dienten.

In der „Schule der Liebe" (Abb. 28) bringt Merkur dem Cupidon in Gegenwart von Venus das Lesen bei. Die Sinnlichkeit der Venus ist unübersehbar. Sie wird noch durch das Licht verstärkt, das die Brüste, die Hüften und die Schenkel betont. Die nicht anzuzweifelnde Schönheit dieses Gemäldes weist jedoch Unstimmigkeiten auf, die sich aus technischer Sicht erklären lassen. Wir können feststellen, daß Correggio fast immer sehr junge Modelle wählte, beinahe noch Kinder.

Ein anderes Kennzeichen der Gestalten Correggios ist die Sanftheit der Rundungen, die durch die Jugend seiner Modelle unterstrichen wird. Sein Merkur ist ein siebzehnjähriger Junge. Die lieblichen Gesichtszüge lassen an Tizian denken, und die Venus erinnert an die sanften nackten Frauengestalten von Raffael.

Correggio starb 1543 im Alter von 41 Jahren. Sein Stil ähnelt noch der Renaissance. Doch seine Themenwahl kündigt bereits den Wechsel an, der in der westlichen Kultur und Kunst erfolgen wird.

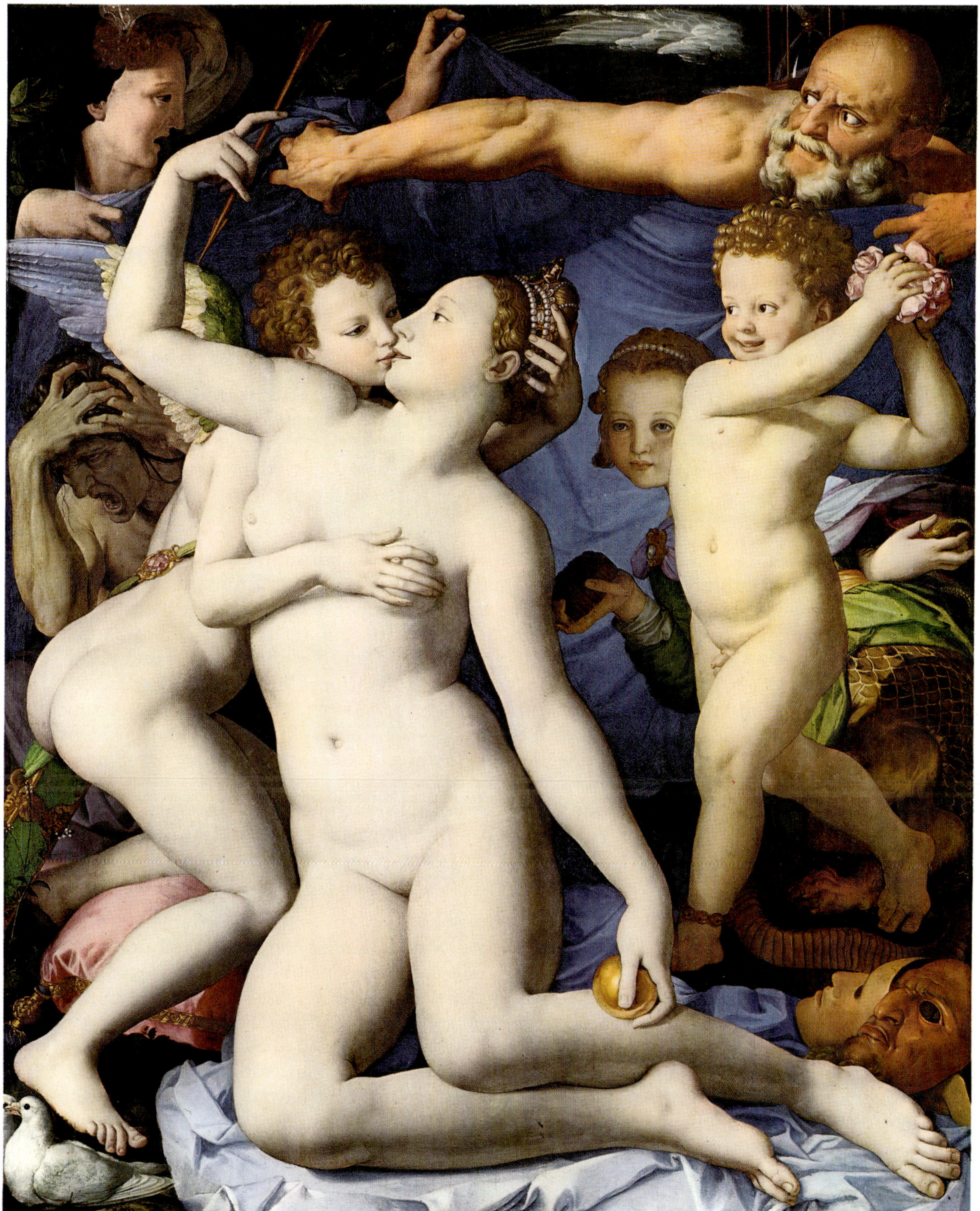

Abbildung 29: Bronzino, *Venus, Cupidon und die Zeit,* National Gallery, London.

überzeugte Papst Paul III. jedoch davon, daß die Idealisten unfähig waren und es Zeit wurde, den Realitäten entgegenzutreten. So entstand der Begriff der Gegenreformation, die den Kampf gegen Luthers Anhänger zum Ziel hatte. 1540 wurde die Gesellschaft Jesu gegründet, ein Prototyp an Disziplin und Strenge. 1542 fand die Inquisition statt, 1543 wurde die kirchliche Zensur eingeführt und 1545 tagte das Konzil von Trient.

Die Gegenreformation nahm eine fanatische, unbeugsame, ja militante Form an. Die „Antirenaissance"-Haltung hatte unmittelbare Auswirkungen auf die Kunst im allgemeinen und die Darstellung nackter Körper im besondern. Erinnern wir uns: dies war genau der Zeitpunkt, zu dem Michelangelos „Jüngstes Gericht" so heftig kritisiert wurde und der Künstler den Auftrag bekam, seine Gestalten zu bekleiden.

Nach dem Konzil von Trient, das 18 Jahre dauerte, wurde die religiöse Toleranz wieder hergestellt. Die Konsequenzen daraus machten sich insbesondere auf dem Gebiet der Kunst bemerkbar. Das Dogma wurde nicht mehr so streng ausgelegt; das Programm der Gegenreformation beschränkte sich nun darauf, den religiösen Geist zu verbreiten und der Kirche wieder Respekt zu verschaffen.

Während der gesamten zweiten Hälfte des 16. Jahrhunderts war das „kulturelle Terrain", das stark unter dem Einfluß der Gegenreformation stand, besonders für die Einführung einer empfindsamen, berauschenden Kunst empfänglich. Ebenso stellt sich die Kunst des Barocks dar. In diese Zeit fällt auch Koperinikus' Entdeckung, daß sich die Erde um die Sonne dreht und damit entgegen der bisher geltenden Vorstellung nicht den Mittelpunkt des Universums bildet. Der Mensch wurde sich seiner Winzigkeit im Verhältnis zum Kosmos bewußt. Gleichzeitig machte er sich die Größe und die ganze Macht Gottes klar. Die künstlerische Entwicklung kam der Auffassung des Barock immer näher. Der berühmte Maler Caravaggio malte seine Werke mit heftigen Kontrasten aus Licht und Schatten; er führt eine gewisse „Düsternis" ein, die sich als unmittelbare Vorläuferin des Barock erweisen sollte. Der Maler, Bildhauer und Architekt Bernini war einer der Hauptförderer dieses Stils. In der Malerei war Peter Paul Rubens bis 1658 der unbestrittene Meister der Kunst des Barock.

Das Barock ist in erster Linie eine visuelle Kunst, deren Ziel mit der Filmkunst vergleichbar ist. Es geht also darum, den Augenblick, die Bewegung, zu erfassen und das Thema zu dramatisieren, um es leichter zugänglich zu machen. In dieser Beziehung sollte hier auf die verzerrten Formen der Barockkunst hingewiesen werden, deren Gestalten sich häufig bewegen, als befänden sie sich auf einer Bühne. Zusammenfassend ist festzustellen, daß sich das Barock als Stil mit der geringsten Einheitlichkeit innerhalb der Kunstgeschichte darstellt. Seine berühmtesten Vertreter sind Borromin und Bernini, Rubens, Velasquez, Murillo und Rembrandt. Rubens ist darüber hinaus einer der berühmtesten Maler meisterhafter weiblicher Akte.

Rubens' Frauen kann man nicht mögen. Sie entsprechen zu wenig den ästhetischen Kriterien unserer Zeit. Sie sind jedoch nichts destoweniger wegen

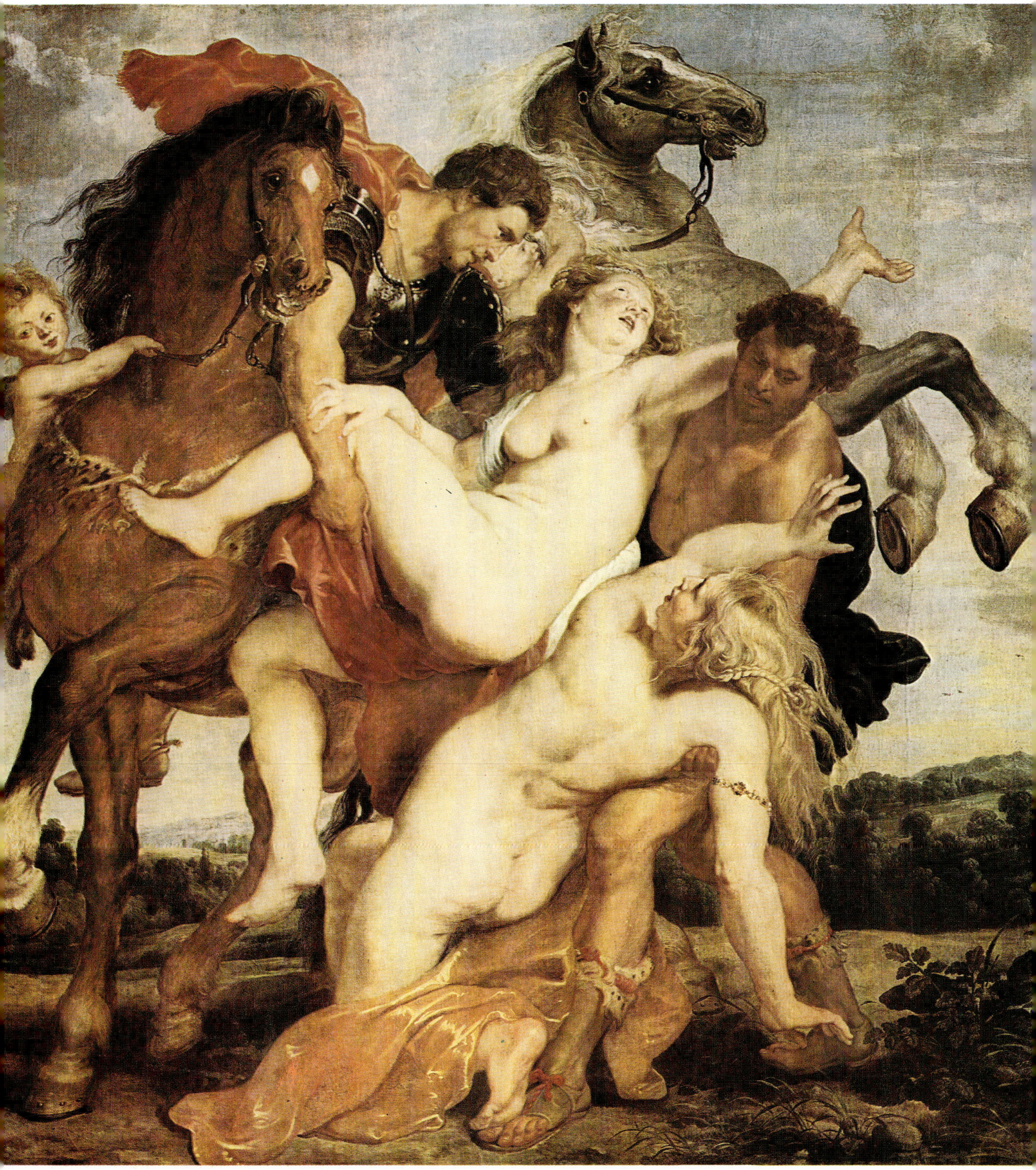

Abbildung 30: Rubens, *Die Entführung der Töchter des Leukippos,* Alte Pinakothek, München.

ihrer perfekten Zeichnung, ihres anatomischen Aufbaus und der Verwendung von Licht und Schatten beispielhaft. Rubens spielt mehr als jeder andere Künstler mit den Körpern; er stellt sie in den kompliziertesten Posen und mit den verworrensten Gesten dar und erhält jedesmal ein ganz außergewöhnliches Ergebnis. Man kann wohl behaupten, daß Rubens, gemeinsam mit Michelangelo, jener Künstler ist, der die Technik der Aktdarstellung am besten beherrschte.

Rubens hat mehr als 4000 Gemälde geschaffen, in denen sich nicht der geringste anatomische Fehler befindet. Er arbeitete vorzugsweise auf der Grundlage des Siebendreiviertelkanons und nahm seine beiden Ehefrauen als Modell: Isabelle Brandt und Helene Fourment. Letztere heiratete er in zweiter Ehe im Alter von 53 Jahren. Helene Fourment war damals 17 Jahre alt. Sie befindet sich beinahe auf allen Gemälden des Meisters.

Abbildung 30, „Die Entführung der Tochter des Leukippos", ist ein hervorragendes Beispiel für die üppigen Formen und die Perfektion auch in den Details, ganz gleich, ob es sich um das blonde Haar eines der Mädchen oder die Bewegungen ihres Rückens handelt.

Rembrandt, der Maler der holländischen Schule des 17. Jahrhunderts und ein bekannter Meister des Helldunkel, war ein weiteres Genie dieser Periode des Barock. Auf Abbildung 31, „Bathseba im Bade", finden wir ein Beispiel für dieses Spiel von Licht und Schatten. Das Licht umstrahlt das Gesicht und den Körper von Bathseba, während die Dienerin im Schatten bleibt. Der Gesichtsausdruck und die Körperhaltung der jungen Frau drücken Bathsebas Erstaunen über den Brief König Davids aus, der um ihre Gunst nachsucht.

Rembrandt war ein Maler der Natur par excellence. Seine Frau Saskia und das Hausmädchen Henrickje dienten ihm als Modell. Saskia starb jung, nachdem sie ihm einen Sohn geschenkt hatte. Daraufhin trat Henrickje bei Rembrandt in den Dienst und kümmerte sich auch um das Baby. Rembrandt und sie heirateten nicht. Der Maler behandelte sie jedoch wie seine zweite Ehefrau. Sie schenkte ihm ein Mädchen. Rembrandt malte ihr Porträt kurz nach der Niederkunft. Er hielt sich dabei so strikt an das Modell, daß er selbst ihren schlaffen Leib wiedergab. Man fragt manchmal, weshalb ein derartig genialer Maler sich auf die Darstellung dieser Frau beschränkte und kein hübscheres Modell wählte. Sicher ist, daß es im puritanischen Holland des 17. Jahrhunderts keine große Auswahl an Modellen gab. Doch Rembrandt legte auch keinen übermäßigen Wert darauf. Er war, wie später van Gogh, Degas oder Picasso, vor allem von der Natur und der Wahrhaftigkeit besessen. Diese Eigenschaft hat dem Künstler den Beinamen „Vater der modernen Malerei" eingetragen.

Falls Sie Gelegenheit haben, eine Reise nach London zu machen, sollten Sie einmal zum Trafalgar Square gehen. Gegenüber dem Standbild von Lord Nelson finden Sie ein großes neoklassizistisches Gebäude mit einer Kuppel und acht Säulen. Darin befindet sich die National Gallery. Ich rate Ihnen, sie zu besuchen und sich dort Velasquez' berühmtes Gemälde „Die Venus mit Spiegel" anzusehen.

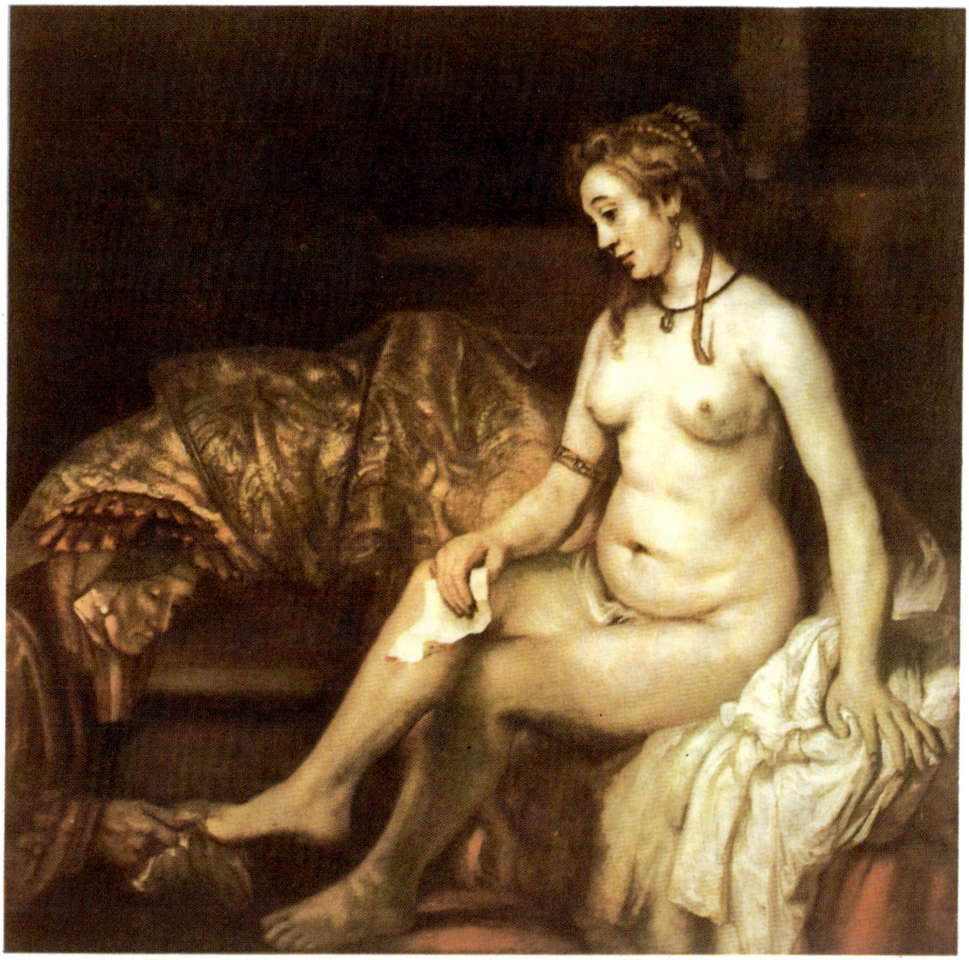

Abbildung 31: Rembrandt, *Bathsebá im Bade,* Louvre, Paris.

Konzentrieren Sie Ihre Aufmerksamkeit auf die delikaten Farbtöne und den beinahe unmerklichen Übergang von einer Nuance zur anderen auf dem Rükken, den Hüften und den Schenkeln des Modells. Betrachten Sie die Abstufungen von Licht und Schatten besonders an der Begrenzung des Rückens und des blaugrauen Stoffes und mehr noch in den Schatten und Reflexen der Schenkel sehr aufmerksam. Es ist wirklich erstaunlich, daß ein Mensch solche Farben wahrnehmen und wiedergeben konnte.

Entfernen Sie sich ein wenig von dem Bild. Dann erkennen Sie die perfekte

Kompostition und die Sicherheit der Hand des Künstlers beim Zeichnen. Treten Sie noch einmal heran und sehen Sie sich an, wie die Umrisse mit der Fläche verschmelzen. So entsteht eine Atmosphäre und ein Gefühl für Tiefe und Weite. Dann begreifen Sie vielleicht, weshalb die Impressionisten Manet, Monet und Sisley Velasquez Malerei im Verhältnis zu seiner Zeit als sehr fortschrittlich betrachteten.

Der große spanische Maler Velasquez hat nur vier Aktdarstellungen geschaffen. Die „Venus mit Spiegel" ist eine der berühmtesten überhaupt.

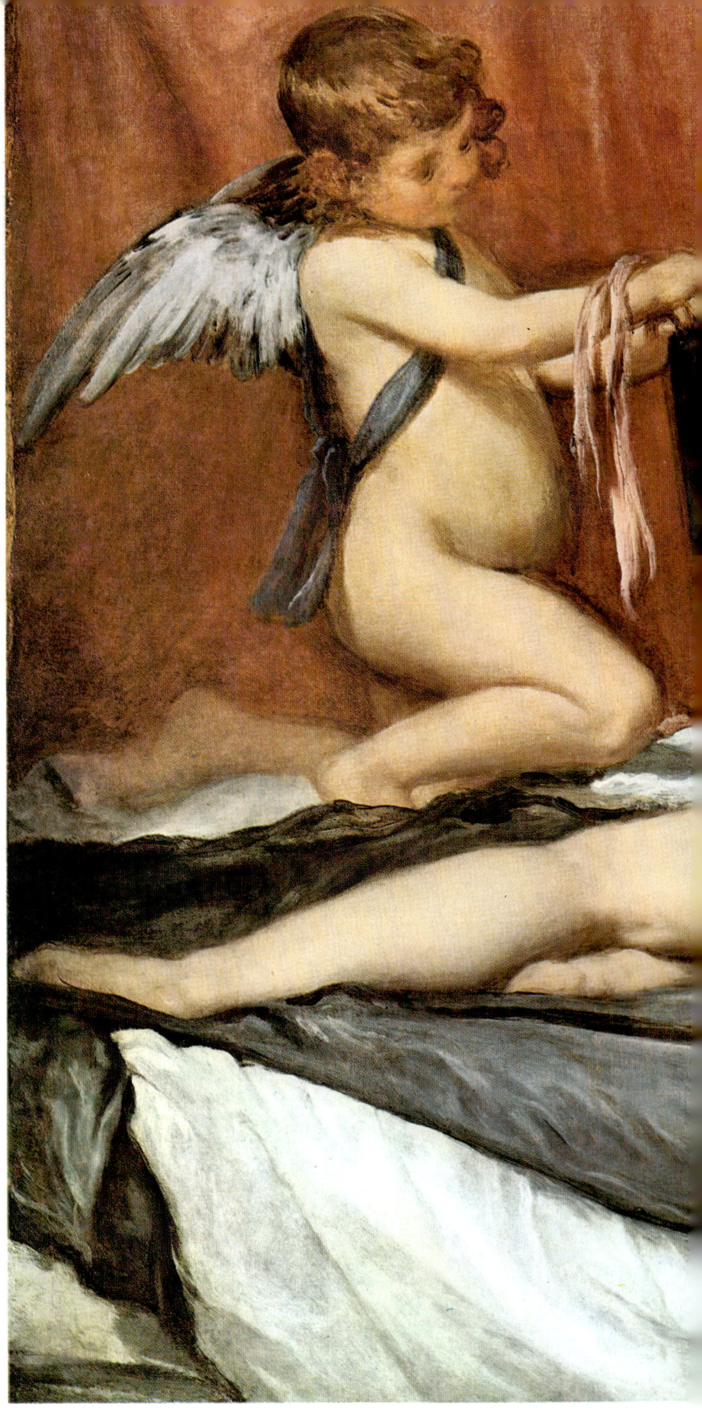

Das Rokokko oder die Kunst des Bürgertums

Während der Renaissance war Italien der künstlerische Mittelpunkt der Welt. Im Barock befand sich dieser, wie wir soeben gesehen haben, in den Niederlanden. Anschließend übernahm Frankreich die Führungsrolle und hat bis heute das Privileg einer künstlerischen Vormachtstellung nicht wieder abgege-

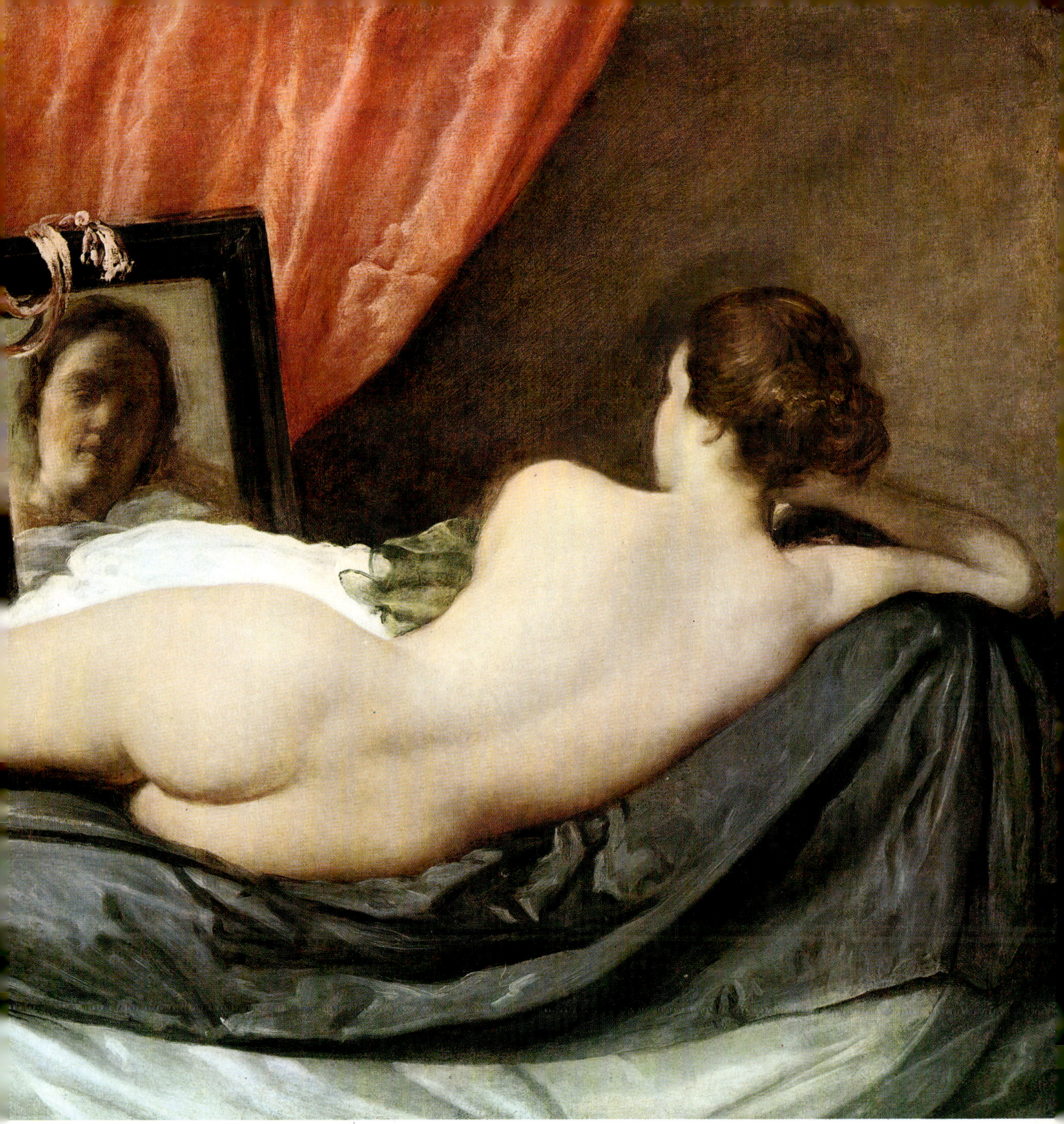

Abbildung 32: Velasquez, *Venus mit Spiegel,* National Gallery, London.

ben. Das Rokokko, das dem Barock folgte, übernahm dessen Sinnlichkeit, den Luxus und Anspruch und ersetzte dessen Dynamik und Übermaß durch feinere, intimere Züge.

Die berühmtesten Maler jener Epoche waren zweifellos Watteau, Fragonard und Boucher. In dem „Jungen Mädchen auf dem Ruhebett" von Boucher (Abb. 33) finden wir ein Beispiel für diese intime Sinnlichkeit, die sich aus der Jugend des Modells, der Stimmigkeit der Töne und der sanften Wirkung des Lichtes ergibt, das praktisch ohne Schatten auskommt.

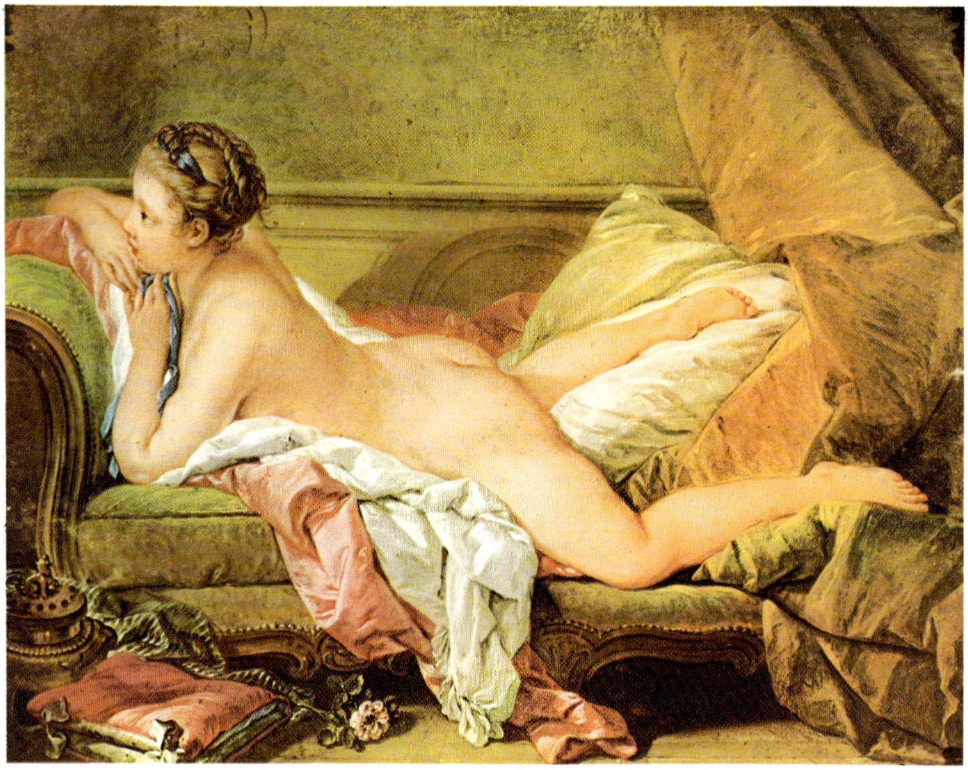

Abbildung 33: Boucher, *Junges Mädchen auf dem Ruhebett,* Alte Pinakothek, München.

Der Neoklassizismus oder die Kunst der Französischen Revolution und des Empire

In der zweiten Hälfte des 18. Jahrhunderts entdeckte Europa die Kunst der alten Griechen und Römer wieder. Die Architekten förderten bei ihren Ausgrabungen griechische und römische Ruinen zutage und erweckten die klassische Architektur und deren Bildhauerkunst wieder zum Leben.

Romreisen kamen in Mode. Trotzdem scheint sich die Kunst nur mit einem gewissen Zögern von den Formen des Rokoko zu lösen. Doch die Entwicklung tritt ein. Sie wird sogar von dem politischen Klima des Augenblicks beschleunigt. Seit der Französischen Revolution bringt David den klassischen Stil wieder zu Ehren, in dem sich die alte römische Republik spiegelt und in dem man auch die heroischen und patriotischen Themen der Revolution findet. Seine Bilder, so „Der Schwur des Horatius" oder „Der Raub der Sabinerinnen" sind ein Vorwand, um Aktdarstellungen zu zeigen. Sie spielen häufig auf zeitgenössische Ereignisse an.

Abbildung 34 auf der gegenüberliegenden Seite zeigt uns eines der repräsentativsten Beispiele des Neoklassizismus. Sie finden dort ein Bild von Davids Schüler Gérald mit dem Titel „Amor und Psyche".

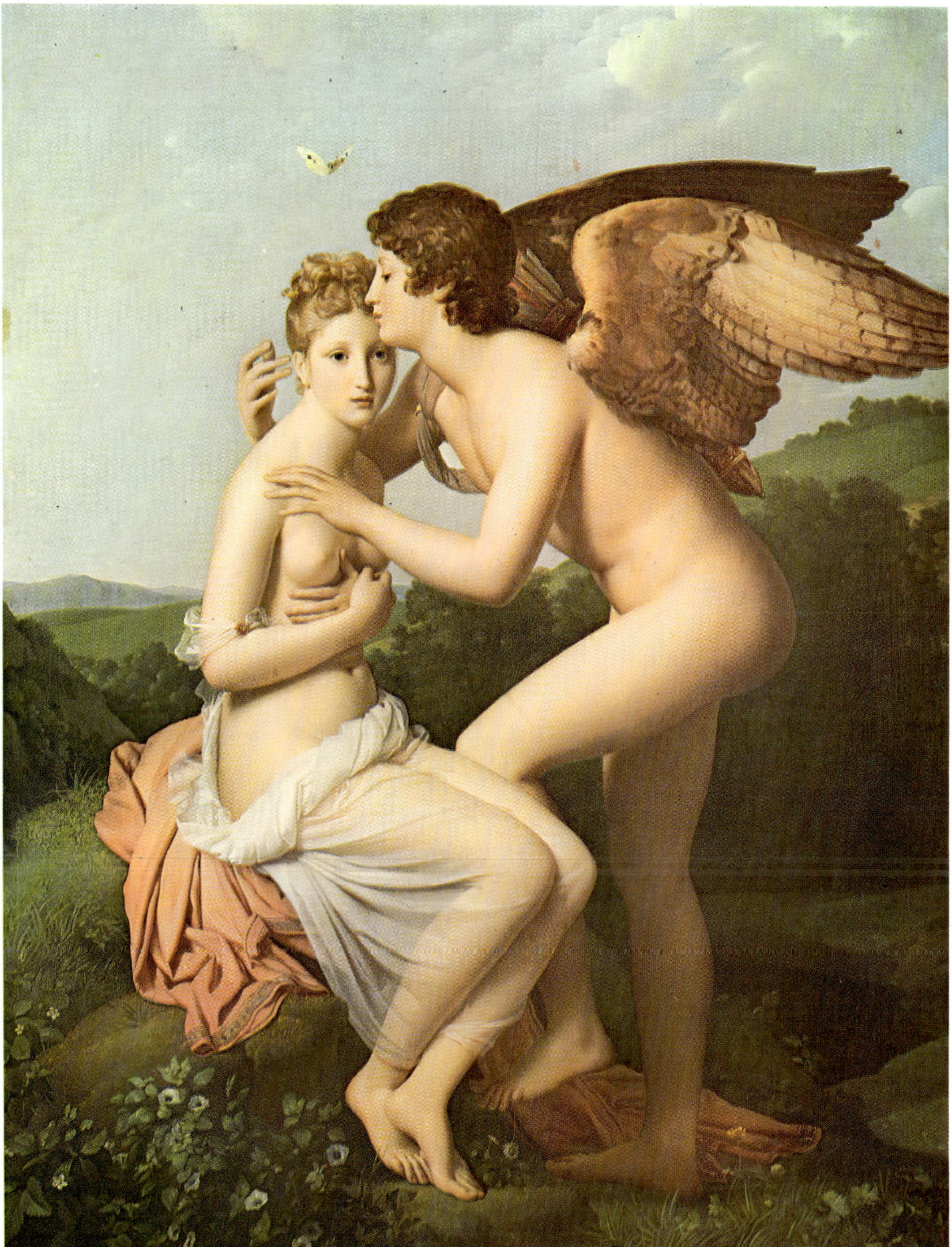

Abb. 34

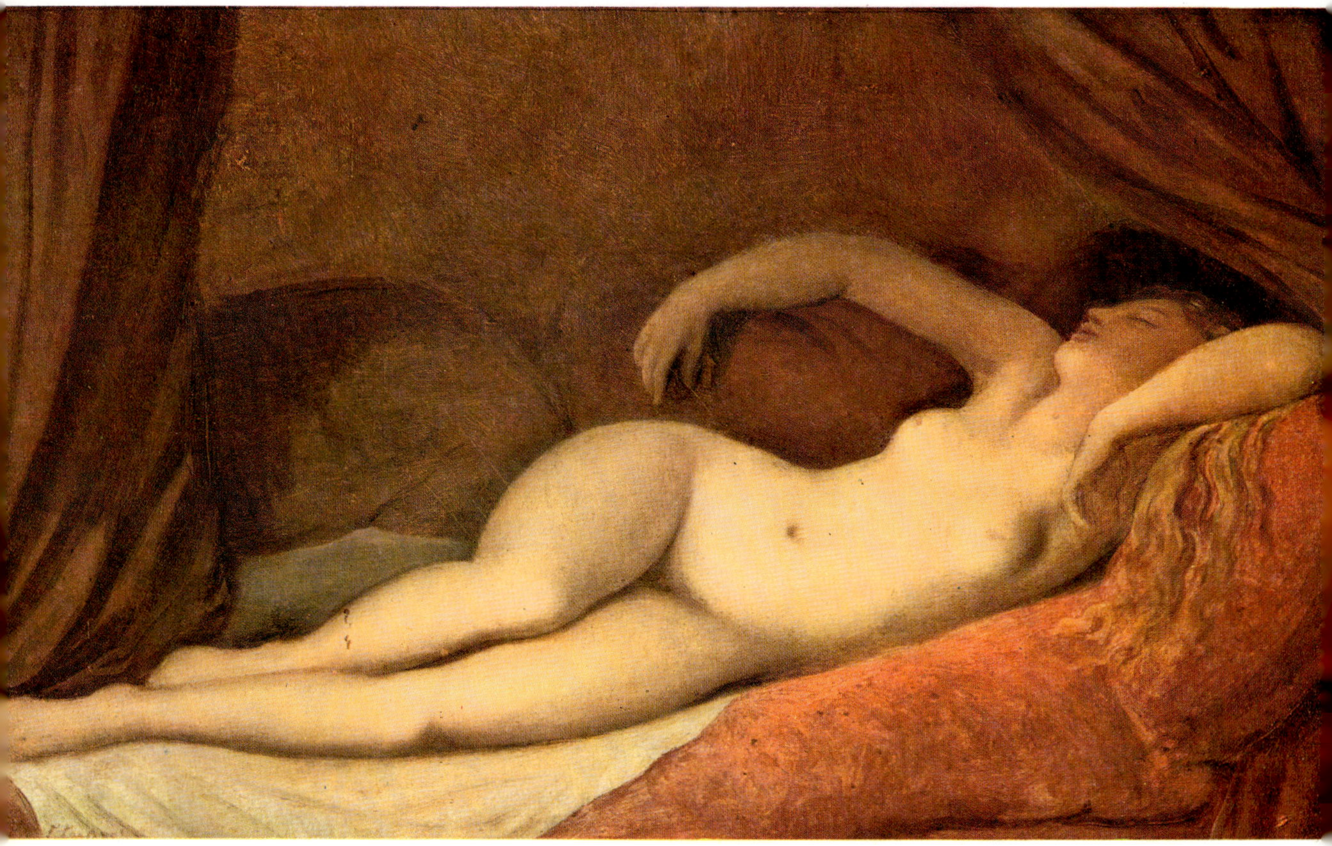

Abbildung 35: Ingres, *Schlafende nackte junge Frau*, Victoria and Albert Museum, London.

Der Maler versucht, die heitere, hieratische Komposition griechischer Werke und die klassische Anlage der Gesichtszüge und des Gesichtsausdrucks wiederzugeben. Es gelingt ihm jedoch nicht ganz, denn er ist seinen Vorläufern noch zu nahe. Die Sinnlichkeit der Gestalten ist zu offensichtlich, um mit der Klassik in Verbindung gebracht zu werden. Andererseits sind die Gesten zu zart, das Verhalten der Gestalten ist zu zurückhaltend, um das Werk noch dem Rokoko zuzuschreiben. Der charmante Amor wartet mit zurückhaltendem Gesicht, das bei einem bürgerlichen jungen Mädchen geboten ist, ab, daß etwas geschieht.

Ingres ist der große Streiter des Klassizismus (Abb. 35 und 36: „Der Traum" und „Studie für ein türkisches Bad"). Er war zu seinen Lebzeiten wegen seines akademischen Malstils stark umstritten. Delacroix und dessen Freund Géricauld waren vom streng künstlerischen Standpunkt her seine hartnäckigsten Gegner. Vielleicht lag es daran, daß sich der Einfluß und die Ausstrahlung von Ingres' Schule jeder modernen Auffassung der Kunst widersetzte. Was immer man von Ingres' Werk hält, man kann weder die Perfektion, mit der er die Zeichung und den Aufbau beherrschte, noch sein Können leugnen, das vom didaktischen Standpunkt aus der Vollkommenheit sehr nahekommt.

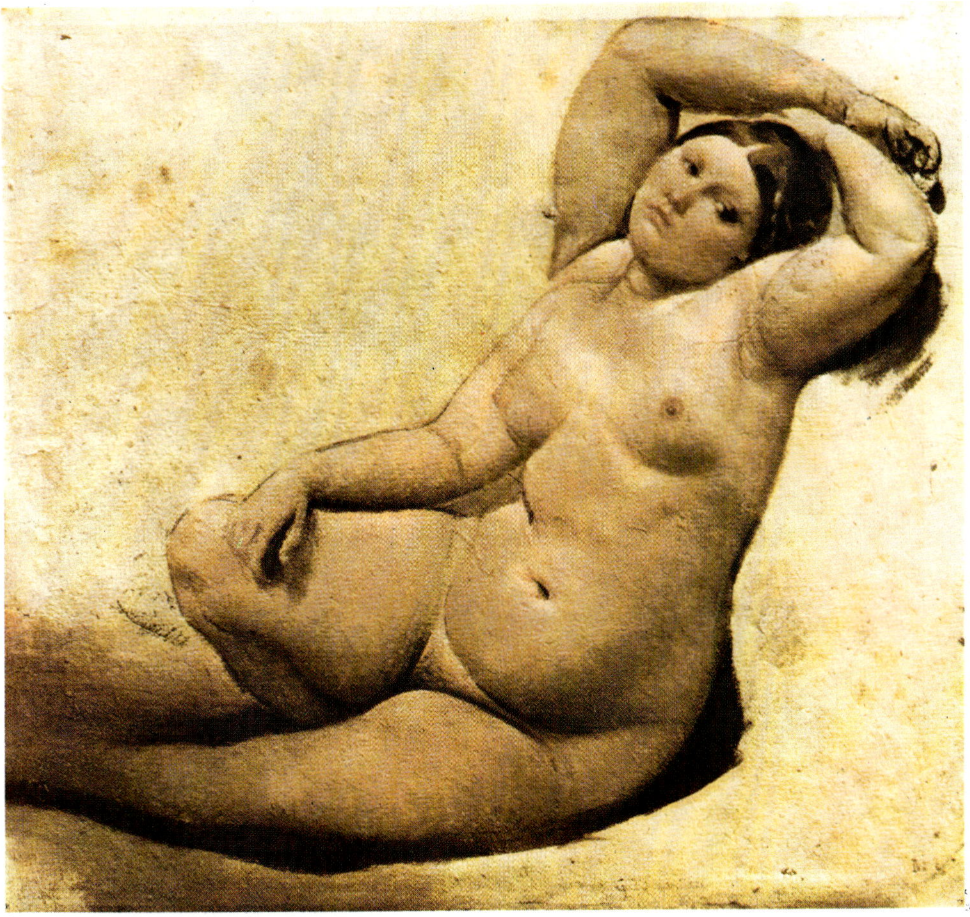

Abbildung 36: Ingres, Studie für *Ein türkisches Bad*, Ingres-Museum, Montauban.

Die Zeichnung der beiden Abbildungen 35 und 36 ist dafür ein hervorragendes Beispiel. In „Schlafende nackte junge Frau" stellt der Künstler einen völlig nackten Körper in der Ruhelage dar, der ganz von Lebenslust und Sinnlichkeit erfüllt ist. In der „Studie für ein türkisches Bad" finden wir eine Zeichnung mit einem bewundernswerten Spiel von Licht und Schatten und einer bis ins Extrem geführten Tiefenwirkung. Die Anatomie des Körpers dient nur als Vorwand. Trotzdem besitzen beide Körper eine seltene Vollkommenheit der Proportionen. Die „Schlafende nackte junge Frau" ist nicht nur die perfekte Darstellung eines Körpers, sondern spiegelt das Streben nach einer Farbharmonie wider, die sich aufgrund der Benutzung einer großen Skala warmer Farben von Rot über Ocker bis Siena in völliger Übereinstimmung mit dem Thema befindet.

Ende des 18. Jahrhunderts nimmt Francisco Goya eine herausragende Rolle innerhalb der spanischen Malerei ein. Sein sehr fortschrittlicher Stil läßt be-

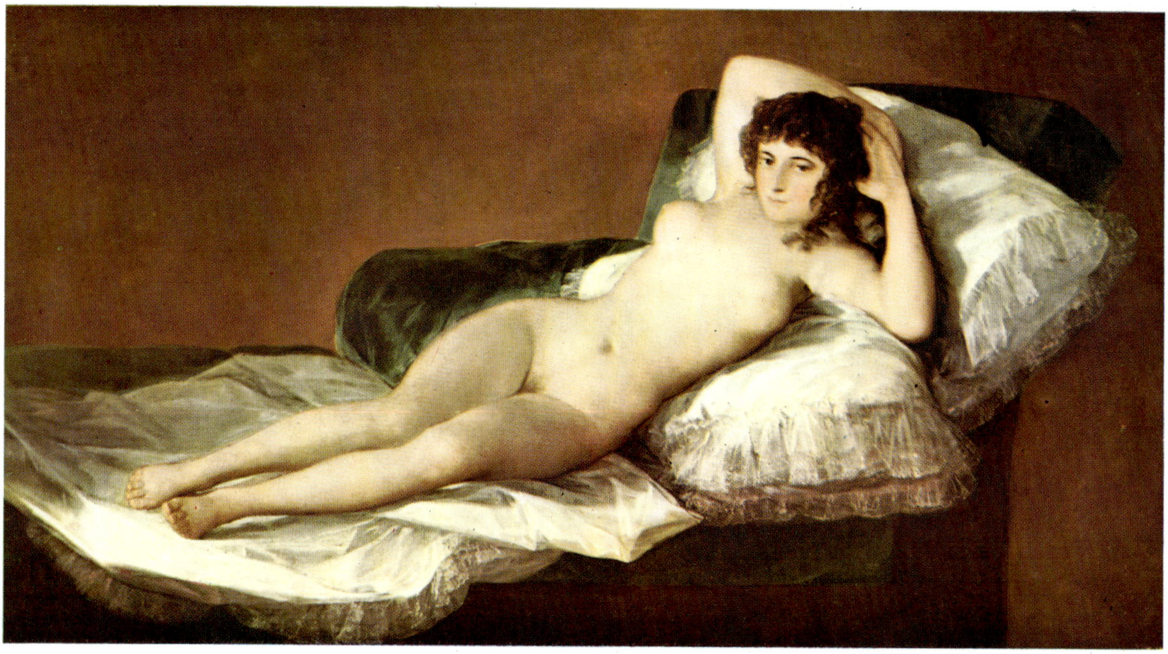

Abbildung 37: Goya, *Die nackte Maja*, Prado, Madrid.

reits die Romantik erahnen; er kündet den Impressionismus an und reicht manchmal selbst bis zum Expressionismus unserer Tage. Sein Meisterwerk „Die nackte Maja" war eine der ersten weiblichen Aktdarstellungen Spaniens vor dem 19. Jahrhundert (Abb. 37). Es handelt sich um das Bildnis einer schwarzhaarigen jungen Spanierin in sinnlicher Pose und aufgerichteten Brüsten, vollen Hüften, anmutig geformten Schenkeln und Beinen und kleinen Füßen. Mehr noch als die genaue Wiedergabe des Modells sind es die perlmuttschimmernden Fleischfarben, das Licht, in das der Körper getaucht ist, die etwas dunkleren Nuancen der Schenkel und die winzigen Einzelheiten, die aus der Darstellung ein Meisterwerk machen.

Romantik und Realismus oder das heroische Thema als Gegensatz zum einfachen Motiv

Die Romantik folgte dem Neoklassizismus. Sie entsprach dem individuellen, fantasievollen, leidenschaftlichen Geist des 19. Jahrhunderts. Aufgabe der Kunst sei es, das Gewöhnliche zu veredeln, das Alltägliche mit dem Mysterium zu versehen, das Provisorium ewig zu machen, sagt Novalis.

In dieser Zeit entstehen große historische Gemälde mit dramatischen Szenen in einem übertriebenen Format wie „Das Floß der Medusa" von Géricault (Louvre, Paris), das das Elend der Schiffbrüchigen darstellt. Das Bild ist 4,91 m hoch und 7,16 m breit.

Dieser Darstellungsweise, die einzig und allein an das Gefühl appellierte, stand der Realismus eines Courbet entgegen. Courbet genoß nur wenig Ansehen in der Bürgerschaft, denn er betrachtete sich selbst als „Proletarier der Kunst“ und Maler des Alltäglichen. Zeitgenossen von Courbet sind Miller mit seinen Darstellungen von der Arbeit und der satirische Zeichner Daumier, der sich darin gefiel, die bürgerliche Gesellschaft, ihre Politik und ihre Justiz zu verspotten.

Die vierzig Jahre von 1830 bis 1870 sind eine entscheidende Periode. Sie stellen den Übergang zu einer völlig neuen künstlerischen Ausdrucksform dar und leiten die Auflösung aller traditionellen Werte und die Umwälzung zu einer neuen Kunst ein.

Der Impressionismus: eine umwälzende, freie, moderne Kunst

Zu keinem Augenblick der Geschichte sind der Mann auf der Straße, der Intellektuelle, der Laie und der Kunstliebhaber derart schockiert worden wie auf der ersten Ausstellung der Impressionisten, die am 15. April 1874 in der Rue des Capucines 13 in den Räumen des Fotografen Nadar in Paris stattfand. Niemals wurde eine Erneuerung der Kunst derart kritisiert, bloßgestellt und mißverstanden. Natürlich gab es Gründe für solche Reaktionen.

Der Impressionismus bedeutete den totalen Bruch mit allen festgeschriebenen Regeln, mit allen Normen der Kunst. Er stellte in der Anwendung der Farben eine wahre Umwälzung dar. Selbst die Komposition sprengte alle Regeln. Es gab kein Thema im eigentlichen Sinne mehr. Es wurde ersetzt durch „Momentaufnahmen des Lebens“. Selbst der traditionelle Staffeleimaler blieb von dieser Revolution nicht unberührt. Von den Zwängen befreit, verließ er sein Atelier und malte im Freien, im Licht und unter der Sonne. Das war seine Art, „Freiheit“ zu rufen.

Es läßt sich kaum ein größerer Gegensatz zu den bisherigen ethischen und ästhetischen Normen vorstellen wie eine solche verwegene Malweise. Wie konnte man akzeptieren, daß die Schatten blau waren, daß Gestalten in einem Bild angeschnitten dargestellt wurden und der Künstler ins Freie ging, um inmitten der Menge zu malen! Trotzdem arbeiteten Manet, Monet, Pissarro, Degas, Renois, Toulouse-Lautrec, Gauguin und van Gogh unablässig weiter, um diesen universellen Stil durchzusetzen, denn er spiegelte die Besorgnis des modernen Menschen wider, der sich dem Bedürfnis nach Veränderungen und Umwälzungen ausgeliefert sah. Für die Maler bedeutete dieses Bedürfnis, die Rahmen zu sprengen und sich endlich auszudrücken.

Zwei Bilder – eines von Renoir, das andere von Bonnard – sollen uns helfen, eine Vorstellung von dem zu bekommen, was die Schule des Impressionismus bedeutete.

Das erste Bild, „Die Badende beim Abtrocknen der Beine“, zeigt uns einen Renoir, der Courbet noch sehr nahesteht. Er hat die Venus von Knida als Modell gewählt und sich noch nicht von der klassischen Kunst gelöst. Die Anatomie des Modells entspricht absolut dem Kanon jener Zeit: eine stämmige, vollschlanke Frau, deren Taille das Tragen eines Korsetts ahnen läßt.

Das Werk von Bonnard „Die Toilette" zeigt den Impressionismus in seiner letzten Entwicklungsstufe. Die Bewegungen und das Licht sind so auf die Leinwand umgesetzt, wie sie der Künstler im flüchtigen Augenblick an Ort und Stelle wahrnahm. Das kurze Auftauchen des Körpers beim Verlassen des Bades, eine spontane, gefühlvolle, völlig absichtslose Atmosphäre, die das Herz und die Sinne anspricht. Was bedeuten da schon Fehler in den Proportionen und Abständen? Gewiß, die Arme sind zu kurz oder zu dünn, die Hände skizzenhaft reduziert. Doch allein die Bewegungen und das Leben zählen! Das Gesamtbild bleibt trotzdem harmonisch und hebt gewisse Körperteile bewußt hervor.

Auch das Publikum muß sich radikal von den Auffassungen lösen, die bisher als Anhaltspunkte gedient haben. Es muß die Bilder mit einem verinnerlichten Blick betrachten und erkennen, daß die Farbflecke der Vergänglichkeit des Augenblicks oder des Gefühls entsprechen, die der Künstler auf der Leinwand unsterblich gemacht hat.

Die moderne Malerei: die Kunst von heute

Es ist unmöglich, in wenigen Zeilen der unglaublich großen Anzahl von Künstlern, Schulen und berühmten Werken gerecht zu werden, die aus der Kunst des 20. Jahrhunderts hervorgegangen sind. Angesichts dieser Tatsache wollen wir uns auf ein paar unterschiedliche Strömungen beschränken: den Expressionismus eines Rouault, den Fauvismus eines Matisse, den Kubismus eines Picasso, den Surrealismus eines Dali, die abstrakte Kunst eines Mondrian . . .

Wir haben zwei Aktbilder ausgewählt: eines von Modigliani: „Weiblicher Akt" (Abb. 40) und eines von Picasso: „Die Demoiselle von Avignon" (Abb. 41), das den Beginn der kubistischen Periode des großen Künstlers einleitete.

Bei der ersten Ausstellung von Modiglianis Aktbildern in der Galerie Berthe Weil im Jahre 1917 mußte die Polizei einschreiten und die Galerie wegen des Skandals, den die ausgestellten Werke hervorriefen, schließen; denn Modigliani war trotz der ihm eigenen Stilisierung seiner Modelle ein Maler von außerordentlicher Sinnlichkeit. Er weicht völlig von den tatsächlichen Proportionen ab, versöhnt den Betrachter jedoch mit der Harmonie in seinen höchst persönlichen Strukturen.

Wir haben im Zusammenhang mit dem Kubismus Picasso genannt, obwohl der Name dieses genialen Künstlers mit jeder Form der modernen Malerei in

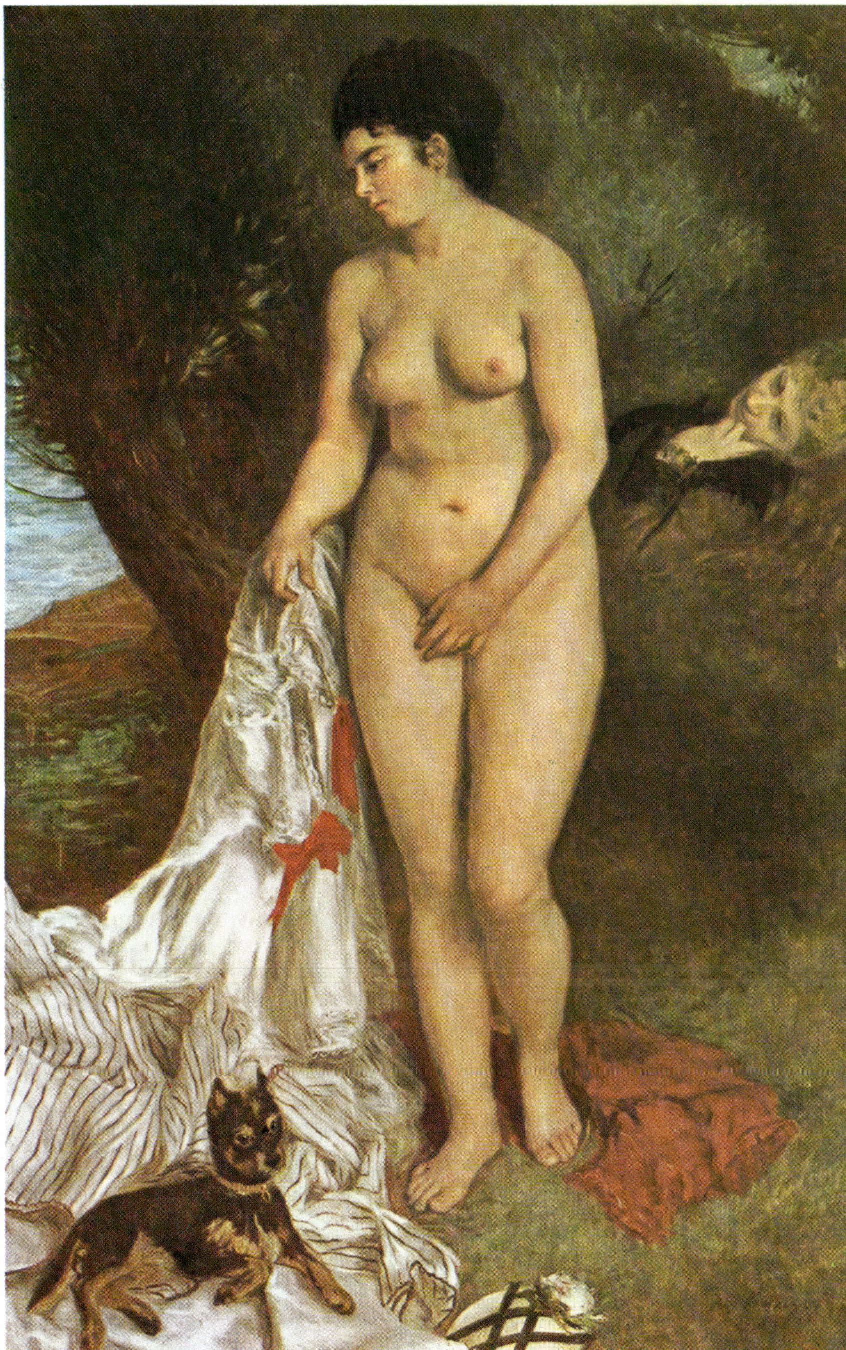

Abbildung 38: Renoir, *Die Badende beim Abtrocknen der Beine,* Museum von São Paolo.

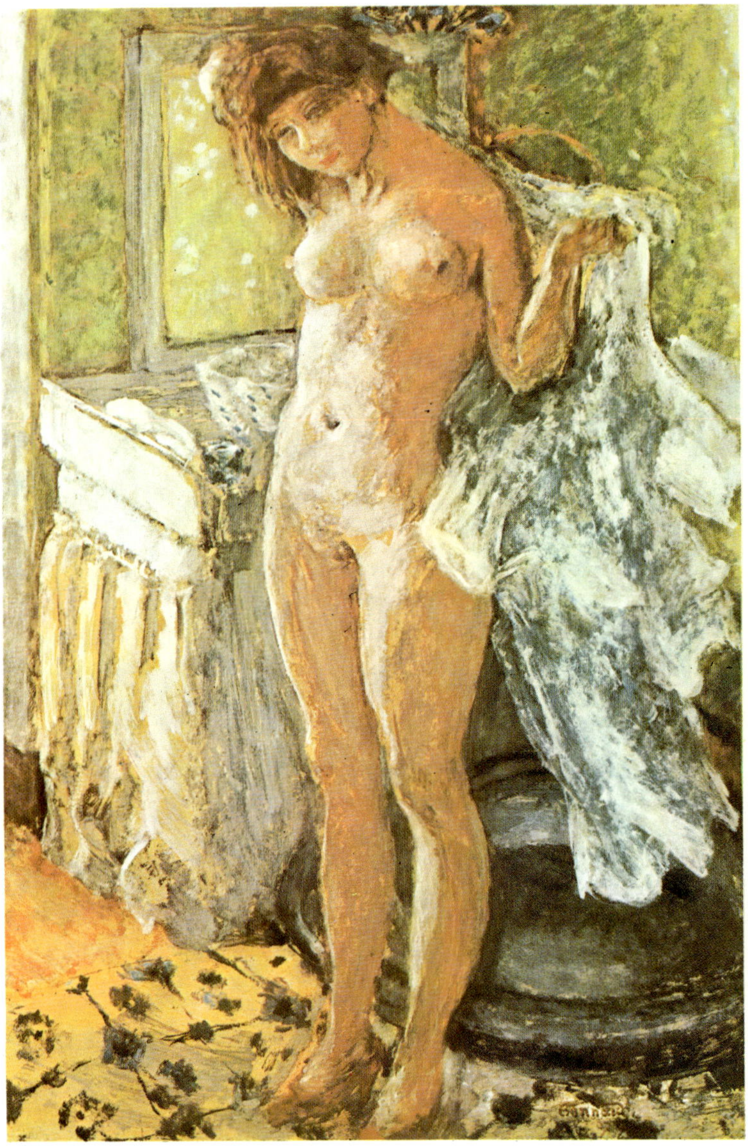

Abbildung 39: Bonnard, *Das Badezimmer,* Privatsammlung, Paris.

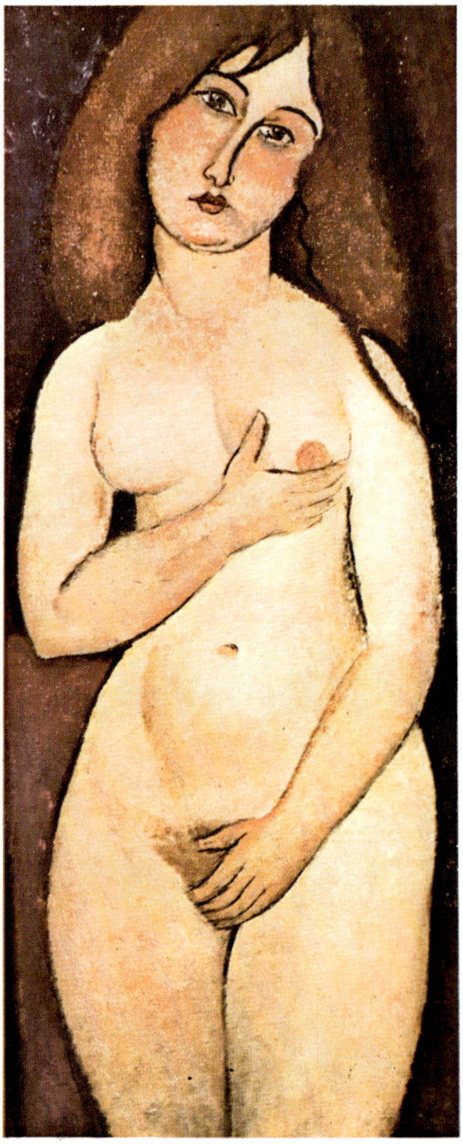

Abbildung 40: Modigliani, *Weiblicher Akt.*

Verbindung gebracht werden könnte. Unbestreitbar steht Picasso am Beginn aller künstlerischen Bewegungen, die innerhalb der letzten sechzig Jahre entstanden sind. Obwohl er die empfangenen Ideen verschmähte, griff er sie dennoch auf, gestaltete sie um und kümmerte sich weder um den Erfolg noch Mißerfolg jedes seiner Experimente.

„Die Demoiselle von Avignon" aus dem Jahre 1907 werden als erster Ausdruck des Kubismus gewertet. Man bezeichnet den Kubismus als „eine halb abstrakte, schematische und ein wenig geometrische Darstellungsweise". Picasso und Braque waren seine geistigen Urheber. Die Bewegung verbreitete sich derart, daß sie bald international wurde.

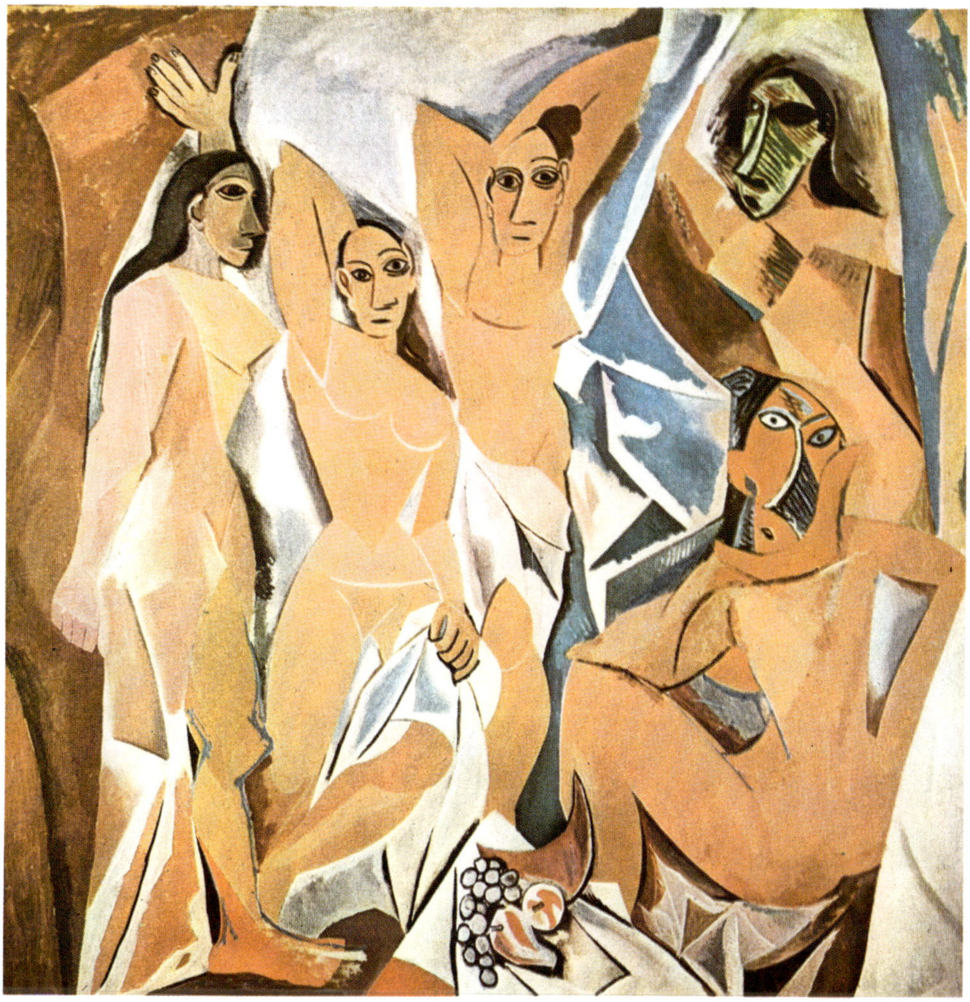

Abbildung 41: Picasso, *Die Desmoiselles von Avignon*, Modern Art Museum, New York.

Picasso liefert uns mit diesem Werk die Darstellung eines weiblichen Aktes auf mehreren Ebenen, die die Facetten des menschlichen Körpers als geometrischen Ausgangspunkt nehmen. Bereits der große Impressionist Cézanne hatte vorgeschlagen, in allen Naturformen die Grundformen Würfel, Kugel und Zylinder zu suchen. Picasso begnügte sich allerdings nicht mit der Umsetzung in geometrische Formen, er fügte den Begriff der Gleichzeitigkeit ein. Das heißt, er läßt die verschiedenen Ebenen oder Aspekte, unter denen ein Körper dargestellt werden kann, nebeneinander auf der Leinwand erscheinen. Diese Theorie führte er auch noch weiter, als er den Kubismus bereits wieder aufgegeben hatte.

Vom Kubismus könnten wir jetzt zur abstrakten Malerei übergehen, von der abstrakten Malerei zu ... Das ginge unendlich so weiter, denn es entstehen immer wieder neue künstlerische Strömungen. aus diesem Grund beenden wir hier den raschen Überblick über die Geschichte der Aktmalerei.

Die berühmtesten Künstler haben eine mehr oder weniger große Anzahl von Aktbildern geschaffen. Unbestreitbar ist der nackte Körper ein ideales Modell für den Künstler. Aus diesem Grund haben wir in unserem viel zu kurzen Abriß anhand von Beispielen versucht, in Ihnen den Wunsch zu wecken, nach dem Vorbild der großen Meister ebenfalls Aktbilder zu malen oder zu zeichnen.

Sie brauchen also nur noch zu Pinsel oder Bleistift zu greifen. Wer weiß? Vielleicht bemerken Sie bei sich bisher verborgene Talente, und wir erleben die Entdeckung eines neuen Genies!

Man malt, wie man zeichnet

Die Maße und Proportionen des menschlichen Körpers

„Vor allem müssen Sie die Technik des Zeichnens voll und ganz beherrschen“, sagte Corot. Ganz sicher kann man einen menschlichen Körper nicht korrekt malen, wenn man über keine gründlichen Kenntnisse seiner Proportionen, seiner Anatomie, des Aufbaus und der Wirkung von Licht und Schatten besitzt und sich ausgiebig darin geübt hat.

Ingres bestätigte diese Auffassung, indem er erklärte: „Malen und Zeichnen sind genau dasselbe“.

Befassen wir uns also zunächst mit den Problemen der Maße und Proportionen. Der antike griechische Bildhauer Polyklet stellte die Normen für die idealen Proportionen des menschlichen Körpers auf. Er faßte sie in einen sogenannten „Kanon“, der die Höhe und Breite des Körpers sowie die Proportionen der verschiedenen Körperteile zueinander nach der Höhe des Kopfes berechnet.

Abbildung 42: Kanon der Venus von Medici, nach Schadow 8,5 Köpfe.

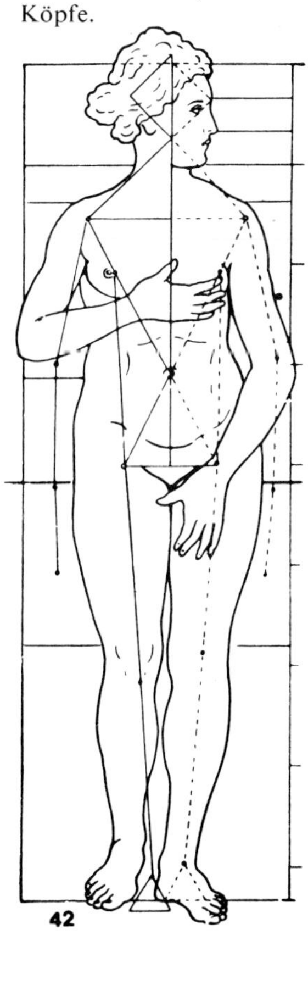

42

Abbildung 43: Kanon des idealen weiblichen Körpers: acht Köpfe in der Höhe, zwei Köpfe in der Breite.

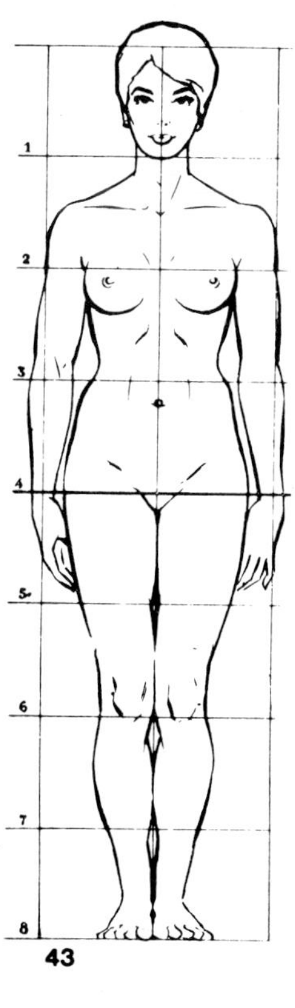

43

Die Brustspitzen liegen tiefer als beim Mann.

Der Brustkorb ist schmaler, die Hüften sind breiter.

Das Schambein liegt in der Mitte.

Abbildung 44: Kanon des männlichen Körpers. Er ist etwas größer als der der Frau.

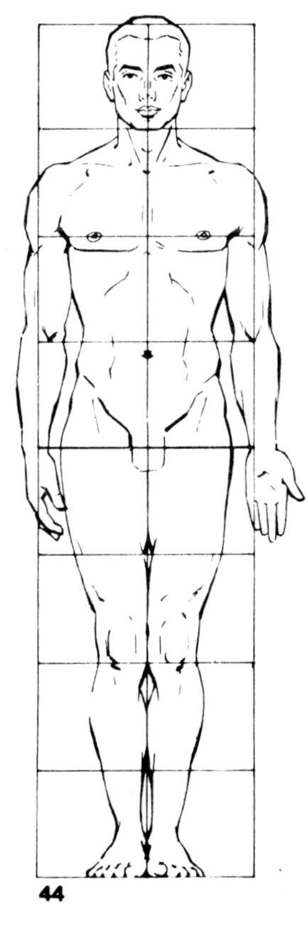

44

Polyklet legte die idealen Proportionen eines Menschen bei siebeneinhalb Kopfhöhen fest und wandte diese Theorie auf seine berühmte Skulptur „Doryphorus“ an (siehe Abbildung 12). Die Griechen und später auch die Künstler der Renaissance gingen von einem Kanon der acht Köpfe aus, der sich schließlich endgültig durchsetzte. Hier die entsprechende Regel:

Will man die idealen Proportionen eines Körperteils im Verhältnis zu den anderen bestimmen, muß man von einer Körperhöhe von acht Köpfen und einer Breite von zwei Köpfen ausgehen.

Auf den Schemazeichungen der vorigen Seite (Abb. 43 und 44) sehen Sie die Anwendung des Kanons der acht Köpfe an zwei Prototypen des männlichen und des weiblichen Körpers, wobei der männliche Körper etwas größer ist. Daneben finden Sie (Abb. 42) den Kanon der „Venus von Medici“, der von einer Körperhöhe von achteinhalb Köpfen ausgeht.

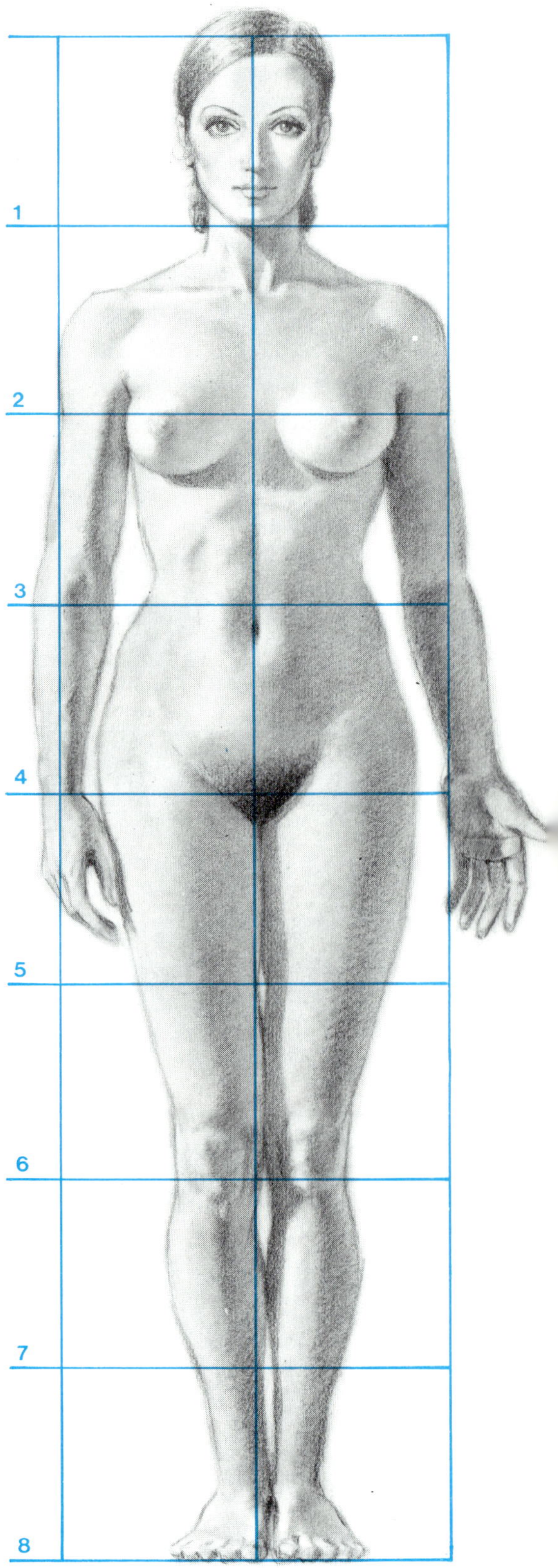

Abb. 45

Untersuchung der idealen Proportionen des weiblichen Körpers

Betrachten Sie die Abbildungen 45, 46 und 47. Daraus lassen sich die folgenden Grundregeln ableiten:

a) Die Höhe des Kopfes entspricht einer Maßeinheit.

b) Die Schlüsselbeine liegen etwa auf dem ersten Drittel der zweiten Maßeinheit.

c) Der Nabel liegt etwa unterhalb der Linie für die dritte Maßeinheit.

d) Das Schambein liegt genau in der Mitte.

e) Die Hüften sind breiter als der Oberkörper.

f) Die Hand ist genauso lang wie das Gesicht.

g) Die Knie liegen oberhalb der sechsten Maßeinheit.

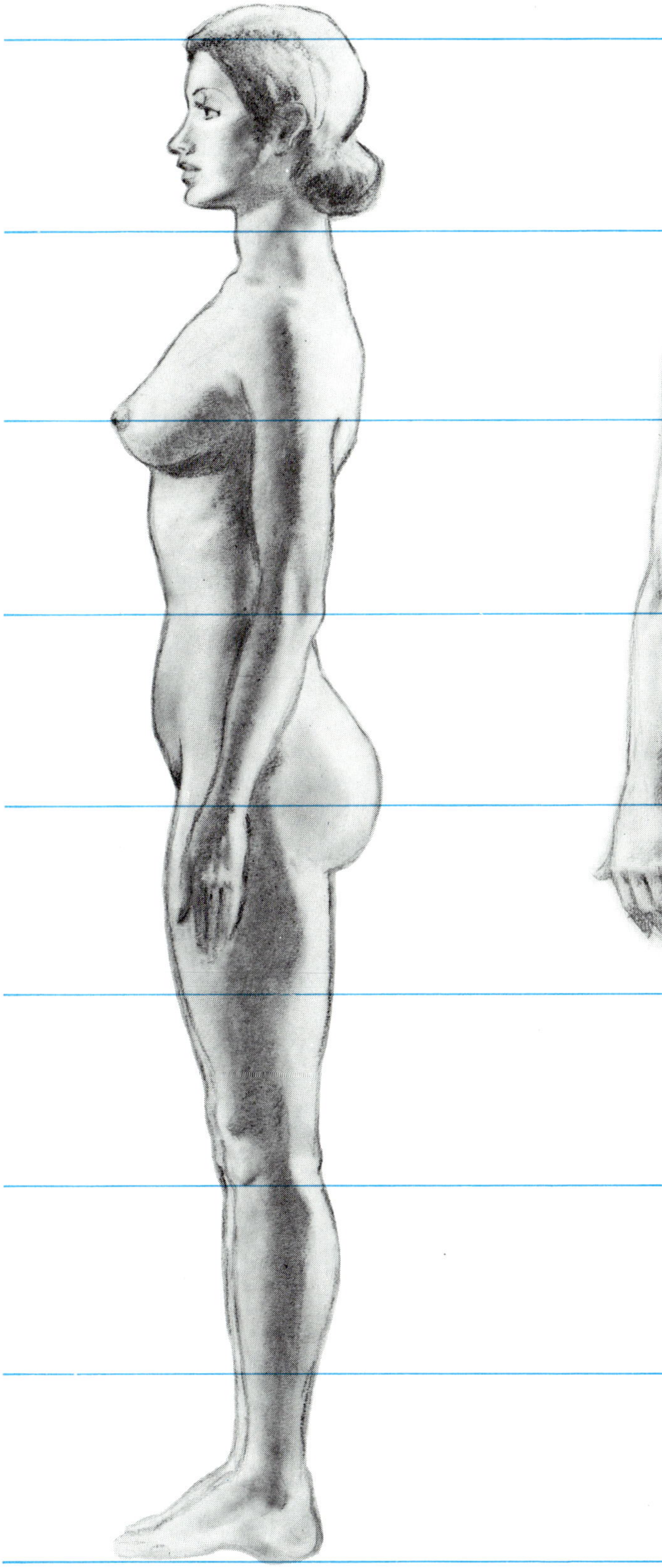

Abb. 46

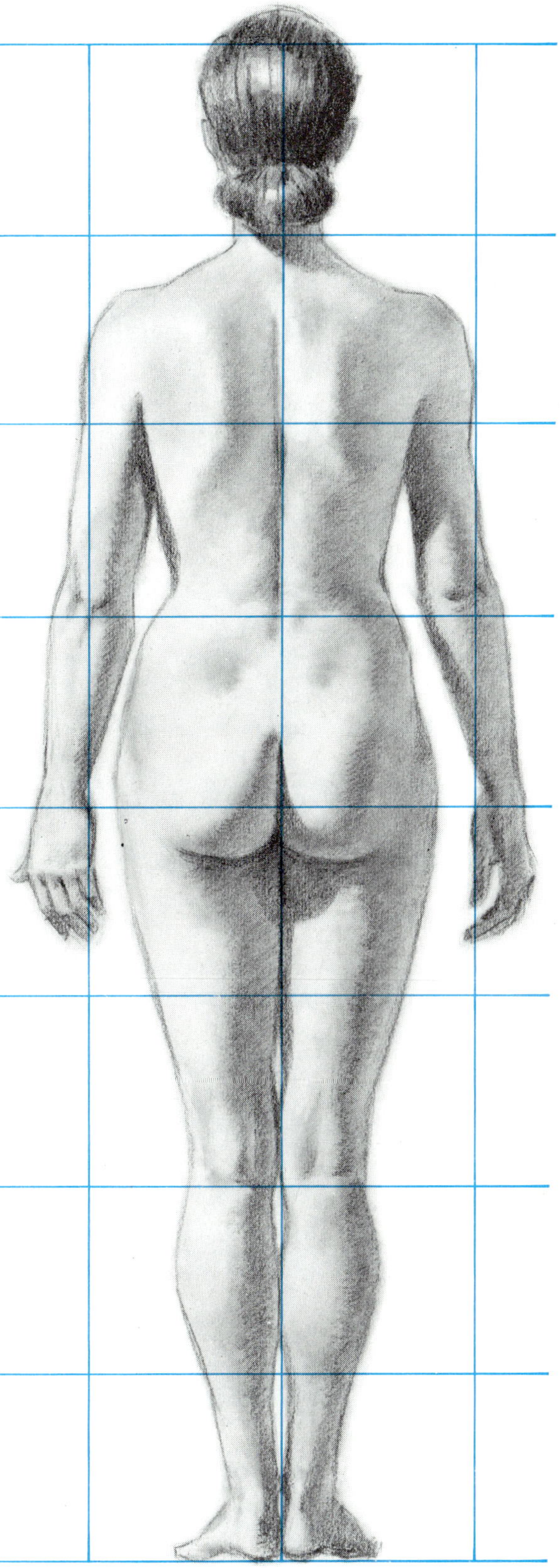

Abb. 47

Der Hüftknick

Bewegt sich der menschliche Körper, läuft er oder befindet er sich in der sogenannten „Rührt-Euch-Stellung“, ruht sein Körpergewicht auf einem Bein. Er nimmt dann eine Haltung ein, die in der Renaissance als „Hüftknick“ bezeichnet wurde und die man nach dem Sitzbeinknochen auch Sitzbeinhaltung nennt. Der Sitzbeinknochen befindet sich unten am Becken in der Mitte des Körpers und bewegt sich je nach der Haltung des Menschen nach rechts oder links. Auf den Skizzen unten auf dieser Seite sehen Sie die Auswirkung des Hüftknicks. Diese Haltung findet sich sehr häufig bei Aktzeichnungen und in der Aktmalerei. Der Hüftknick entsteht, weil sich der Oberkörper entgegengesetzt zum Becken bewegt. Haben Sie ein lebendes Modell zur Verfügung, bitten Sie es, die Haltung eines Soldaten in gelöster Stellung einzunehmen. Zeichnen Sie es, und beachten Sie dabei das soeben Gesagte.

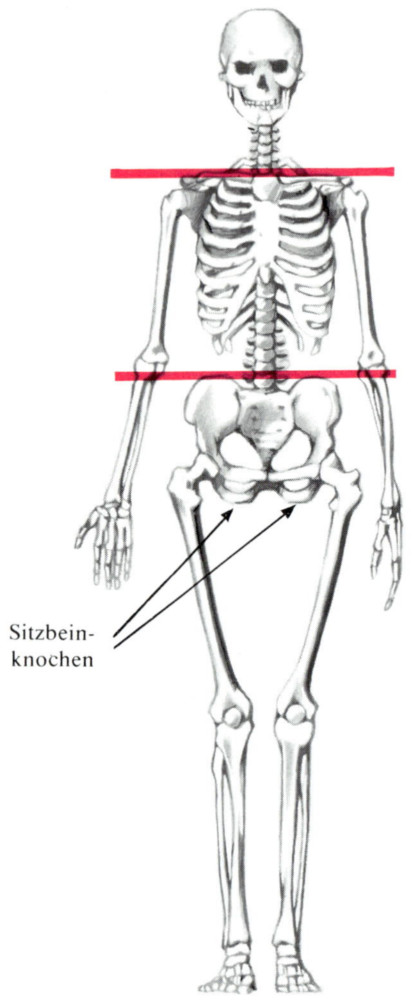

Abb. 48

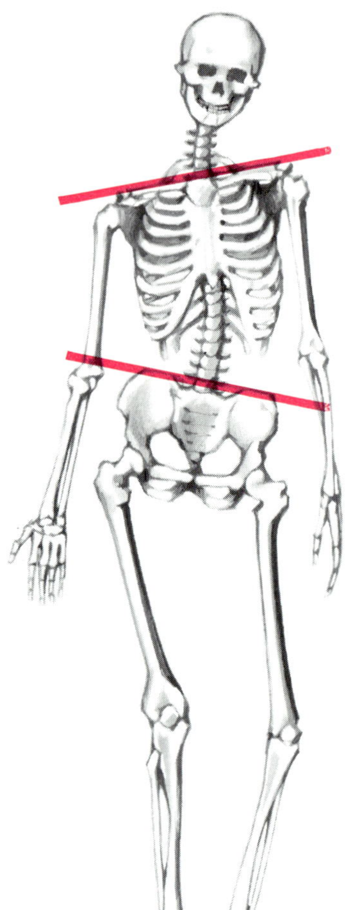

Abb. 49

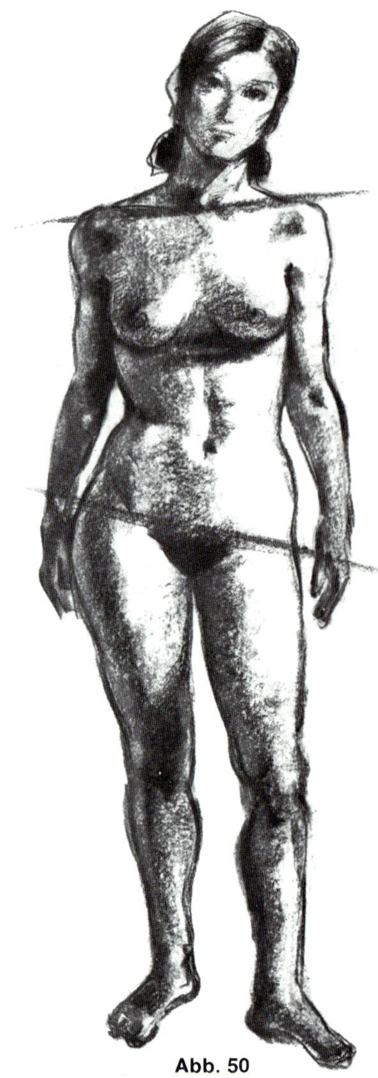

Abb. 50

Anatomische Grundbegriffe

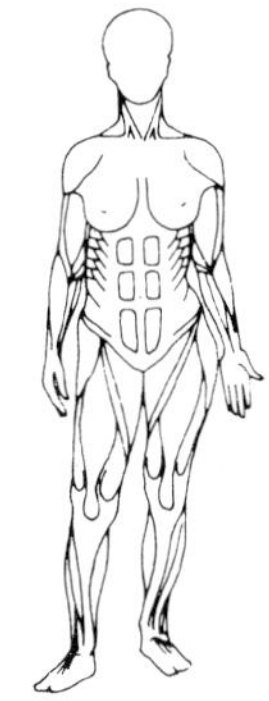

Poliklet und Praxiteles schufen ihre vollkommenen Werke einzig und allein durch die Beobachtung und die Interpretation ihres Modells. Die späteren Künstler wie Michelangelo und die Meister der Renaissance hielten gute Kenntnisse der Anatomie des menschlichen Körpers für unerläßlich.

Deshalb möchten wir Ihnen lebhaft raten, Ihre Kenntnisse anhand des Studiums eines Buches speziell zu diesem Thema zu vervollständigen (1).

In der Zwischenzeit schlagen wir Ihnen die folgende Übung vor: Zeichnen Sie drei gleich große Gestalten auf einer Linie, und deuten Sie alle Muskeln an (Beispiel auf Abb. 51, 52, 53).

(1) „Wie zeichne ich die Anatomie des Körpers", ebenfalls aus der Reihe „Richtiges Malen und Zeichnen".

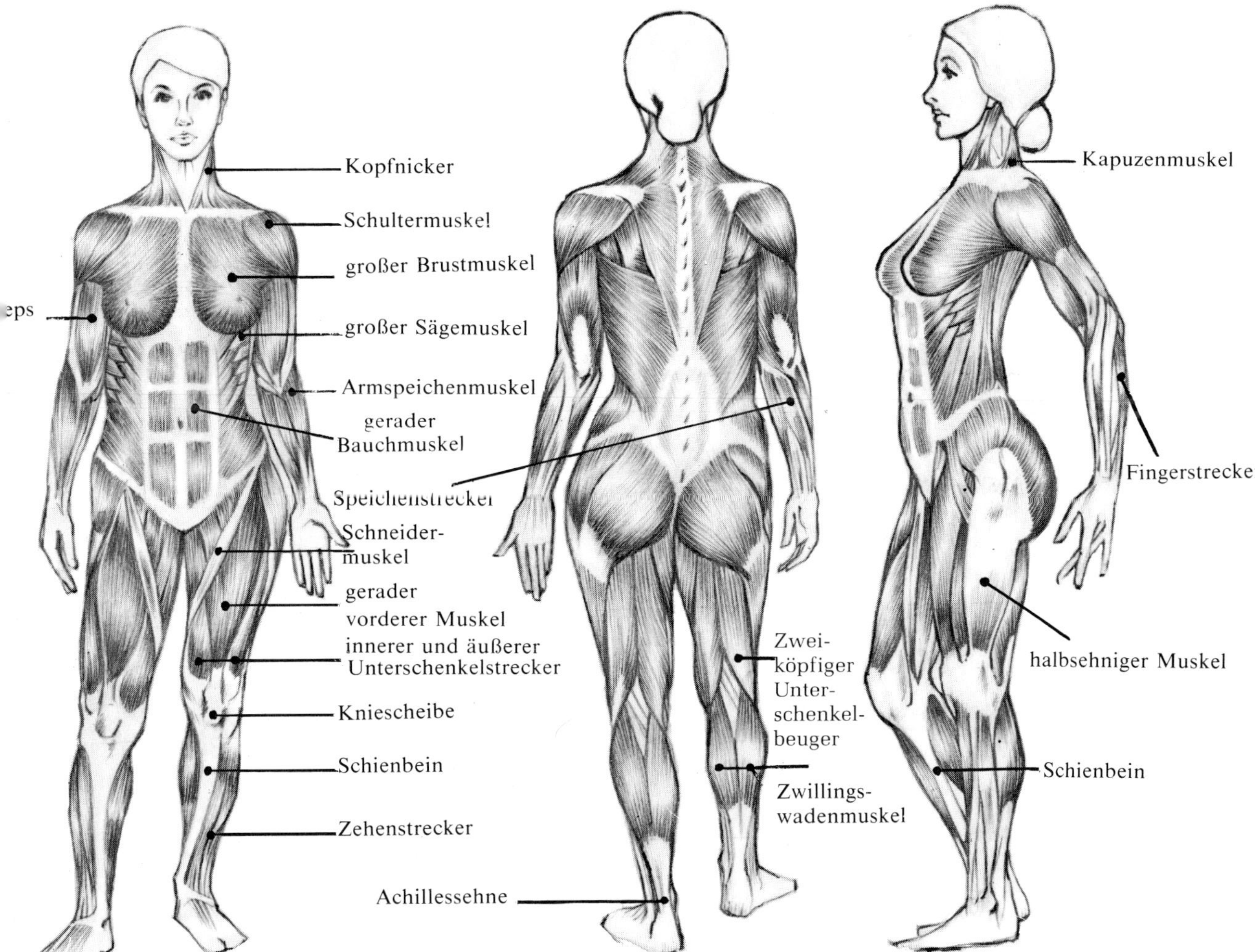

Abb. 51 Abb. 52 Abb. 53

Der Aufbau

Es ist außerordentlich schwierig, den menschlichen Körper mit derselben Perfektion zu zeichnen, die den großen Meistern der Malerei eigen war – wer wollte es leugnen. Das erfordert ein ständiges Arbeiten an sich selbst und zahlreiche Skizzen nach einem Modell. Ideal wäre es, das Modell aus der Erinnerung darzustellen und dabei alle Kenntnisse zu berücksichtigen, die man beim Aufbau des menschlichen Körpers erworben hat. Die folgenden Illustrationen machen Sie mit einer halb theoretischen, halb praktischen Studie vertraut, die sich ohne Modell durchführen läßt. Betrachten Sie die Abbildungen 54 und 55 genau, und ziehen Sie zunächst acht Linien im gleichen Abstand, die den „acht Köpfen" der Gestalt entsprechen: A) von vorn, B) von der Seite, C) von hinten, D) gehend etc.

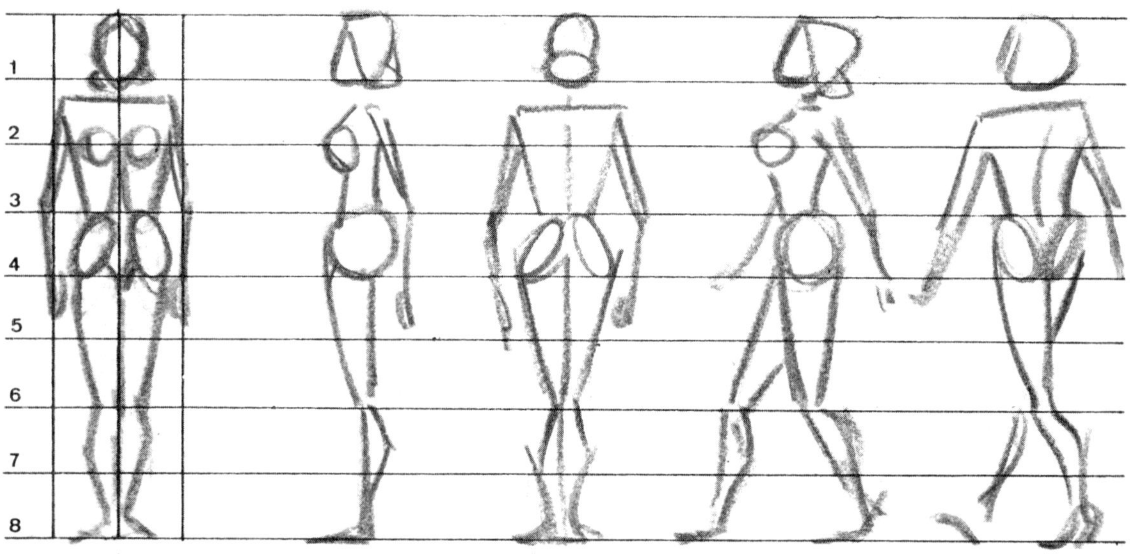

Abb.

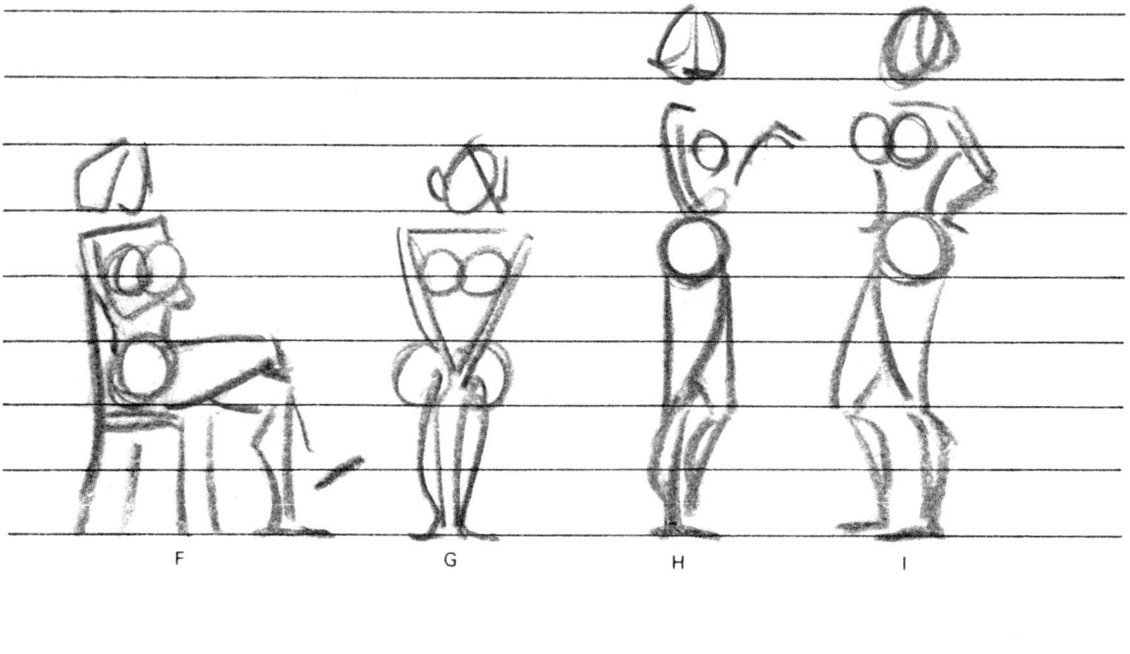

Abb. 5

Eine andere Möglichkeit besteht darin, nach einer hölzernen Gliederpuppe von etwa 30 bis 35 cm Höhe zu arbeiten (Abb. 56). Diese Puppe kann alle Haltungen einnehmen, die Sie darstellen möchten. Sie zeichnen die Puppe zunächst, wie sie ist, und geben ihr anschließend menschliche Formen (Abb. 57, 58, 59). Arbeiten Sie abwechselnd mit Skizzen nach einem lebenden Modell und dieser Puppe, führen Sie eine gute Übung durch, um Ihr Gedächtnis zu schulen. Doch was immer Sie als Vorlage wählen: berücksichtigen Sie stets den achtköpfigen Kanon, wie die Illustrationen auf der gegenüberliegenden Seite es zeigen.

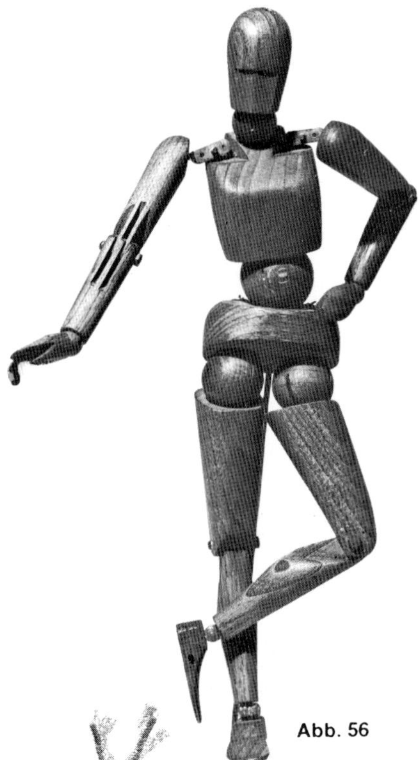

Abb. 56

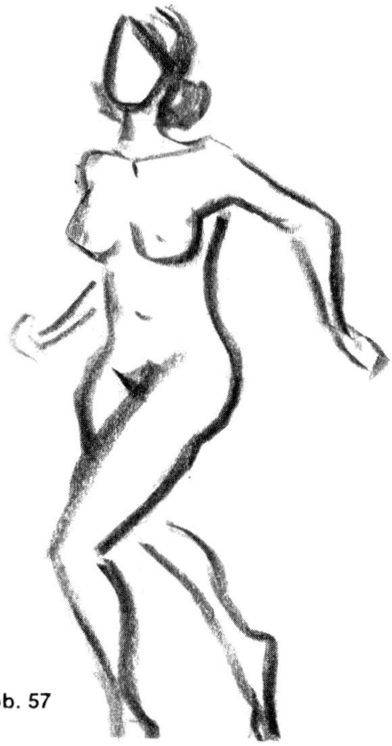

Abb. 57

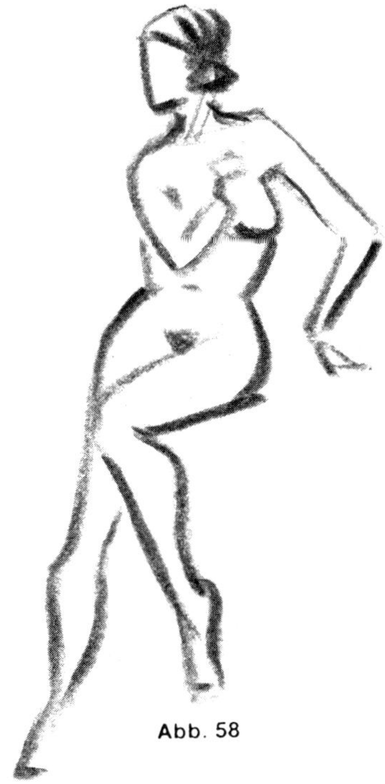

Abb. 58

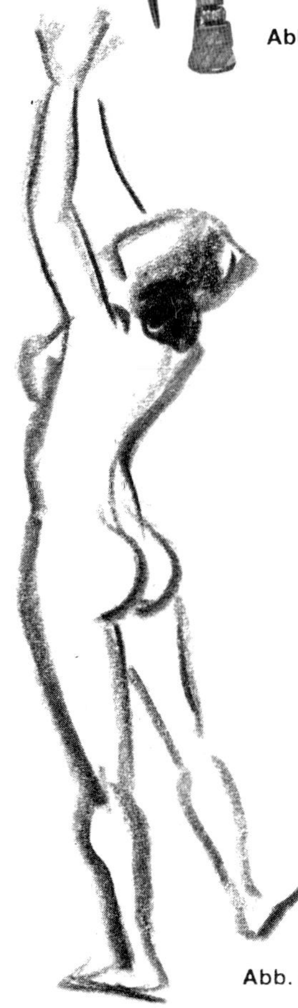

Abb. 59

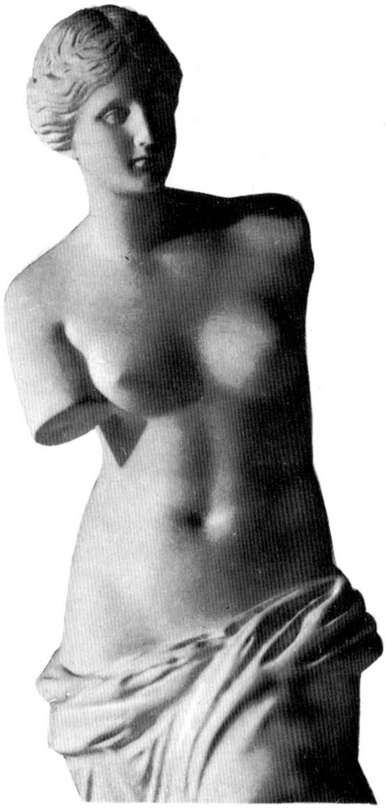

Abb. 60 A

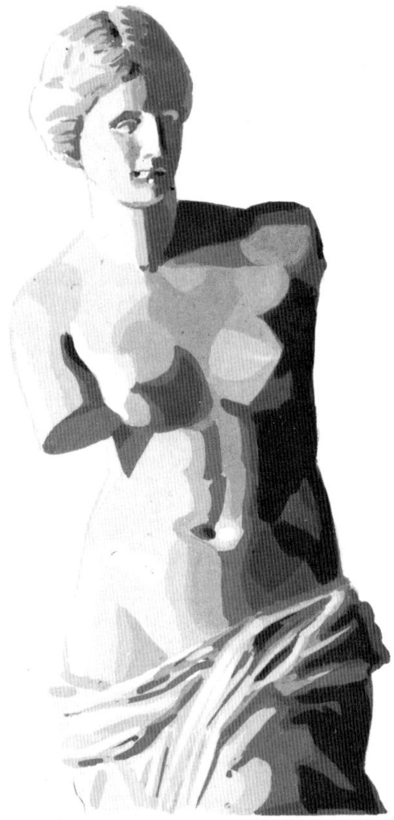

Abb. 60 B

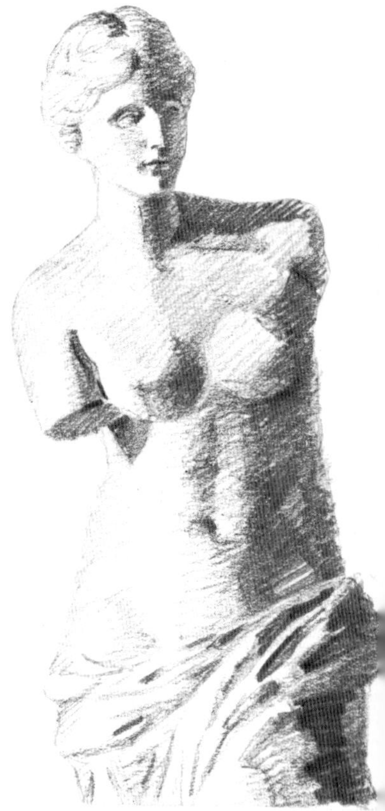

Abb. 60

Licht und Schatten: Untersuchung der Tonwerte

Ein dem Licht ausgesetzter Körper besitzt immer eine beleuchtete und eine schattige Seite sowie eine Zone im Halbschatten, die gegebenenfalls einen leuchtenden Reflex oder reflektiertes Licht aufweist. Dieser leuchtende Reflex betont automatisch die Übergangszone vom Licht zum Schatten und erzeugt eine ganz besondere Wirkung, die der Amerikaner Looms als „Schattenwölbung" bezeichnet hat.

Die Abbildungen 60A, B und C lassen die Unterschiede zwischen der Wirkung von Licht und Schatten erkennen, die es bei den Aktzeichnungen zu berücksichtigen gilt. Vergleichen Sie jetzt aufgrund dieser Beobachtungen auf Abbildung 61 die unterschiedlichen Farbtonwerte, die durch die Einwirkung von Licht und Schatten entstehen.

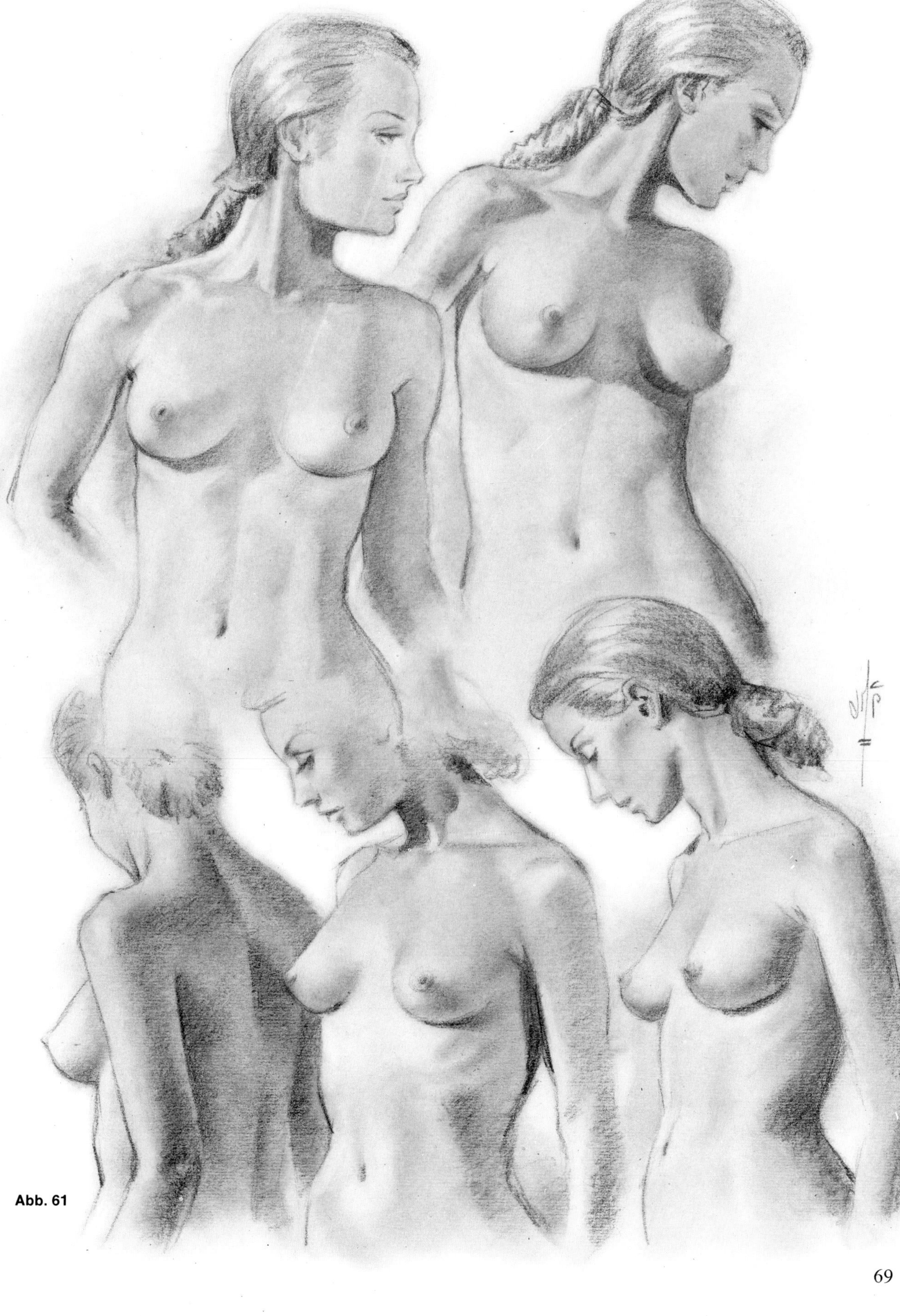

Abb. 61

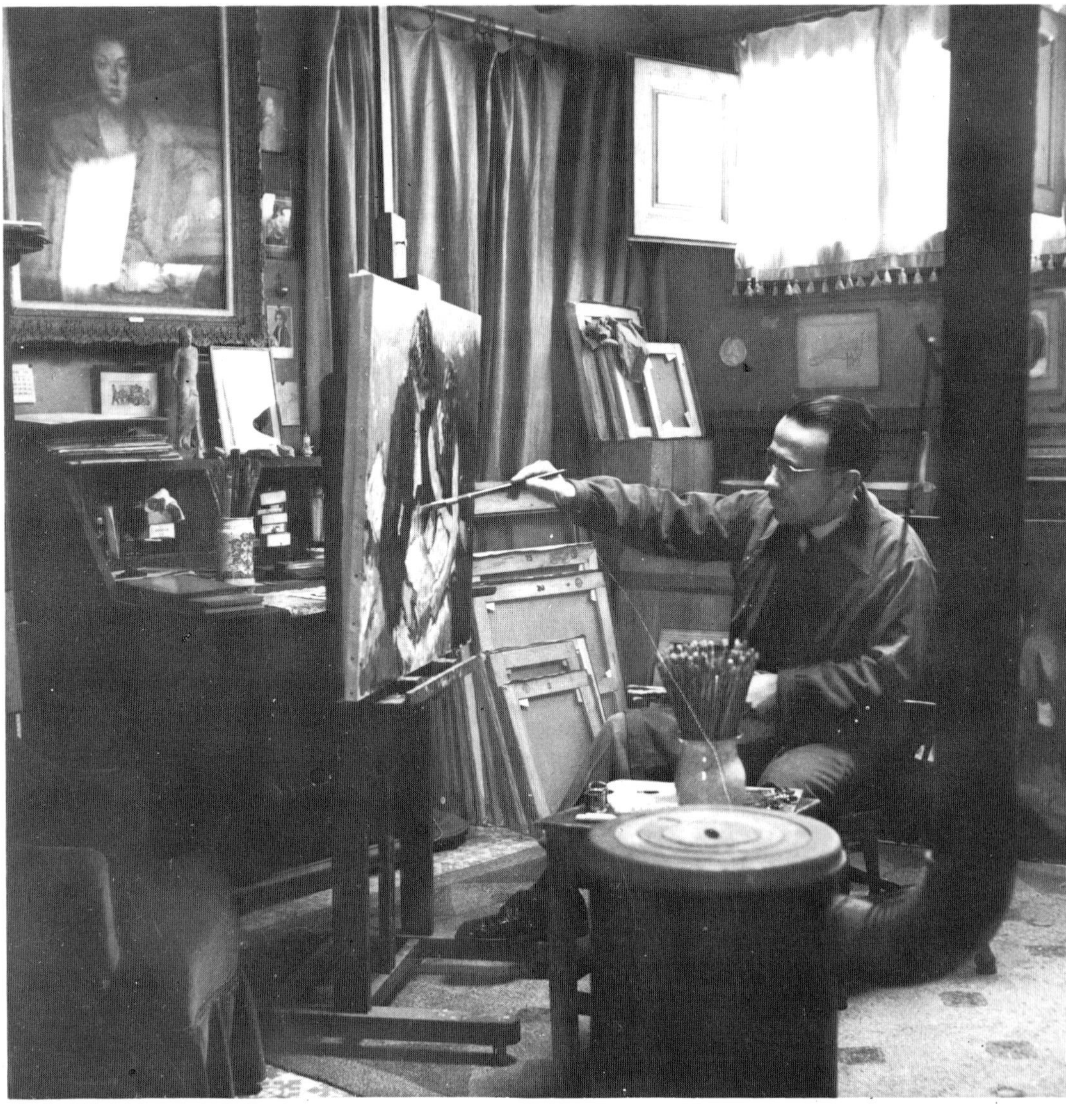

Eine Lektion von Francesc Serra

Der 1912 in Barcelona geborene Francesc Serra erhielt für seine Zeichnungen und Gemälde, die internationales Niveau erreichten, zahlreiche Medaillen und Auszeichnungen. Seine Werke befinden sich in den Museen für moderne Kunst in Madrid und Barcelona sowie in verschiedenen Privatsammlungen Europas und der Vereinigten Staaten.

Folgen wir der Lektion, die er uns freundlicherweise erteilt hat:

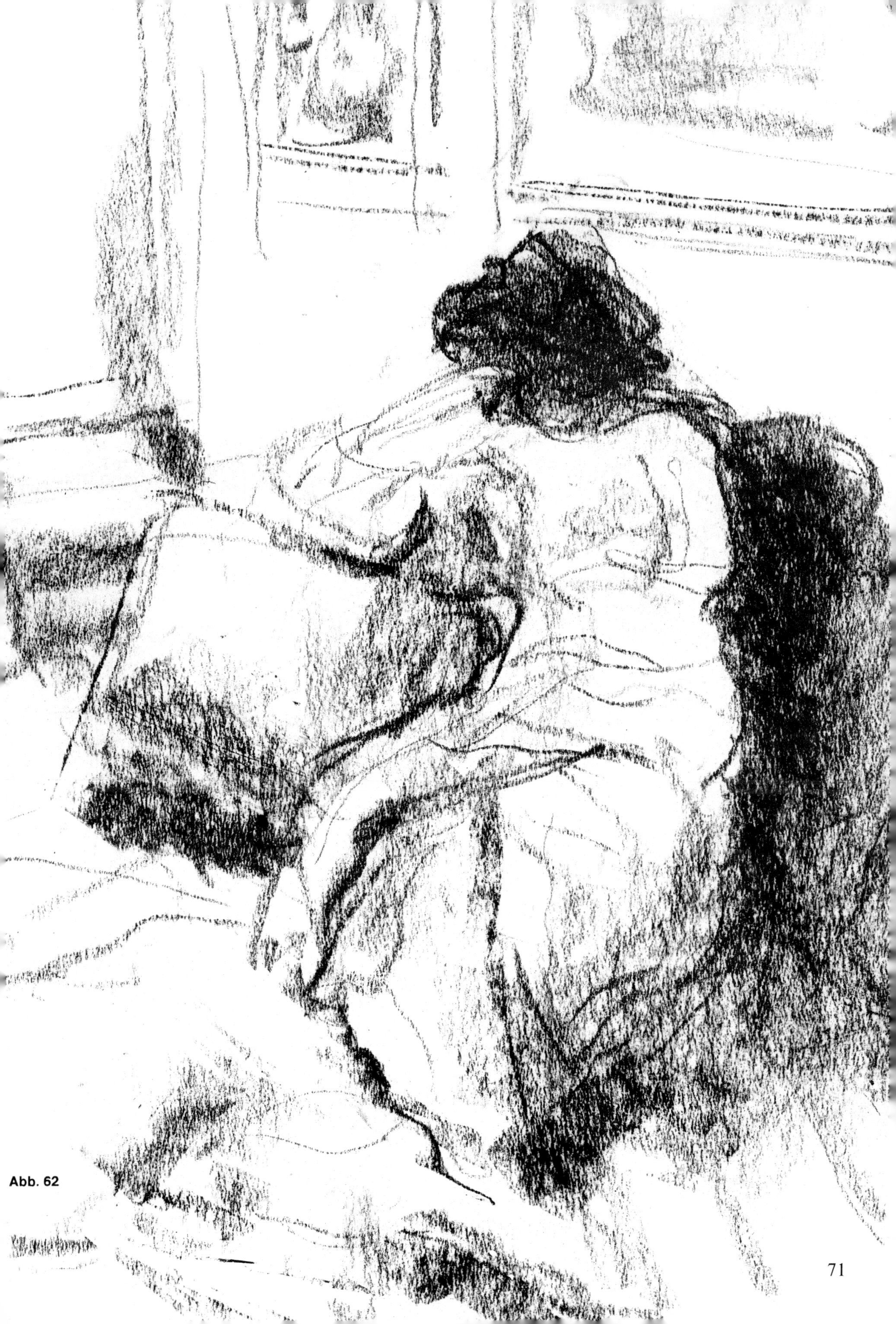

Abb. 62

Die Technik der Skizze

Bevor wir uns mit dem Malen eines menschlichen Körpers befassen, sei auf die Notwendigkeit hingewiesen, zuvor einige Skizzen zu zeichnen und zu malen und Farbstudien zu betreiben. Das geschieht nicht nur, um die Hand zu üben und das Gedächtnis zu schulen oder die Maße und Proportionen zu erfassen – kurz: um eine richtige Vorstellung vom Aufbau zu bekommen –, sondern auch, um das Original erst dann in Angriff zu nehmen, wenn man die Technik voll und ganz beherrscht. Nur dann lassen sich wie immer geartete Schwierigkeiten vermeiden. Die Herstellung eines Aktbildes ist immer mit einem gewissen Zögern verbunden. Fragen wie: „Darf ich die Arbeit jetzt beenden?" „Ist es besser, wenn ich das Bild noch vervollständige?", oder „Ist mein Bild wirklich fertig?" stellen sich automatisch ein.

Bei dem endgültigen Bild ist sich der Künstler oder der angehende Künstler jedes einzelnen Strichs und jedes einzelnen Farbflecks viel bewußter als bei einer Skizze. Bei einer Skizze handelt es sich fast immer um einen spontanen Eindruck, eine künstlerische Eingebung, eine Art Wunder, ein Abenteuer, das aus der Spontanität und der völligen Freiheit entsteht. Damit diese Eigenschaften – Spontanität und schöpferische Freiheit – wirklich zum Tragen kommen, benötigt man Material von guter Qualität. Am besten bewährt hat sich für diese Arbeiten die Kreide, genauer gesagt: Pastellkreide. Ansonsten benötigt man nur wenig:

Material

- **Kreide:** speziell für künstlerische Zeichnungen vorgesehene Kreidestifte in den Farben Rötel, Dunkelsepia, Blau, Schwarz;
- **Radiergummi:** Künstlerqualität;
- **Zeichenpapier:** mit rauher oder körniger Struktur;
- **Fixativ:** nicht unbedingt erforderlich, zum Verstärken der Farben jedoch nützlich;

Technisch geht man wie folgt vor: Man zieht die Umrisse der Zeichnung unmittelbar und versucht, an gewissen Stellen einen fließenden Eindruck zu erreichen. Dafür reibt man mit den Fingern darüber (siehe Abb. 64). Der verwischte Strich muß leicht und oberflächlich sein. Es reicht, ganz leicht über das Papier zu streichen, so daß das Korn sichtbar bleibt. Das ist wichtig, um den Eindruck der Spontanität zu erhalten.

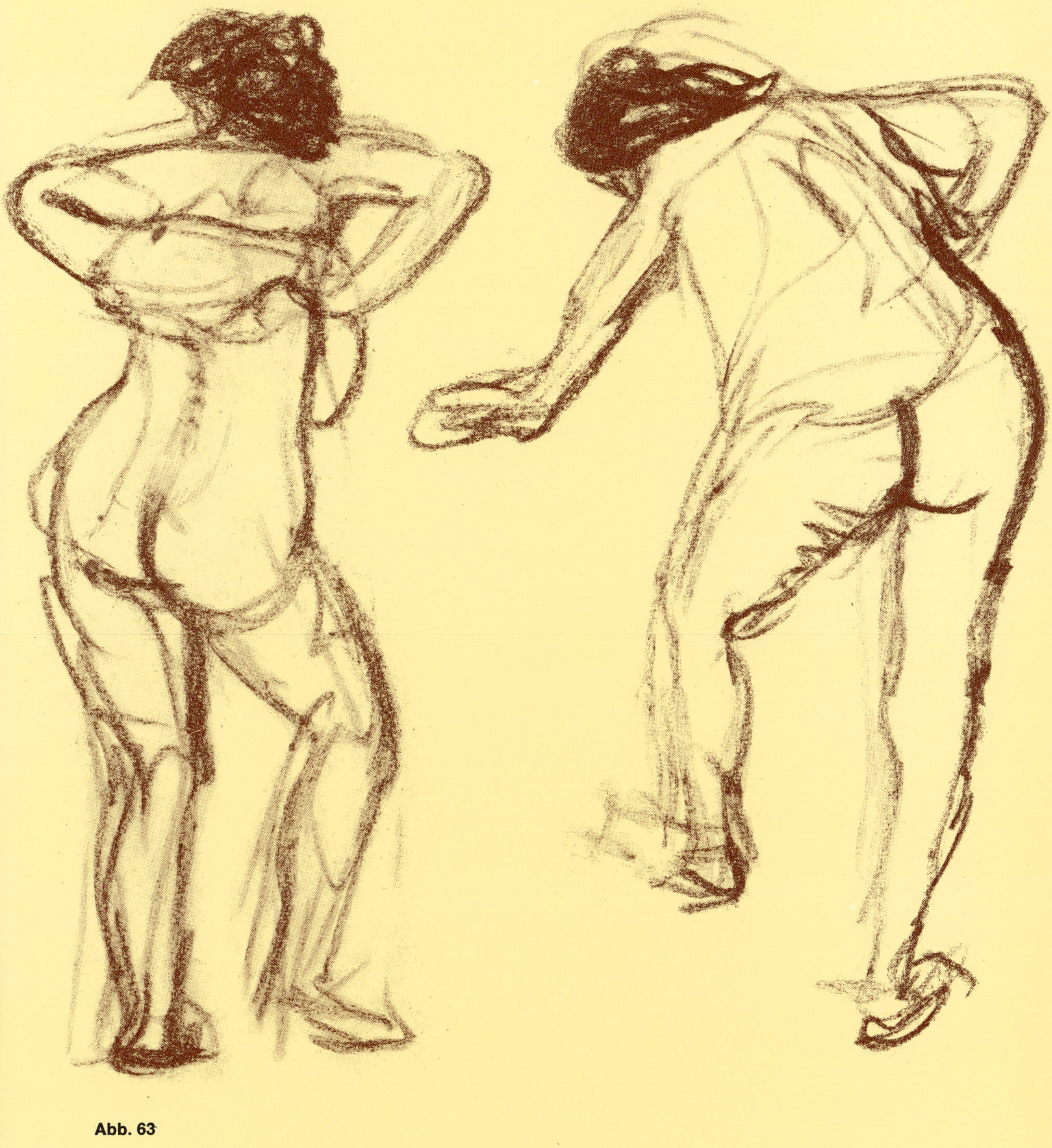

Abb. 63

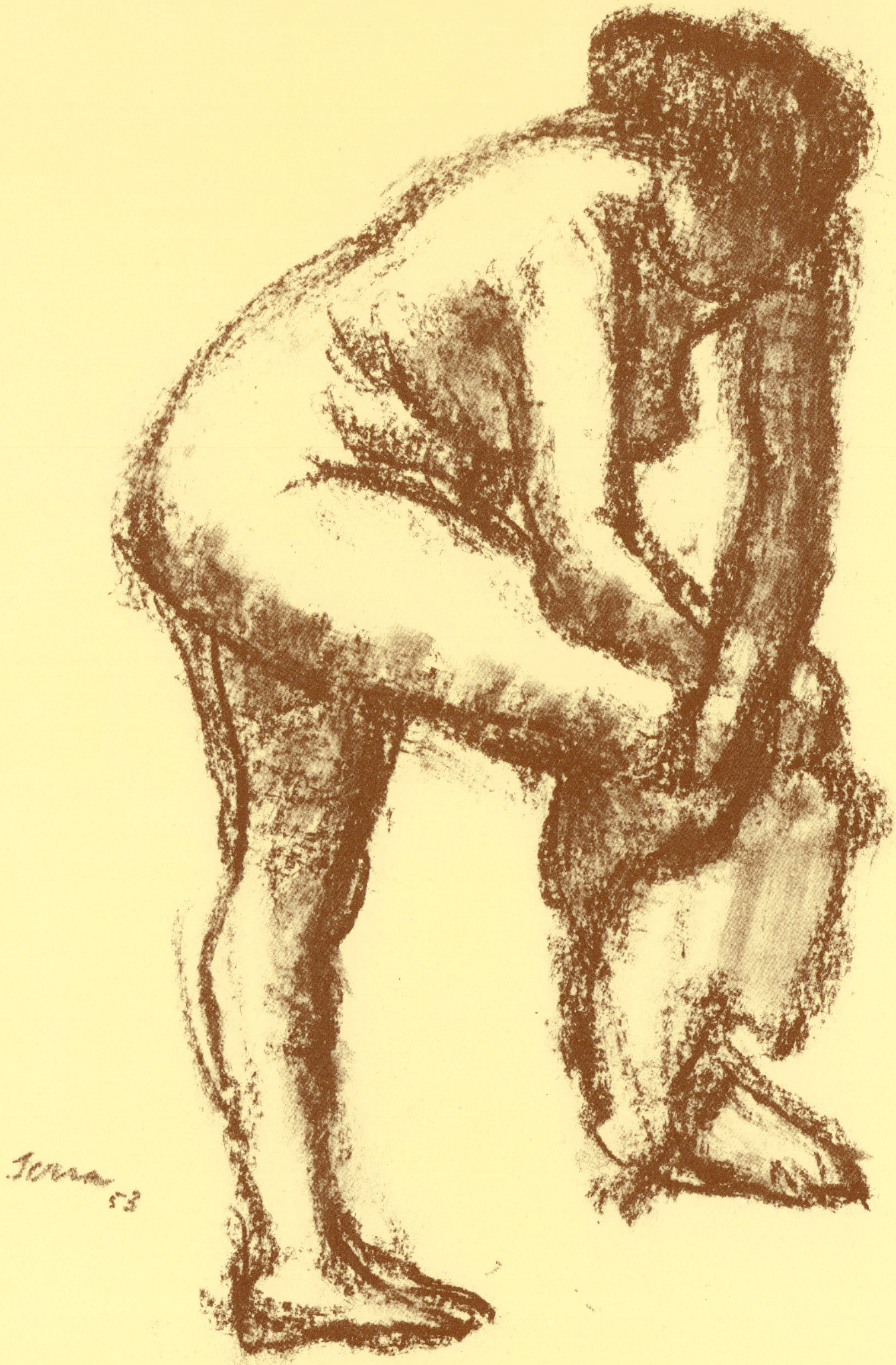

Abb. 64

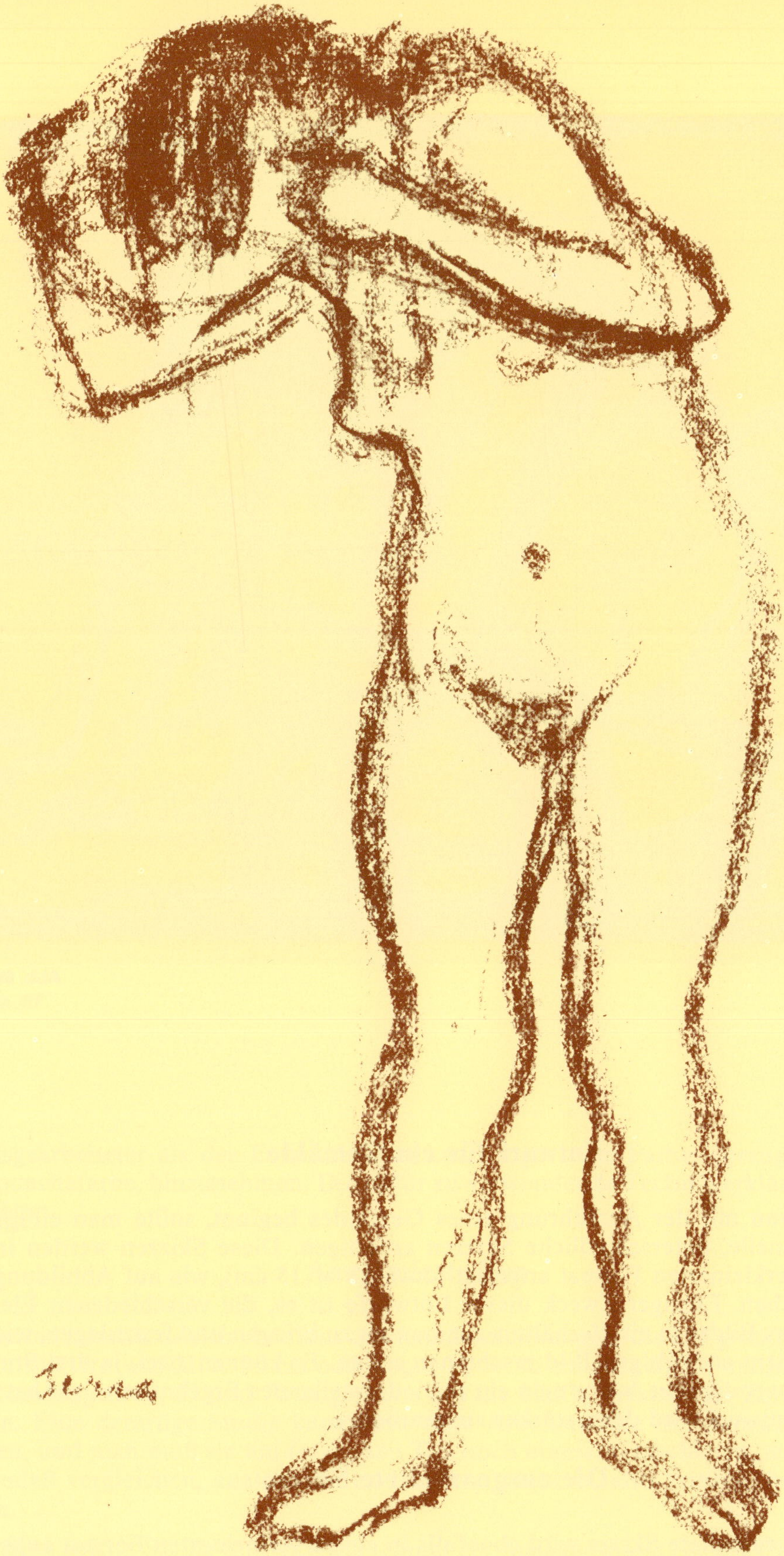

Abb. 65

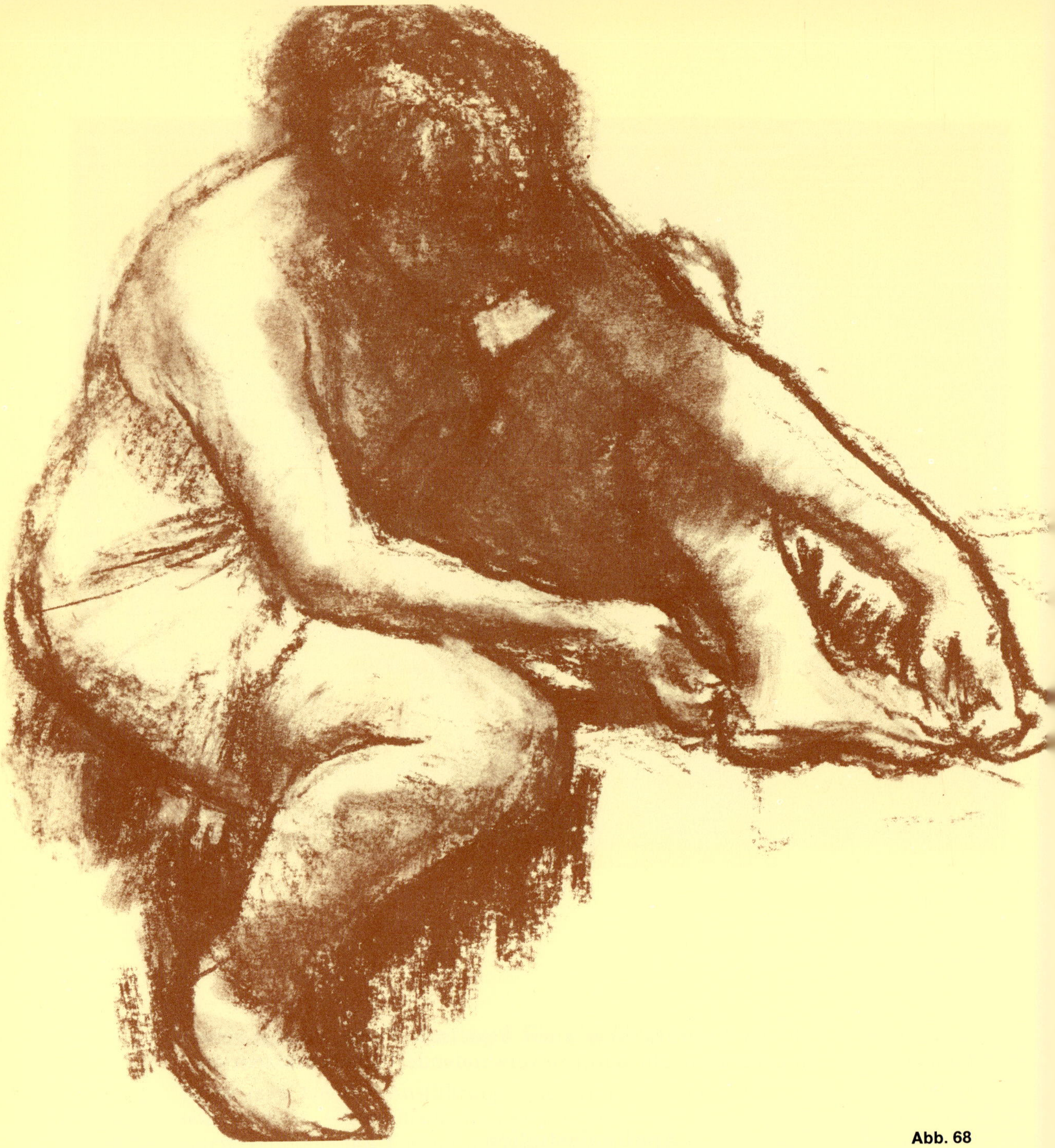

Abb. 68

wie zuvor einnimmt und man dieselbe Wirkung von Licht und Schatten wählt wie für die Zeichnung. Außerdem sollten das Schema, der Rhythmus und die Spontanität des ersten Entwurfs erhalten bleiben.

Betrachtet man die Ausführung von Serras Zeichnungen, wird einem rasch klar, welch eine Dichte die Umrisse mit Hilfe der Kreide erhalten können.

Die großzügig angelegten Striche verringern oder verstärken sich in den Schattenzonen, sie umschließen die Form, begrenzen die Arme, Schenkel und Unterschenkel (Abb. 69).

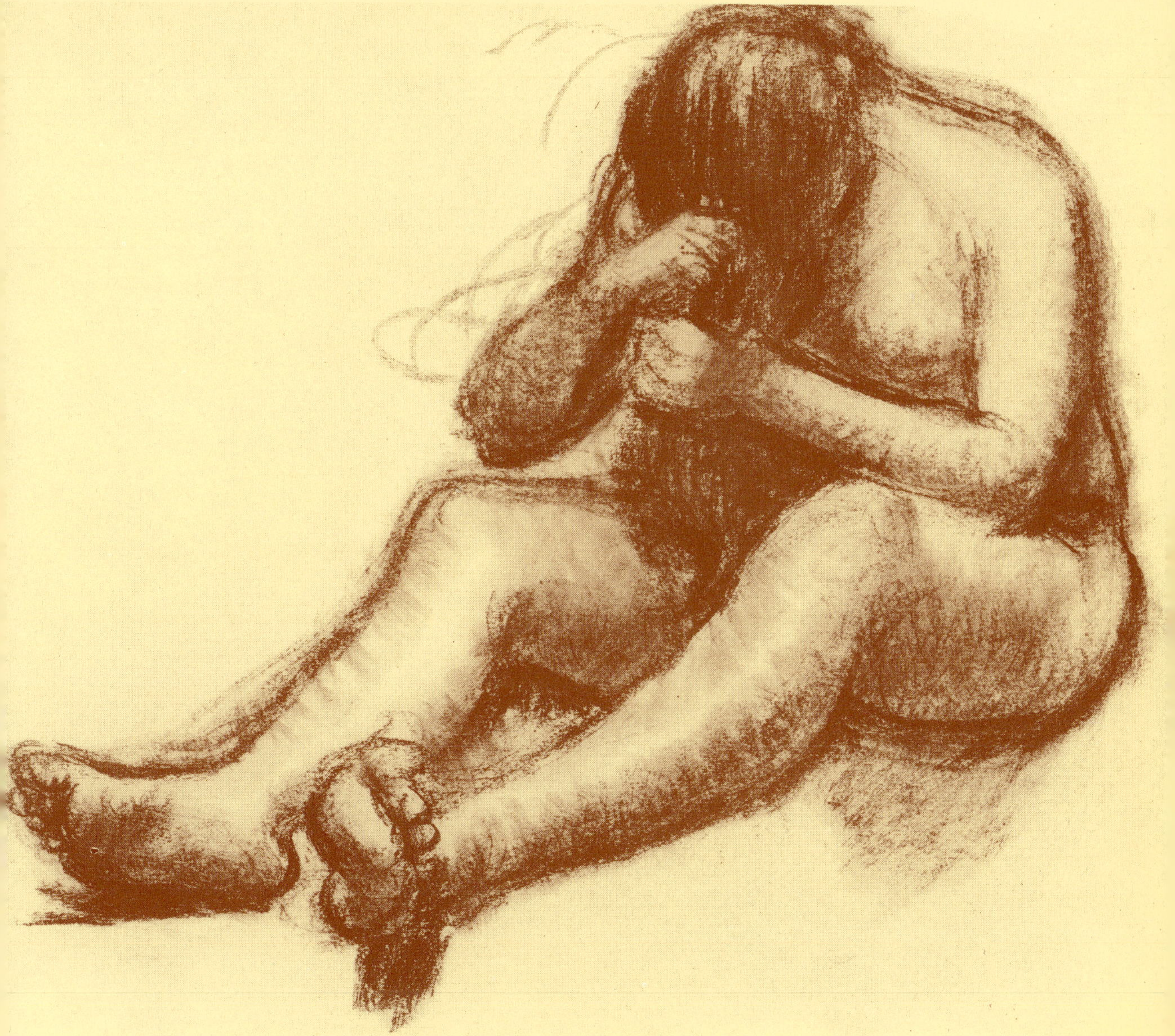

Abb. 69

In den Übergangszonen vom Licht zum Schatten bearbeitet man die Konturen sogar mit den Fingern. Die Reflexe sind die hellsten Stellen des Bildes. Man verstärkt sie je nach Notwendigkeit und spielt dabei mit den Kontrasten.

Die größte Schwierigkeit besteht jedoch darin, im richtigen Augenblick aufzuhören.

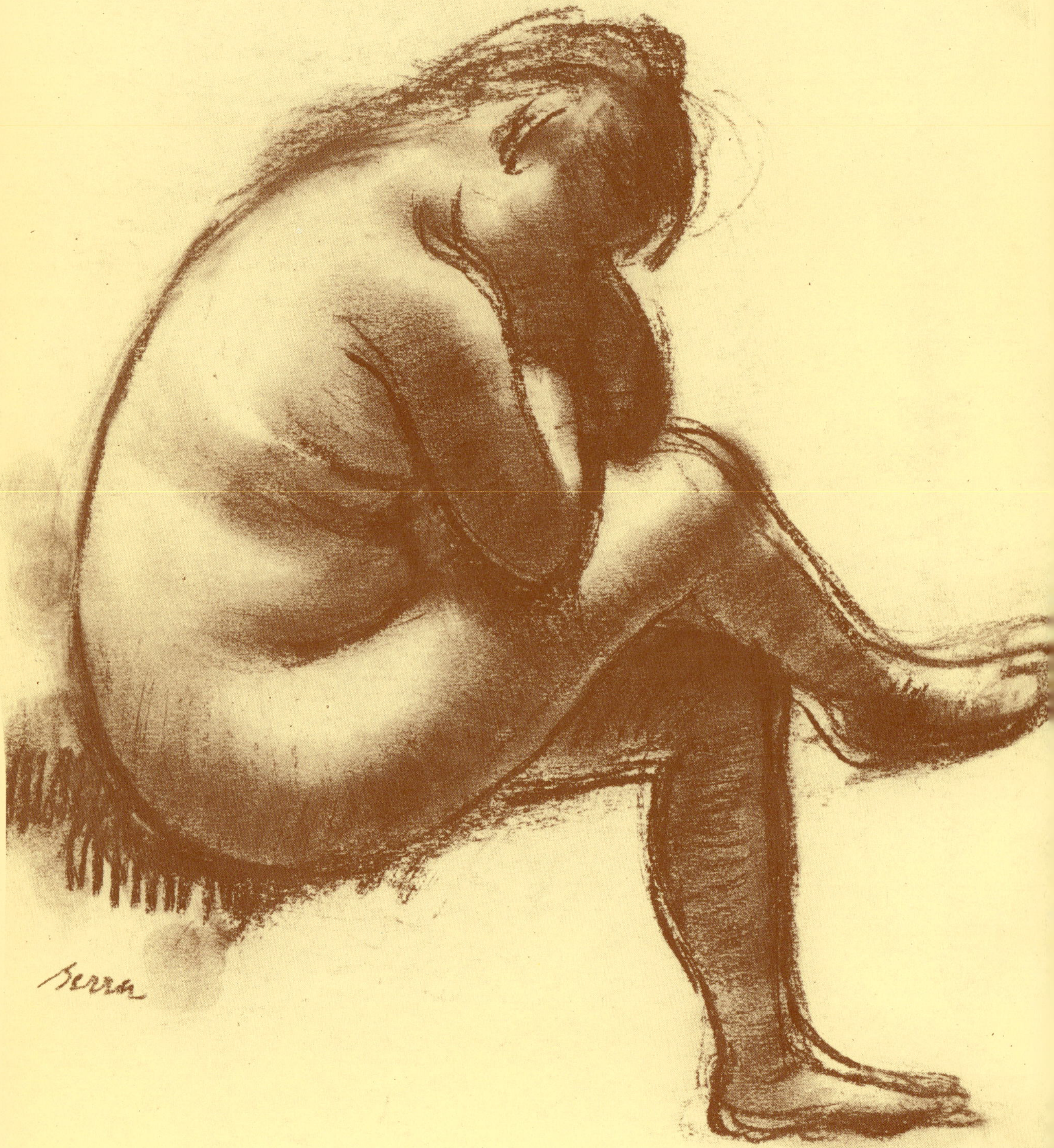

Abb. 70

Die raschen Skizzen

Es hat sich als nützlich erwiesen, die Hand und das Auge mit Hilfe sehr rascher Skizzen zu trainieren, die in ein oder zwei Minuten angefertigt werden. Man verbraucht dabei eine Menge Papier und hält die Posen des täglichen Lebens fest: das Modell zieht sich an, bückt sich, es führt irgendeine Tätigkeit aus, es zeigt eine Alltagssituation oder ist in Bewegung. Die beiden Skizzen auf Abbildung 63 sind Beispiele für eine derartige Übung. Die Kreide wird dabei senkrecht über das Papier geführt und hebt sich kaum von der Oberfläche ab. Sie zieht fieberhafte Striche, um die Bewegung in den richtigen Maßen und Proportionen zu erfassen. Es handelt sich also um eine rasche Arbeitsweise, die große Konzentration erfordert. Der Künstler ist völlig gespannt, die Augen gehen in einer raschen Bewegung vom Modell zum Papier, ohne daß sich der Kopf bewegt. Man muß in der Lage sein, alles auf einmal zu sehen, um – und das ist durchaus möglich – ein wunderbares Ergebnis zu erzielen.

Bleistiftporträts

„Ich zeichne oder male schon lange keine Porträts mehr“, sagt Francesc Serra. Das ist in der Tat eine zwielichtige Angelegenheit, da das Ergebnis eine höchstmögliche Ähnlichkeit mit dem Modell aufweisen muß. Der Bildhauer Rodin behauptete zu Recht: „Aufgrund eines seltsamen und dennoch unumgänglichen Gesetzes zwingt der Auftraggeber eines Porträts den Künstler, seinem Talent zuwiderzuhandeln.“

Serra gibt jedoch zu, daß das mit Zeichenkohle ausgeführte Porträt eine sehr aufschlußreiche, komplette Übung ist, mit der der Künstler sein Können unter Beweis stellt. Die Kohlezeichnung zwingt ihn mehr als jede andere Übung, den Aufbau zu berücksichtigen und die Maße und Proportionen zu respektieren. Vergessen wir nicht, daß die großen Meister von van Dyck bis Velasquez immer abwechselnd ein Porträt und ein anderes Werk anfertigten. Ist man in der Lage, ein Porträt wie das von Serra (Abb. 71) herzustellen, hat man alle Trumpfe in der Hand, um sich an eine Aktzeichnung heranzuwagen. Die nebenstehende Zeichnung ist das beste Beispiel für diese Art von Übung. Nur mit Bleistift und Papier ist es dem Künstler gelungen, ein Porträt von seltener Vollkommenheit zu zeichnen, bei dem der Kopf und die Arme im Vordergrund den skizzenhaft angelegten Körper nur ahnen lassen (1).

(1) Zum eingehenden Studium der Porträttechnik empfehlen wir die Lektüre des Bandes „Wie zeichnet man einen Kopf und ein Porträt“, das ebenfalls in dieser Reihe erschienen ist.

Sehen wir uns jetzt an, welches Material Serra benutzt hat, um dieses Bleistiftporträt herzustellen.

Material zum Zeichnen von Skizzen

Cansonpapier (speziell für künstlerische Zeichnungen im Skizzenformat)

Bleistift HB

Fetter Bleistift mit weicher Mine 2B

Radiergummi

Wischer

Kunstlicht: 100-Watt-Birne

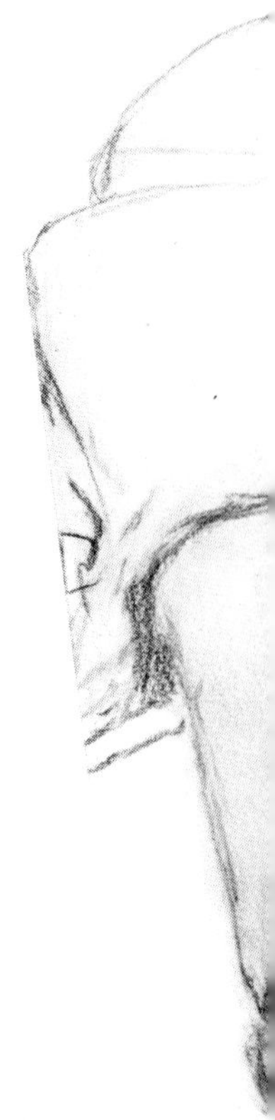

Die Technik

Man beginnt mit einem leichten Strich mit einem normalen Stift HB und verstärkt die Linien gleichmäßig mit demselben Stift. Zum Erreichen der Grautöne benutzt man die Finger und streicht dazu sanft mit den Fingerspitzen über das Papier. Manche Stellen werden mit einem weichen Stift HB verstärkt. Die Grautöne sind nicht gleichförmig oder ausgearbeitet. Sie lassen die Struktur des Papiers durchscheinen. Die Haare, die Augen und der Mund sind dafür ein hervorragendes Beispiel. Die kleinen weißen Flecken der Augen erhält man mit der abgeschrägten Kante des Radiergummis. Diese leuchtenden Reflexe lassen sich zuletzt immer noch überarbeiten, falls es sich als notwendig erweisen sollte. Der winzige leuchtende Fleck in der Pupille entsteht durch sorgfältiges Kratzen mit einer Rasierklinge.

Ein Porträt wie das auf der gegenüberliegenden Seite abgebildete erfordert zwei oder drei Arbeitssitzungen von je einer oder eineinhalb Stunden.

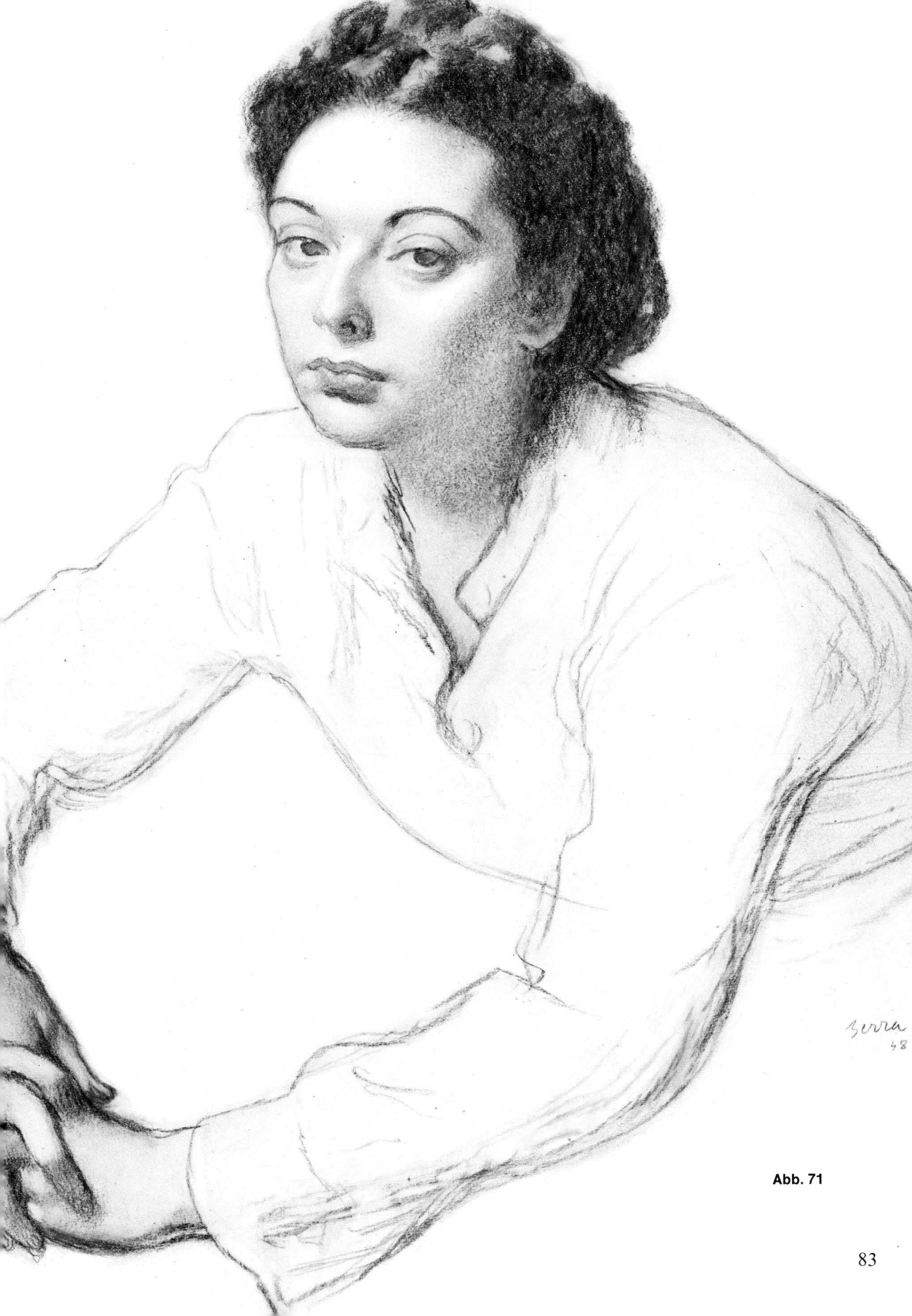

Abb. 71

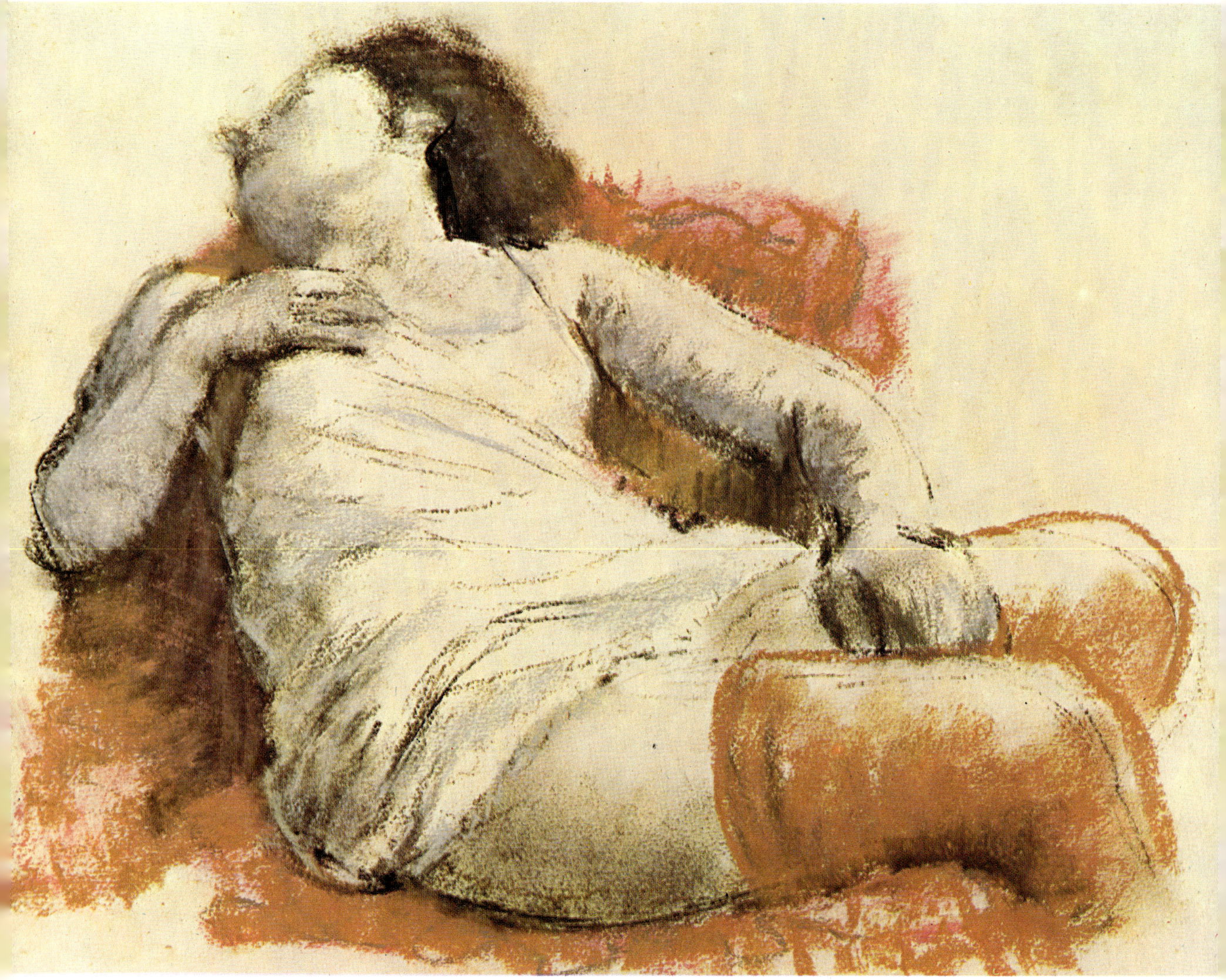

Abb. 72

Studie unter Benutzung einer Farbe

Ganz gleich, ob es sich um Studien, Skizzen oder Entwürfe mit Pastellfarben, Gouachen oder sogar Ölfarben handelt: man muß zunächst einen Unterschied zwischen einer Zeichnung mit Farbflecken wie auf den Abbildungen 72 und 73 und den vollfarbigen Bildern der Abbildungen 74 und 75 machen. Es versteht sich von selbst, daß die verwendete Technik von der gewählten Methode abhängt. Selbst beim einfachen Andeuten der Farbe kann man bereits erkennen, was sich aus einem gegebenen Thema, einer bestimmten Pose

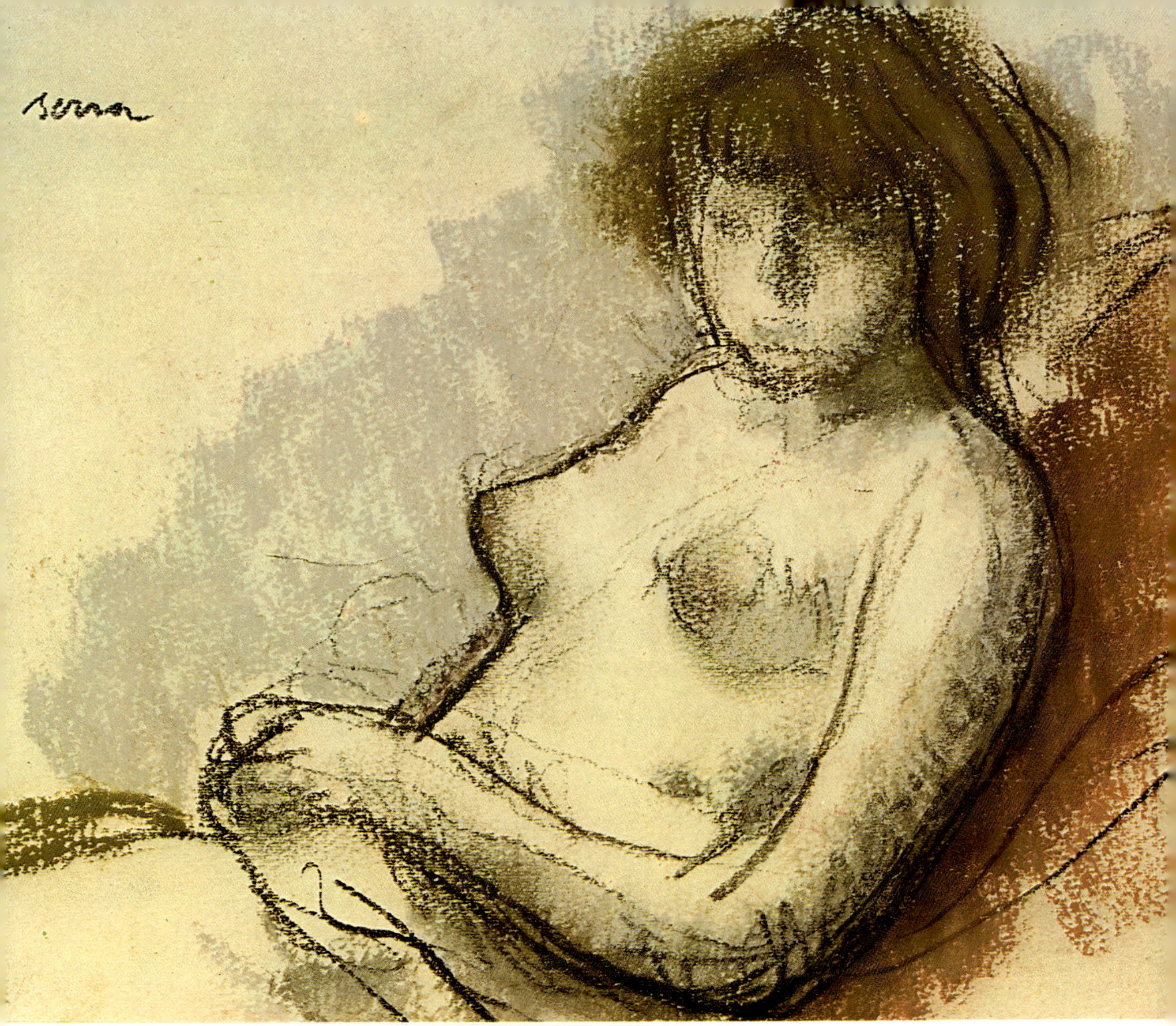

Abb. 73

oder einer besonderen Komposition herausholen läßt. (Abbildung 73 gibt bereits eine gewisse Vorstellung von dieser Technik.)

Eine Farbstudie erfordert dagegen ein viel vollständigeres Arbeiten. Sie ist beinahe ebenso aufwendig wie ein Bild. Allerdings besitzt sie einen Vorteil: Man arbeitet in einem kleineren Format. Das Ergebnis zeigt dank der Improvisation eine größere Ausdrucksfreiheit.

Die Gouachetechnik

Gouachefarben sind Wasserfarben. Sie bestehen aus Farbpigmenten, die mit Spezialharzen und Gummiarabikum gemischt werden. Sie sind wasserlöslich, decken und trocknen relativ schnell. (Normalerweise genügen gut zehn Minuten.) Gouachefarben gibt es in Metalltuben und kleinen Glasgefäßen.

Francesc Serra beschränkt sich auf die Benutzung der Töne Ocker, Siena, Grau, Weiß und Schwarz, denen er während des Fortschreitens seiner Arbeit nach und nach Preußischblau, Kobaltblau, Rot und Karmin hinzufügt. In bestimmten Fällen benutzt er auch Gelb und Grün.

Serra arbeitet mit Rotmarder- und Schweinsborstenpinseln. Er besitzt eine Metallpalette mit Fächern. Manchmal verwendet er auch einen einfachen Tonteller.

„Zu Beginn waren diese Studien nur Kreideskizzen, die ich mit einigen Farbtupfern ergänzt habe", erklärt Serra. „Später habe ich immer häufiger zu Gouachefarben gegriffen, bis ich schließlich solche Studien anfertigte."

Serras Technik läßt sich wie folgt beschreiben: Er zeichnet sein Thema zunächst mit einigen Kreidestrichen in Siena dunkel. Anschließend präzisiert er die Zeichnung und beginnt mit einer Grundskala aus Erdfarben mit Ocker, Siena, Grau, Weiß und Schwarz zu malen. Für den Hintergrund benutzt er eine flüssigere Farbe. Dazu verdünnt er sie, soweit nötig, mit Wasser. Für alles übrige, die Gestalten, die Möbel etc., benutzt er eine dichte breiige Farbe, die er nur mit einem Minimum an Wasser verdünnt und manchmal so verwendet, wie sie aus der Tube kommt.

Serra malt mit kleinen Farbflecken, legt Töne übereinander und erhält die Abstufungen, indem er energisch mit einer Farbe gegen die andere reibt.

Das Hauptproblem, das sich beim Malen eines Bildes mit Gouache stellen kann, ist die „Graufalle". In sie tappt man, wenn man für die hellen Farben und die beleuchteten Zonen übermäßg viel Weiß benutzt.

Beim Trocknen werden Gouachefarben matt. Dabei handelt es sich um ein „kompaktes" Matt, das durch das Weiß noch betont wird. Benutzt man zuviel Weiß, erhält man einen blassen Ton ohne Tiefenwirkung, bei dem man den Eindruck hat, er sei mit Talk überzogen. Man muß das Weiß aber mit aller Vorsicht einsetzen und sollte vorzugsweise Farbtöne zum Mischen benutzen.

Für nachträglich noch einmal zu bearbeitende Stellen, wenn die Farben zu dick oder die Masse zu dicht geworden ist, benutzt Serra ein Verfahren, das zu einem erstaunlichen Ergebnis führt: Er hält das Blatt Papier unter einen Wasserhahn und läßt einen dünnen Strahl über die Fläche laufen, die retuschiert werden soll. Gleichzeitig reibt er vorsichtig mit dem Rotmarderpinsel auf der Fläche.

„Das ist eine heikle Angelegenheit", sagt er dazu. „Das Wasser greift allerdings nur jene Zonen an, die ich mit dem Pinsel bearbeite."

Man reibt also äußerst vorsichtig und beobachtet dabei genau das Ergebnis, das man durch dieses Auswaschen erhält. Anschließend braucht man die ausgewaschene, noch feuchte oder bereits getrocknete Stelle nur noch zu übermalen. Die Abbildungen 74 und 75 zeigen das Ergebnis dieser Technik. Abbil-

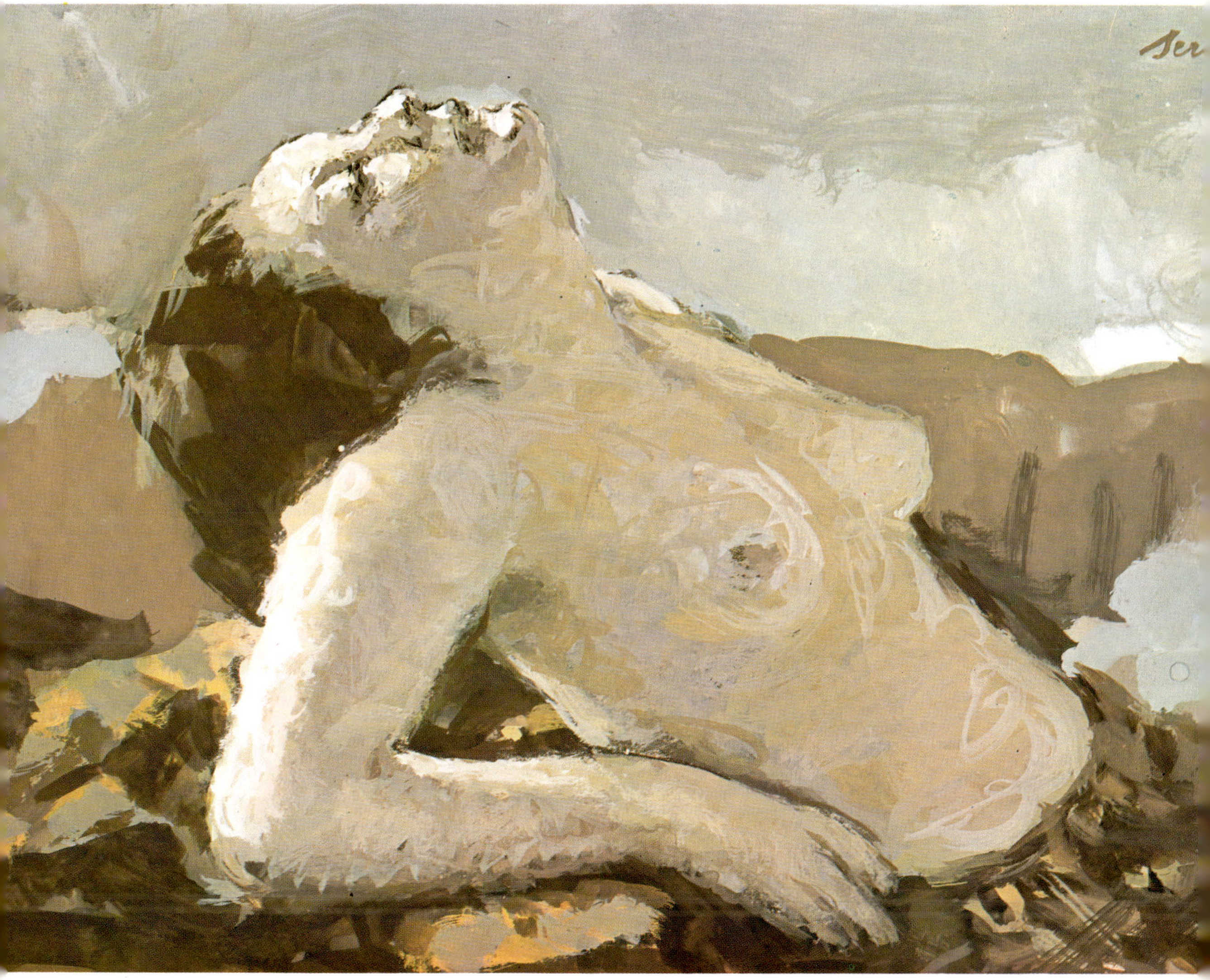

Abb. 74

dung 74 gibt deutlich die Herausarbeitung der Volumen durch die Fleischfarben für die Brüste und den Leib wieder. Man benutzt dafür eine stark mit Wasser verdünnte, beinahe transparente Farbe. Abbildung 75 ist das gegenteilige Beispiel: Helle Töne werden in sehr dicken Schichten übereinandergelegt, die aus kleinen Pinselstrichen bestehen.

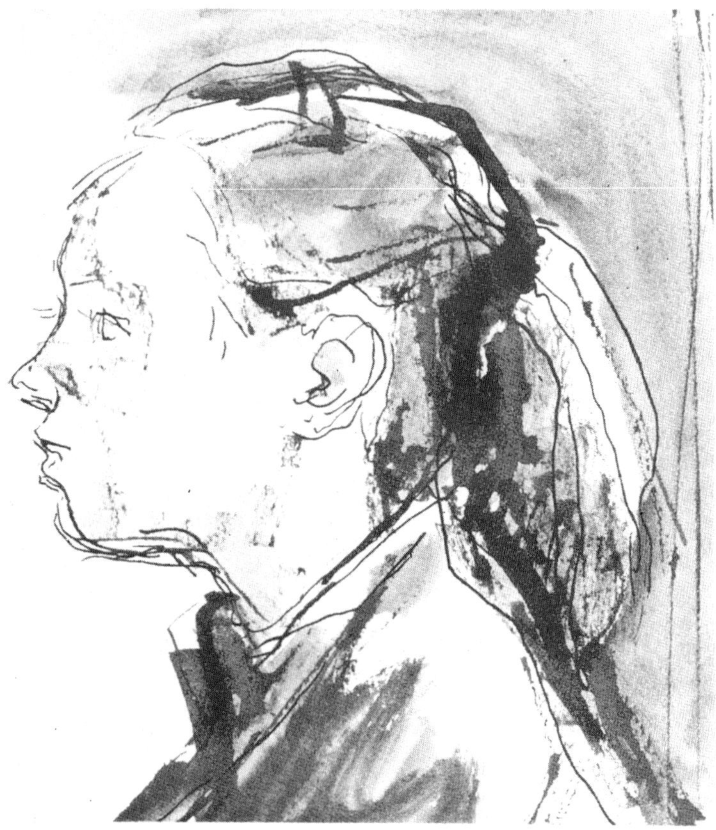

In Francesc Serras Atelier

Wir wollen nun untersuchen, mit welcher Technik Serra arbeitet, nach welchen Kriterien er seine Themen und die Komposition seiner Bilder auswählt, welchen Frauentyp er als Modell bevorzugt, nach welcher Methode er arbeitet und welches Material er benutzt. Hören wir ihm zu.

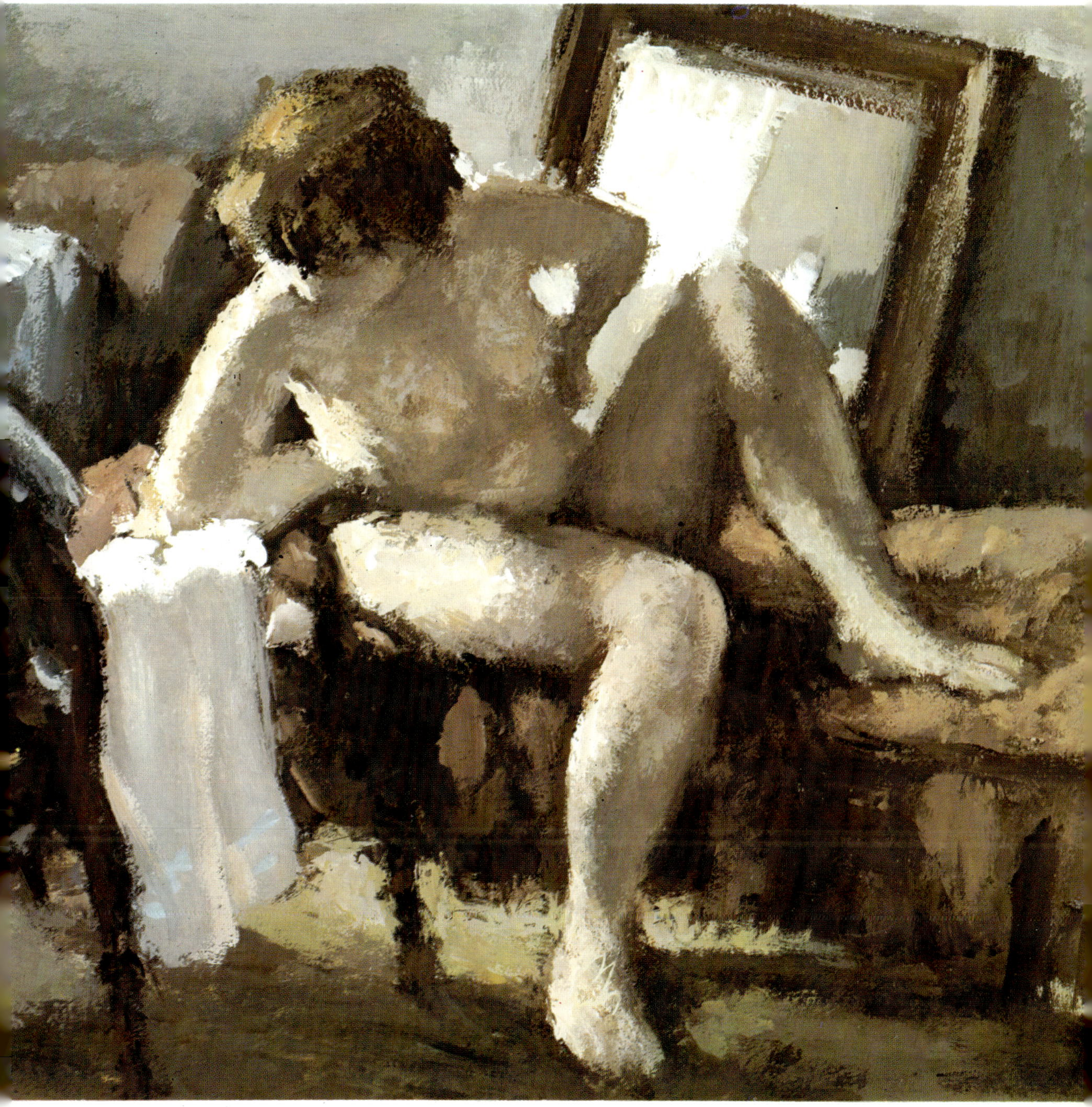

Abb. 75

Thema und Komposition

„Man kann nicht behaupten, daß meine Bilder nur ein Produkt der Inspiration sind", sagt Serra. Und er fügt wie Degas hinzu: „Es gibt kaum eine weniger spontane Kunst als die meine. Meine Arbeit ist die Frucht einer langen Überlegung und eines nicht weniger langen Studiums."

Francesc Serra stützt sich bei der Konzeption seiner Werke auf Beobachtung und Überlegung. Wie Schopenhauer zieht er das Besondere aus dem Allgemeinen. Serra besitzt eine Reihe von Skizzenbüchern mit Anmerkungen über ein bestimmtes Gesicht, eine bestimmte Farbskala, eine bestimmte Stimmung, die sich aus gewissen Formen oder Tönen ergibt. Liest man diese Anmerkungen, begreift man seinen Gedankengang und seine Methode leichter.

„Ich saß auf der Terrasse eines Cafés, als ich plötzlich eine faszinierende Vision hatte: der graublaue Hintergrund eines Strands, der Himmel, der Sand und die Boote von einer etwas verwirrenden Form. Dann tauchte plötzlich eine große, schlanke junge Frau auf und kam auf mich zu. Sie trug einen grauen Pullover und einen grauen Rock und hatte einen violetten Schal um den Hals gebunden. Ein wunderbarer Eindruck! Ein Bild ganz in Grautönen mit dem violetten Schal als einzigem Konstrast."

Serra malt selbst, wenn er durch die Straßen einer Stadt wandert. So an jenem Tag, als er notiert: „Mich an den Vorbau dieser kleinen Buchhandlung und deren Farben erinnern: ein ockerfarbener Vorhang, Bücher, eine graue Masse mit kleinen roten Flecken auf schwarzem Marmor . . . Töne, die Braque geliebt hätte. Für mein nächstes Bild studieren . . ."

Diese Anmerkungen und Erinnerungen mögen die Grundlage für eine neue Farbenharmonie oder neue Formen gewesen sein. In der Praxis entscheidet sich die Komposition eines Werkes allerdings im Beisein des Modells im Atelier. Das Modell probiert dort unterschiedliche Posen aus, und daraus ergibt sich das endgültige Motiv. Wir haben festgestellt, daß Serra mehr Zeit auf das Beobachten und Studieren als aufs Zeichnen verwendet. In seinen Notizen findet sich der folgende Satz von Poussin:

> „Beim Beobachten des Modells leistet der Maler seine beste Arbeit und nicht, wenn er es möglichst genau kopiert."

Noch ein wichtiger Punkt: Während Serra die Pose studiert (den Arm weiter zurück, den Kopf mehr nach rechts etc.), hat er die Augen halb geschlossen. Dadurch schaltet er die Details aus und hält sich nur an die großen Blöcke. Allerdings sollte man die Bedeutung der Vorbereitungsphase und der Vorabüberlegungen nun auch nicht überschätzen. Auch der Zufall und das Unerwartete müssen eine Rolle spielen und den Ausgleich für eine zu rationelle Studie bilden.

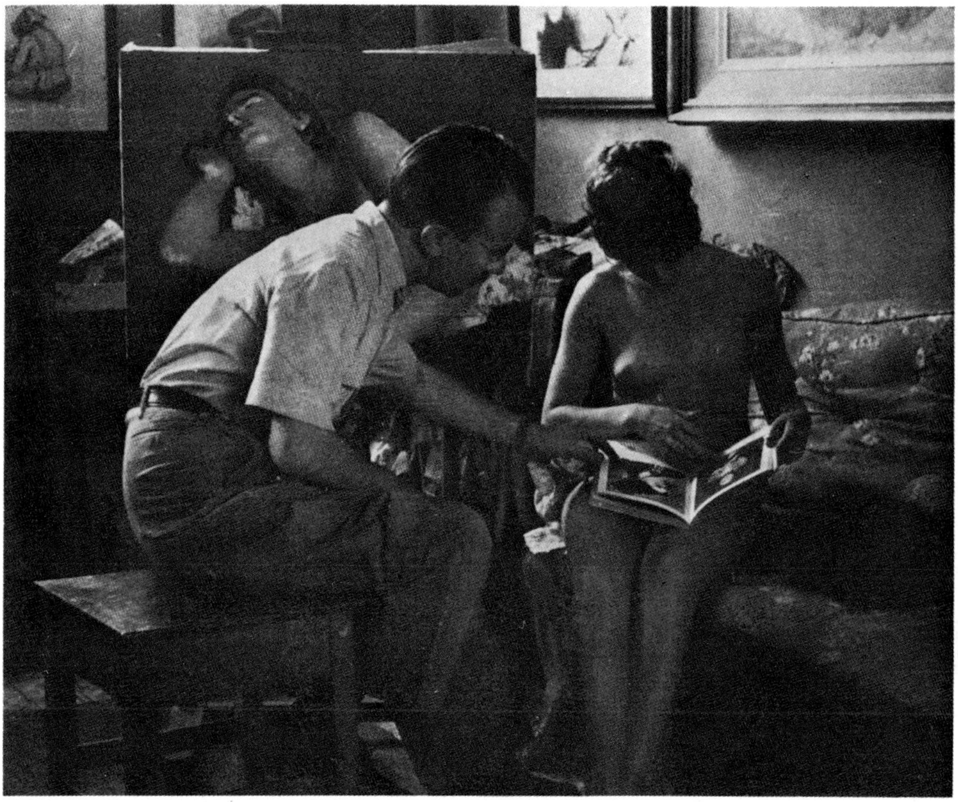

Abbildung 76: Das ideale Modell für Francesc Serra erfüllt folgende Bedingungen: normale, eher kleine Brüste, volle Hüften und Schenkel sowie klares und offenes Gesicht.

Der Maler und sein Modell

Die Wahl des Modells ist von entscheidender Bedeutung. Der Erfolg eines Gemäldes hängt zu einem wesentlichen Teil vom Körperbau des Modells und der Art ab, wie es posiert.

„Welchen Typ eines Modells bevorzugen Sie, Francesc Serra?" „Eine ungefähr fünfundzwanzigjährige Frau mit klarem Gesicht. Darunter verstehe ich einen unbefangenen, gelassenen Gesichtsausdruck ohne Make-up. Außerdem sollte sie einen hochgewachsenen Körper mit guten Proportionen besitzen, nicht zu stark entwickelte Brüste, einen normalen Oberkörper, aber kräftige Schenkel, Hüften und Arme. Wenn Sie so wollen, ist es der Frauentyp, den Tizian gern malte."

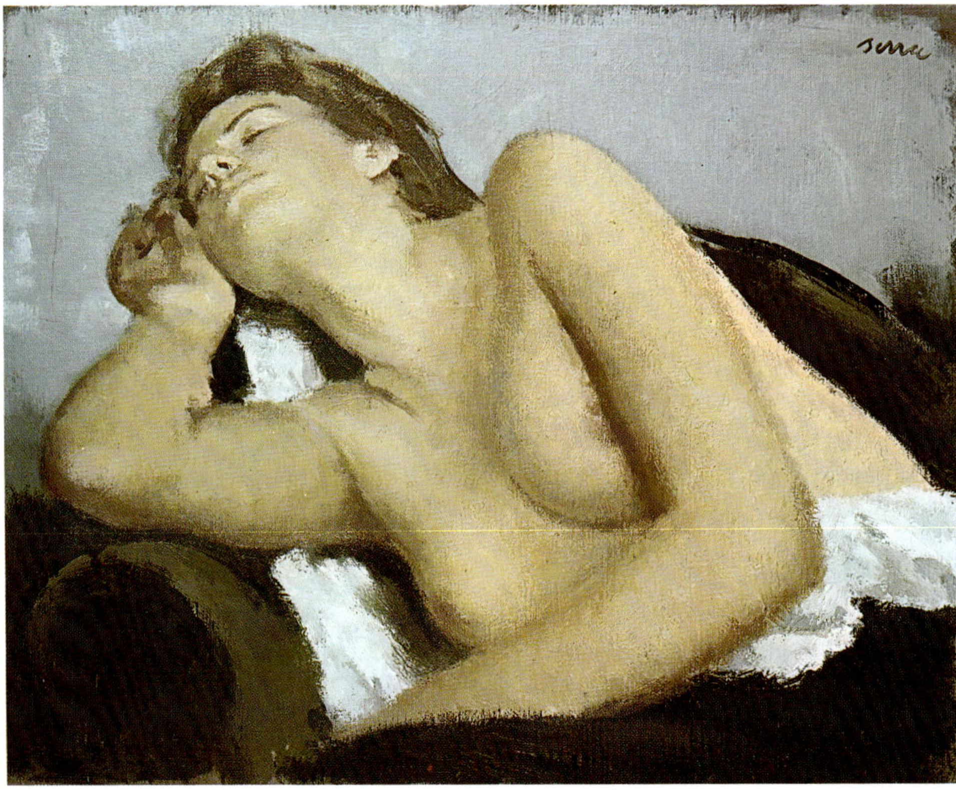

77

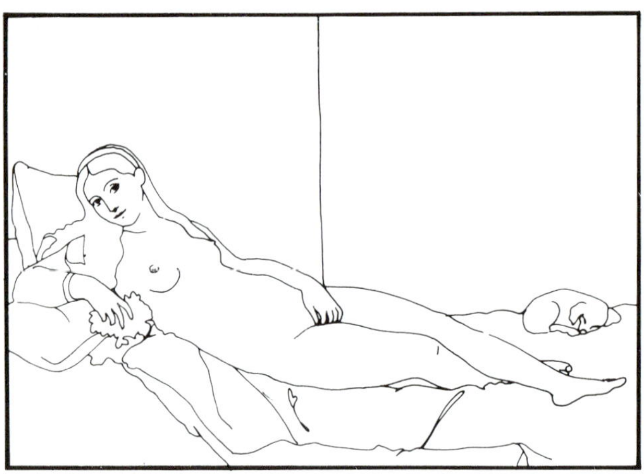

Abbildung 77: Die Komposition und das Resultat eines Bildes hängen zum großen Teil vom Körperbau des Modells ab. Manche Modelle posieren instinktiv richtig, andere lernen es nie.

Leider wird es immer schwieriger, ein gutes Modell zu finden. Wenige Modelle sind echte Profis. Man sollte daher versuchen, unter den eigenen Bekannten jemanden zu finden.

Es ist übrigens immer wieder festzustellen, daß manche Frauen instinktiv gut posieren, ganz gleich, ob sie häufig Modell sitzen oder nicht. Andere wiederum lernen es nie.

„Meine besten Modelle waren allesamt keine Profis“, erklärt Serra. „Die junge Frau muß völlig bewegungslos bleiben. Allerdings muß man sie von Zeit zu Zeit davon erlösen. Sie sollte die Möglichkeit haben, sich mindestens alle Viertelstunde zu entspannen.“

Idealer Abstand zwischen dem Maler
und seinem Modell:
das sind zwei Meter.

Natürlich ist dies nur eine ungefähre Entfernungsangabe. Man kann etwas näher heranrücken, sollte jedoch eher einen größeren Abstand wählen, falls man den ganzen Körper darstellen möchte. Je nach Komposition des Bildes ist das Modell völlig nackt oder zum Teil bekleidet.

Die Beleuchtung

Es ist nicht ratsam, bei einem Licht zu arbeiten, das von oben nach unten fällt. Das führt zu einem gleichförmigen Ergebnis, wie es häufig zu finden ist. Serra malt seine Ölbilder manchmal bei einbrechender Nacht und Kunstlicht. Dazu beleuchtet er sein Modell mit einem Scheinwerfer und seine Staffelei mit einer normalen Lampe mit Schirm. In beiden Fällen handelt es sich um Wolframlampen, deren gelbe Farbe der warmen Harmonieskala mit Orange als Grundfarbe nicht schadet.

Verwendetes Material

Wesentlicher Inhalt dieses Kapitels ist die Farbskala für Ölfarben, die der Maler benutzt. Natürlich verwendet jeder Künstler seine ureigene Skala, die seiner Arbeitsweise entspricht (1).

(1) Für ein gründlicheres Studium des für die Ölmalerei verwendeten Materials und Zubehörs empfehlen wir die Lektüre des Bandes „Richtig malen mit Ölfarben“, das ebenfalls in dieser Buchreihe erschienen ist.

Francesc Serras Farbskala

Abbildung 78 vermittelt uns eine Vorstellung von Serras Farbskala, die sich auf sieben Farben plus Schwarz und Weiß beschränkt. Vergleicht man diese Skala mit den Farben, die ein Maler normalerweise für die Ölmalerei verwendet, fehlen Kadmiumgelb mittel, Smaragdgrün und Kadmiumrot (statt des Englischrots von Serra). Wir werden anschließend sehen, weshalb Serra diese Farben nicht verwendet. Ferner werden wir erfahren, weshalb Serra den Platz für Grün und Gelb auf seiner Palette freiläßt und nur im Notfall darauf zurückgreift.

Übrigens verwendet Serra Silberweiß, während die meisten Maler sonst fast immer zu Zinkweiß greifen. „Das Silberweiß deckt besser und trocknet rascher", erklärt Serra. „Das ist für mich wichtiger als die größere Transparenz von Zinkweiß. Es wird behauptet, daß sich Silberweiß mit der Zeit verändert", fügt er hinzu. Er selbst benutze diese Farbe jedoch schon seit Jahren und habe noch nie Probleme damit gehabt.

Im Gegensatz zu einer allgemein anerkannten Regel verwendet Francesc Serra auch Schwarz. Wie bekannt, ist Schwarz eine etwas riskante Farbe, denn sie läßt sich leicht den Mischungen beifügen. Deshalb sollte man das Schwarz lieber selbst aus Smaragdgrün (oder Preußischblau), Karminrot und Siena gebrannt mischen. Es ist allerdings nicht zu leugnen, daß der sorgfältige Einsatz von Schwarz zu Nuancen und Transparenzen höchster Qualität führt.

„Es kommt vor, daß ich in bestimmten Fällen reines Schwarz verwende", erklärt Serra. „Im allgemeinen mische ich es jedoch je nach der chromatischen Tendenz des Modells mit Blau, Rot oder den Erdfarben."

Staffelei und Palette

Serra benutzt eine ganz normale Staffelei, wie sie gewöhnlich von Kunstmalern verwendet wird. Seine Palette ist rechteckig und besteht aus Holz. Serra hält sie beim Malen jedoch nicht in der Hand. Er läßt sie auf dem Beistelltisch neben seiner Staffelei liegen. Eine weitere Eigentümlichkeit des Künstlers besteht darin, daß er halb sitzend auf einem hohen Hocker arbeitet. Dadurch kann er ganz nach Wunsch leicht aufstehen und sich entspannen.

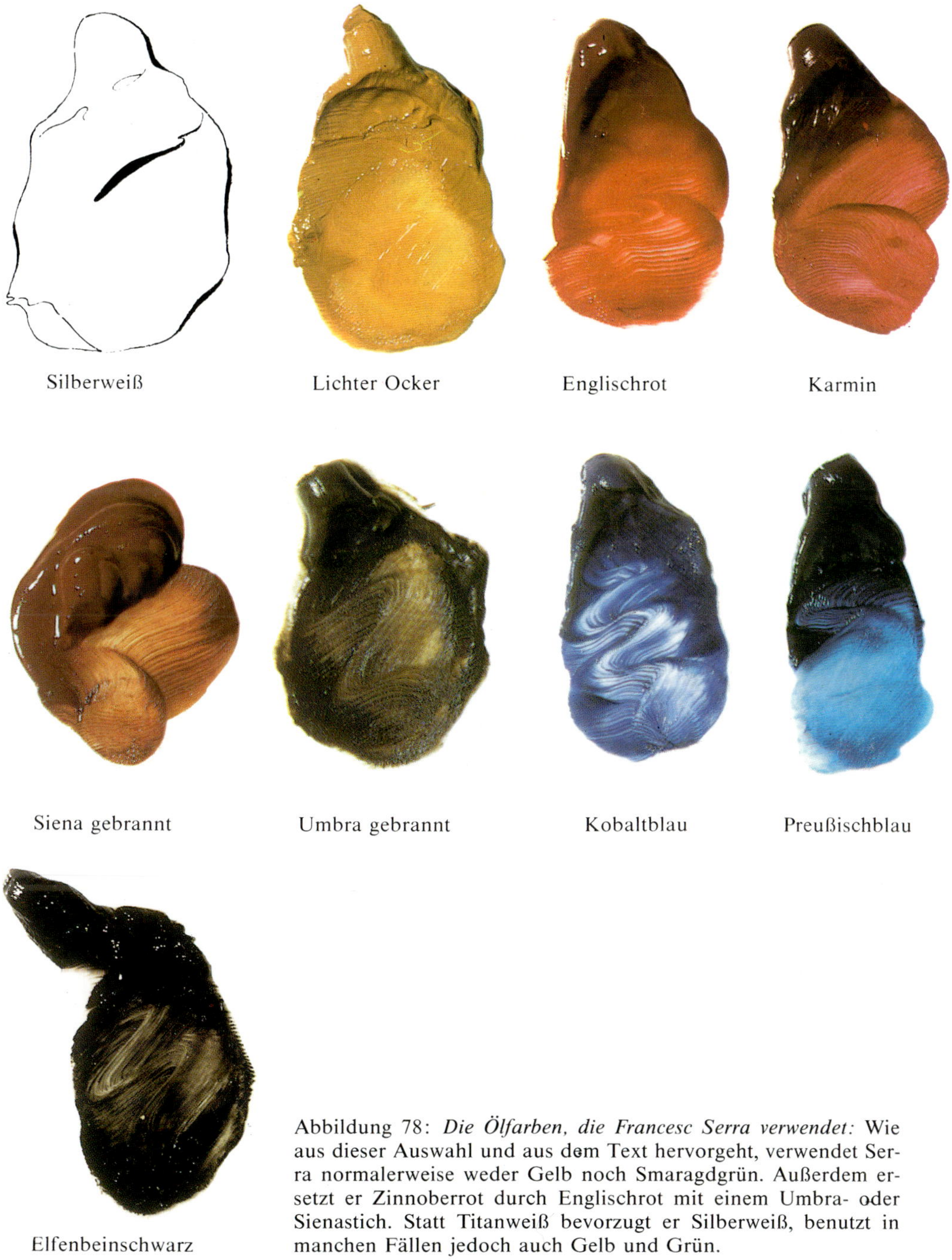

Abbildung 78: *Die Ölfarben, die Francesc Serra verwendet:* Wie aus dieser Auswahl und aus dem Text hervorgeht, verwendet Serra normalerweise weder Gelb noch Smaragdgrün. Außerdem ersetzt er Zinnoberrot durch Englischrot mit einem Umbra- oder Sienastich. Statt Titanweiß bevorzugt er Silberweiß, benutzt in manchen Fällen jedoch auch Gelb und Grün.

Die Pinsel

Serra benutzt ein großes Sortiment an Pinseln. Mit den breiten Pinseln legt er rasch die Hintergründe an. Die schmaleren, flachen oder runden Pinsel verwendet er für die Gesichter und den Körper. Normalerweise arbeitet er mit Schweinsborstenpinseln.

„Ich ziehe alte Pinsel mit widerborstigem Haar vor, deren Körper jedoch noch gut zusammenhängen muß. Ich mag Pinsel aus Kunsthaar nicht, bei denen man die Pinselstriche nicht spürt.“

Um die Details seines Werkes auszuarbeiten, nimmt Francesc Serra Rotmarderpinsel. In seinem Atelier steht immer ein Steingutteller mit Wasser, in dem die Pinsel feucht gehalten werden. Serra legt sie nach Abschluß einer Sitzung hinein und verhindert auf diese Weise, daß die Farben trocknen. Am nächsten Tag braucht er seine Pinsel dann nur noch mit einem Tuch abzuwischen.

Das ändert allerdings nichts an der Tatsache, daß er sie von Zeit zu Zeit mit Wasser und Seife auswaschen muß.

Firnis und Lösungsmittel

„Normalerweise benutze ich kein Leinöl, sondern äußerst geringe Mengen Therpentinersatz.“

Je nach der Technik, in der Serra gemalt hat, überzieht er nur gewisse Teile seines Werkes mit einem Firnis, und zwar jene, an denen sich wegen der unterschiedlichen Benutzung des Verdünners matte und glänzende Stellen abwechseln. Mischfarben zum Beispiel die Erdfarben, ergeben eine unregelmäßigere Fläche als Rottöne oder Preußischblau. Der Spezialfirnis für Ölfarben gleicht die gemalte Fläche aus und harmonisiert sie.

Die Malgründe

Manche Bilder malt Serra auf dicker Malpappe, die entweder bereits mit einer Grundierung versehen ist oder sich im Rohzustand befindet. Darauf legt er dann eine möglichst matte Farbschicht. In solchen Fällen handelt es sich meistens um den Untergrund für eine Farbstudie, eine Skizze oder auch für ein kleineres Bild. Normalerweise arbeitet Serra jedoch auf einer großformatigen Leinwand, die in einen Keilrahmen gespannt ist.

Spachtel

Spachtel benutzt Serra, um gewisse Flächen zu korrigieren oder wieder abzukratzen. Er reinigt damit auch unbrauchbar gewordene Leinwände. Außerdem glättet er damit Unebenheiten und kann auf diese Weise mit der Dicke der Farbschicht spielen.

Francesc Serras Technik für Aktbilder in Öl

Serras Maltechnik läßt sich in fünf Hauptpunkte zusammenfassen:

— seine Arbeitsweise
— die Grundstruktur
— die Farbskalen und Mischungen
— die Ausarbeitung des Werkes
— die Abschlußarbeiten.

Wir wollen diese Punkte nun im einzelnen untersuchen.

1. Die Arbeitsweise

Serra arbeitet an acht oder neun Bildern zugleich. Er beginnt mit einer Leinwand, stellt sie beiseite und beginnt mit einer zweiten, arbeitet an ihr zwei oder drei Sitzungen, hält dann inne, nimmt die Arbeit an der ersten wieder auf und stellt das Bild fertig. Diese originelle Arbeitsweise beruht auf einer Reihe von Überlegungen, die Serra wie folgt erklärt:

„Das ist ganz einfach: Auf diese Weise verhindere ich die Monotonie, die entstehen kann, wenn man ein Bild nach dem anderen malt. Arbeite ich dagegen an mehreren Werken gleichzeitig, habe ich Gelegenheit, die Bilder ‚reifen' zu lassen, sie zu bereichern und zu analysieren und sie jeweils wieder mit quasi neuen Augen zu betrachten. Ich habe einen größeren Abstand zu jedem Werk, kann es daher noch verbessern und erkennen, wo das Bild tatsächlich fertig ist und wo man noch irgend etwas hinzufügen oder zurücknehmen muß."

2. Die Grundstruktur des Bildes

Auch als Grundstruktur wendet Serra eine in allen Punkten absolut persönliche Technik an. Zu Beginn seiner Arbeit befaßt sich der Maler noch nicht mit der Farbe. Er widmet sich ausschließlich der Struktur und bestimmt die Volumen, die Wirkung von Licht und Schatten, die Kontraste etc. Mit einem Wort: er kümmert sich um die Form.

„Ja", sagt Serra, „ich möchte vor allem die Grundlage für die beleuchteten Flächen des Bildes festlegen. Dazu male ich mit Grautönen und Erdfarben. Die Tonwerte drücken die Formen aus. Anschließend kommen die Farben. Sie drängen sich von selbst auf, wenn die Zeichnung eindeutig ist. Weshalb sollte man von Anfang an die exakte Nuance, die präzise Farbe suchen, wenn man später beim Malen und Retuschieren sich doch von der Grundnuance entfernt?"

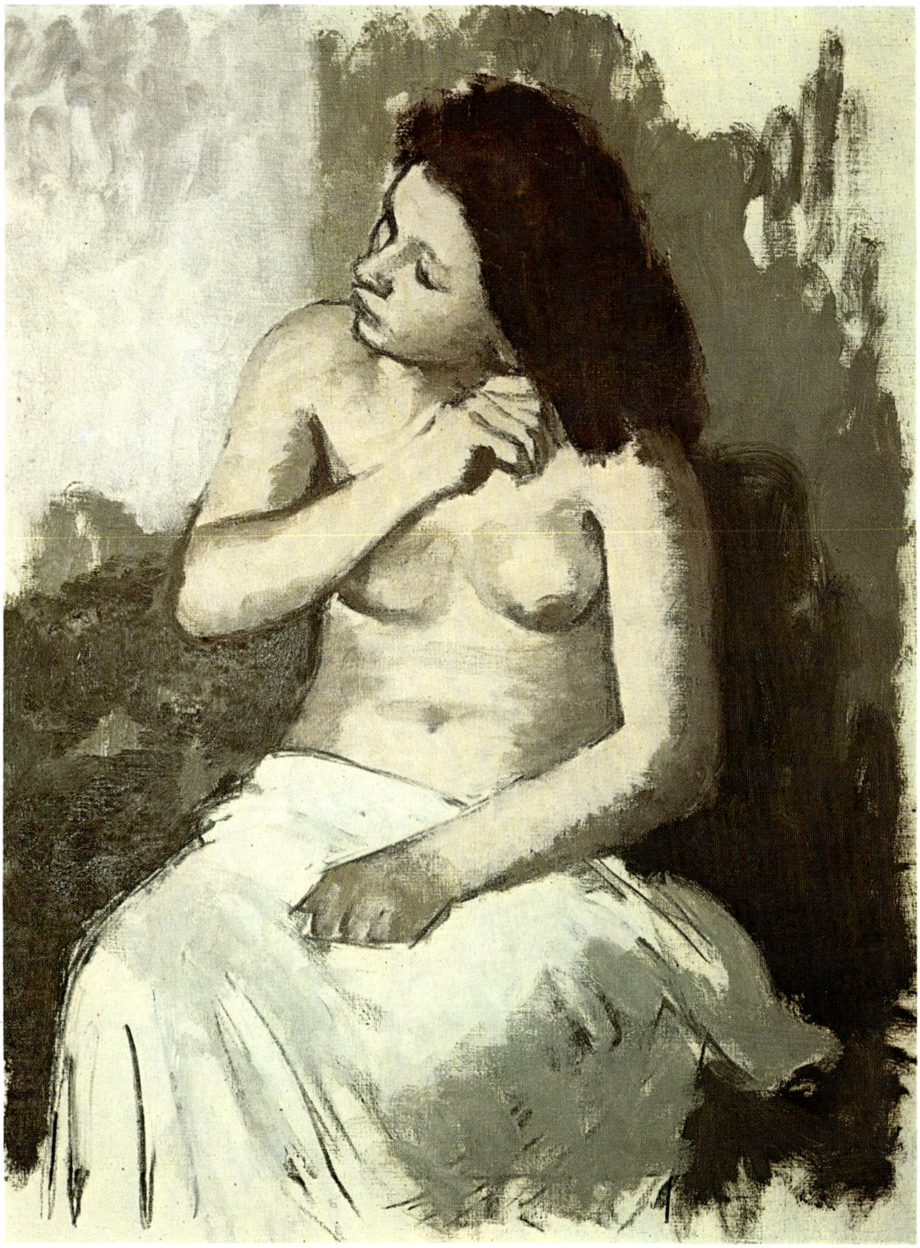

Abb. 79

Als Beispiel für diese Eingangstruktur betrachten Sie bitte auf den Abbildungen 79 und 80 die beiden Phasen des Bildes. Sie werden feststellen, daß sich die Grundfarbe auf Weiß, Schwarz und Grau beschränkt, denen Ocker

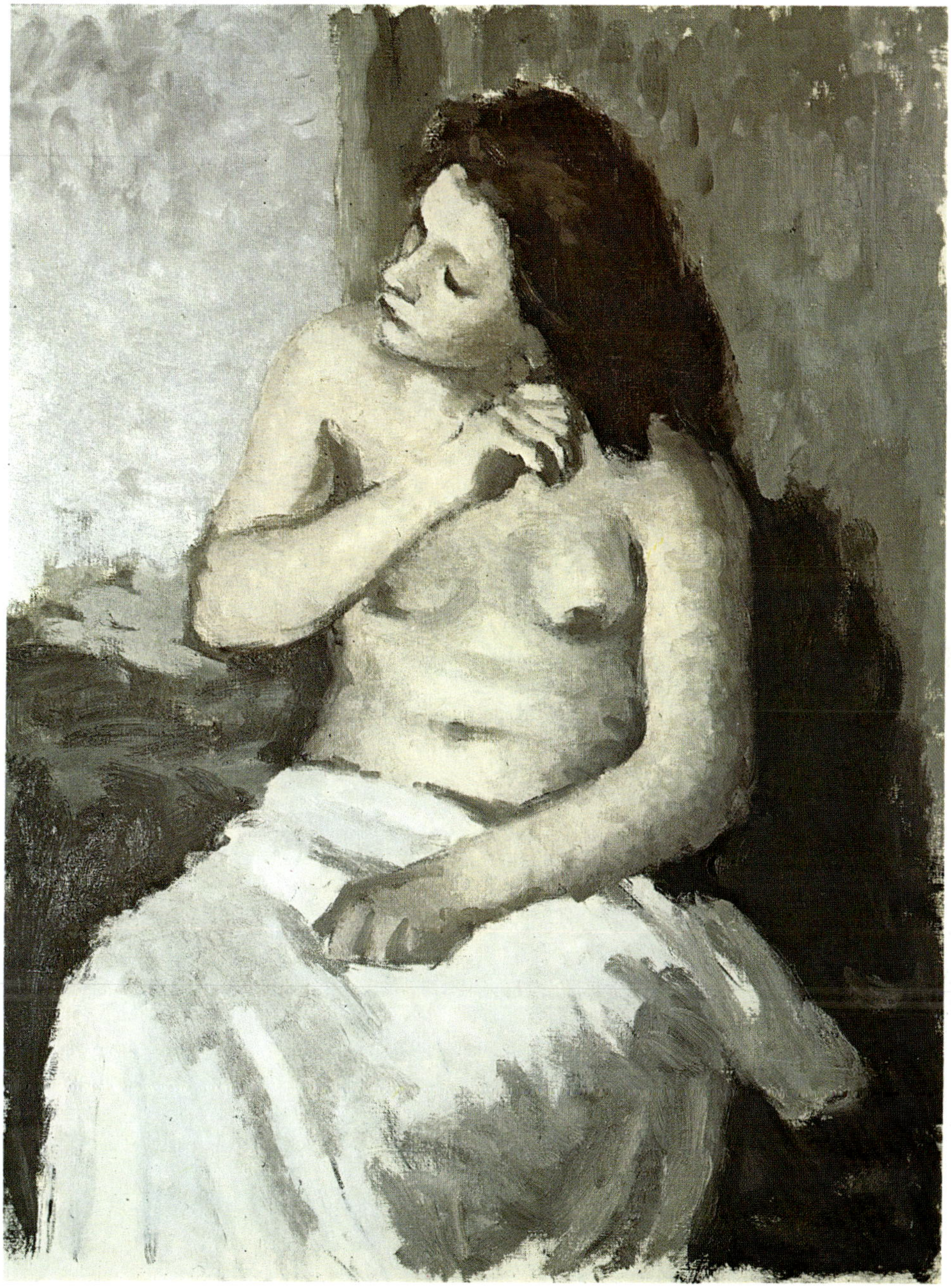

Abb. 80

und Siena beigemischt wurden. Sie bringen die Formen und Kontraste zur Geltung. Abbildung 81 zeigt eine spätere Phase, in der die Farbgebung schon fortgeschritten ist.

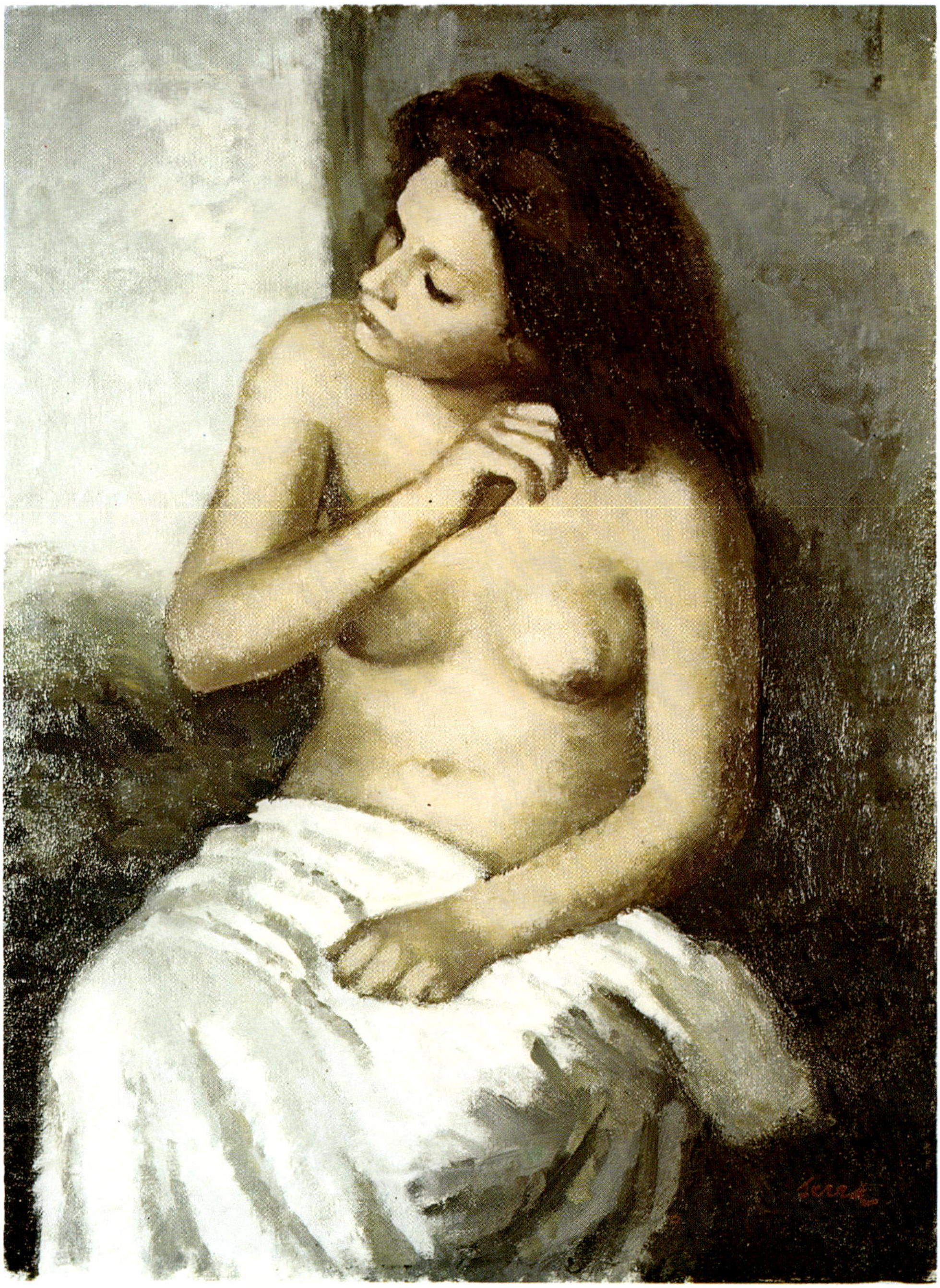

Abb. 81

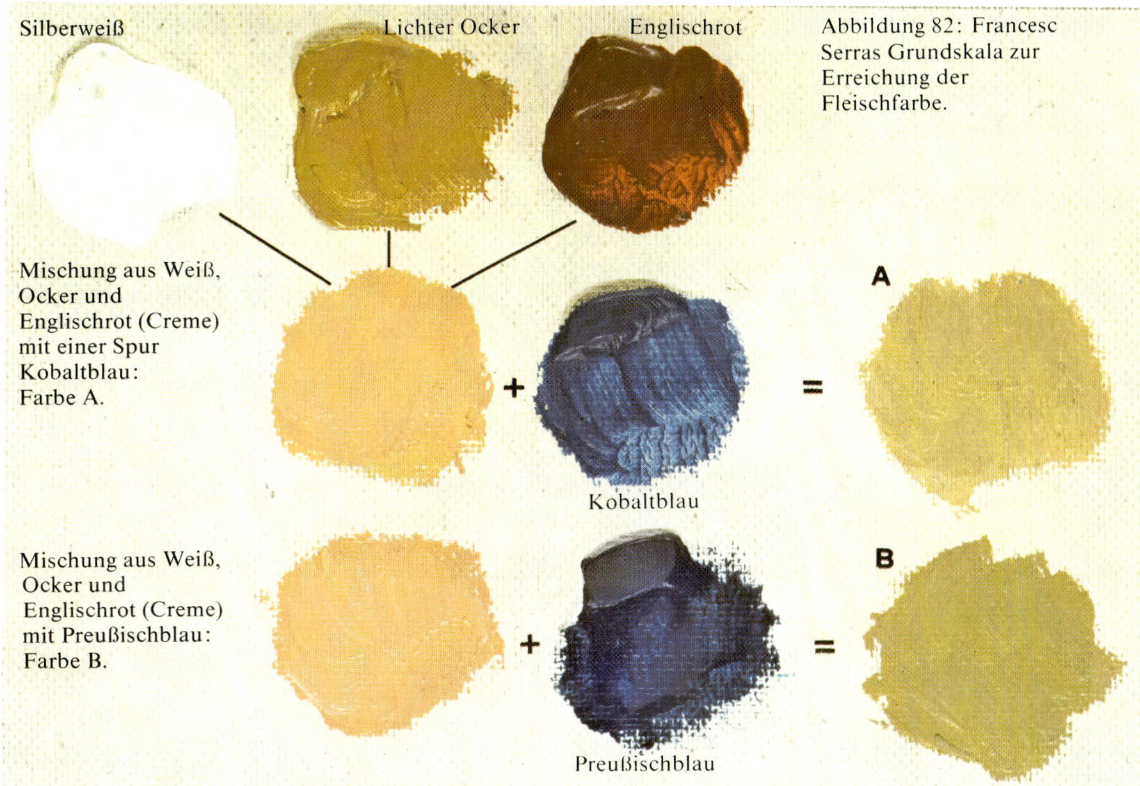

Abbildung 82: Francesc Serras Grundskala zur Erreichung der Fleischfarbe.

3. Die Farbskalen und Mischungen: die Fleischfarbe

Wir haben vorhin schon darauf hingewiesen, daß Serra normalerweise kein Gelb, Grün und Rot benutzt. Er bevorzugt graue Farbskalen, die er als „stumpf“ bezeichnet. Beide Präferenzen sind gut miteinander in Einklang zu bringen. Um die berühmte „Fleischfarbe“ zu erhalten, mischt Serra im wesentlichen Ocker und Weiß. Auf diese Weise erhält er einen Cremeton (Milchkaffee), der etwas Grau enthält. Anschließend fügt er etwas Englischrot und eine Spur Siena hinzu, was die Farbe „verschmutzt“ und sie „stumpfer“ macht. Zum Abschluß kommt etwas Blau hinzu. „Wissen Sie, in allen Naturfarben befindet sich auch Blau! Blau stumpft zu grelle Farben ab. Mit Kobaltblau erhält die Farbharmonie einen Graustich. Preußischblau führt zu einem brillanten, leuchtenden Grünblau. Es intensiviert die Farbgebung und bereichert die Töne“ (Abb. 82).

Und Serra fügt hinzu:

„Dieses Verfahren sollte man näher erklären. Von mir kann man sagen, daß ich eher ein mit Lichteffekten arbeitender Maler als ein Kolorist bin, denn die Form hat für mich eine größere Bedeutung als die Farbe. Ich benutze gern Weiß, Grau und Schwarz. Daraus ergibt sich die Form. Außerdem ist mein Stil ziemlich intim. Ich liebe gedämpftes Licht im Atelier, das Hell-Dunkel. Wichtiger als Farbkontraste sind mir Konstraste aus Licht und Schatten.

Manche Maler mögen wilde Harmonien mit einem Übermaß an Farbe nach dem Beispiel eines ganzen Symphonieorchesters. Um beim Vergleich zu bleiben: ich ziehe die Kammermusik mit nur fünf oder sechs Solisten vor."

4. Die Ausarbeitung des Werkes

Wenn Francesc Serra seine „Farbverdickungen" herstellt, bedeckt er seine Leinwand nacheinander mit mehreren, sich überlagernden Schichten, die zusammen eine dicke Schicht, eine Masse ergeben, die man beim Betrachten direkt zu tasten scheint. Serra verabscheut die leere, beinahe weiße Leinwand ohne dicken Farbauftrag; er legt die Schichten gern übereinander, damit er die Farbe mit dem Pinsel richtig spürt. Er fühlt sich nur wohl, wenn er mit einer großen Menge Farbe arbeiten kann. Er modelliert die Farben und Striche, stellt die Farben nebeneinander, trennt sie und reibt energisch auf dem klebrigen, beinahe trockenen Grund. Die Dicke des Materials ist für Serra von einer derartigen Bedeutung, daß er häufigt zu einer alten, bereits bemalten Leinwand greift, auf der er ein begonnenes Bild nicht vollendet hat. Nachdem er es geglättet hat, malt er ein neues darüber.

5. Letzte Phase: die Abschlußarbeiten

„Das schwierigste ist, genau den Zeitpunkt zu erkennen, zu dem ein Bild abgeschlossen ist. Man sündigt immer wieder durch Übermaß."

Hat man ein Werk fast fertiggestellt, heißt es, besonders achtzugeben. Man muß es immer wieder betrachten, es bewerten, innehalten und es ruhen lassen, sobald irgendwelche Zweifel auftauchen. Noch besser ist es, wenn man es ein paar Tage überhaupt nicht mehr anschaut, es später mit ausgeruhtem Geist wieder in Angriff nimmt und erst in diesem Augenblick die endgültige Entscheidung fällt.

Abbildung 83 faßt Serras Lektion über die Ausarbeitung des Werkes, die Farbmischungen, die Nuancen der Fleischfarbe und die Farbschichten noch einmal zusammen.

Abb. 83

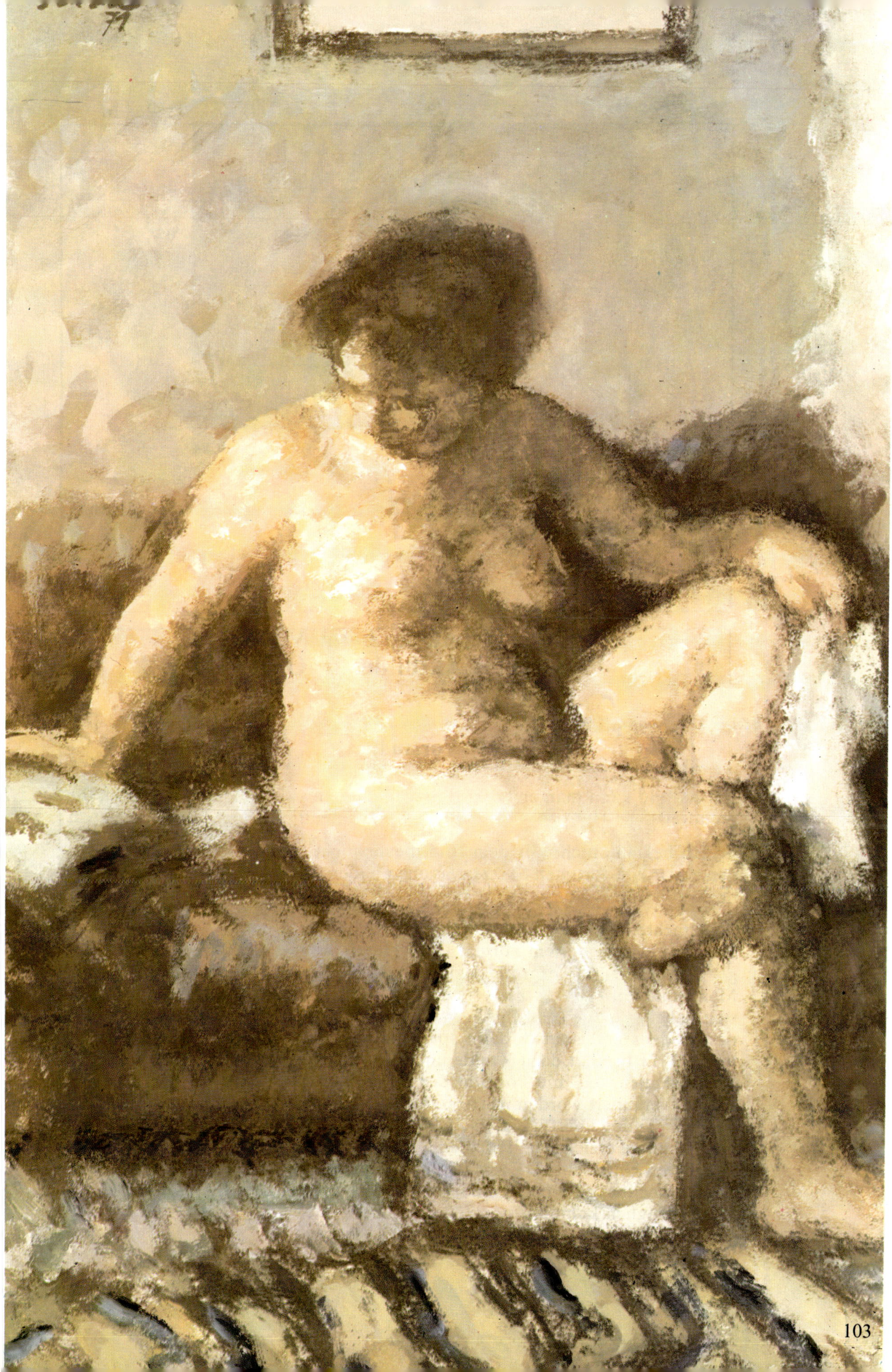

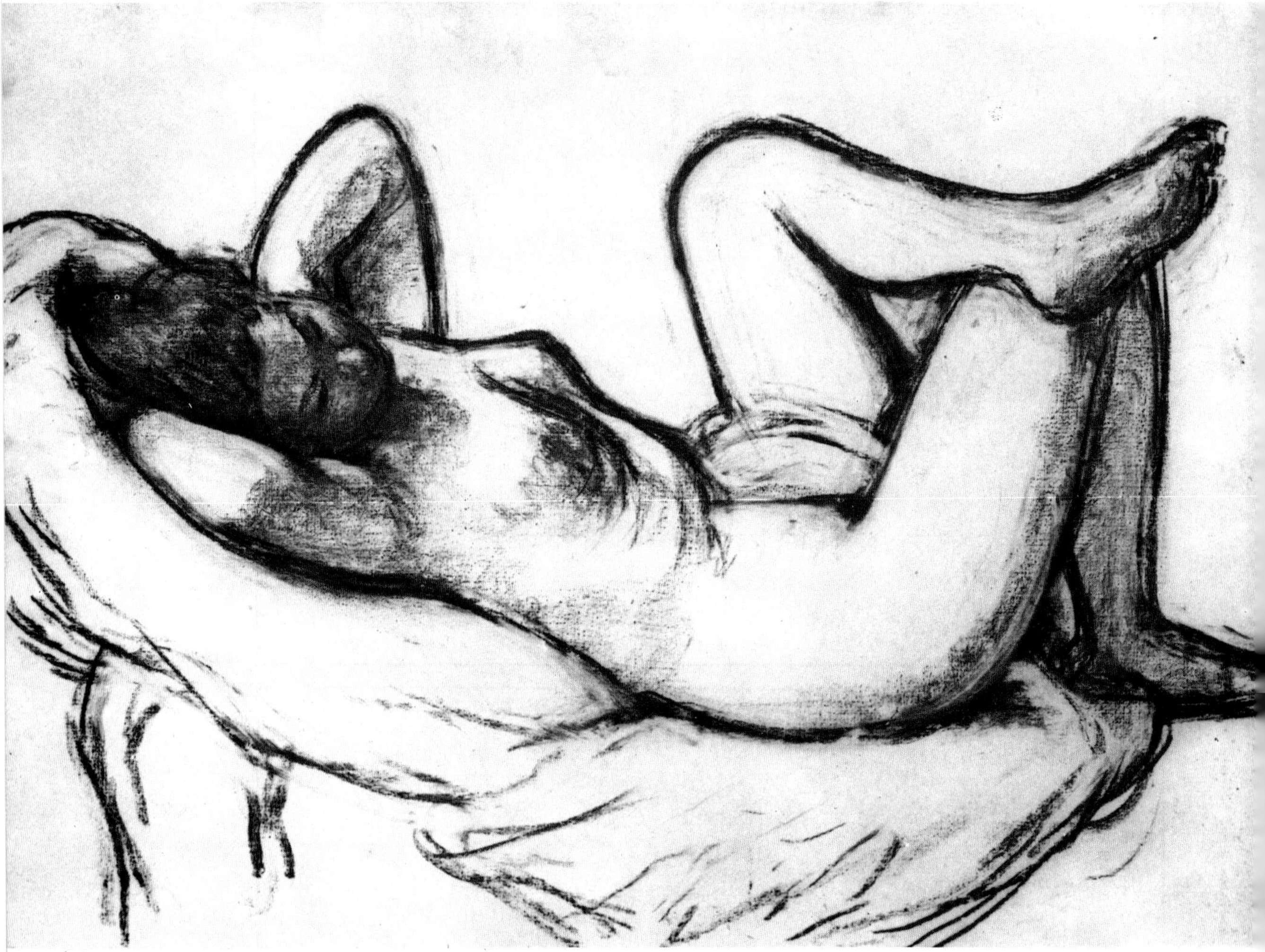

Abb. 87

Abbildung 87: Erstes Stadium – der Aufbau

Das Bild soll auf einem Keilrahmen der internationalen Standardgröße Nr. 25 (81 × 65 cm) gemalt werden. Serra setzt sich mit der Skizze an seiner Seite vor sein Modell. Er betrachtet es gut zehn Minuten mit halbgeschlossenen Augen. Dann wendet er sich seinen Aufzeichnungen zu und beginnt zu zeichnen. Zunächst legt er mit weiten Armbewegungen, ohne sehr präzise Striche zu ziehen, die großen Linien des Körpers fest. Dabei beschränkt er sich ausschließlich auf die gewünschte Höhe und Breite. Mit einem feineren Strich skizziert er anschließend den linken Arm, das Oval des Gesichtes, die Lage des rechten Arms, den Rücken, die Gesäßbacken und den rechten Schenkel. Dann wandert sein Stift nach oben. Er zeichnet den linken Schenkel und die linke Wade sowie die Umrisse der rechten und der linken Brust. Nun legt er mit Zeichenkohle die Schattenzonen an. Zum Abschluß verstärkt er die gesamte Zeichnung mit einem entschlosseneren Strich und sichert dadurch den Aufbau ab.

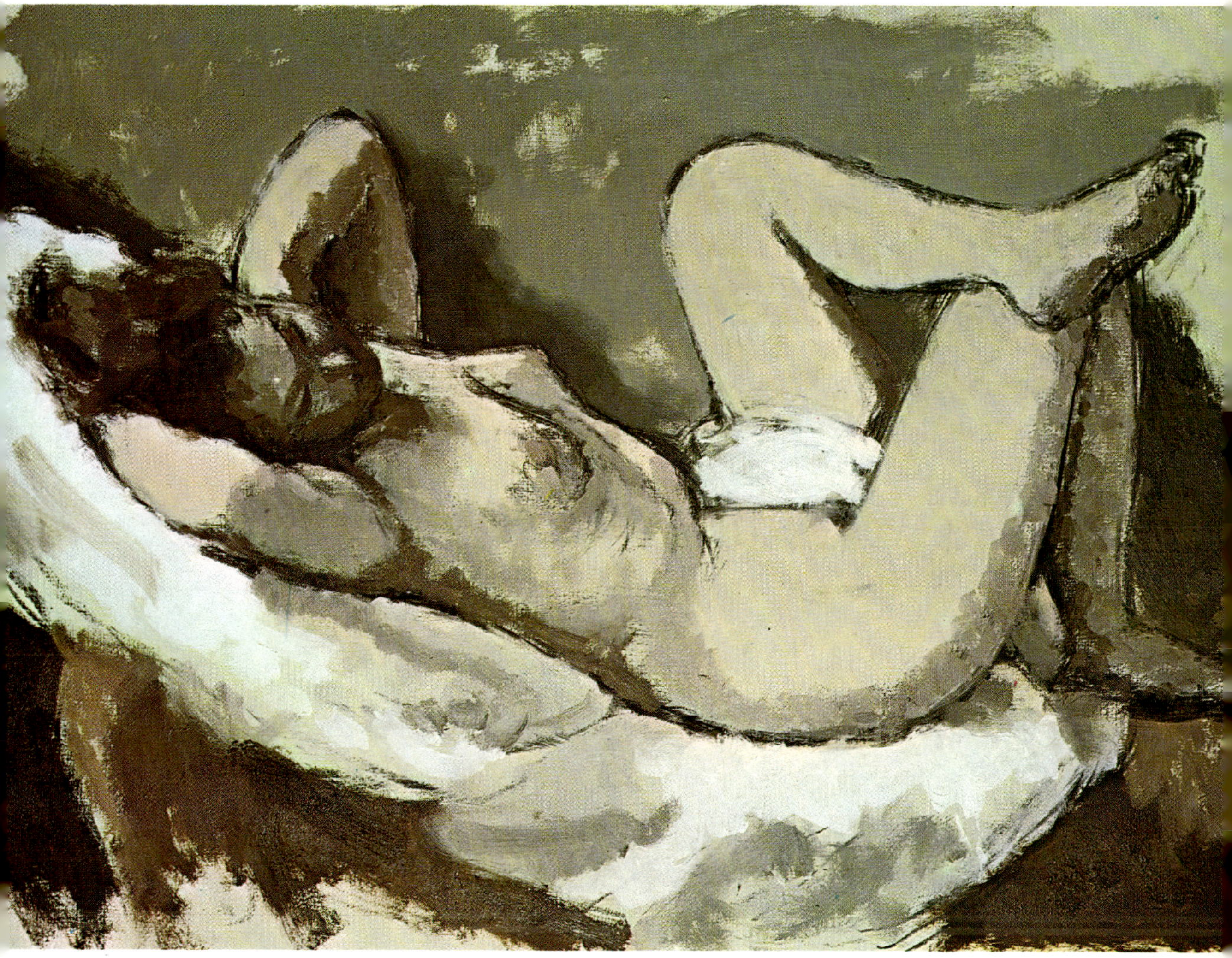

Abb. 88

Abbildung 88:
Zweites Stadium – der Aufbau in den Grundfarben

Zu Beginn des zweiten Stadiums mußt zunächst eine gründliche Analyse der Arbeit des Vortags erfolgen, damit gewisse Einzelheiten des Aufbaus, falls nötig, noch abgeändert werden können. Anschließend wird die Kohlezeichnung fixiert. Während das Fixativ trocknet, besetzt Serra seine Palette mit Farben. Wir haben bereits erfahren, daß er mit fünf Farben auskommt: Weiß, Schwarz, Siena, Lichter Ocker und Siena gebrannt. Es handelt sich also um eine begrenzte Farbskala, die jedoch voll und ganz ausreicht, um die Grautöne zu malen und die Formen weiter herauszuarbeiten, ohne sich besonders um die Farbe kümmern zu müssen. Serra arbeitet mit breiten Pinseln, die die Leinwand sehr schnell bedecken. Er beginnt mit der Anlage des Hintergrunds und fährt dann mit dem Körper, der Drapierung und dem unteren Viertel des

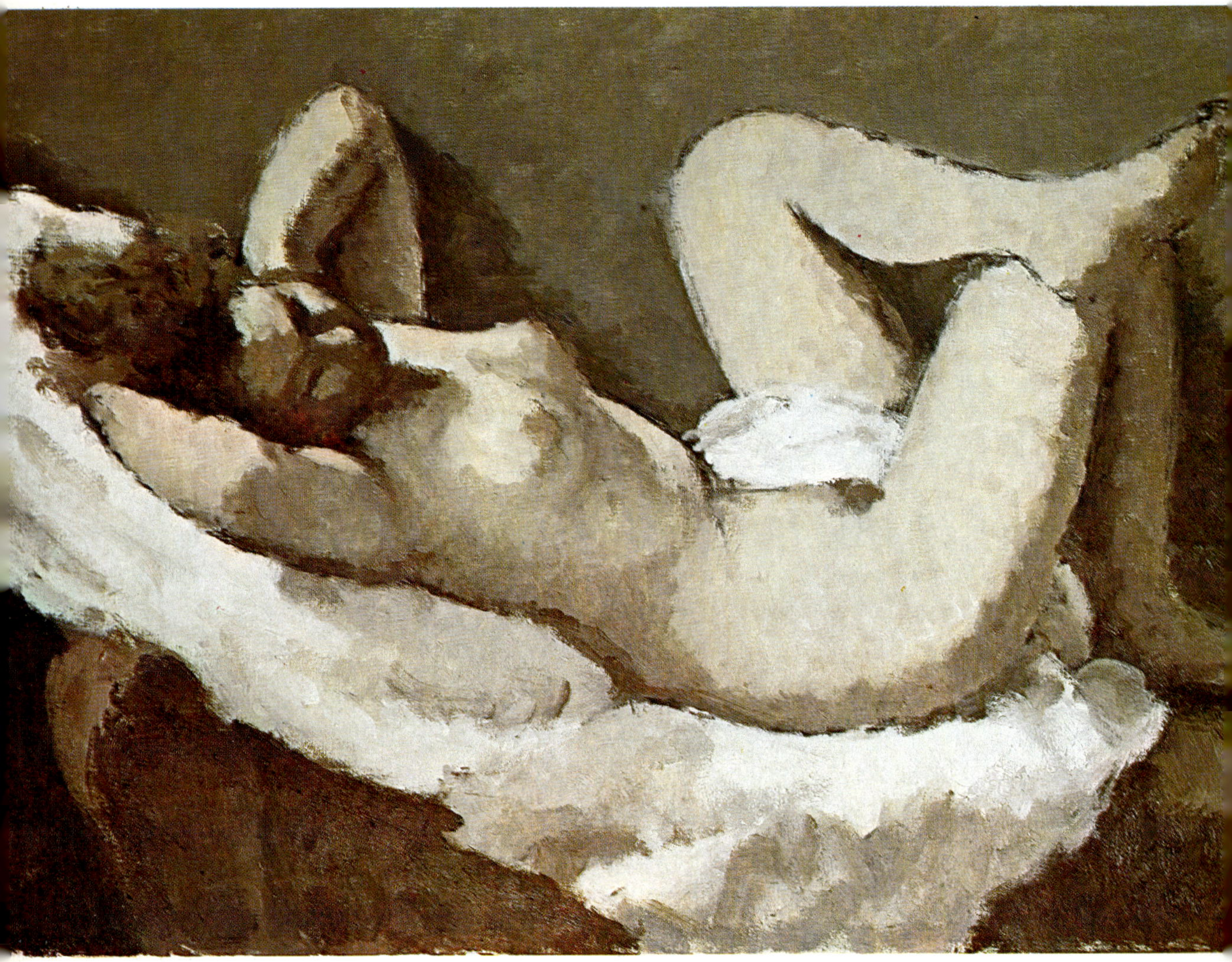

Abb. 89

Bildes fort. Die Farbschicht des Hintergrunds ist nicht ganz so dick wie die des Körpers. Man beachte, daß Serra während dieser zweiten Arbeitsphase (und auch in den folgenden) niemals von der dichten Linienführung der Zeichenkohle abweicht, also bemüht ist, sich nicht von seinem ursprünglichen Konzept zu entfernen.

Abbildung 89: Drittes Stadium – Studium der Tonwerte und der Volumen mit Hilfe der Grundfarben

Abbildung 89 zeigt, daß sich Serra selbst in diesem fortgeschrittenen Stadium noch auf die Grundfarben auf seiner Palette beschränkt. Er setzt seine Mischungen aus Ocker und Grau mit dem einzigen Ziel ein, einen so sicheren Aufbau wie möglich zu erhalten.

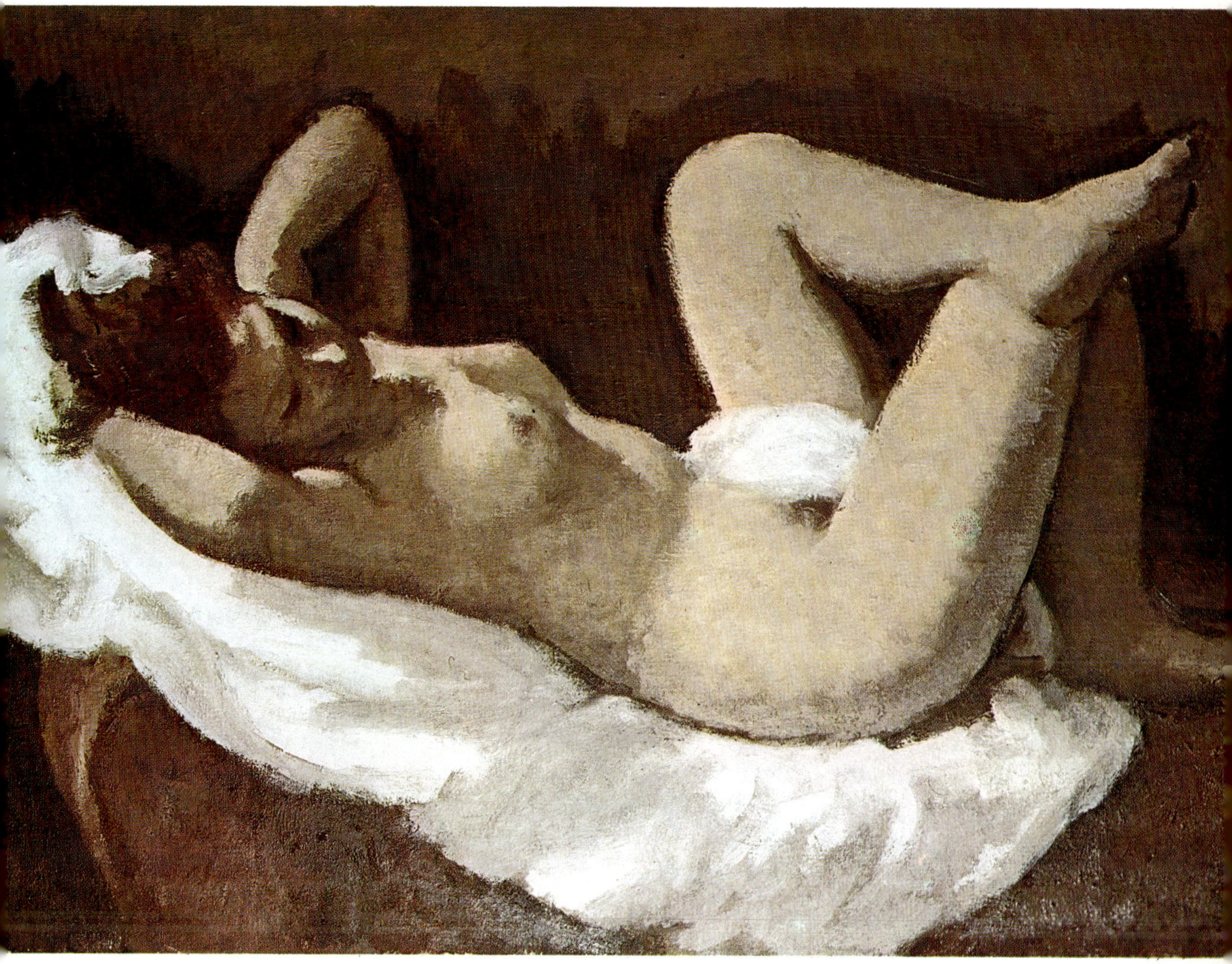

Abb. 90

Abbildung 90: Viertes Stadium – allgemeine Farbstudie

Nach einigen Tagen nimmt Serra die Arbeit an seinem Werk wieder auf. Er will jetzt malen und dabei das Bild anreichern und ausarbeiten. Jetzt endlich befaßt er sich mit den Problemen der Farbe, behält jedoch weiterhin die formelle Seite seines Bildes im Auge, indem er die Kontraste von Licht und Schatten betont. Der Hintergrund ist jetzt dunkler als die schattigsten Stellen des Körpers, also die Arme, der Kopf und das rechte Bein.

Serras Ratschläge für einen Hobbymaler

Springen Sie Hals über Kopf, ohne lange nachzudenken, ins kalte Wasser. Stürzen Sie sich mit dem Kopf nach vorn mit einem Satz hinein, als handle es sich um ein abenteuerliches Spiel.

Betrachten Sie Ihr Modell und Ihr Werk mit halbgeschlossenen Augen und halten Sie sich dabei besonders an den architektonischen Aufbau. Beachten Sie die Farbblöcke.

Halten Sie sich grundsätzlich an eine sorgfältige Zeichnung. Vernachlässigen Sie die Zeichnung niemals zugunsten der Farbe. Legen Sie das größtmögliche Gewicht auf die Form. Halten Sie die Maße, die Hauptlinien und die wesentlichen Nuancen präzise fest.

Lassen Sie Einzelheiten fort, vor allem in den Schatten. Schematisieren Sie auch die Nuancen, die Abstufungen und die Halbtöne. Lassen Sie nebeneinanderstehende Farben verschmelzen.

Beginnen Sie mit einem Minimum an Farbe. Corot begann jeweils mit Schwarz, Weiß und den Erdfarben. Der Hintergrund sollte stets leicht und nicht zu farbig angelegt werden. Man nimmt für ihn die dicken Pinsel.

Benutzen Sie für die erste Sitzung große Pinsel, und verdünnen Sie die gut gemischten Farben mit Terpentinersatz. Malen Sie erst mit dickeren Farben, wenn Sie eine genaue Vorstellung von dem Bild haben und es sich schon in einem fortgeschritteneren Stadium befindet.

Kritzeln Sie nicht mit dem Pinsel herum, sondern lassen Sie ihn so natürlich wie möglich über die Leinwand wandern.

Überarbeiten Sie Ihr Werk unablässig mit derselben Spontaneität und derselben Gesamtsicht des Ganzen wie zu Beginn Ihrer Arbeit.

Verteilen Sie die Spitzlichter mit kleinen, verstreuten, aber nicht zu gleichmäßigen Strichen, wenn die Farbe bereits gut verteilt ist.

Schaffen Sie einige „geheimnisvolle“ Stellen in Ihrem Bild, und betonen Sie diese. Gewisse Partien darf man nicht zu konkret ausdrücken, sondern sollte sie, im Gegenteil, verschmelzen lassen.

Erreichen Sie das erwünschte Resultat nicht, halten Sie inne und machen Sie eine Pause. Überlegen Sie ganz nüchtern: „Ich habe etwas falsch gemacht. Irgend etwas fehlt.“ Analysieren Sie die Struktur Ihrer Zeichnung, die Anlage des Lichtes und der Farben.

Sind Sie trotz allem immer noch unzufrieden, empfiehlt sich manchmal ein verwegener chirurgischer Eingriff. Dann gibt es nur zwei Möglichkeiten: Entweder ist Ihr Bild anschließend restlos verdorben, oder Sie haben es gerettet.

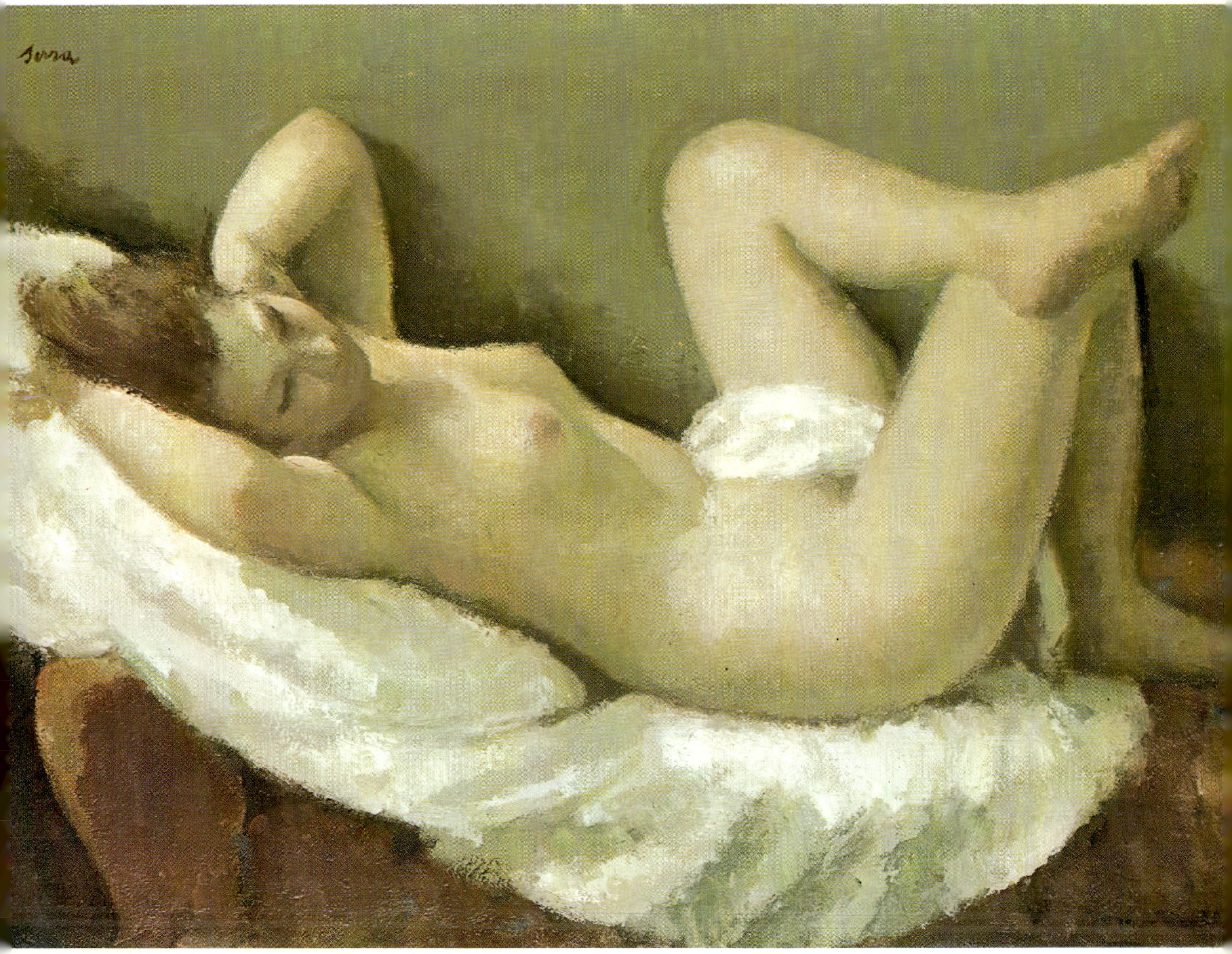

Abb. 91

Abbildung 91: Fünftes und letztes Stadium – Anlage der Farben und Nuancen

Serra widmet dieser Phase seines Werkes mehr Zeit als allen vorigen. In diesem Stadium läßt er das Bild zwischendurch immer wieder ruhen. Er arbeitet die Details aus und retuschiert sein Werk, bis er voll und ganz zufrieden ist. Das Studium der Farbe ist jetzt beendet. Alle Nuancen und Transparenzen der Fleischfarbe sind vorhanden. Was auf der vorigen Abbildung (Abb. 90) noch eine Zeichnung gewesen ist, hat sich jetzt in ein wunderbares Gemälde verwandelt. Vergleicht man die vierte und die fünfte Phase miteinander, erkennt man die Reibungen, die Verdickungen und die helleren Farben, die im Hintergrund, am Kopf und in den Schattenzonen der Arme, der Ober- und Unterschenkel sowie an den Füßen auf die dunkleren Farben aufgetragen wurden.

Wir können uns lebhaft vorstellen, wie Francesc Serra völlig in seine Arbeit versunken ist und beim Malen immer langsamer wird, während sein Blick zwischen dem Modell und seinem Werk hin und her wandert. Er retuschiert hier eine Stelle, intensiviert dort eine Schattenzone und hellt eine beleuchtete Stelle noch stärker auf. Er hält inne und malt weiter, ständig von Zweifeln und Sorgen geplagt.

Folgendes sagt er uns zum Abschluß:

„Man muß das eigene Werk stets mit größter Objektivität betrachten. Es darf keinesfalls durch die Leidenschaft, zu der sich der Maler bei seiner Arbeit hinreißen läßt, verdorben werden. Nur dann ist man in der Lage, sein Bild zum rechten Zeitpunkt zu beenden."

Selbst porträtieren

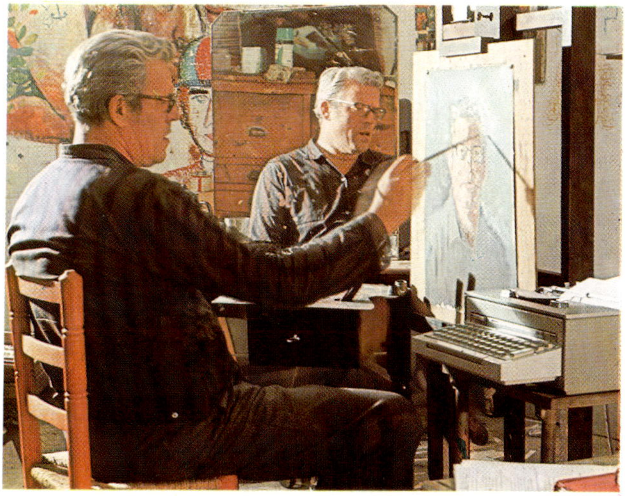

Selbst porträtieren

José M. Parramón

Aus dem Französischen übertragen
von Christa L. Cordes

Titel der Originalausgabe: „El autorretrato“
Aus dem Französischen übertragen von Christa L. Cordes

Inhaltsverzeichnis

Drei berühmte Selbstporträts aus den letzten Lebensjahren von Vincent van Gogh (1888–1890). Man nimmt an, daß das dritte, hier in Farbe abgebildete Selbstporträt van Goghs letztes Werk war. Es wird als eines seiner besten Gemälde betrachtet.

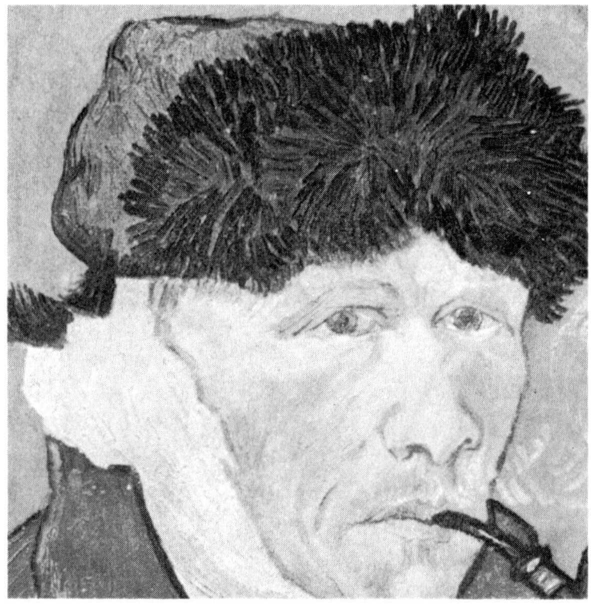

Abb. 1

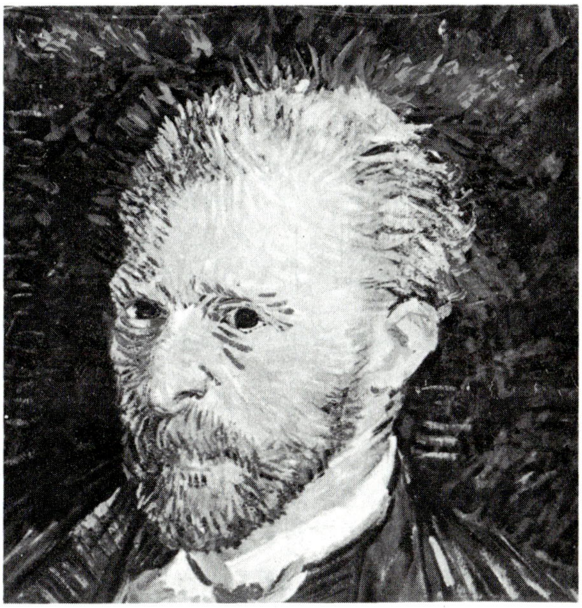

Abb. 2

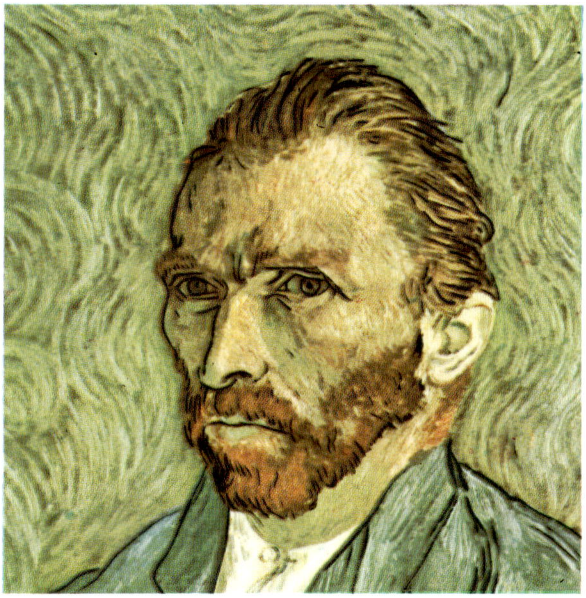

Abb. 3

Drei berühmte Selbstporträts von Vincent van Gogh

„Du sprichst von der Leere, die Du empfindest.
Bei mir ist es genauso.
Theo, die ganze Vereinsamung und die Armut,
die mich umgibt, all das Unverständnis und
all diese Beleidigungen machen mich verrückt."

Vincent van Gogh an seinen Bruder Theo eineinhalb Jahre vor seinem Selbstmord.
Arles, 1888.

Es war der 23. Dezember 1888.

Paul Gauguin und Vincent van Gogh lebten und malten seit zwei Monaten gemeinsam in Arles in der Provence. Wie an so vielen Tagen redeten sie auch heute über die Malerei. Diesmal, am Vorabend von Weihnachten, wurde die Diskussion jedoch ungewöhnlich heftig. Van Gogh verteidigte den Pointillismus, während Gauguin diese extravagante Malweise ablehnte. Da holte van Gogh sein letztes Selbstporträt, das bis zu einem gewissen Grad in diesem Stil gemalt war. Er stellte es vor Gauguin, doch dieser ließ ihm keine Zeit, etwas dazu zu sagen.

„Dieses Selbstporträt gehört auf den Müll! Es ist völlig verrückt!“ rief Gauguin aus.

Die Krise erreichte ihren Höhepunkt.

Van Gogh stürzte sich mit einer Rasierklinge in der Hand auf Gauguin. Gauguin konnte ihn jedoch leicht überwältigen und hob ihn auf sein Bett. Noch in derselben Nacht lief van Gogh nach einem weiteren Tobsuchtsanfall in sein Atelier und trennte sich mit einem einzigen Schnitt unmittelbar am Schädel das linke Ohr ab – „Um mich selbst zu bestrafen“, wie er erklärte. Anschließend packte er das Ohr sorgfältig ein und schickte es an ein junges Mädchen aus dem Dorf.

Er hatte den Verstand verloren.

Drei Tage nach diesem Ereignis setzte sich van Gogh, den Kopf noch verbunden, vor einen Spiegel und malte eines seiner berühmtesten Selbstporträts.

Im Mai 1889 begann van Gogh's letzter Lebensabschnitt. Er war gerade 36 Jahre alt. Er wurde in die psychiatrische Anstalt von Saint-Rémy aufgenommen. Van Gogh war krank. Doch in seinen klaren Momenten wurde er zu einem der größten Künstler aller Zeiten. Er malte fieberhaft und verzweifelt – mehr als 150 Bilder in einem einzigen Jahr – in einer Art und Weise und mit Farben, die niemals übertroffen werden sollten.

In dieser Ausnahmesituation malte van Gogh auch sein letztes Selbstporträt – „das Meisterwerk seines Lebens“ –, um Germain Bazin, den Direktor und ehemaligen Konservator des Louvre zu zitieren. Es ist jenes Selbstporträt, das auf dem Einband dieses Buches abgebildet ist, und das letzte einer Serie von zweiundzwanzig Porträts, die er im Laufe seines kurzen, bewegten Lebens anfertigte.

Van Gogh starb an einem sonnendurchfluteten Sonntag im Juli 1890 inmitten eines goldenen Weizenfeldes, das er noch wenige Tage zuvor gemalt hatte. Er wurde 37 Jahre alt. Er beging Selbstmord, indem er sich eine Revolverkugel in die Brust schoß.

Abb. 4

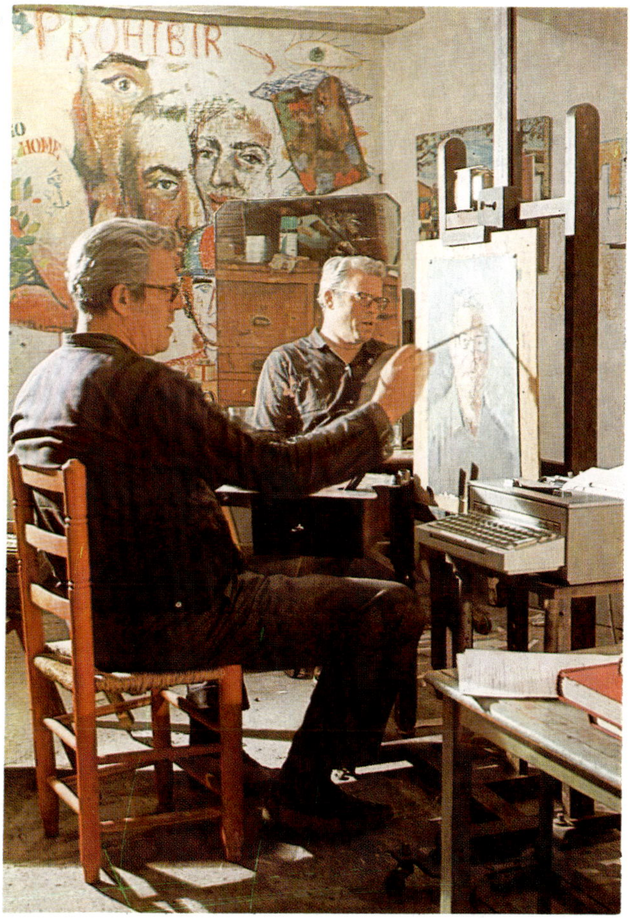

Einführung in das Thema

Soweit mir bekannt, hat bis heute noch niemand ein Buch über die Kunst des Malens eines Selbstporträts verfaßt.

Trotzdem kann es keinen Zweifel geben, daß es sich um ein häufiges Thema handelt; ich würde sogar sagen, es ist beinahe eine Pflichtübung für jeden, der sich Künstler nennen will. Es gibt in der Tat keinen Zeichner oder Maler, der nicht ein, zwei oder mehrere Male sein eigenes Porträt angefertigt hätte. Manchmal wurde daraus – wie bei van Gogh – weit mehr als eine Studie, nämlich ein außergewöhnliches Selbstporträt. Künstler, die nie oder fast nie ein Gesicht dargestellt haben, Spezialisten für die Landschaftsmalerei wie Pissarro, Utrillo und Palencia, Abstrakte wie Tapies oder Miro und selbst Bildhauer wie Rodin und Moore haben sich eines Tages gleichfalls vor den Spiegel gesetzt und ihr Porträt gezeichnet oder gemalt.

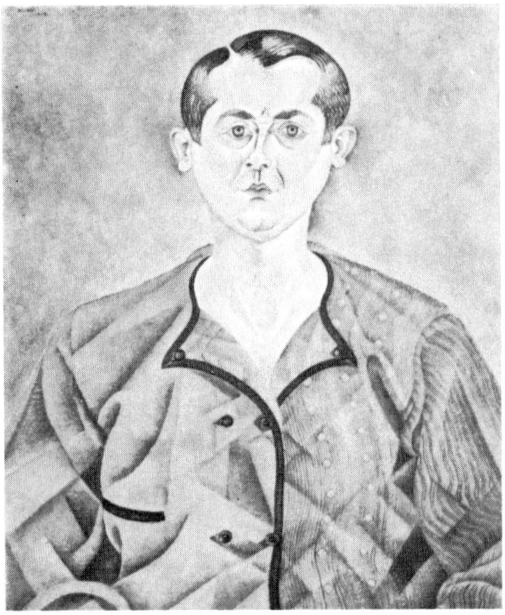

Abb. 5

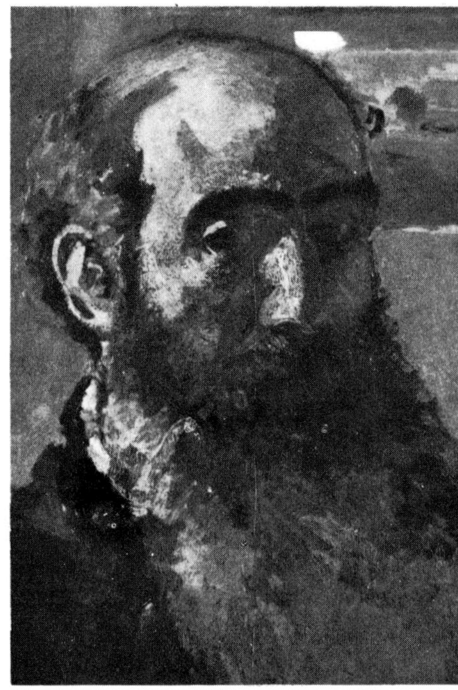

Abb. 6

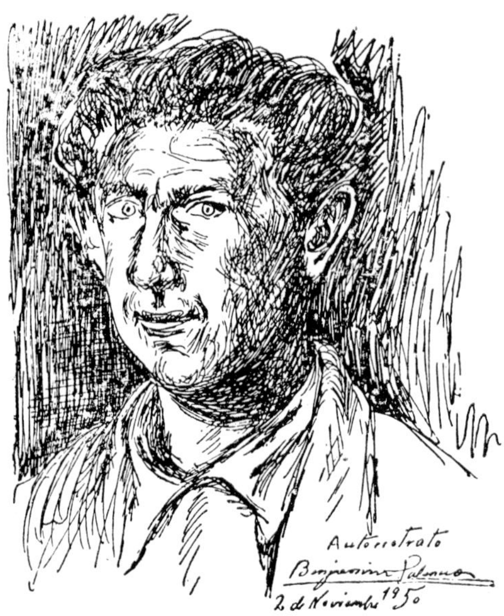

Abb. 7

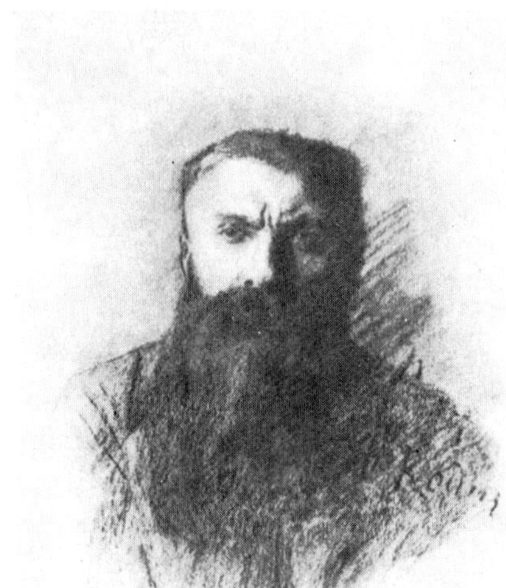

Abb. 8

Selbstporträt des abstrakten Malers Miro, des Landschaftsmalers Pissarro, des Landschaftsmalers Benjamin Palencia und des Bildhauers Rodin.

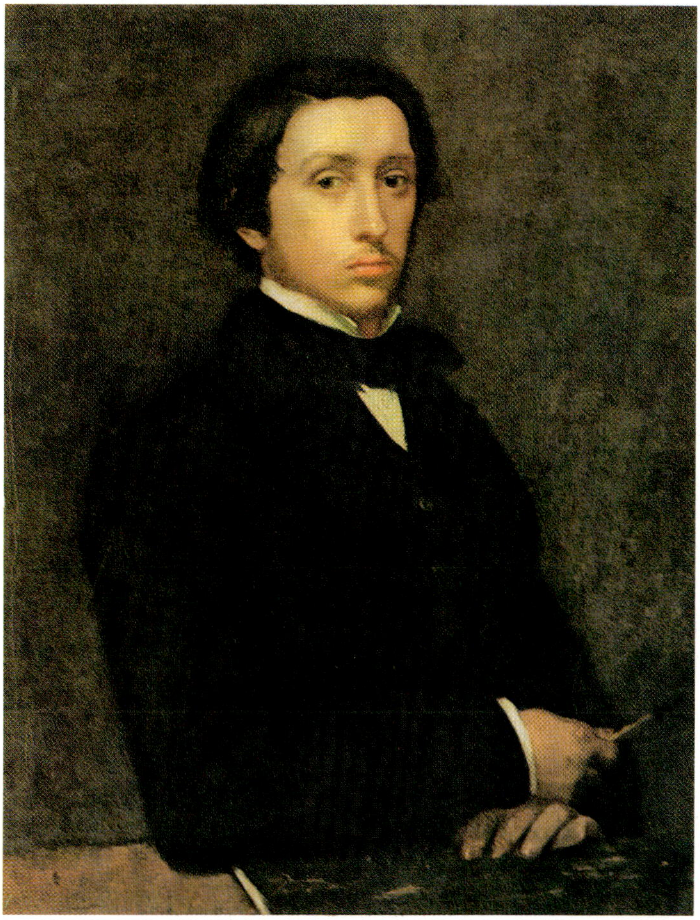

Abb. 11

Das Selbstporträt von Edgar Degas

Degas wurde 1834 in Paris als Sohn einer reichen Bankiersfamilie geboren. Mit 18 Jahren brach er sein Jurastudium ab, mit 20 Jahren zeichnete und malte er den ganzen Tag – „ich bin geboren um zu malen“ – und hörte nur auf, um in den Louvre zu gehen und die Porträts von Ingres zu betrachten, seinem damaligen Lieblingsmaler.

Edgar Degas starb allein und beinahe blind im Alter von 83 Jahren. Aufgrund seiner Vorliebe für Zeichnungen und Gemälden von Gesichtern – Tänzerinnen, Frauenakten, die Welt des Theaters und der Musikhallen, die Stimmung beim Ballett und im Zirkus – malte er sehr häufig sein Selbstporträt. Dafür posierte er vor einem Spiegel und studierte die Positionen, die Gesichtswinkel und die optischen Verkürzungen.

Degas malte dieses Selbstporträt (Abb. 11) 1855 im Alter von 21 Jahren. Zu jener Zeit war er mit Manet befreundet. Die beiden Männer entdeckten die japanische Kunst, die ihnen neue Methoden und ein Kompositionsprinzip aufzeigte, durch die das Gemälde nach und nach eine Verwandlung erfuhr: es erreichte die Tiefenwirkung des Hauptmotivs nun aufgrund einer maximalen Synthese der anderen Bildelemente.

Um diesen Gedanken besser zu verstehen, lassen Sie uns zunächst festhalten, worin das Hauptmotiv eines Selbstporträts besteht: Es handelt sich eindeutig um den Kopf und das Gesicht.

Vergleichen wir jetzt Dürers Selbstporträt mit dem von Degas. Wir erkennen, daß das Interessenzentrum oder Hauptmotiv in Dürers Gemälde – der Kopf und das Gesicht – durch die Linienführung jener Kordel, die quer über den Ausschnitt verläuft, den Kontrast der Formen und Farben in der Kleidung, den schwarzen Rand auf dem weißen Tuch sowie die absolut perfekt gemalten behandschuhten Hände „Konkurrenz bekommt“ und ausgeglichen wird. Denn natürlich spricht diese Perfektion an und erregt unsere Aufmerksamkeit.

Beim Selbstporträt von Degas ist der Hintergrund dagegen neutral, der Anzug ist dunkel, ja beinahe formlos und ohne Falten, die Hände sind fast im Halbschatten verborgen . . . Nur das Gesicht ist beleuchtet. Es besitzt Volumen und Farbe und bildet das Interessenzentrum des Gemäldes.

Abb. 12

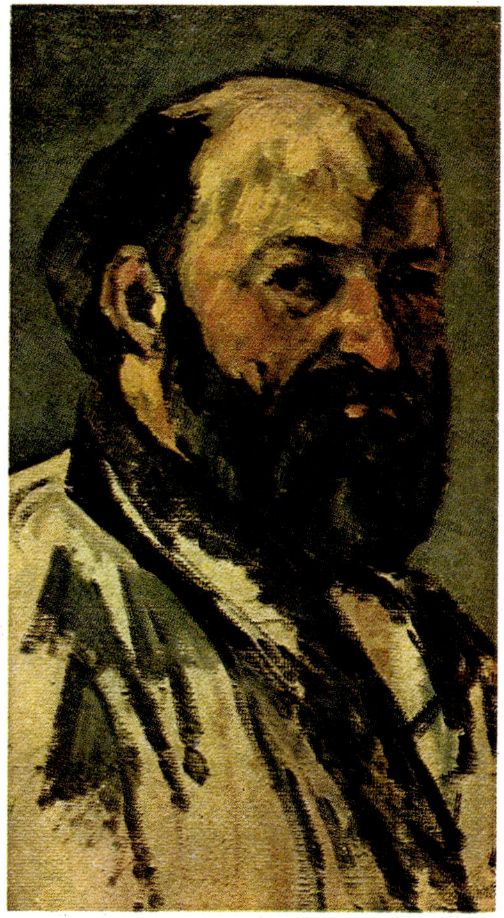

Das Selbstporträt von Paul Cézanne

Paul Cézanne wurde 1839 in Aix-en-Provence geboren. Er ging nach Paris und schloß sich der Gruppe der Impressionisten an: Manet, Monet, Pissarro, Renoir, Sisley, Degas, Guillaumin... Das oben abgebildete Selbstporträt (Abb. 12) malte der Künstler im Alter von 41 Jahren. Seine Technik, seine Farbgebung und selbst das Format – eine winzige Leinwand von 15 cm Breite und 26 cm Höhe – beweisen eindeutig, daß Cézanne bei dieser Gelegenheit (und beinahe jedesmal, wenn er sich selbst darstellte) kein Selbstporträt im eigentlichen Sinne herstellen wollte, sondern eine Gesichtsstudie oder, besser ausgedrückt, eine Farbstudie, die er in absoluter Freiheit und mit maximaler Kraft auf der Leinwand anfertigte: Sie ist sehr überlegt, um eine größtmögliche Synthese in der Ausführung in einem breiten, nüchternen, energischen, gewagten, ja verwegenen Strich zu erhalten. Betrachten Sie dieses Selbstporträt bitte ebenfalls als gutes Beispiel dafür, was Sie unternehmen müssen, um Ihr Selbstporträt herzustellen – mit anderen Worten: als Beispiel, das es wert ist, nachgeahmt zu werden. Es kann gleichzeitig Ziel und Ausgangspunkt sein.

Abb. 13

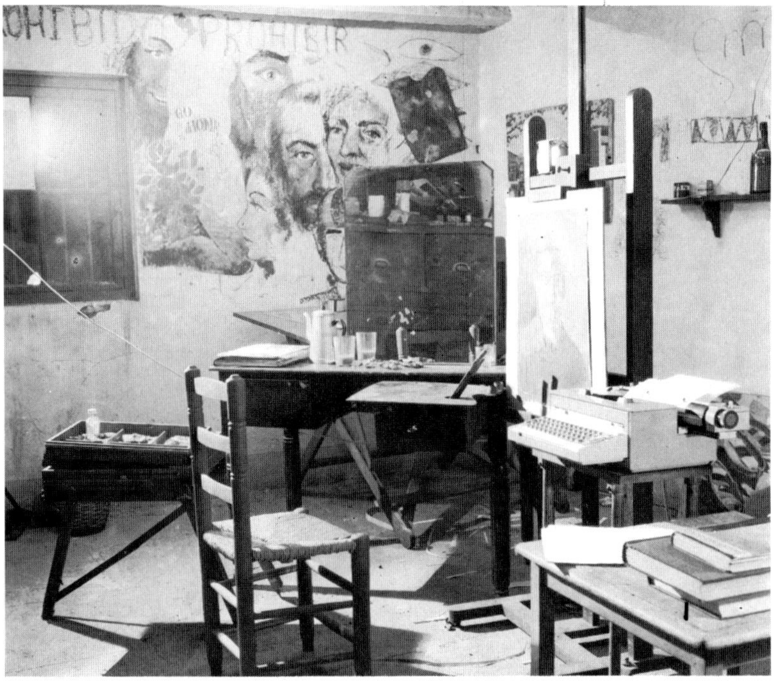

Das Selbstporträt

Und jetzt ohne weitere Vorrede oder Abschweifung an die Arbeit.

Zunächst benötigen wir einen Tisch normaler Größe, einen verhältnismäßig großen Spiegel, ein Zeichenbrett und eine Malerstaffelei, normalerweise als Studiostaffelei bezeichnet. Mit ihr arbeiten wir, wenn wir zur Farbe übergehen. Falls Sie abends arbeiten wollen oder müssen, brauchen Sie darüber hinaus eine schwenkbare Tisch- oder Bürolampe mit einer 100 W-Birne.

Der Tisch in meinem Atelier mißt 80 × 150 cm.
Die Größe des Spiegels beträgt 60 × 90 cm.
Mein Zeichenbrett ist 50 × 65 cm groß.
Die Zeichenbretter bestehen aus 4 bis 5 mm starkem Sperrholz, das durch einen Rahmen und ein Holzkreuz auf der Rückseite verstärkt wird. Sie finden sie in Künstlerbedarfsgeschäften.

Damit der Spiegel völlig senkrecht steht, habe ich ihn mit Eisendraht an einer alten Holzkiste befestigt, die auf meinem Arbeitstisch steht. Wie aus der Abbildung auf der gegenüberliegenden Seite hervorgeht, habe ich die Lampe so auf die Holzkiste und drei mehr oder weniger dicke Bücher gestellt, daß der Arm und der Schirm vor dem Spiegel liegen.

Man kann ein Selbstporträt mit Bleistift, Zeichenkohle, Rötelstift etc. herstellen und ebenso bei Kunst- wie bei Naturlicht arbeiten. Dazu braucht man sich nur vor einen Spiegel zu setzen, ein Zeichenbrett zu nehmen und eine Seite auf den Leib und die andere gegen den Rand eines Tisches zu stützen. Allerdings kann man auch mit einem senkrecht stehenden Zeichenbrett arbeiten, als handelte es sich um eine Studiostaffelei.

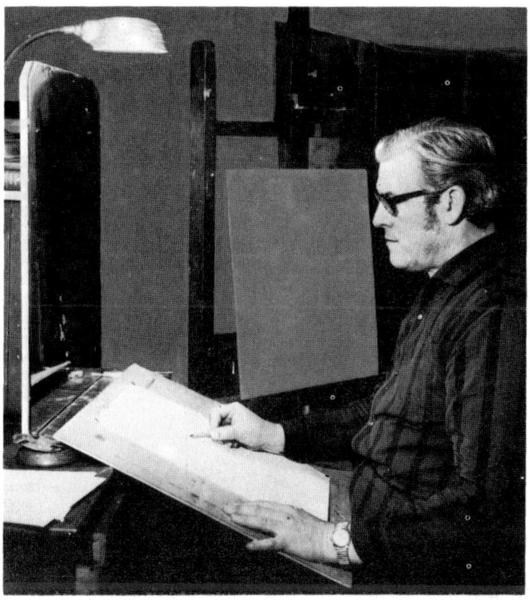

Abb. 14

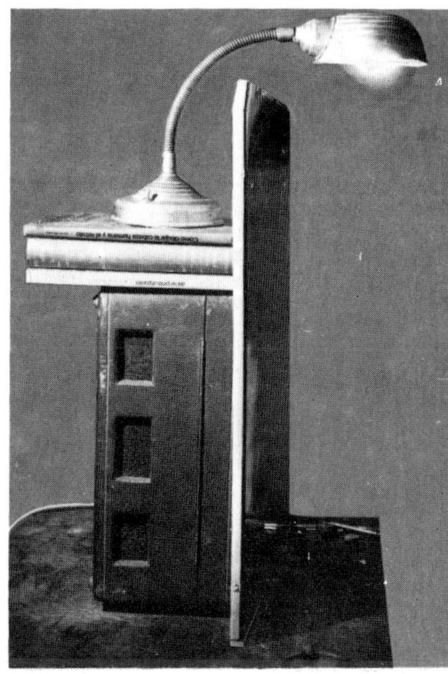

Abb. 14a

Setzen Sie sich an den Tisch, vor den Spiegel. Stützen Sie das Zeichenbrett so gegen den Tischrand und auf ihren Leib, wie Abbildung 14 es zeigt. Sie stellen fest, daß der Künstler während der Arbeit ziemlich aufrecht sitzt, damit er mit einem Blick das gesamte Zeichenbrett und seine ganze Zeichnung umfassen kann. Der relativ große Abstand von der Zeichnung zwingt Sie, mit leicht ausgestrecktem Arm zu zeichnen und den Stift innen in der Handfläche zu halten. Dieses Verfahren wollen wir anschließend anhand einiger Zeichnungen üben. Beachten Sie zum Abschluß, daß eine wie auf Abbildung 14 plazierte Lampe sowohl Ihr Gesicht als auch das Zeichenbrett ausreichend beleuchtet.

Sie beginnen mit der klassischsten und am weitesten verbreiteten Technik: der Bleistiftzeichnung. Ich rate Ihnen zu einem etwas weicheren Bleistift als dem üblichen Stift Nr. 2 und zu einer höheren Qualität wie 2B oder 3B. Hinsichtlich des Zeichenpapiers empfehle ich für die Studien und Skizzen ebenfalls eine gehobene Qualität, nämlich das spezielle Skizzenpapier, das gut verleimt ist und dessen Korn nicht gleich verschwindet, wenn man mit dem Radiergummi etwas korrigiert. Zu Ihrer Information sei erwähnt, daß die Bleistiftzeichnungen in diesem Band auf Papier gehobener Qualität hergestellt wurden und die Kohle- und Rötelzeichnungen auf Büttenpapier von Ingres angefertigt worden sind.

Greifen Sie nun zu Bleistift, Lineal mit Zentimetereinteilung und Winkeldreieck und . . .

> „Ich habe mich bemüht, sowohl beim Text als auch bei den Illustrationen in diesem Buch so praktisch wie möglich vorzugehen, damit Sie aktiv meinen Ratschlägen folgen können. Setzen Sie also von Anfang an alles, was ich Ihnen zeige und erkläre, in die Praxis um, damit Sie den größtmöglichen Nutzen daraus ziehen. Ich gehe daher in der Annahme voran, daß Sie sich nicht nur auf die Lektüre beschränkt, sondern aktiv mitgearbeitet haben.“

Wie gesagt, nehmen Sie einen Bleistift, ein Lineal und ein Winkeldreieck, und ziehen Sie ein Rechteck von 14 cm Höhe und 10 cm Breite. (Das Rechteck auf der gegenüberliegenden Seite entspricht diesen Maßen.) Ich kann Ihnen schon jetzt verraten, daß die Maße dieses Rechtecks den idealen Proportionen – also den Verhältnissen von Höhe und Breite – des von vorn gesehenen menschlichen Kopfes entsprechen. Teilt man die Breite des Rechtecks in 2,5 Abschnitte und die Höhe in 3,5 Abschnitte, erhält man eine Art Raster, in das man quasi systematisch die idealen Maße und Proportionen der einzelnen Teile des menschlichen Gesichtes einzeichnen kann: Haar, Stirn, Augen und Augenbrauen, Ohren, Nase und Kinn. Damit wollen wir uns jetzt näher befassen.

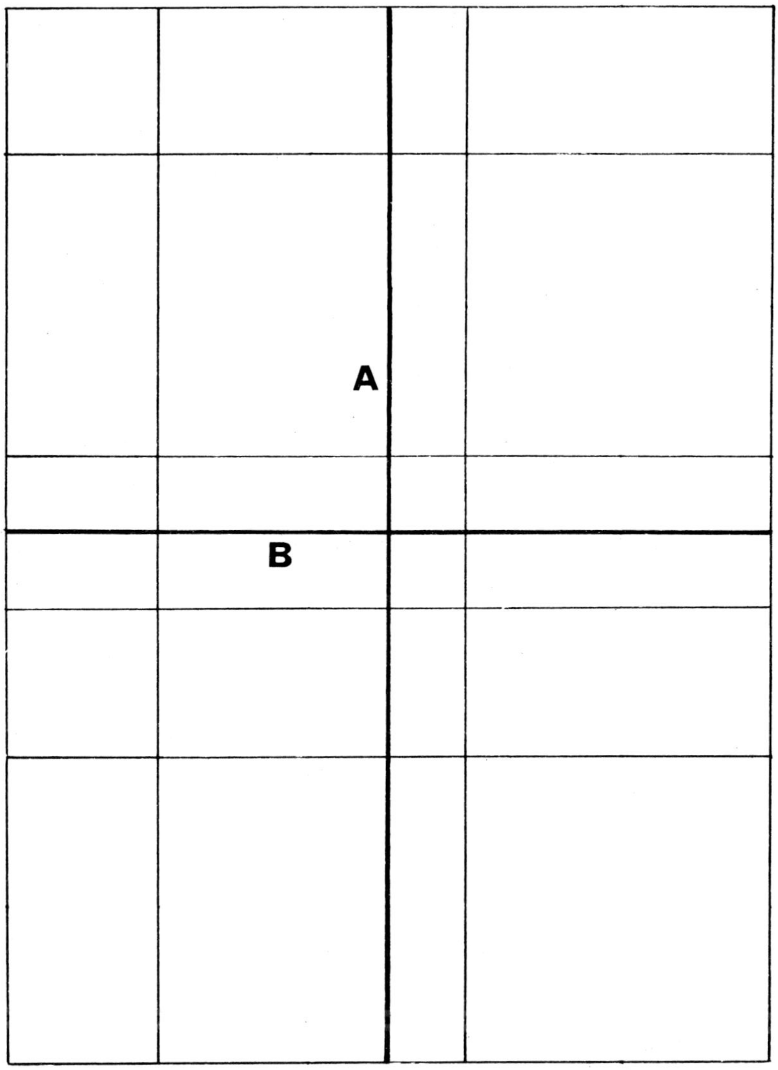

Abbildung 15: Die Maße dieses Rechtecks (10 × 14 cm) entsprechen den idealen Proportionen oder dem „Kanon" des menschlichen Kopfes.

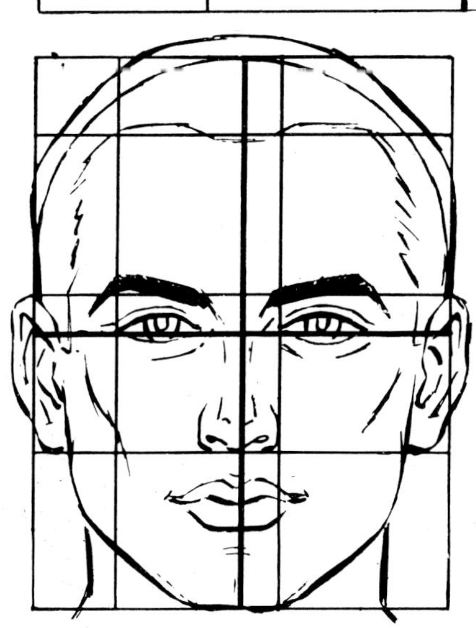

Der Kanon des menschlichen Kopfes

Als erste Übung im Rahmen dieses Buches bitte ich Sie, mit einem gut gespitzten Bleistift 2B ein Rechteck von 10 cm Breite und 14 cm Höhe zu zeichnen, anschließend ein Kreuz (die fetteren Linien A und B) und dann jene Art Raster hineinzuziehen. Dabei werden die Breite in 2,5 und die Höhe in 3,5 Abschnitte unterteilt. Diese Dimensionen und Unterteilungen ergeben den Kanon; jeder Abschnitt wird als Maßeinheit bezeichnet. Man sagt zum Beispiel, die Höhe der Stirn entspricht einer Maßeinheit.

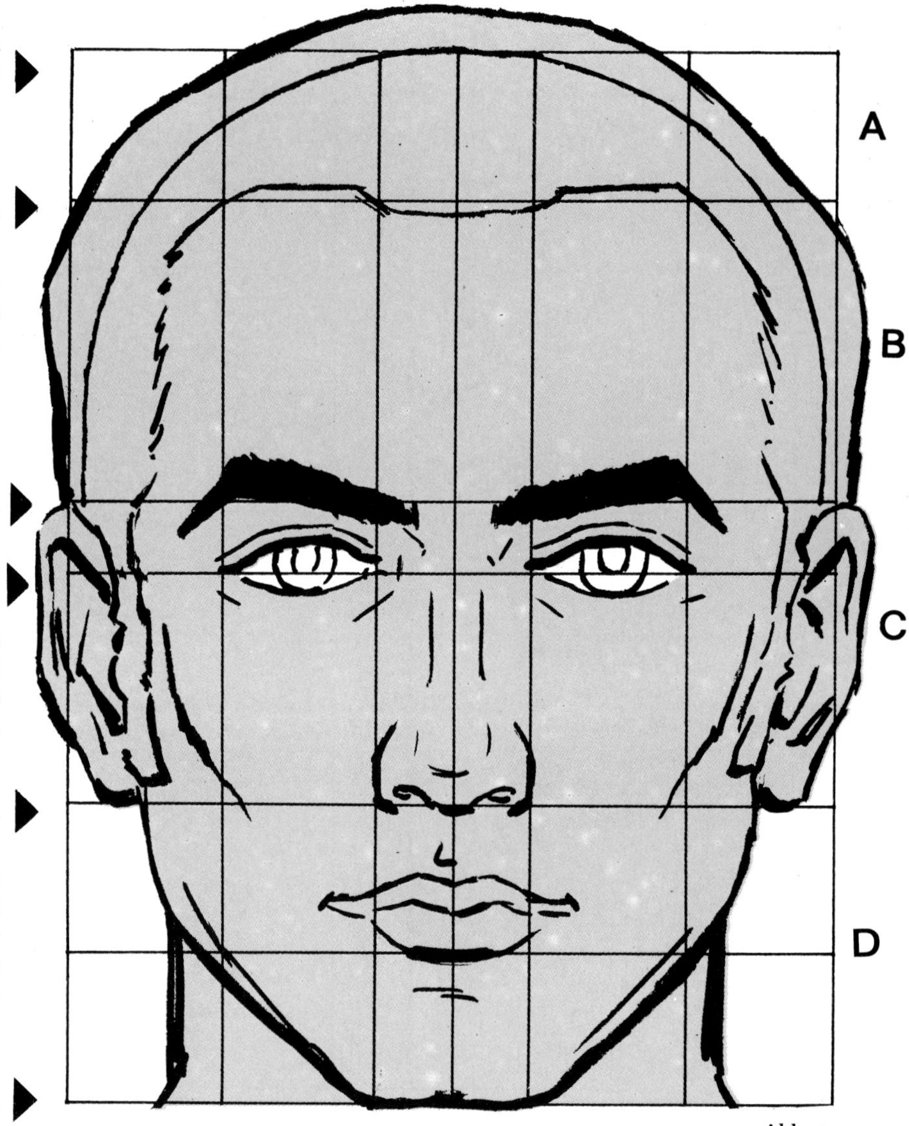

Abb. 16

Zeichnen Sie diese Köpfe mit den idealen Proportionen immer wieder. Erinnern Sie sich dabei meiner Instruktionen, und bedenken Sie, daß Ihnen mit Hilfe dieser Übung ein guter Aufbau und eine gute Zeichnung Ihres eigenen Gesichtes gelingen.

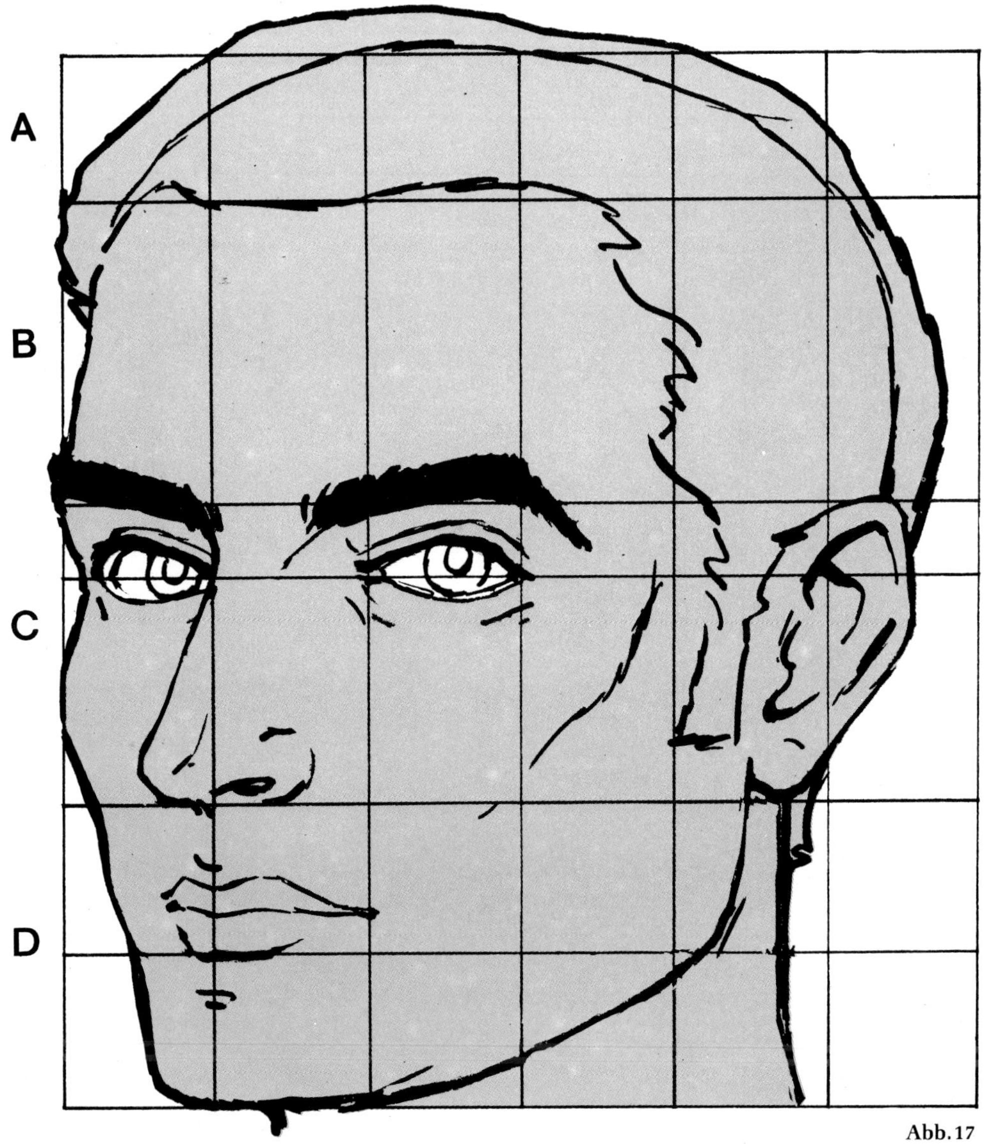

Abb. 17

Wir kommen nun zum Kanon des menschlichen Kopfes aus der Dreiviertelperspektive. Natürlich sind die Plazierung und die Proportionen, die sich aus den waagerechten Abschnitten A, B, C und D ergeben, identisch mit denen des von vorn gesehenen Gesichtes. Diese Ähnlichkeit rechtfertigt allein schon das Studium dieser beiden Kanons, da die Pose aus der Dreiviertelperspektive und die Frontalansicht am häufigsten vom Künstler für ein Selbstporträt eingenommen werden. Es ist gut möglich, daß Sie – im Gegensatz zu dem eben Gesagten – einen Künstler kennen, der sich im Profil dargestellt hat.

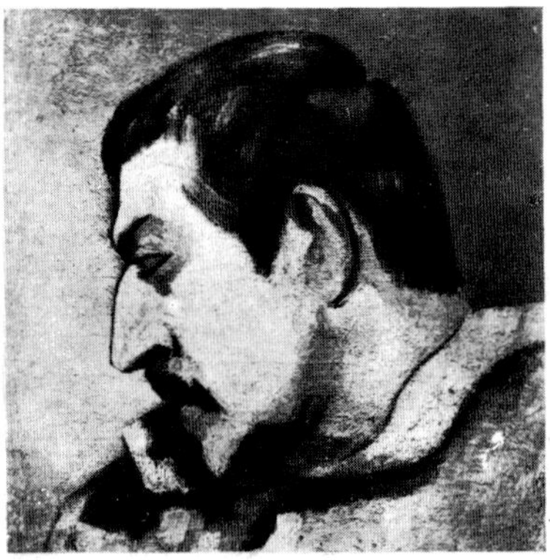

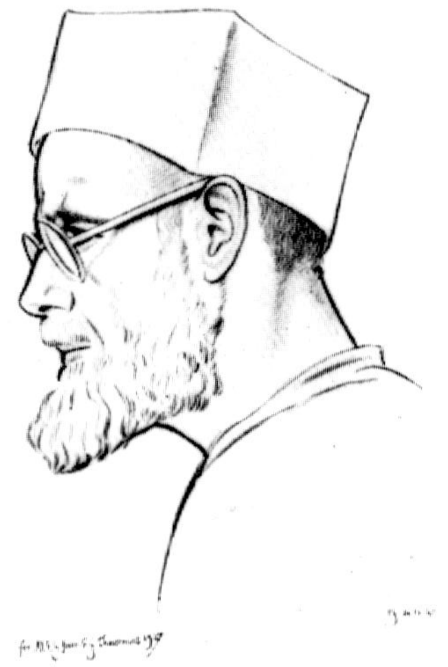

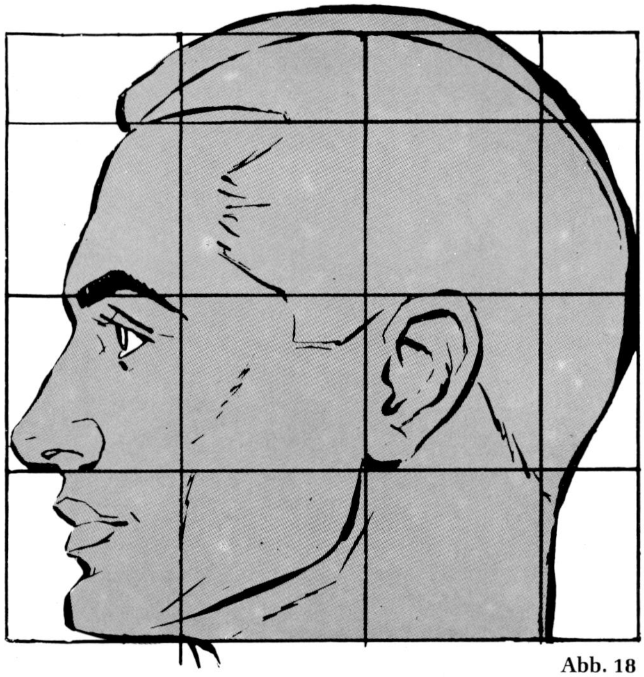

Abb. 18

Das ist richtig. Ich brauche nicht lange nachzudenken und nur Gauguin zu nennen. Bei der Durchsicht meines Archivs habe ich außerdem ein sehr hübsch gezeichnetes Selbstporträt des Amerikaners Eric Gill gefunden, das ebenfalls im Profil ist. Dabei handelt es sich jedoch um seltene Ausnahmen. Auf jeden Fall zeigen wir auf Abbildung 18 ebenfalls den Kanon im Profil.

Der Kanon des Frauenkopfes

Wie Sie anhand der Abbildungen feststellen können (Abb. 19 und 20), stimmen die Maße und die Lage der Gesichtsteile beim Mann und bei der Frau praktisch überein. Der von vorn gesehene Kopf besteht ebenfalls aus 3,5 Abschnitten in der Höhe und 2,5 Abschnitten in der Breite. Die waagerechten und die senkrechten Abschnitte haben dieselbe Lage und dieselben Abstände: Der mittlere Abschnitt bestimmt den Abstand zwischen den Augenbrauen und dem unteren Rand der Nase sowie wie die Höhe und die Lage der Ohren.

Zur ausführlichen Information und zum allgemeinen Studium des menschlichen Kopfes und insbesondere des Porträts (Aufbau, Licht und Schatten, Gesichtsteile, Theorie und Praxis der Kunst des Porträts, Ähnlichkeit und technische Ausführung) möchte ich Ihnen das Buch „Wie zeichne ich einen Kopf und ein Porträt" empfehlen, das ebenfalls in dieser Reihe erschienen ist.

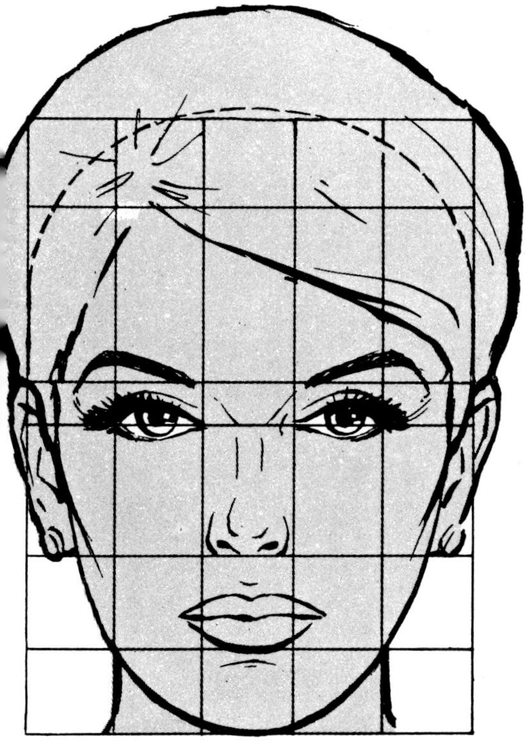

Abb. 19

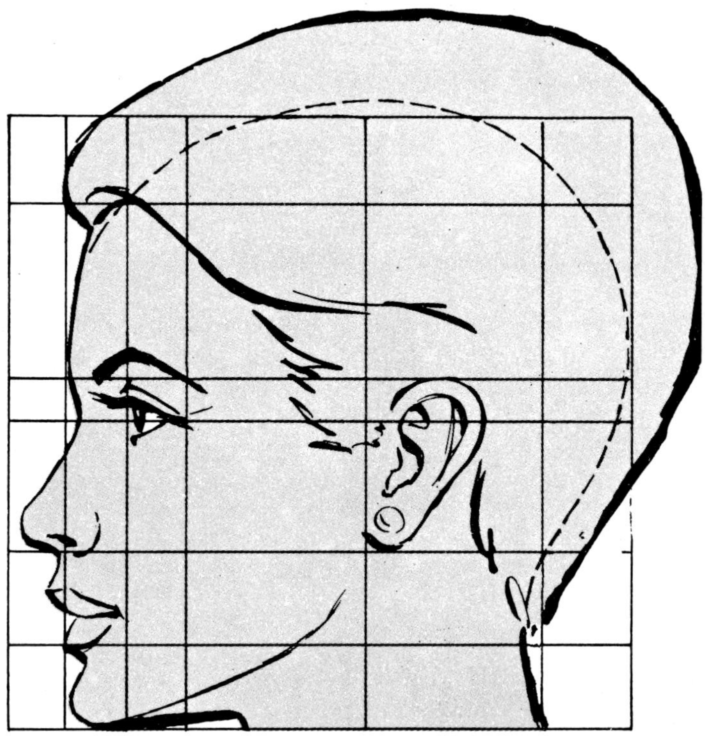

Abb. 20

Der Abstand zwischen den beiden Augen hat die Breite eines weiteren Auges. Der Kopf des Mannes und der Frau gleichen sich also, abgesehen von einigen kleinen Unterschieden, denen man Rechnung tragen muß:

- **Alle Formen sind ein wenig rund.**
- **Die Augenbrauen sind etwas gewölbter.**
- **Die Augen sind ein wenig größer.**
- **Die Nase ist nicht so ausgeprägt und gerade.**
- **Die Lippen sind etwas fleischiger.**
- **Das Kinn ist nicht so hart, sondern gerundet.**

Sind Sie eine Leserin, haben Sie die kleinen Unterschiede längst erkannt und werden Sie im gegebenen Augenblick beim Zeichnen unter Anwendung des Kanons des menschlichen Kopfes entsprechend berücksichtigen.

Die Anwendung des Kanons beim Selbstporträt

Falls Sie die Theorie des Kanons des menschlichen Kopfes schon kennen und in die Praxis umgesetzt haben, haben Sie vielleicht versucht, Ihren Kopf und Ihr Gesicht zu zeichnen und Ihre Züge in das Raster oder den Kanon des idealen Kopfes einzufügen.

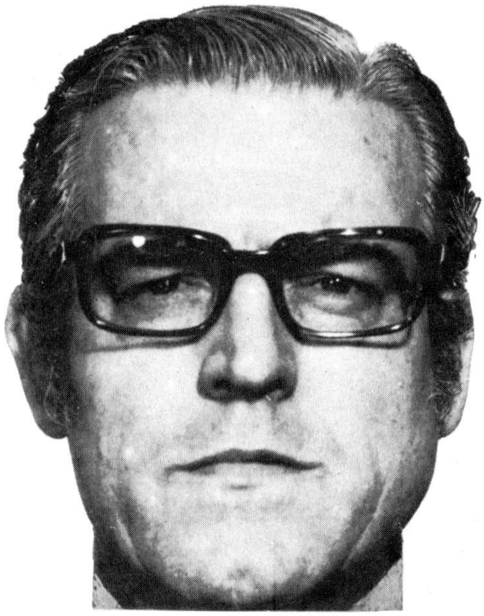

Abb. 21

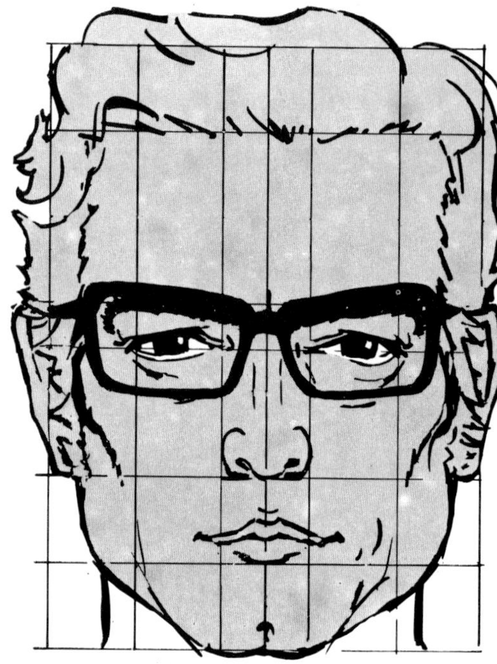

Abb. 22

Sehen Sie sich auf den Abbildungen 21 und 22 das Ergebnis an, das ich selbst bei diesem interessanten Experiment erhalten habe. Die Ähnlichkeit liegt etwa in der Mitte zwischen dem idealen Kopf (unter Berücksichtigung der von den waagerechten Abschnitten bestimmten Abstände) und meinem eigenen Kopf. Ich habe die Augen in die Mitte gelegt und beim Zeichnen ihrer Form ebenfalls die Breite des Kiefers bestimmt, ohne mich an den Kanon zu halten. Dagegen habe ich den Abstand zwischen dem unteren Rand der Nase und der Begrenzung des Kinns respektiert.

Wollen Sie es selbst auch einmal versuchen? Zeichnen Sie zunächst mit einem schwarzen Filzschreiber das geometrische Gerüst, und legen Sie anschließend mit einem weichen Stift 2B Ihr Porträt an. Halten Sie dabei den Stift innen in der Hand.

Man kann den Bleistift oder den Rapidograph, die Zeichenkohle, die Pastell- oder die Rötelkreide und selbst den Pinsel auf zweierlei Weise halten: Einmal normal wie beim Schreiben und zum anderen mit dem Stiel in der Hand. Falls Sie die Technik kennen und schon anwenden, können Sie meine Ratschläge auf der gegenüberliegenden Seite überspringen.

Abb. 23

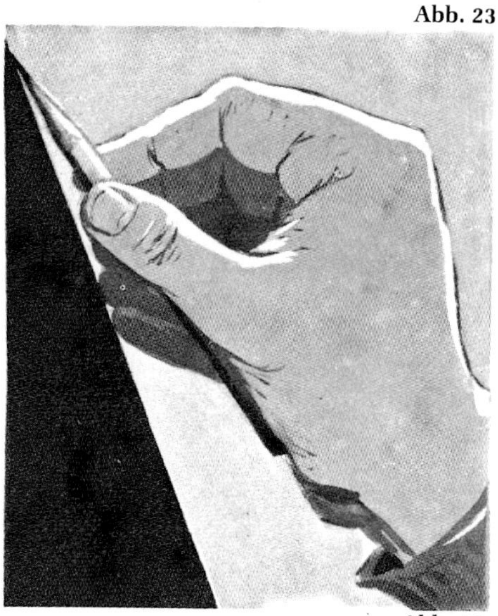

Abb. 24

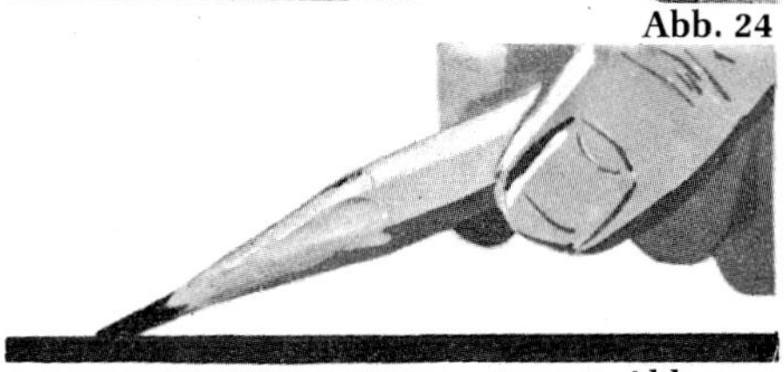

Abb. 25

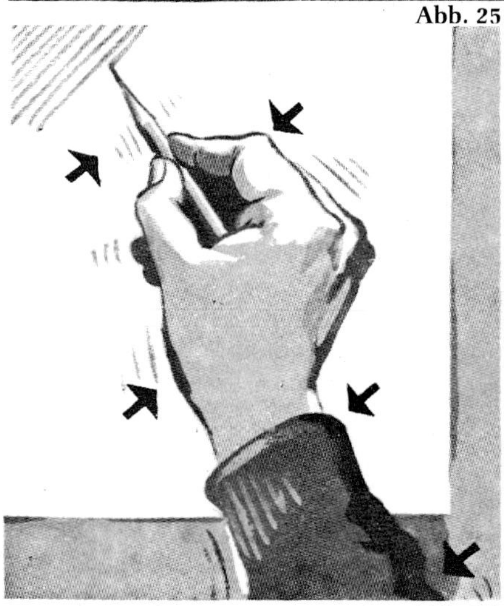

Abb. 26

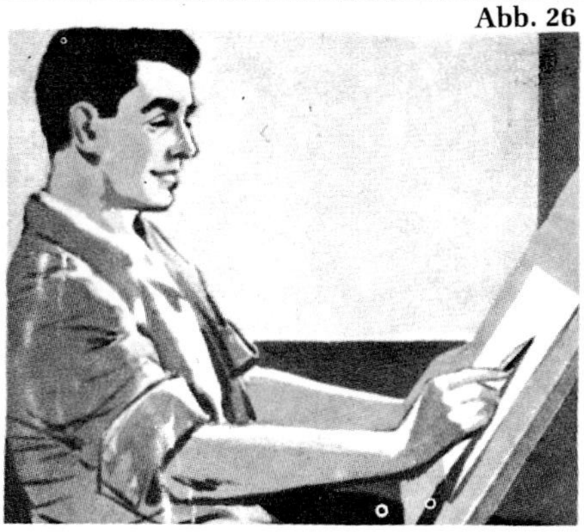

Die Haltung des Pinsels oder des Bleistiftes bei innenliegendem Stiel.

Abbildung 23: Beachten Sie, wie man den Bleistift hält und wo man ihn aufstützt (es könnte sich auch um einen Pinsel handeln). Man faßt den Stift etwa vier oder fünf Zentimeter oberhalb der Mine mit Daumen und Zeigefinger und stützt ihn zusätzlich mit dem Mittelfinger ab, während der Ringfinger und der kleine Finger auf der Papierfläche liegen. Der Nagel und die Ringfingerspitze reiben bei der Hin- und Herbewegung des Stiftes beinahe über das Papier.

Abbildung 24: Beim innenliegenden Malgerät kann man den Bleistift, die Zeichenkohle, die Pastellkreide oder den Pinsel flach, ja beinahe parallel zur Papierfläche oder Leinwand führen. Dadurch lassen sich breite Striche ziehen, die rasch größere Flächen mit Grautönen oder Abstufungen abdekken.

Abbildung 25: Hier die Bewegung der Hand und des Arms: Während die Handwurzel beinahe unbeweglich bleibt, rücken die Hand und der Unterarm gleichzeitig in einer leichten, lokkeren Bewegung ohne Muskelanstrengung von oben nach unten und von links nach rechts. Der Druck erfolgt mehr auf der Mine als auf Ringfinger und kleinem Finger. Dies ist eine Frage der Gewöhnung. Versuchen Sie, auf diese Weise Grautöne anzulegen.

Abbildung 26: Dank dieser Bleistift- oder Pinselführung kann der Künstler mit einem etwas (oder völlig) ausgestrecktem Arm malen und hält auf diese Weise einen gewissen Abstand zwischen dem Körper und der Malfläche ein. Dadurch hat er seine Arbeit besser im Blick und kann lockerer und ungezwungener malen.

Abb. 27

Falls Ihnen die Technik des innenliegenden Bleistifts noch nicht bekannt ist, müssen Sie sie anhand von Grautönen und Abstufungen erlernen.

Lassen Sie uns noch eine zweite und letzte Übung durchführen. Dann verfügen Sie über die bestmögliche Grundlage, wenn Sie vor dem Spiegel sitzen.

Übung zum Aufbau des menschlichen Kopfes

Das Zeichnen eines menschlichen Kopfes ist im Grunde ganz einfach, da es – wie schon früher erwähnt – dafür nur zwei Schlüsselpositionen gibt: die Frontalansicht und die Dreiviertelperspektive.

Suchen Sie nach einem Grundschema des menschlichen Kopfes, stellen Sie fest, daß der Schädel im wesentlichen die Form einer an beiden Seiten abgeflachten Kugel besitzt, an die sich vorn eine Art gekrümmte Schachtel anschließt. Am deutlichsten ist dies zu erkennen, wenn man den menschlichen Kopf im Profil betrachtet (Abb. 28).

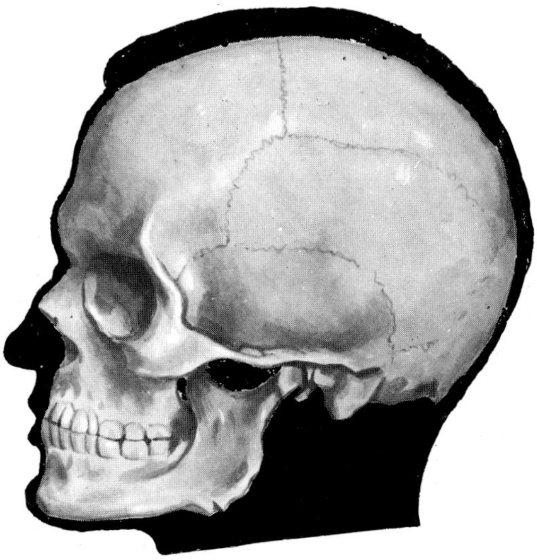

Abb. 28

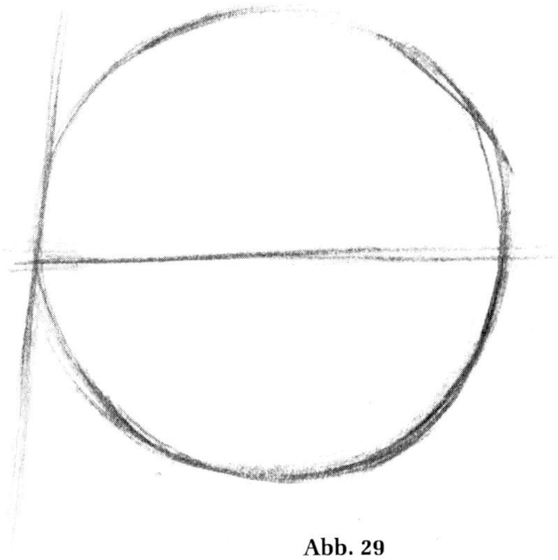

Abb. 29

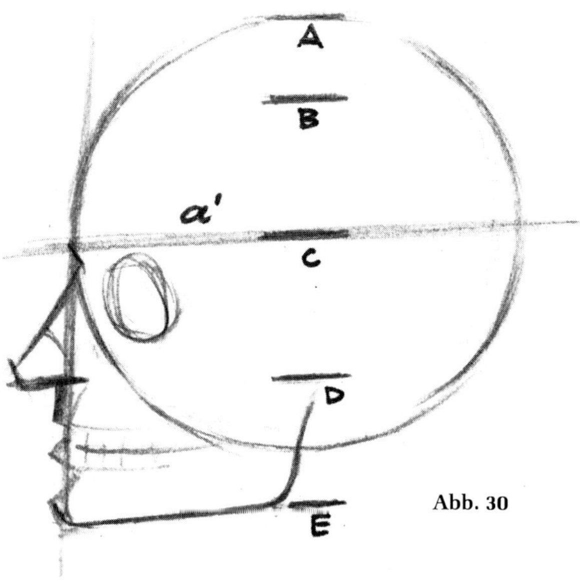

Abb. 30

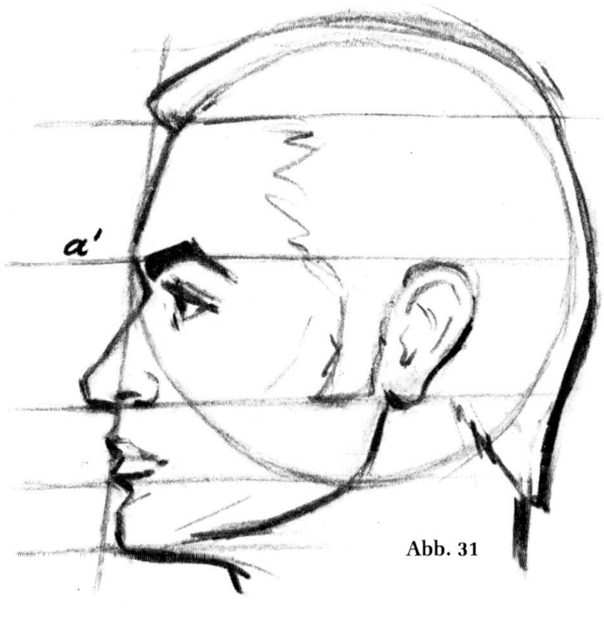

Abb. 31

Mit Hilfe dieses Grundschemas zeichnet man den Kopf in der Profilansicht wie folgt: Ich lege zunächst aus freier Hand einen Kreis an, ziehe eine Waagerechte hindurch und errichte in deren Schnittpunkt vorn eine leicht geneigte Senkrechte, die den Gesichtswinkel bestimmt (Abb. 29). Auf der folgenden Abbildung (Abb. 30) können wir ein sehr wichtiges Faktum überprüfen: Die Linie, die den Kreis durchschneidet (a) stimmt genau mit der Lage und der Höhe der Augenbrauen überein (Abb. 31), so daß es auf diese Weise relativ einfach ist, die Divisionslinien A, B, C, D und E für die dreieinhalb Maßeinheiten (Höhe) des Kanons des menschlichen Kopfes festzulegen.

Mit Hilfe dieser waagerechten Maßeinheiten läßt sich der Kopf ziemlich einfach zeichnen (Abb. 31).

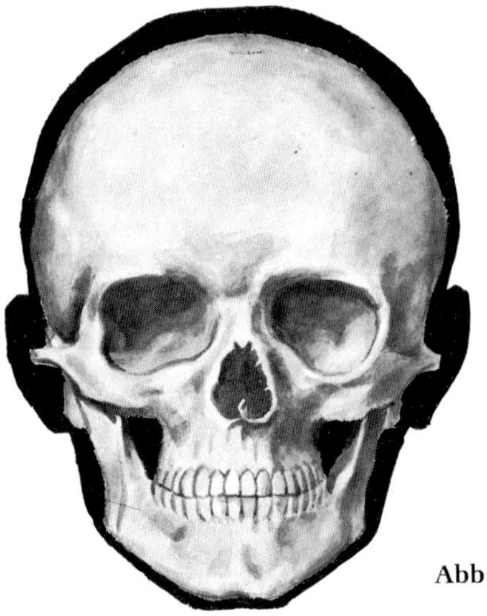

Abb. 32

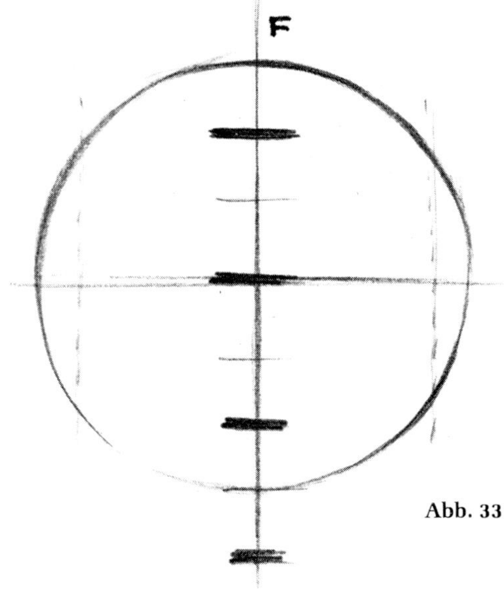

Abb. 33

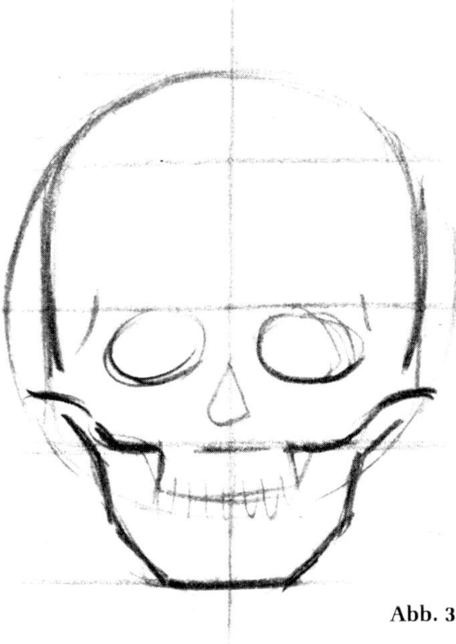

Abb. 34

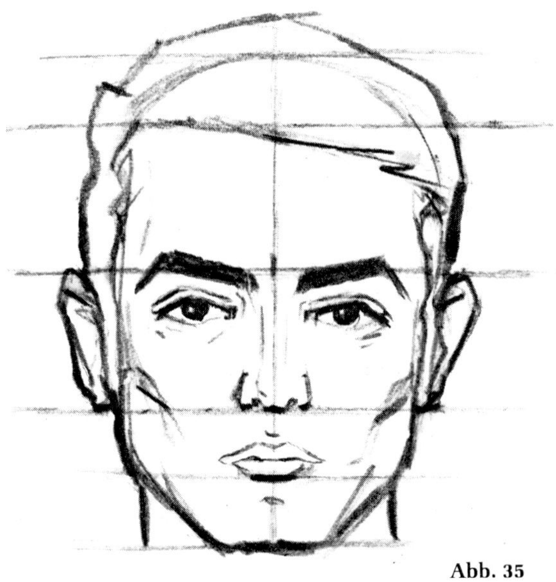

Abb. 35

Betrachten Sie nun die obigen Illustrationen (32, 33, 34 und 35). Sie zeigen dasselbe Verfahren für den Kopf in der Frontalansicht. Die dem Gesichtswinkel oder dem Gesichtsprofil entsprechende Linie befindet sich nun in der Mitte des Kreises. Sie entspricht der Symmetrieachse des menschlichen Gesichtes, eine außerordentlich wichtige Linie für den Aufbau und die Zeichnung des menschlichen Kopfes.

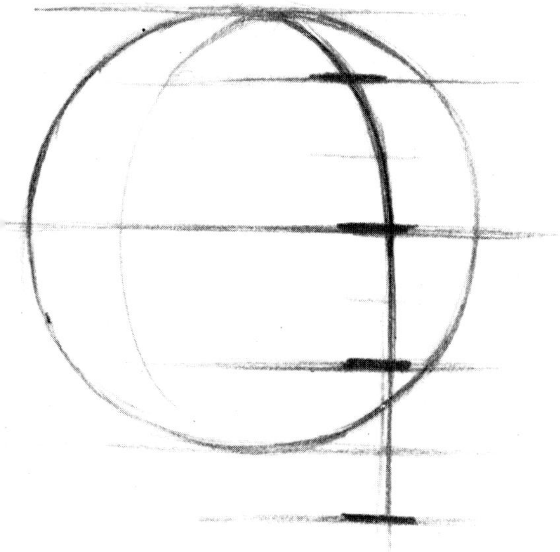

Abb. 36

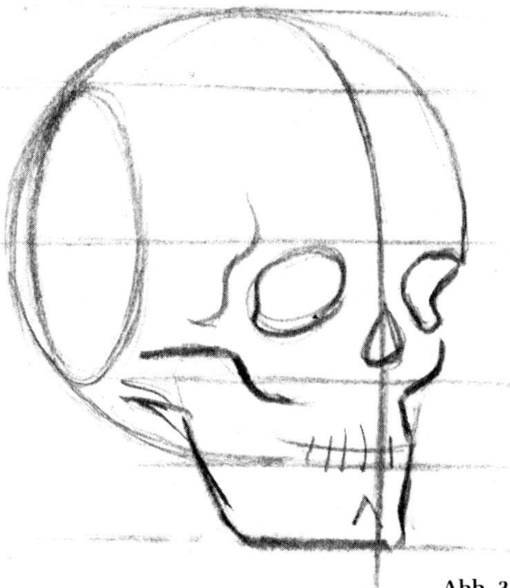

Abb. 37

Zeichnen Sie die Köpfe so häufig wie möglich in diesem oder einem größeren Format. Arbeiten Sie entweder aus dem Gedächtnis oder mit einem Spiegel. Geben Sie nicht auf! Arbeiten und zeichnen Sie mit Begeisterung, bis Sie das Gefühl haben, besser ginge es nicht mehr.

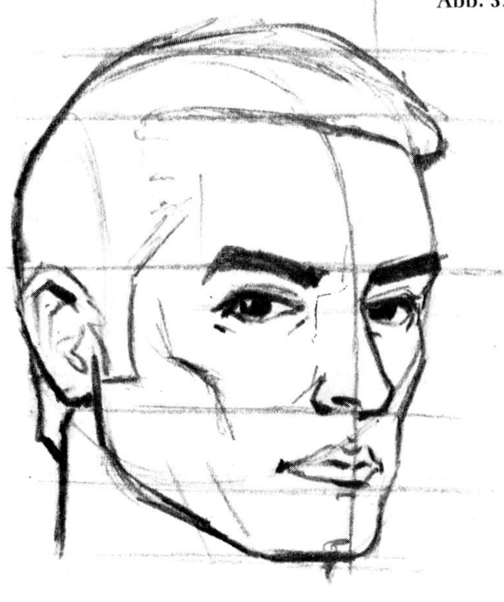

Abb. 38

Die letzten Zeichnungen zum Aufbau des menschlichen Kopfes zeigen die Dreiviertelperspektive. Beachten Sie, daß der Gesichtswinkel oder die Symmetrieachse des menschlichen Kopfes hier in der optischen Verkürzung auftreten. Sie beschreiben im oberen Teil einen Bogen und fallen in Höhe der Augenbrauen leicht geneigt gerade herab.

Studieren Sie diese Zeichenmethode nun in der Praxis. Erst wenn Sie in der Lage sind, den menschlichen Kopf in den drei Ansichten korrekt aus dem Gedächtnis zu zeichnen, sollten Sie das folgende Stadium in Angriff nehmen und die Hauptteile des menschlichen Gesichtes untersuchen.

Abb. 39

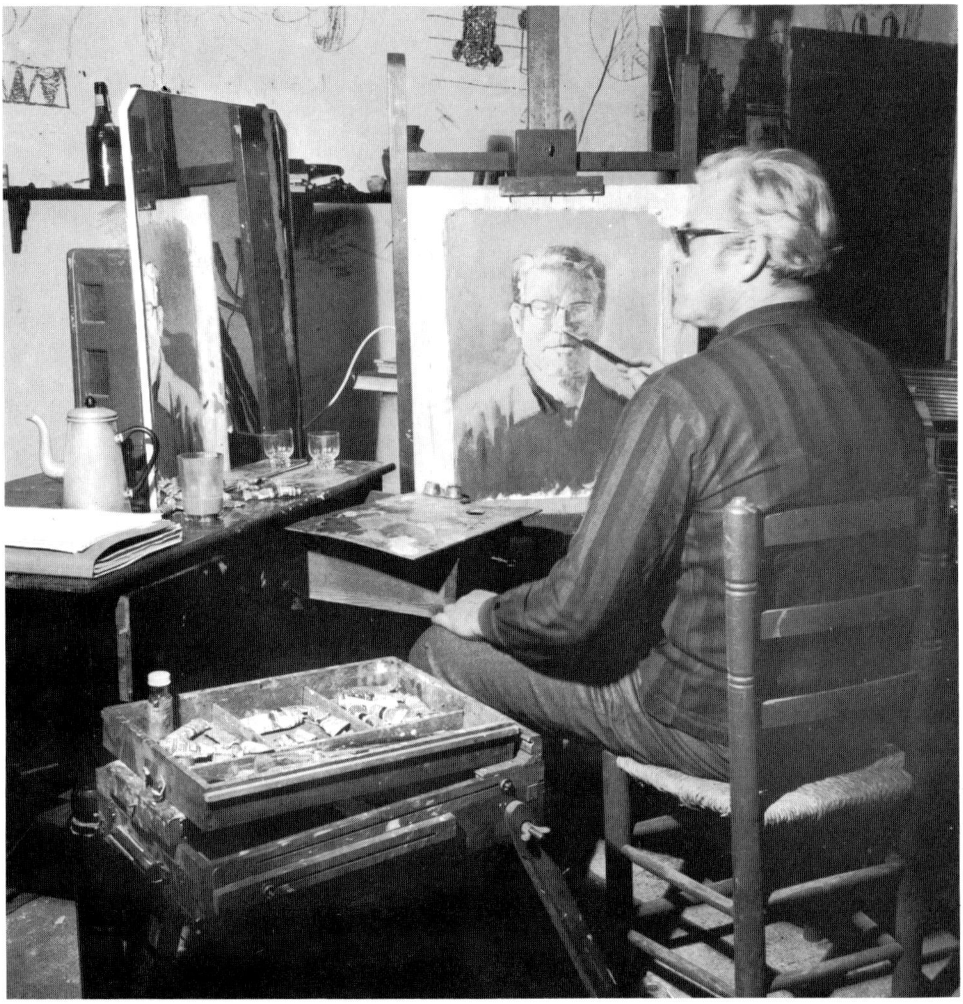

Sie sind jetzt allein vor dem Spiegel
Sie sind Ihr eigenes Modell

Wir gehen weiterhin davon aus, daß man zeichnen und malen nur durch Zeichnen und Malen lernt. Daher wollen wir uns in der Praxis die verschiedenen Teile des menschlichen Gesichtes (in diesem Fall Ihres Gesichtes) erarbeiten. Wir werden den Aufbau und die Tonwertbestimmung des Auges üben, das Volumen der Nase und das Profil des Mundes untersuchen. Betrachten Sie auf Abbildung 39 noch einmal die Lage des Spiegels im Verhältnis zu Ihnen, die Beleuchtung des Gesichtes und des Zeichenbrettes mit Hilfe einer schwenkbaren Lampe, vorausgesetzt natürlich, Sie wollen bei Kunstlicht arbeiten. Halten Sie einen Abstand von 80 cm zwischen sich und dem Spiegel ein. Bedenken Sie, daß dies einem tatsächlichen Abstand von 1,60 m entspricht, da es sich um ein reflektiertes Bild handelt.

Sie können ebenfalls bei Tageslicht arbeiten. Rücken Sie Ihren Tisch in diesem Fall nahe ans Fenster.

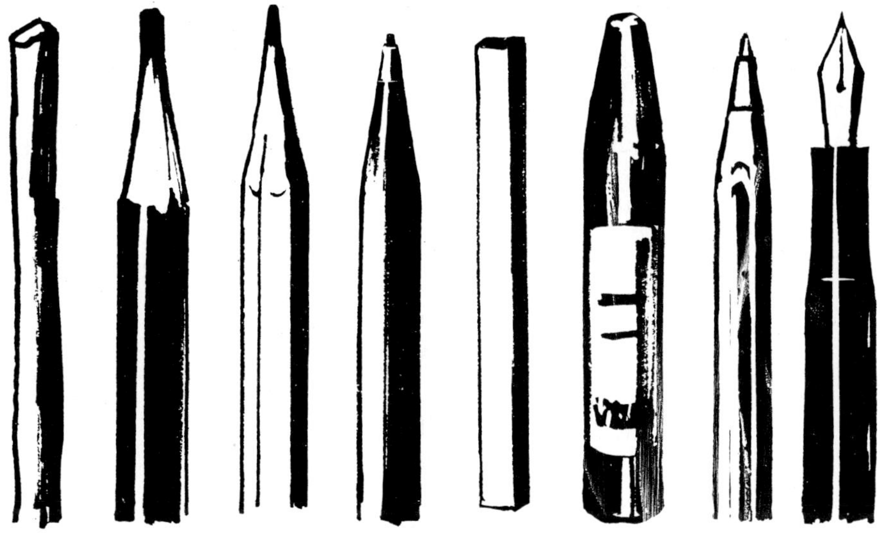

Führen Sie die Übungen nach einem Modell vor dem Spiegel aus, und benutzen Sie dazu unterschiedliche Malgeräte. Die obige Illustration zeigt die geläufigsten: die Zeichenkohle, den Kohlestift, den Bleistift (vorzugsweise von höherer Qualität und ziemlich weich, 3B und 4B), den Filzstift, die Rötelkreide, den Wachsstift, den Kugelschreiber und den Federhalter. Mischen Sie zwei oder drei dieser Techniken, zum Beispiel Rötelkreide und Zeichenkohle; Sie können auch auf farbigem Büttenpapier arbeiten und dann Licht und Reflexe mit Rötelkreide oder weißer Kreide „malen".

Ich rate Ihnen, in unterschiedlichen Techniken zu arbeiten. Wie anhand von Abbildung 40 zu erkennen, habe ich diese Übungen mit Zeichenkohle, einem weichen Bleistift (3B) und einem schwarzen Filzschreiber ausgeführt. Sie können ebenfalls einen Kohlestift, Wachskreide, einen Kugelschreiber und selbst einen Federhalter benutzen. Ich versichere Ihnen, daß ein Wechsel zum einen deshalb interessant ist, weil er Ihre Arbeit bereichert, zum anderen aber auch, weil er Ihre Arbeit fruchtbarer macht. Denken Sie beim Zeichnen mit Kohle zum Beispiel daran, daß Sie beinahe malen, so bequem, intensiv und rasch läßt sich die Farbe bei dieser Technik verstreichen. Legen Sie dagegen Licht und Schatten mit dem Bleistift an, zeichnen Sie tatsächlich. Mit anderen Worten, Sie lösen und konkretisieren das Volumen und die Formen der Körper viel präziser.

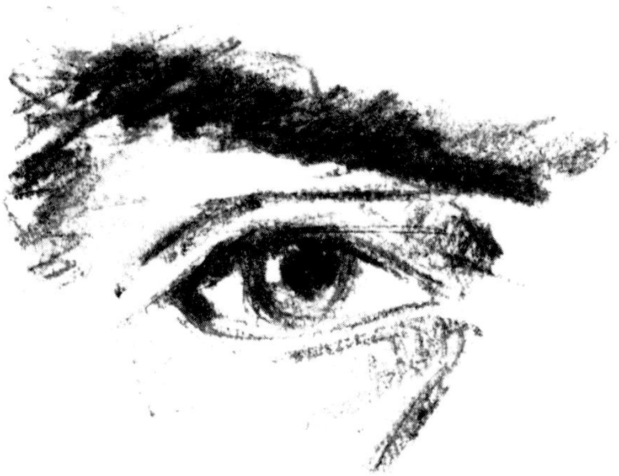

Zeichenkohle

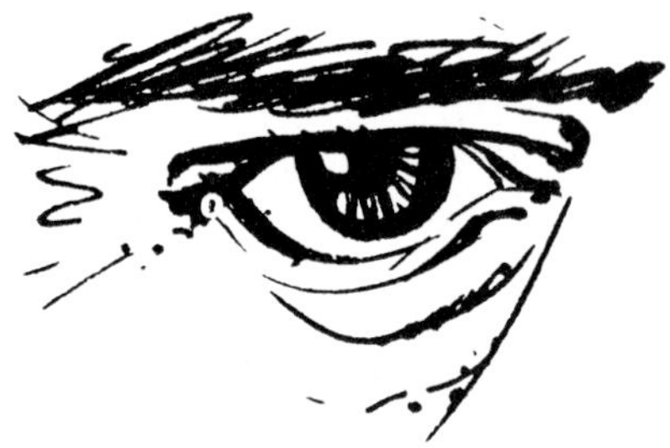

Schwarzer Filzstift

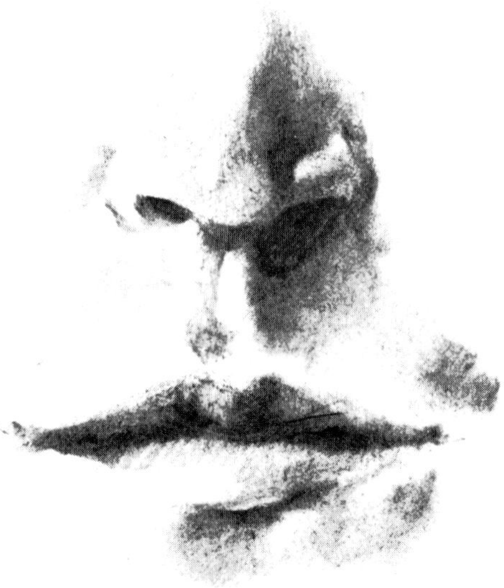

Gewischte Zeichnung

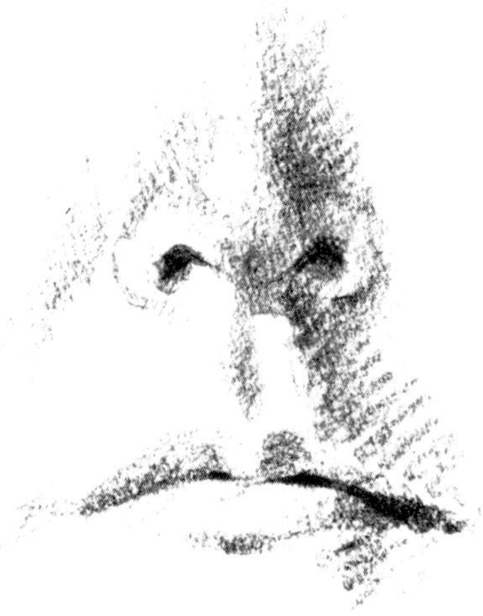

Bleistiftmine

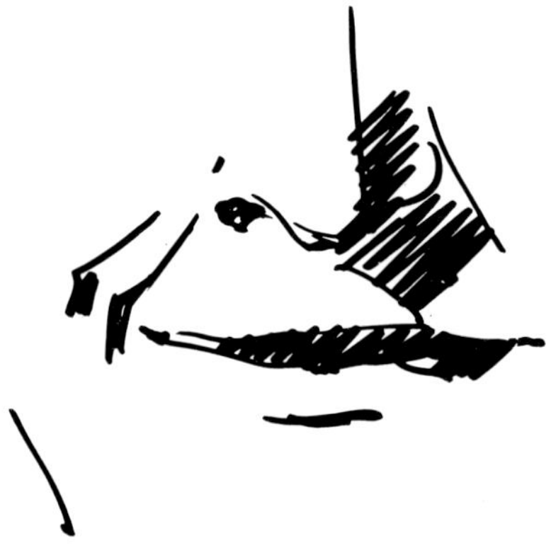

Schwarzer Filzstift

Abbildung 40: Hier einige Beispiele für Studien, die ich selbst vor dem Spiegel angefertigt habe. Beachten Sie die unterschiedlichen Malgeräte. Ich habe mich nicht mit vier oder fünf Skizzen begnügt, sondern einen ganzen Tag damit verbracht, unzählige Augen, Münder, Ohren, Nasen etc. zu zeichnen.

Arbeiten Sie schließlich mit dem Filzschreiber, sind Sie gezwungen zusammenzufassen, die Formen mit geringen Mitteln, nämlich ausschließlich mit Linien, wiederzugeben und dabei eine Synthese herzustellen. Dies ist ein sehr wichtiger Aspekt, auf den wir etwas später in diesem Buch noch zurückkommen werden.

Ich glaube, zu Beginn zeichnen Sie Ihr Gesicht am besten von vorn.

Wie man die Haltung des Kopfes kontrolliert

Setzen Sie sich so vor den Spiegel, daß Sie während des Zeichnens unbeweglich bleiben können. Das ist relativ einfach, wenn Sie meinem Rat folgen: Sehen Sie zunächst in den Spiegel, und wählen Sie die geeignetste Pose. Richten Sie die Augen anschließend auf das Zeichenbrett, und verändern Sie dessen Höhe und Neigung, bis Sie abwechselnd nur durch Heben und Senken der Augen, ohne den Kopf zu bewegen, in den Spiegel und auf das Zeichenbrett blicken können.

Und jetzt aufgepaßt! Sobald Sie Ihre Pose eingenommen haben, sollten Sie dafür einen oder mehrere Anhaltspunkte für den sehr wahrscheinlichen Fall suchen, daß Sie sich bewegen, ohne sich dessen bewußt zu sein. Nur so können Sie die Eingangsposition immer wiederfinden. Diese Anhaltspunkte ergeben sich durch zwei ganz präzise Abstände, deren genaue Maße von der Unbeweglichkeit des Kopfes abhängen. (Auf Abbildung 41 links befindet sich dieser Punkt in der Ecke zwischen dem Auge und dem Profil der Nase und rechts zwischen der unteren Umrißlinie der Augenbraue und der Falte des Oberlides.)

Beachten Sie – und das ist sehr wichtig –, daß man zur Kontrolle und Sicherstellung der Unbeweglichkeit einen Punkt benötigt, um die waagerechten Bewegungen und einen weiteren Punkt um die Bewegungen von oben nach

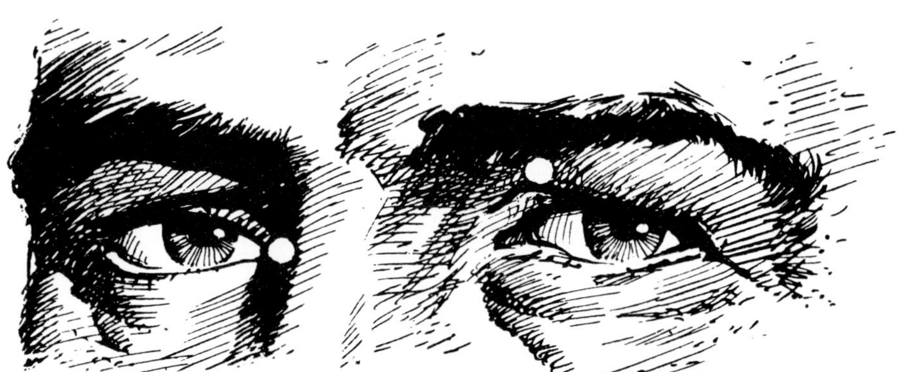

Abb. 41

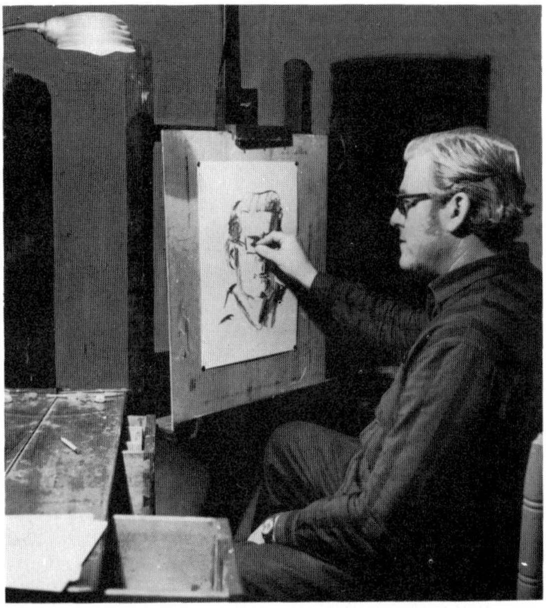

Abb. 42

Links: Bei der Frontalansicht kann man den Spiegel und die Zeichnung mit einem Blick umfassen, ohne den Kopf bewegen zu müssen.
Bei der Dreiviertelansicht (Fotos unten) ist man manchmal gezwungen, abwechselnd in den Spiegel und auf die Zeichnung, beziehungsweise die Leinwand zu blicken.

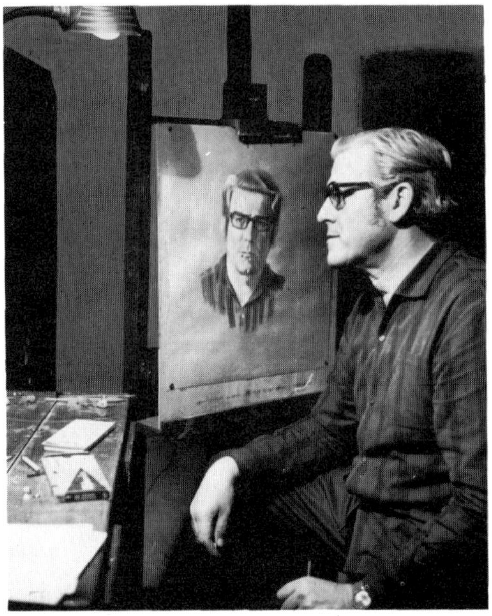

Abb. 43

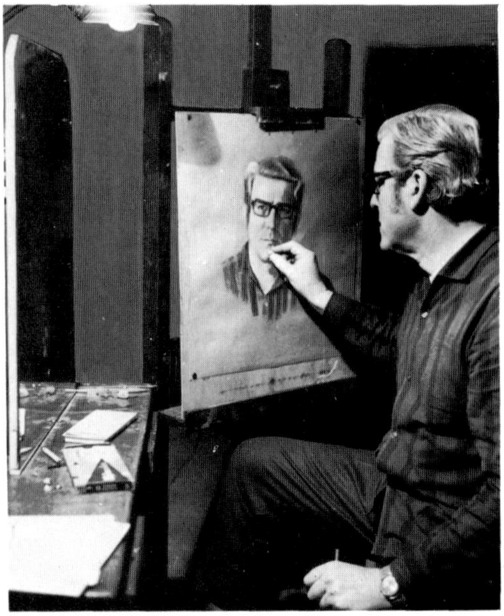

Abb. 44

unten zu bemerken. Der linke Punkt auf Abbildung 41 ermöglicht die Kontrolle der Seitwärtsbewegung; denn falls sich der Kopf plötzlich frontaler oder stärker in der Dreiviertelperspektive befindet, vergrößert beziehungsweise verkleinert sich der Abstand. Zum Schluß sei noch hinzugefügt, daß es nach Festlegen der Anhaltspunkte genügt, von Zeit zu Zeit den Abstand des Modells mit dem der Zeichnung zu vergleichen, um die Pose weiterhin beizubehalten oder gegebenenfalls zu verändern.

Lassen Sie uns nun endgültig anfangen.

Eine Taste, ein Pinselstrich
zwei Tasten, zwei Pinselstriche
drei Tasten, eine Schreibmaschine

Einer meiner Freunde, ein Geschäftsmann, hatte den Tick, alte Schreibmaschinen zu sammeln, wodurch er sein Haus – wie ich immer behauptete – in ein zweites Büro verwandelte. Im Laufe einer Unterhaltung schlug ich ihm einmal vor: „Du solltest dein Hobby wechseln und lieber malen und zeichnen."

„Ich habe noch nie gezeichnet. Ich weiß nicht einmal, was es bedeutet, wenn man einen Bleistift in der Hand hält."

„Du hast es noch nie versucht, das ist alles. Warum zeichnest du nicht einmal eine deiner alten Schreibmaschinen? Du kennst sie doch! Du weißt, wie sie aussehen, nicht wahr?"

Mein Freund sah mich erstaunt an und begann zu lachen.

„Weshalb nicht gleich den Kölner Dom?" fragte er, um mich aufzuziehen.

„Lach nicht, hör mir lieber zu", antwortete ich. „Könntest du eine einzige Taste dieser Schreibmaschine zeichnen? Sie hat die Form eines Kreises und sieht aus wie eine Pille aus der Apotheke."

„Natürlich kann ich das. Eine einzige Taste, das ist ganz einfach . . ."

„Und zwei Tasten, eine neben der anderen? Die erste Tastenreihe . . . und die zweite Tastenreihe . . . und eine weitere darüber . . . anschließend dann den Metallrahmen, der die Tasten umgibt und . . ."

Mein Freund versuchte es und stellte fest, daß es ihm gelang.

Jetzt hatte es ihn gepackt. Beinahe jeden Sonntag und an den Feiertagen zieht er nur mit seiner Staffelei und einer Leinwand vom Format „Landschaft" hinaus.

Wenn der Hobbymaler ein menschliches Gesicht zeichnen soll und dazu einem Modell gegenübersitzt, passiert ihm etwas ähnliches. Das Gesicht mit den Augen, der Nase und dem Mund wirkt auf ihn genauso kompliziert wie eine Schreibmaschine.

Daraus folgt: Man darf eine Zeichnung nicht als Ganzes betrachten, sondern als lauter „Tasten", als lauter Einzelteile.

Das wollen wir jetzt näher untersuchen.

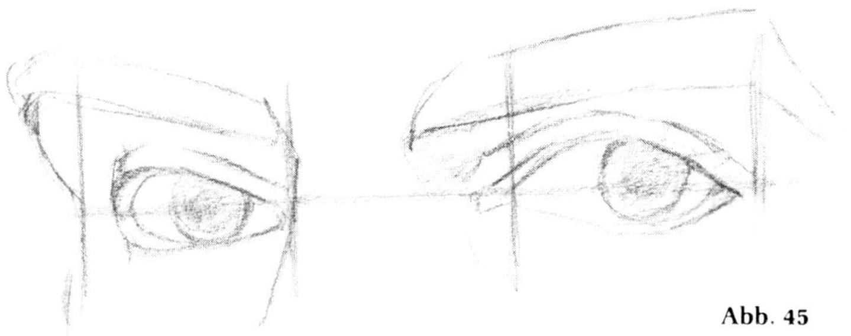

Abb. 45

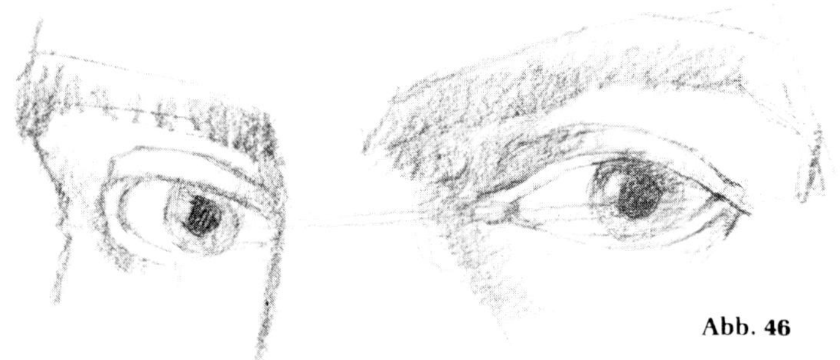

Abb. 46

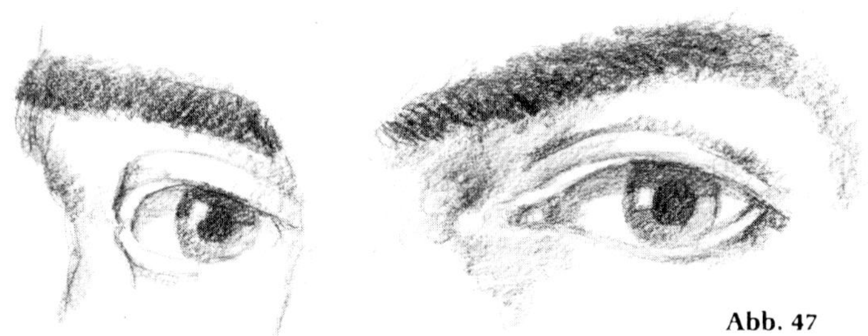

Abb. 47

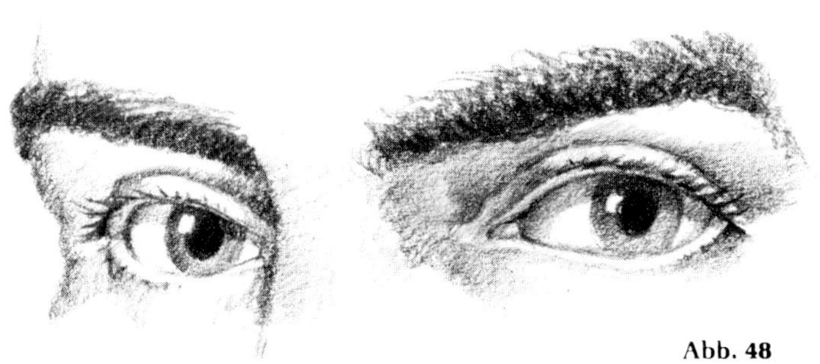

Abb. 48

Abbildung 45: Zeichnen Sie zunächst eine waagerechte Linie, um die Höhe der Augen festzulegen. Berechnen und ziehen Sie anschließend die senkrechten Teilungslinien, wie auf der nebenstehenden Abbildung zu sehen. Halten Sie sich dabei an die Regel: „Der Abstand zwischen den beiden Augen entspricht der Breite eines dritten Auges." Skizzieren Sie anschließend die Augenbrauen und die Augen.

Abbildung 46: Im zweiten Stadium skizzieren wir die Schatten und beginnen beim Spiel der Grautöne der Abstufungen. Beachten Sie, daß wir im Innern der Iris den dunklen Kreis für die Pupille zeichnen müssen und schon jetzt den Glanz des Auges berücksichtigen sollten.

Abbildung 47: Man verstärkt die Wirkung von Licht und Schatten, indem man einen dunklen Rand um den weißen Augapfel zieht.

Abbildung 48: Fügen Sie die Augenwimpern hinzu, und präzisieren Sie im Rahmen der allgemeinen Abschlußarbeiten die Wirkung von Licht und Schatten.

Wie Ihnen bereits bekannt, beruht das Problem des Aufbaus auf der Berechnung der Maße und Proportionen und der Wahl der Anhaltspunkte, um die Abstände, die jeweiligen Lagen, die Höhen und Größen vergleichen zu können.

„Zeichnen Sie die Augen nur beiläufig"

Zu den schriftlichen Ratschlägen, die Ingres seinen Schülern zum Thema Kunst der Porträtmalerei hinterließ, gehört der folgende, außerordentlich wichtige Hinweis: „Zeichnen Sie die Augen nur beiläufig."

Beiläufig zeichnen? Ja, nämlich beinahe wörtlich genommen, und im Rahmen des Gesamtwerkes. Kehren Sie immer wieder zu den Augen zurück, bauen Sie sie – wie den Rest des Porträts – weiter auf, ohne sich von der Angst und der Sorge wegen dieses wichtigsten Teiles des menschlichen Gesichtes irremachen zu lassen.

Ingres riet seinen Schülern auch, schrittweise an die Herstellung einer Zeichnung oder eines Gemäldes heranzugehen.

> „Man muß den Ausdruck von Beginn an erfassen", erklärte er. „Jede Zeichnung und jedes Gemälde muß von Anfang an eine Ähnlichkeit mit dem Endergebnis haben".

Das heißt: Jedes Gemälde muß als Ganzes fortschreiten: wie ein Bild, das sich formt und nach und nach immer deutlicher wird.

„Kopieren Sie schlicht und einfach"

Um bei der Darstellung eines Körpers in der Frontalansicht die Tiefe herauszuarbeiten – zum Beispiel eine Nase von vorn –, gibt es kein besseres Verfahren als das, welches Ingres seinen Schülern vorschlug:

> „Denken Sie an Michelangelo und Raffael. Wissen Sie, wie diese ihre herrlichen Werke geschaffen haben? Indem sie bescheiden und gehorsam blieben und schlicht und einfach kopierten."

Versuchen Sie, dieses „einfache" Verfahren auf die auf der folgenden Seite abgebildeten Nasen anzuwenden. Betrachten Sie sie vollkommen sachlich als etwas völlig flaches ohne jede Tiefenwirkung, das Ihnen keinerlei Probleme bereitet. Vergleichen Sie den einen Tonwert mit dem anderen und die Formen untereinander und „kopieren Sie sie schlicht und einfach".

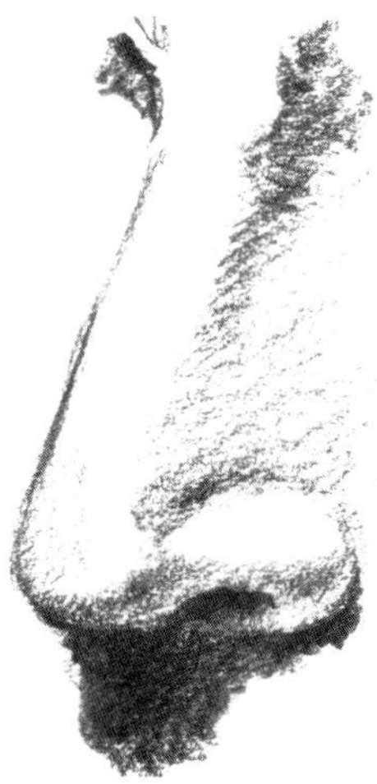

Abb. 49

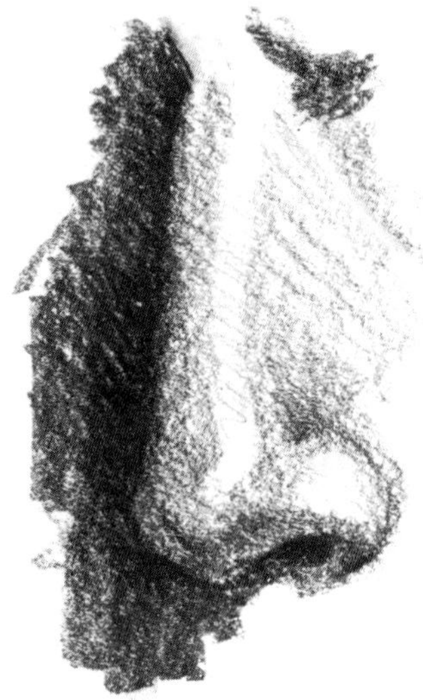

Abb. 50

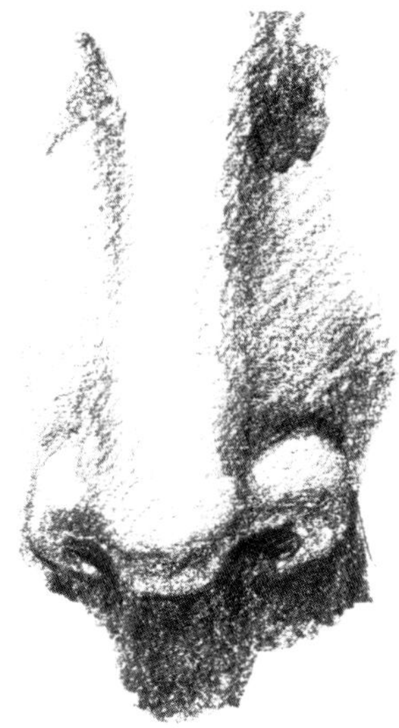

Abb. 51

„Es gibt immer eine Schlüsselstelle“

Alle Körper und alle Formen besitzen eine Schlüsselstelle oder eine Hauptlinie, auf die man sich beim Aufbau stützen kann. Bei der von vorn gesehenen Nase handelt es sich um die untere Umrißlinie mit den Nasenflügeln, den Nasenlöchern und der Nasenspitze, die eine ganz bestimmte Linienführung besitzt, aufgrund derer man die Breite und die charakteristische Form der Nase bestimmt.

Untersuchen wir nun, wie es sich in dieser Beziehung mit der Zeichnung des Mundes und der Lippen verhält. Geben Sie acht.

Abbildung 52: Die Hauptlinie des Mundes besteht aus der Mittelinie mit den beiden Mundwinkeln, auf der sich der Mund aufbaut. Es handelt sich um eine praktisch waagerechte Linie, die in der Mitte zwei leichte Wölbungen aufweist.

Abbildung 53: Zeichnen wir über dieser Mittellinie nun die im allgemeinen schattige Oberlippe mit einer oberen Kante, deren Form beinahe parallel zur Mittellinie verläuft.

Abbildung 54: Die beleuchtete, fleischige Unterlippe, deren unterer Rand einen Schatten wirft, springt weiter vor und besitzt ein Volumen.

Abbildung 55: Hier erkennen Sie die wesentlichen Merkmale, die man beim Zeichnen oder Malen eines Mundes berücksichtigen muß: Die Oberlippe liegt im Dunkeln, die Unterlippe erscheint hell. Verstärken Sie die Mittellinie des Mundes, indem Sie sie abschatten. Beachten Sie, daß die Mundwinkel stets eine kleine Vertiefung bilden, eine Art Spalt, der einen winzigen Schatten wirft.

Abb. 52

Die Schlüssellinie des geschlossenen Mundes besteht aus einem deutlich sichtbaren welligen Strich, der die Mundwinkel und die Teilungslinie der beiden Lippen bezeichnet.

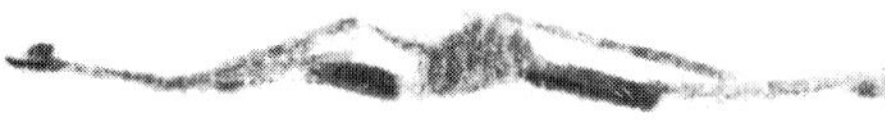

Abb. 53

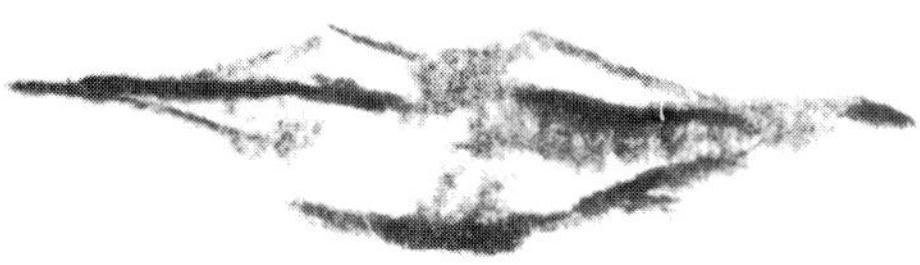

Abb. 54

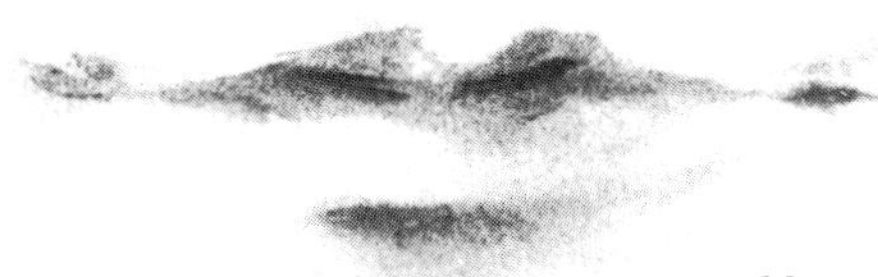

Abb. 55

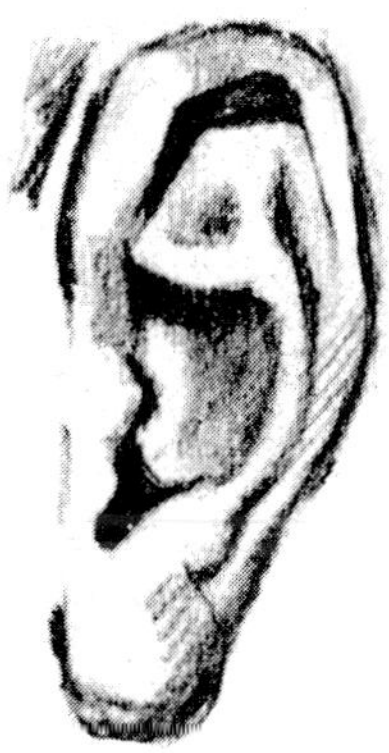

Abb. 56

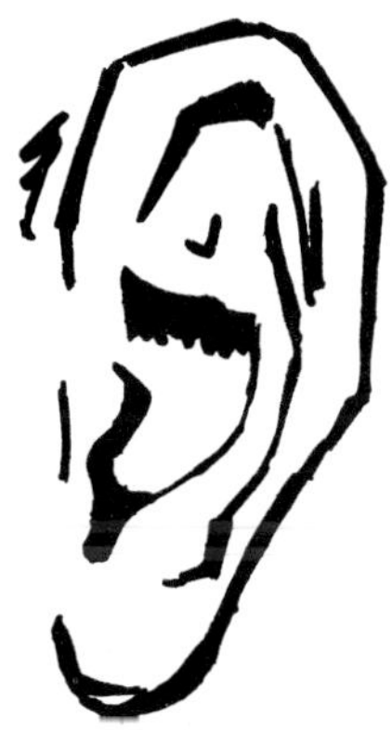

Abb. 57

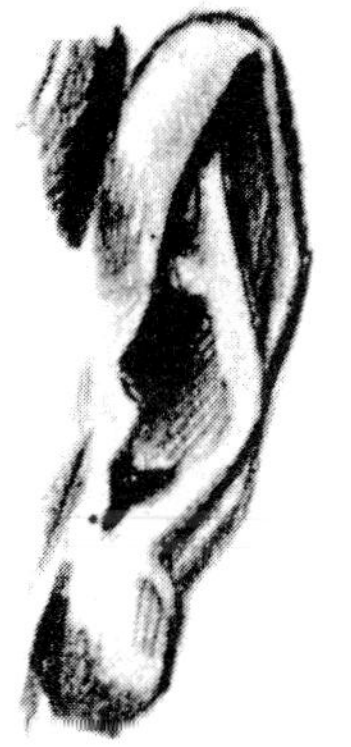

Abb. 58

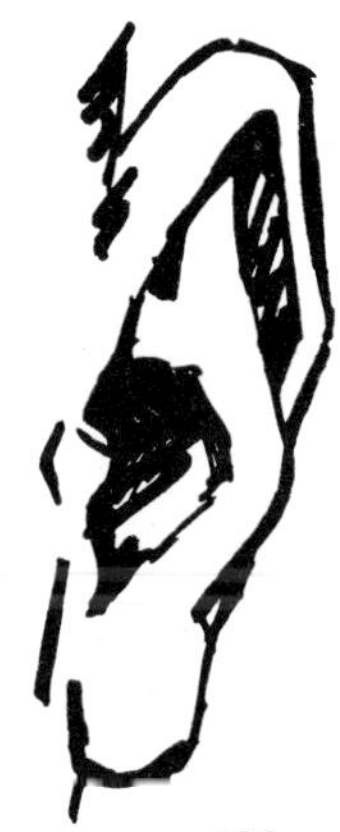

Abb. 59

Zeichnen Sie nun einige Ohren in der Frontal- und der Dreiviertelansicht

Zeichnen Sie Ihre Ohren zu Beginn mit Bleistift oder Zeichenkohle, und lösen Sie dabei die Probleme, die durch die Wirkung von Licht und Schatten entstehen. Versuchen Sie es anschließend mit einem Filzschreiber, um zu einer zusammenfassenden Sichtweise zu gelangen. Hierbei handelt es sich um eine sehr interessante praktische Übung, mit deren Hilfe Sie sich an die Formen des Ohrs erinnern (Abb. 56 bis 59).

Wie man die Haare zeichnet (und malt)

Die Wiedergabe der Haare durch Zeichnen oder Malen bereitet hinsichtlich der Form, der Spitzlichter und des Widerscheins, der Bewertung der Tonwerte und der Strich- beziehungsweise Pinselrichtung Probleme.

Das anhand der Abbildungen 60 bis 65 gezeigte Verfahren ist auf jedwede Frisur und Haarfarbe von Mann, Frau und Kind anwendbar.

Abbildung 60: Der erste Schritt besteht aus einer linearen Zeichnung, die mit großer Aufmerksamkeit angefertigt werden sollte.

Abbildung 61: Fahren Sie fort mit dem Skizzieren des Lichtes und der Schatten. Achten Sie dabei sorgfältig auf die Linienführung, und behalten Sie das Weiß den beleuchteten Stellen vor.

Abbildung 62: Der Tonwert entsteht durch wiederholtes Darüberzeichnen mit dem Bleistift, und zwar logischerweise immer in Strichrichtung der Frisur. Sehen Sie sich die Frisur mit ihren Reflexen und den glänzenden Stellen genau an. Hier muß man mit einem Wischer oder mit den Fingern eingreifen, die wie Wischer eingesetzt werden.

Wichtig ist, daß man die Abstufungen zunächst einmal schematisch skizziert, ohne auf das Haar, eine Haarsträhne oder eine Welle besondere Rücksicht zu nehmen – als handelte es sich um einen rein metallischen Glanz. Außerdem sollte man die Reflexe größer anlegen, als sie in Wirklichkeit erscheinen, um sie anschließend, ohne radieren zu müssen, auf ihre korrekten Proportionen zurückführen zu können.

Abbildung 63: Beachten Sie auf dieser Illustration die Strichart, die man für die Zeichnung und die Herausarbeitung der Haare verwendet. Sehen Sie sich die Anlage der Abstufungen bei jeder Strichserie genau an.

Abbildung 64: Betonen Sie zu Beginn der endgültigen Zeichnung die Teilungslinien und die am kräftigsten sichtbaren Hauptlinien mit einem dunklen Strich. Sie werden feststellen, daß manche Linien unter den glänzenden Stellen hinweggleiten und dabei unsichtbar werden, während andere sich bis in diese glänzende Partie hinein abstufen.

Abbildung 65: Zur Abrundung des vorigen Stadiums bearbeiten Sie zu übertriebene Spitzlichter mit dem Radiergummi. Betonen Sie die Kontraste oder provozieren Sie sie geradezu, damit die glänzenden Stellen noch sichtbarer werden. Zeichnen Sie schließlich die feinen Linien, die die glänzenden Stellen und die Reflexe durchziehen und die Haare mehr nach Haar aussehen lassen.

Abb. 60

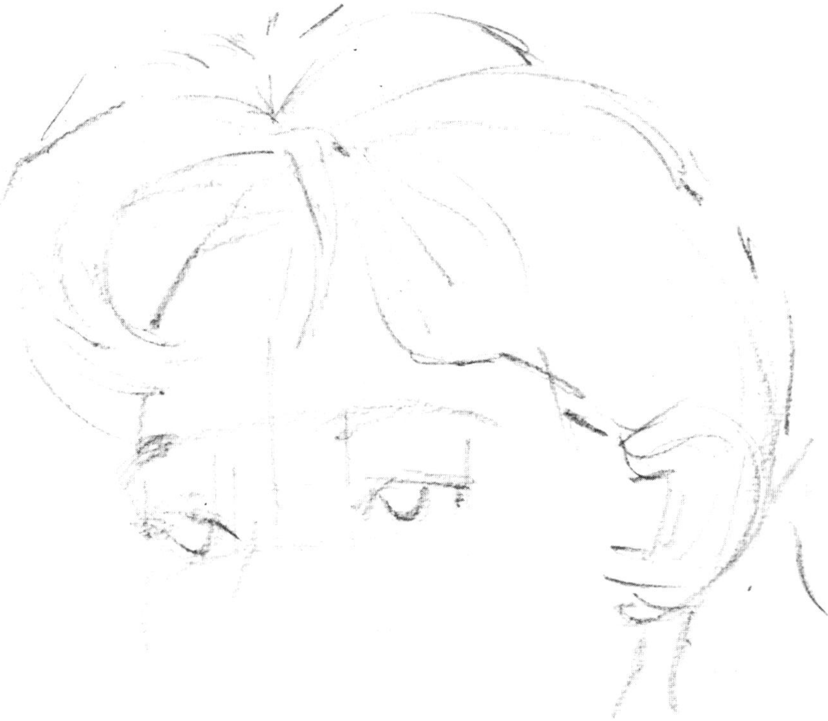

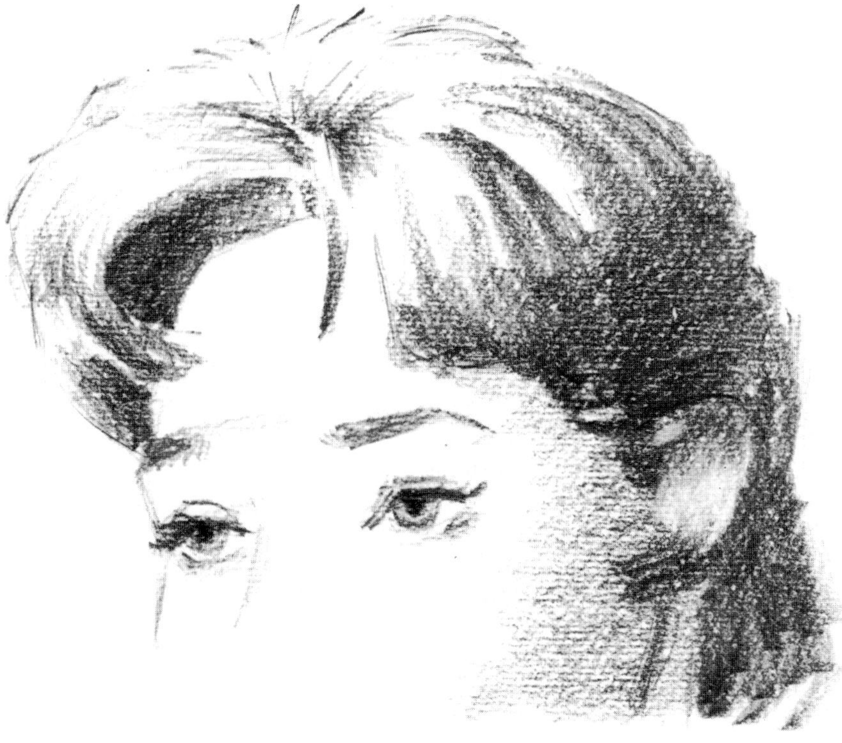

Abb. 61

Abb. 62

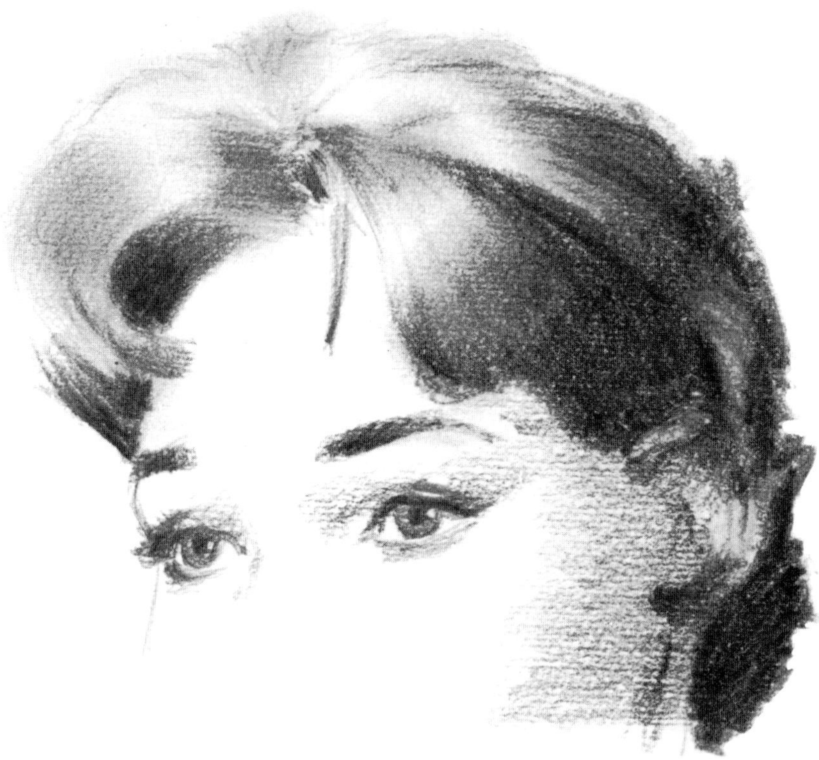

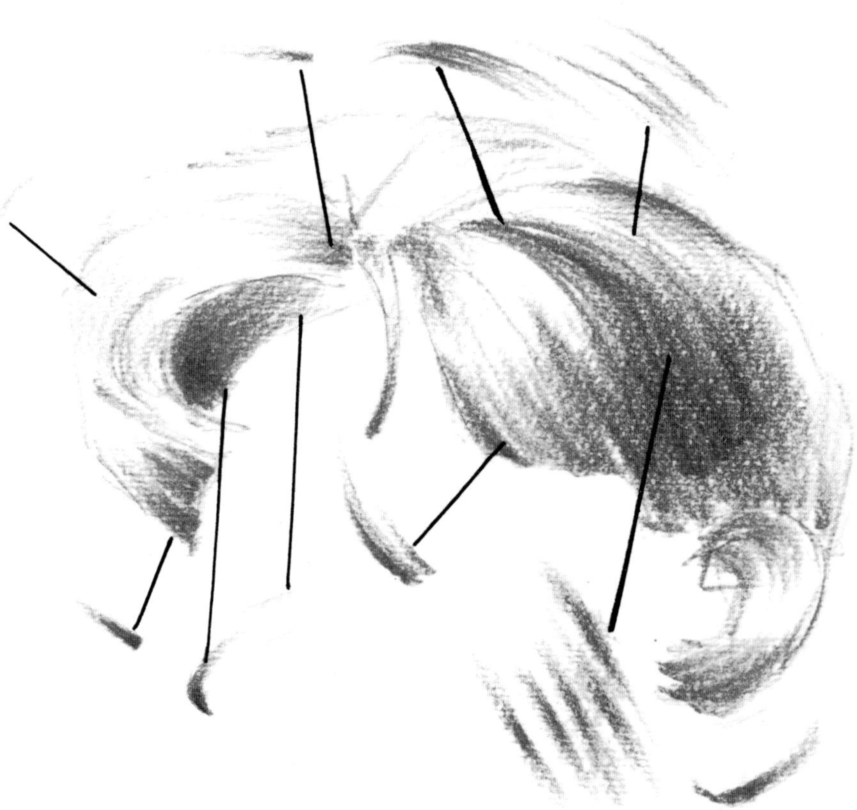

Abb. 63

Abb. 64

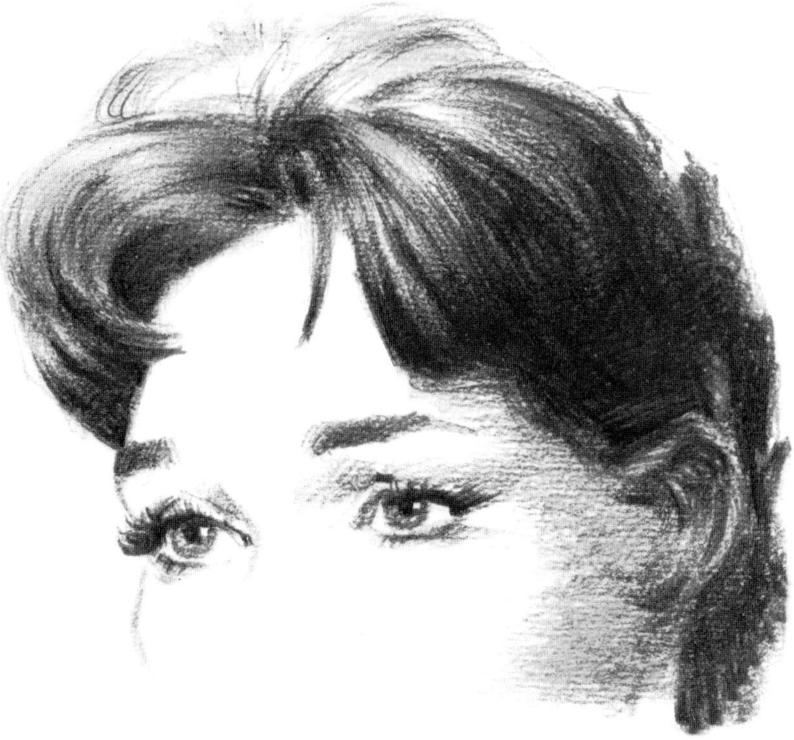

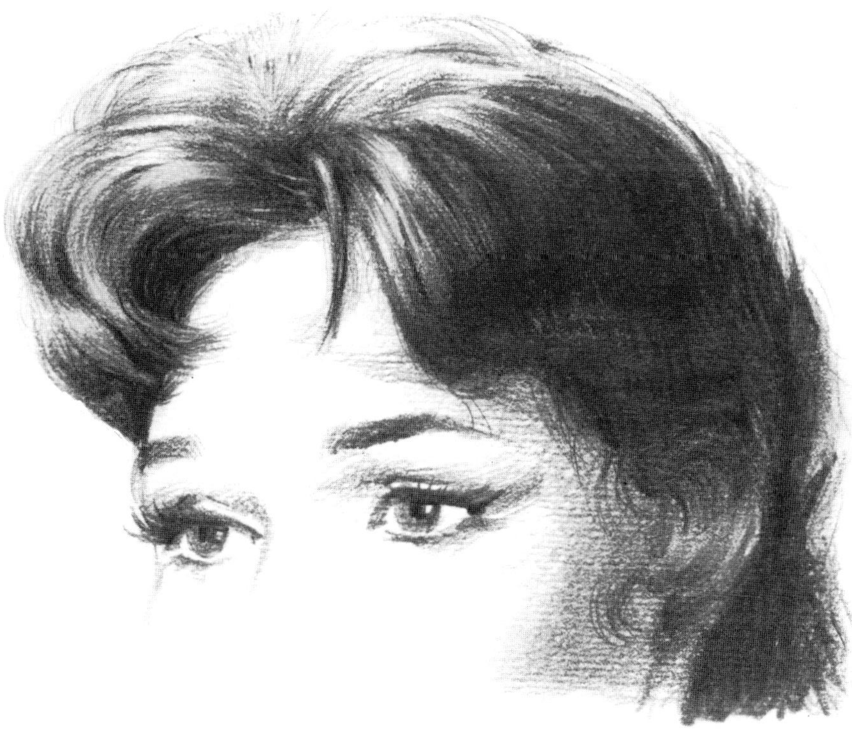

Abb. 65

Zeichnen Sie alles, aber zeichnen Sie langsam! Zeichnen Sie viel, aber zeichnen Sie gut!

Alle Übungen, die Sie jetzt ohne Rücksicht auf die Form, den Aufbau und die Ähnlichkeit ausführen sollen, werden Ihnen später die Anfertigung Ihres Selbstporträts erleichtern. Die Arbeit wäre jedoch vergeblich, wenn Sie weiterhin Skizzen, Entwürfe oder Schemata zeichneten und keine ausgezeichnete „ganze Arbeit" leisteten – mit einem Wort, wenn Sie die Probleme, die Schwierigkeiten, die Befriedigung und die Erfahrung, die der Künstler beim Zeichnen oder beim Malen verspürt, nicht ganz intensiv miterleben. Bei jeder Zeichnung und jeder Malerei gibt es ein erstes lineares Endstadium, eine zweite, etwas dunklere Ausführung und schließlich ein drittes Stadium, in dem der Künstler den Tonwert und die Farben festlegt und schließlich die Abschlußarbeiten an den Details und jene Pinselstriche ausführt, die die Arbeit bereichern.

Man muß sich durch alle drei Etappen hindurcharbeiten, um Malen oder Zeichnen zu lernen.

Abb. 66

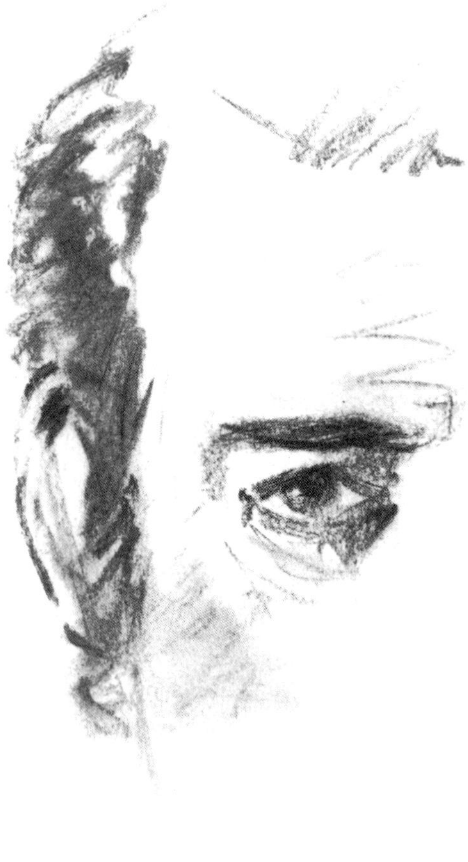

Abbildung 66: Hier die rasche Skizze eines Auges, eines Ohrs und eines Teils der Haare. Eine solche Skizze stellt keine Synthese dar, die normalerweise eine überlegte und methodische, also langsame Ausführung erfordert.

Gut und rasch ist doppelt gut

Nachdem sich der Künstler durch alle Vorbereitungsstadien hindurchgearbeitet hat, verspürt er das Bedürfnis, seine Ausdrucksfähigkeit stärker zu konzentrieren und sich „in nur wenigen Worten" auszudrücken. Dann entstehen in ihm die Notwendigkeit und der Wunsch, stärker zusammenzufassen.

Velasquez war der große Meister dieser Synthese. Manet hat aus den Bildern Velasquez' und auch Goyas viel für seine Arbeit gelernt. Tatsächlich hat er, nachdem er ihre Malweise im Prado in Madrid erkannte, den Impressionismus eingeleitet; denn der Impressionismus beruht auf der Technik dieser Synthese.

Im Prado kann man genau erkennen, wie Velasquez ein Auge, eine Nase oder die Lippen malte, wie es ihm gelang, mit nur fünf oder sechs Strichen die Form eines Auges oder den Ausdruck eines Blickes wiederzugeben.

Bei der Reduzierung einer Form auf die graphische Synthese geht es nicht darum, eine Skizze, eine Studie oder eine Schemazeichnung davon anzufertigen. So handelt es sich zum Beispiel bei dem auf Abbildung 66 reproduzierten Auge nicht etwa um das Ergebnis einer Synthese, sondern um eine Skizze. Dagegen sehen Sie anhand der Abbildungen 67 bis 70 auf dieser und der folgenden Seite, was wir unter der Synthese einer Form verstehen.

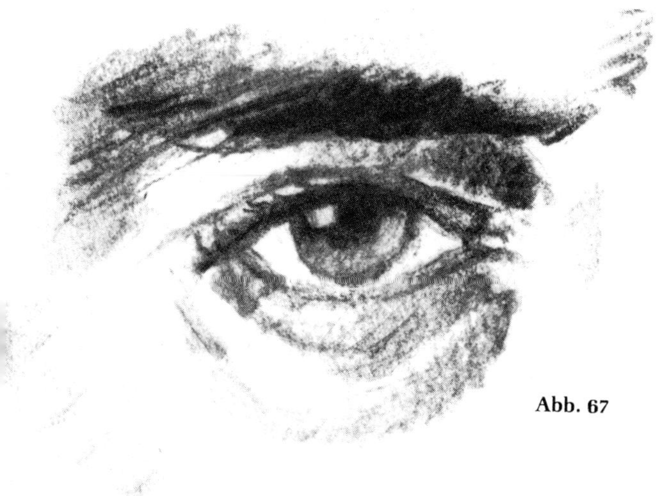

Abb. 67

Abbildung 67: Hier die Zeichnung eines Auges mit Zeichenkohle ohne jede persönliche Interpretation, in der alle Härchen und alle Einzelheiten wiedergegeben werden.

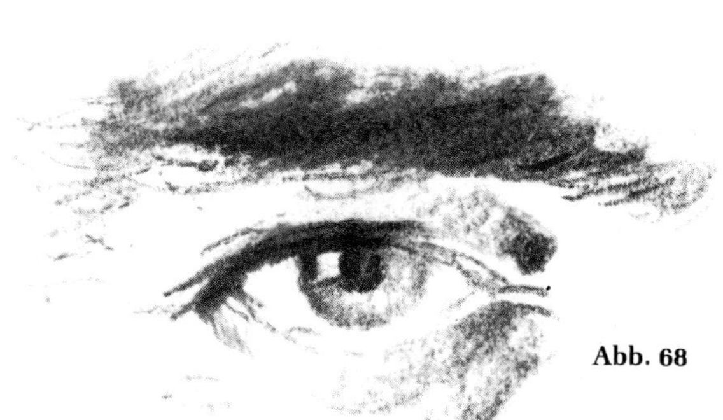

Abb. 68

Abbildung 68: Dies ist die synthetische Sichtweise des vorigen Auges. Die Schatten wurden fortgelassen, die Linien und Formen sind präzisiert; ausgewählt wurden die für die Form repräsentativsten Striche. Auf diese Weise erzielte der Künstler ein vereinfachtes Bild.

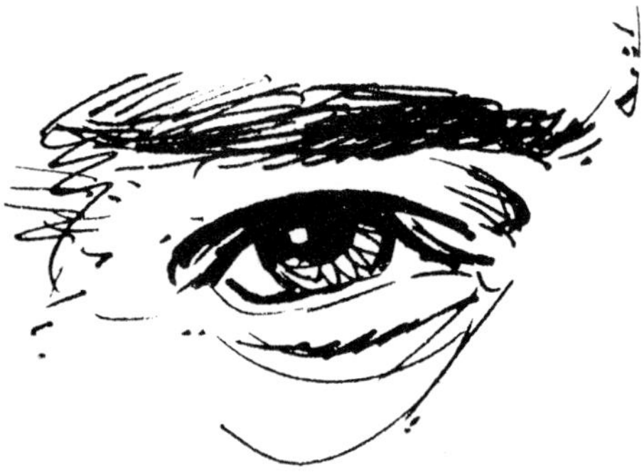

Abb. 69

Abbildung 69: Dasselbe Auge erfordert mit der Feder gezeichnet eine größere Anstrengung hinsichtlich der Synthese, da man nicht mit Grautönen spielen kann. Nebenstehend sehen Sie die sparsamere Wahl der Linien und die wichtigsten Flächen zur Wiedergabe der Form und des Volumens.

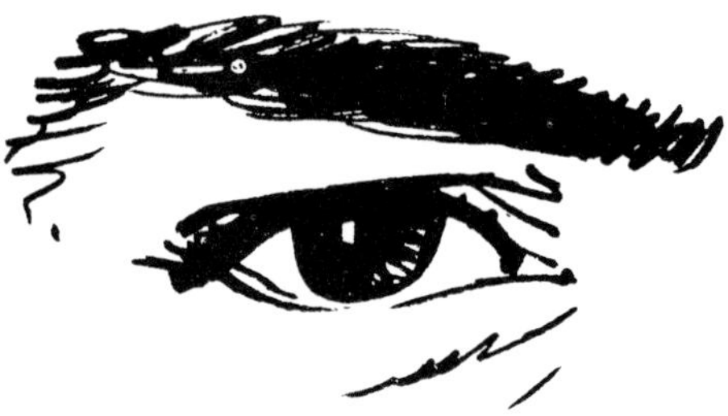

Abb. 70

Abbildung 70: Wie zu erkennen, kann man zu einer noch größeren Zusammenfassung gelangen, indem man die Striche und Flächen sowie Licht und Schatten auf die einfachsten Ausdrucksformen reduziert.

„Man malt, wie man zeichnet" (Ingres)

Ich rate Ihnen, vor Beginn des eigentlichen Malens Ihres Selbstporträts mehrere, übrigens meist recht amüsante Sitzungen auf das Zeichnen Ihres Gesichtes aus unterschiedlichen Blickwinkeln zu verwenden. Dadurch festigen sich zum einen Ihre Kenntnisse des Aufbaus, der Maße und Proportionen, wodurch Sie anschließend mit größerer Leichtigkeit malen – getreu dem Ausspruch Ingres „Man malt, wie man zeichnet"; zum anderen bestimmen Sie auf diese Weise am einfachsten die geeignetste Pose, die beste (natürliche oder künstliche) Beleuchtung, die besten Kontraste, den besten Ausdruck etc. Ich selbst habe bei diesen Skizzen, die ich vor Inangriffnahme meines Selbstporträts angefertigt habe und als Beispiel in diesem Buch aufführen möchte, mit Bleistift, einem schwarzen Filzschreiber, dessen Ergebnis dem der Feder und der Rohrfeder ähnelt, sowie mit Rötelkreide und Zeichenkohle gearbeitet.

Übrigens habe ich erheblich mehr Skizzen angefertigt, als auf den folgenden Seiten reproduziert worden sind. So gehörten zum Beispiel Studien des Oberkörpers, des Ganzporträts, der Hände, der Kleidung etc. dazu, die ich mit Kugelschreiber, Pastellkreide oder Wachskreide anlegte, ohne mich um eine Ähnlichkeit zu kümmern. Mir ging es nur um die Probleme des Aufbaus, der Beleuchtung, der Tonwertbestimmung, der Strichrichtung (bei der ich bereits an die Pinselstriche dachte) und der Farben. Leonardo da Vinci schrieb in seinem „Traktat über die Malerei" übrigens folgendes zum Thema Tonwertbestimmung und Strichrichtung:

> „Du mußt das hellste Licht und die dunkelsten Schatten erkennen; du mußt wissen, wo und in welchem Verhältnis sie sich mischen. Achte beim Aufbau der Körper auf die Richtung der Linien (die Strichrichtung), denn manche laufen in die eine und manche in die andere Richtung, und gelegentlich zeichnen sie sich weniger oder im Gegenteil stärker als sonst ab. Du machst raschere Fortschritte, wenn du dies berücksichtigst."

Studieren und in die Praxis umsetzen, diesen Weg haben alle großen Meister eingeschlagen – selbst die modernsten. Keiner von ihnen hat es unterlassen, alle Kunsttechniken auszuprobieren. Der Schriftsteller Françis Jourdain fragte Cézanne eines Tages:

„Welchen Rat würden Sie einem jungen Maler geben?"

„Er sollte kopieren, kopieren und nochmals kopieren. Er sollte ein Ofenrohr bis zur Perfektion nach der Natur zeichnen. Erst dann kann er bei der Malerei mitreden."

Und Picasso riet den jungen Leuten: „Beginnen Sie wie ich, und zeichnen Sie Ihre Modelle äußerst gewissenhaft bis zu den Fußzehen."

Ich selbst habe zahlreiche Nachmittage mit dem Zeichnen von mehr oder weniger vollendeten Köpfen und Gesichtern verbracht und mich auch einige Sitzungen lang nur mit sehr raschen Skizzen von maximal drei, manchmal sogar zwei Minuten befaßt. Dann habe ich geradezu fieberhaft gezeichnet und die Bleistiftmine oder den Filzschreiber nicht einen Augenblick vom Papier abgehoben. Wegen der äußersten Konzentration, die dafür erforderlich ist, rate ich Ihnen ebenfalls zu dieser Übung.

Also: „Lernen Sie zeichnen – und malen – durch Zeichnen."

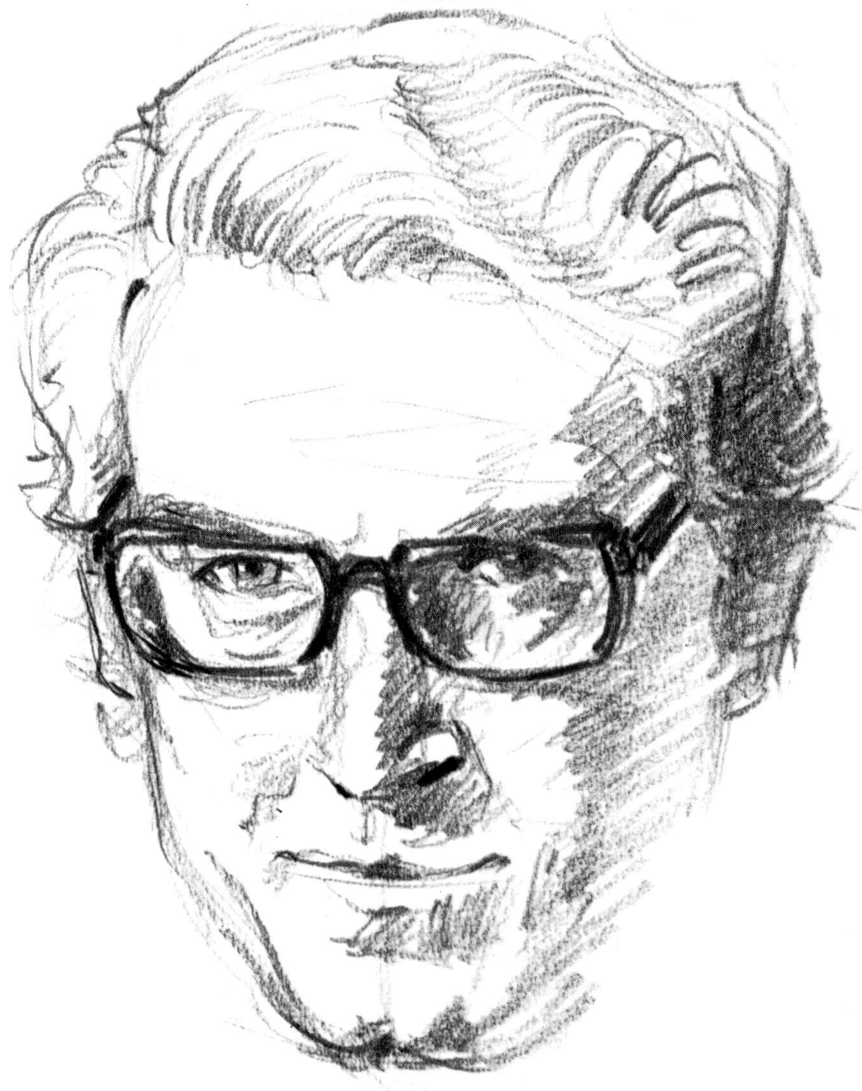

Abb. 71

In der leicht geneigten Position der beiden ersten Skizzen (Abb. 71 und 72) kann man den Kopf am einfachsten unbeweglich halten und den Blick dabei gleichzeitig in den Spiegel und auf das Zeichenbrett werfen. Die Skizze von Abbildung 71 wurde mit einem Bleistift höherer Qualität 3B auf Papier mit gleichmäßigem Korn vom Typ Canson angelegt. Dafür habe ich zunächst einen Rahmen geschaffen und die Form der Brille angelegt und gezeichnet. Anschließend konnte ich dann die Teilungslinien und die Proportionen des übrigen Kopfes bestimmen.

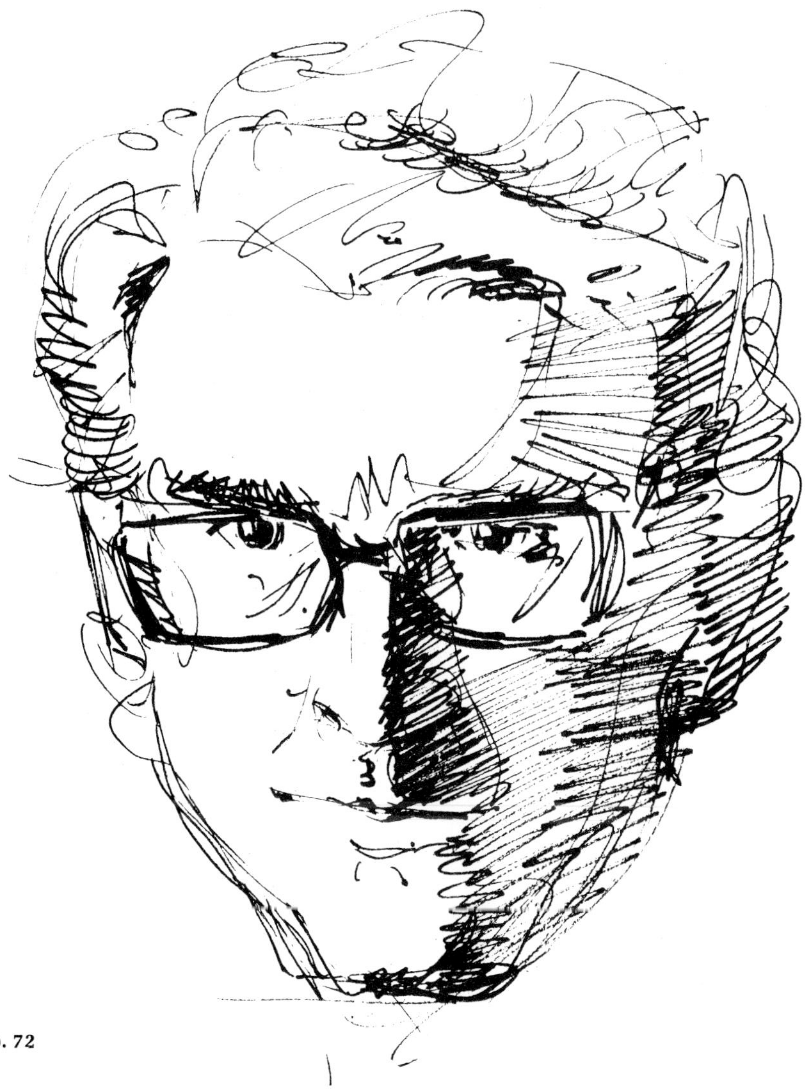

Abb. 72

Abbildung 72 zeigt eine äußerst rasche Skizze, die mit schwarzem Filzschreiber auf Papier gehobener Qualität (Canson) beinahe ohne abhebende Hand gezeichnet wurde. Sie können feststellen, daß sich manche Striche aufgrund des fieberhaften Zeichnens und Aufbauens ineinander verschlingen.

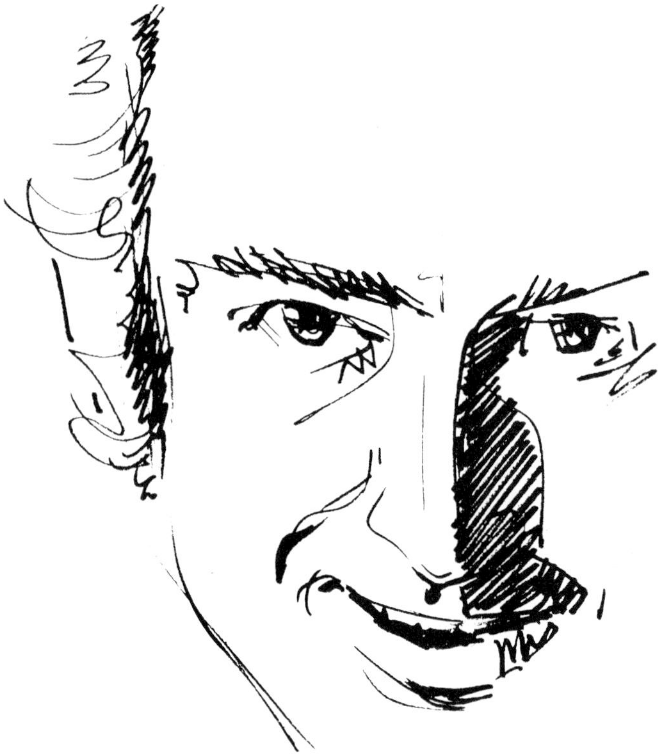

Abbildungen 73 und 74: Hier zwei Studien einer graphischen Synthese mit schwarzem Filzschreiber, bei denen ich mit so wenig Strichen wie möglich auskomnmen wollte. Beachten Sie die geringe Anzahl der Striche für die Augen und die Augenbrauen der linken Skizze.

Abb. 73

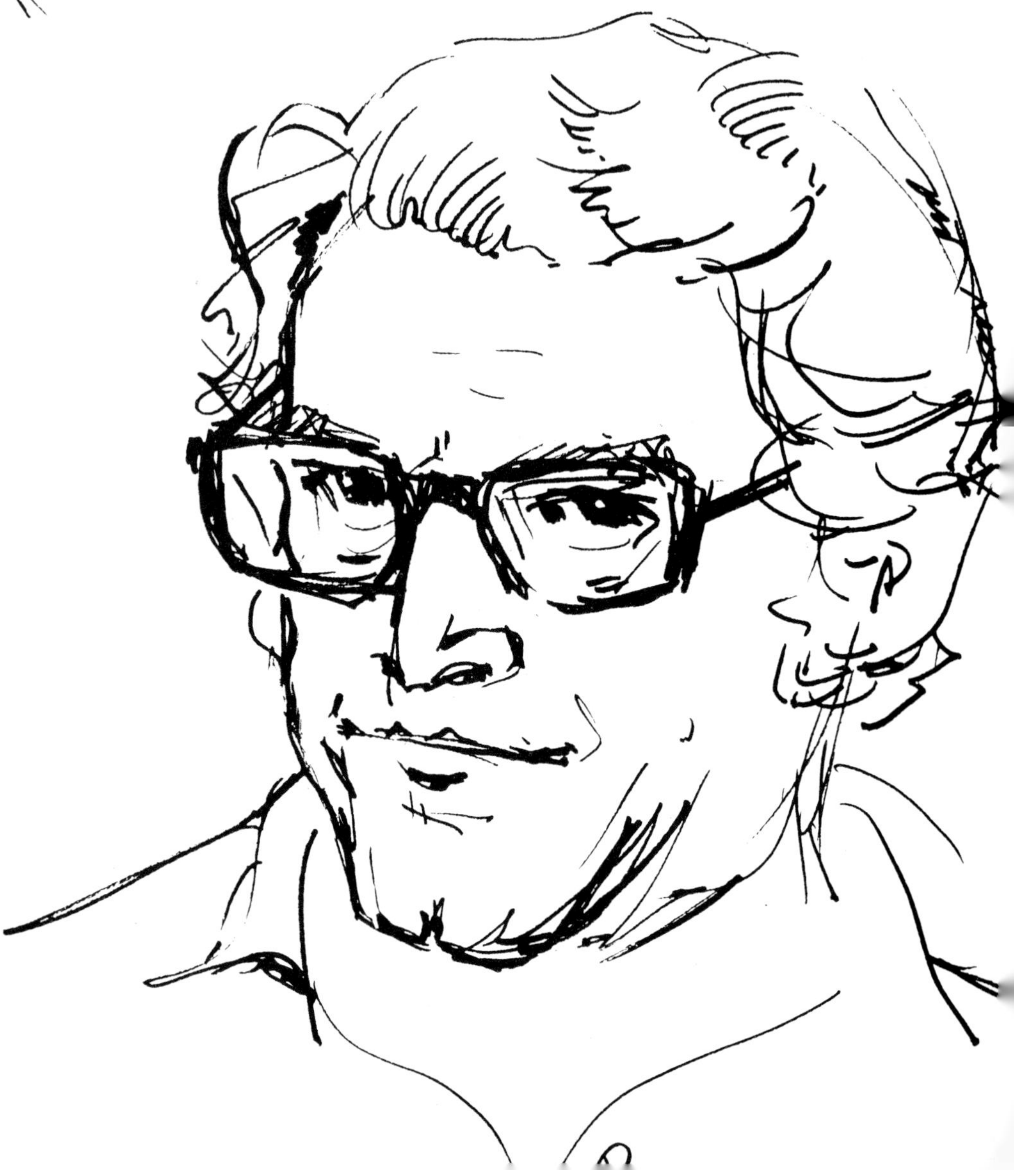

Abb. 74

Rötelkreide und Zeichenkohle

Rötelkreide und Zeichenkohle haben hinsichtlich der Instabilität, des Nuancenreichtums und der einfachen Anwendung eine gewisse Ähnlichkeit. Mit ihnen lassen sich leicht Grautöne und Abstufungen, sowie Skizzen normalen und großen Formats anlegen. (Normalerweise zeichnet man Porträtstudien mit Zeichenkohle in normalem Format).

Beide Materialien lassen sich gut mit den Fingerspitzen verstreichen, bei beiden kann man mit Hilfe des Radiergummis helle und mittlere Grautöne, Lichteinfälle und Spitzlichter anlegen.

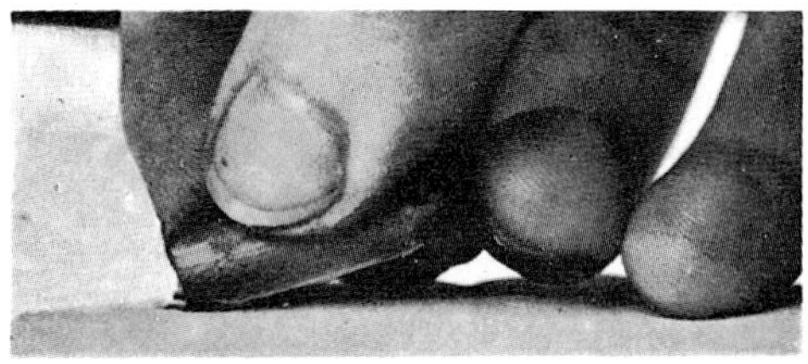

Abb. 75

Zeichenkohle ist in Form von etwa bleistiftlangen Holzkohlestäben erhältlich. Rötel wird als kleine Stangen aus mit Wasser und Lack verschmolzenen Erdfarben angeboten. Man bezeichnet sie übrigens auch als Kreiden, die in zwei oder drei Tönen erhältlich sind.

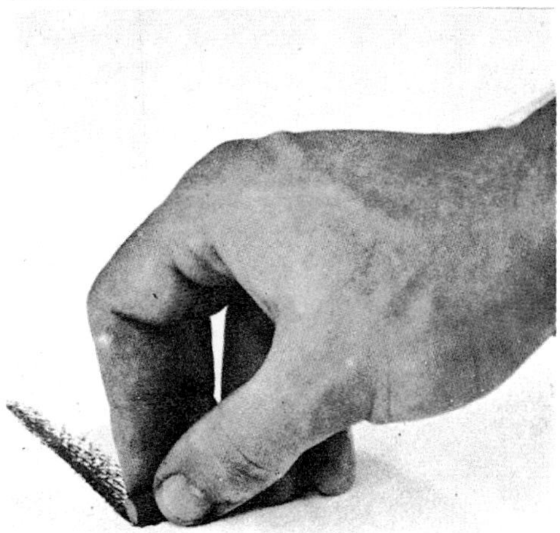

Abb. 76

Sowohl die Zeichenkohle, als auch die Rötelkreide benutzt man als ganze Stäbe, oder man bricht sie in kleine Stücke und zeichnet entweder mit der Kante, um feine Linien zu erzielen, oder mit der flachen Seite, mit der man bis zu 2 cm breite Striche zeichnen oder malen kann, wie auf Abbildung 76 zu sehen.

Rötelkreide und Zeichenkohle sind zweifellos die beiden besten Mittel, um Malen zu lernen. Die Arbeit mit ihnen ist in der Tat die Vorstufe zur Malerei.

Sowohl Rötelkreide als auch Zeichenkohle lassen sich mit Hilfe eines Fixativs auf der Basis von Gummi und Alkohol oder eines Spezialsprays aus dem Künstlerbedarfsgeschäft übersprühen.

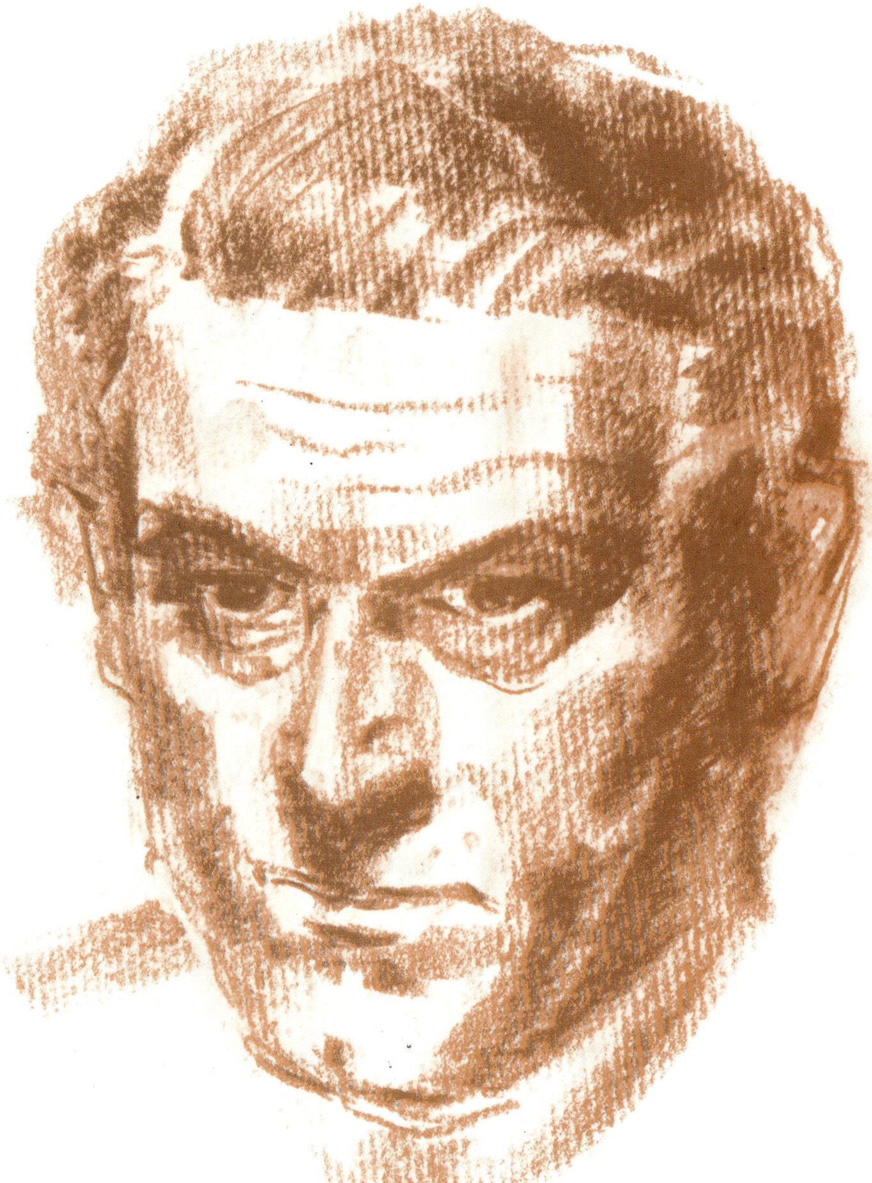

Abb. 77

Abbildung 77: Hier eine mit Rötelkreide auf Büttenpapier gezeichnete Skizze, bei der das Korn gut sichtbar ist.

Abbildung 78: Auf der gegenüberliegenden Seite sehen Sie eine Skizze, die mit einem flach aufgelegten Stück Rötelkreide auf normalem Zeichenpapier angefertigt wurde.

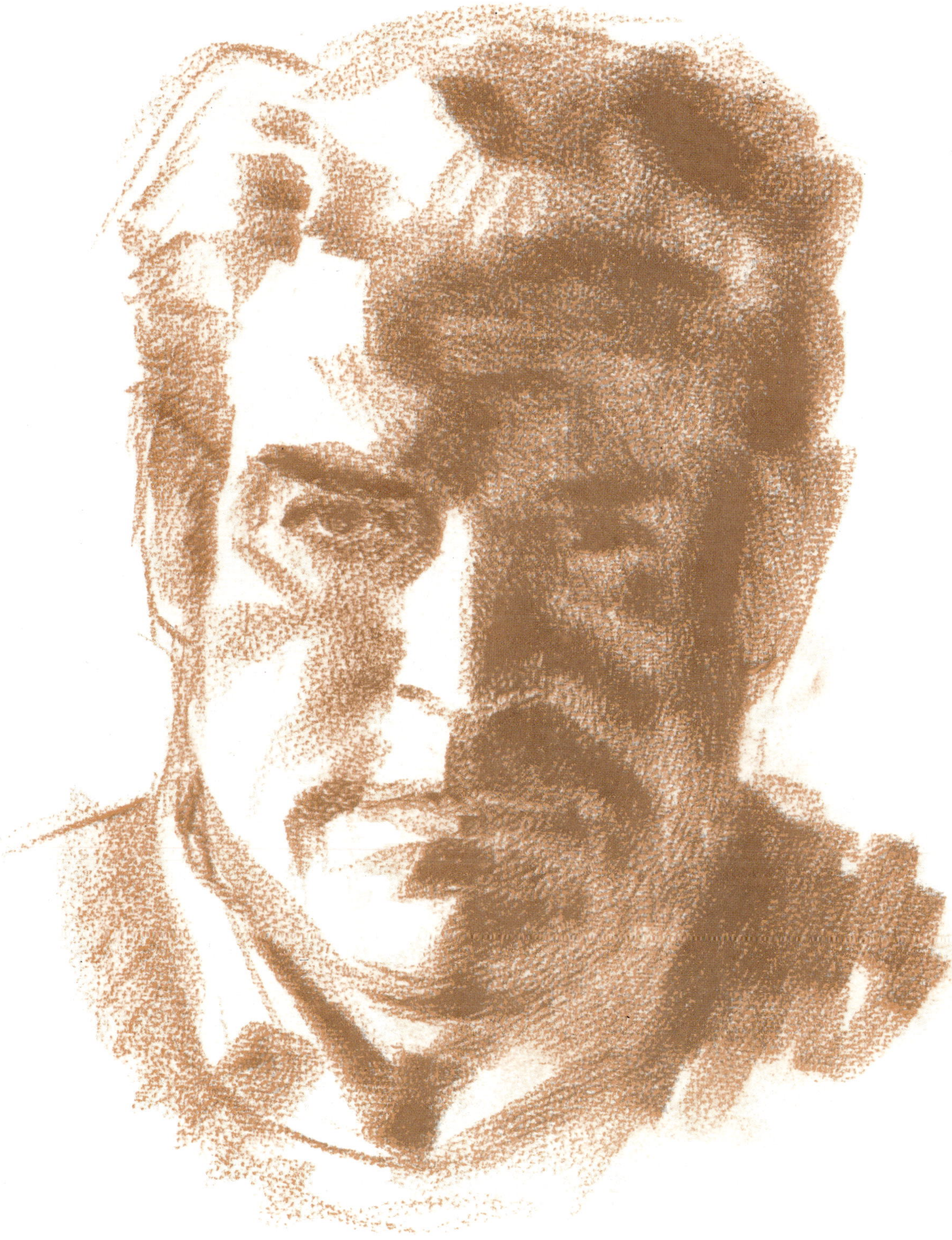

Abb. 78

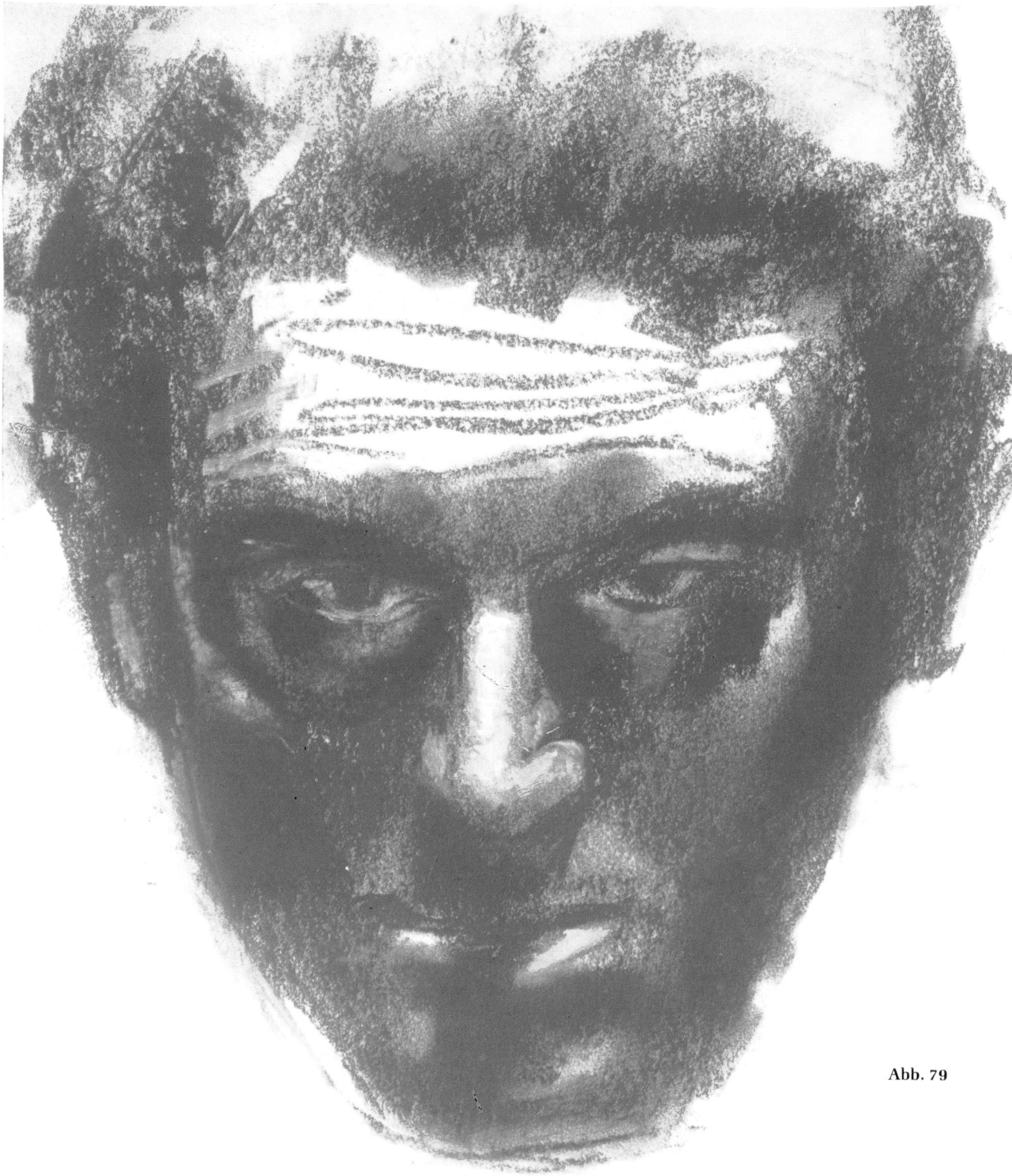

Abb. 79

Abbildung 79: Eine bei Kunstlicht hergestellte Studie. Durch die halbgeneigte Kopfhaltung entsteht jene besondere, so dramatische Wirkung von Licht und Schatten, die so lange überarbeitet werden muß, bis eine stark aufgebaute Zeichnung wie die von Abbildung 80 entsteht.

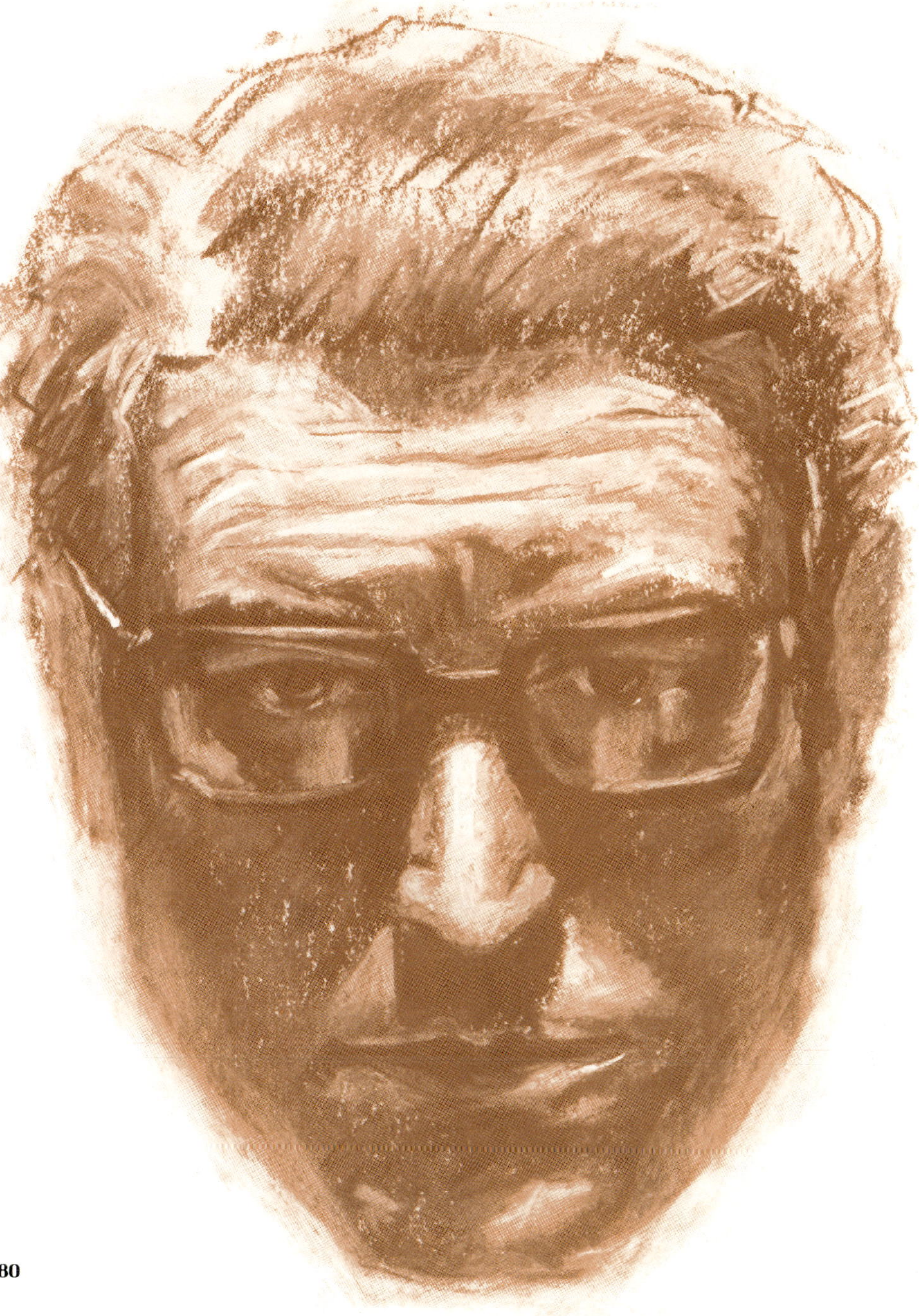

Abb. 80

Abbildung 80: Und hier haben wir sie – mit Rötel und weißer Kreide auf Canson-Papier von mittlerem Korn gezeichnet (man könnte sogar sagen: gemalt). Beachten Sie die Einzelheiten der Brille, die auf der vorigen Skizze noch nicht zu erkennen sind. Es bereitet keinerlei Schwierigkeiten, sie noch hinzuzufügen. Gleichzeitig bietet ihre geometrische und symmetrische Form eine wertvolle Hilfe bei der Umzeichnung und beim Aufbau des Gesichtes im allgemeinen. Das gilt insbesondere für die Breite des Kopfes sowie die Lage und die Maße der Augenbrauen, der Augen, der Ohren und der Nase.

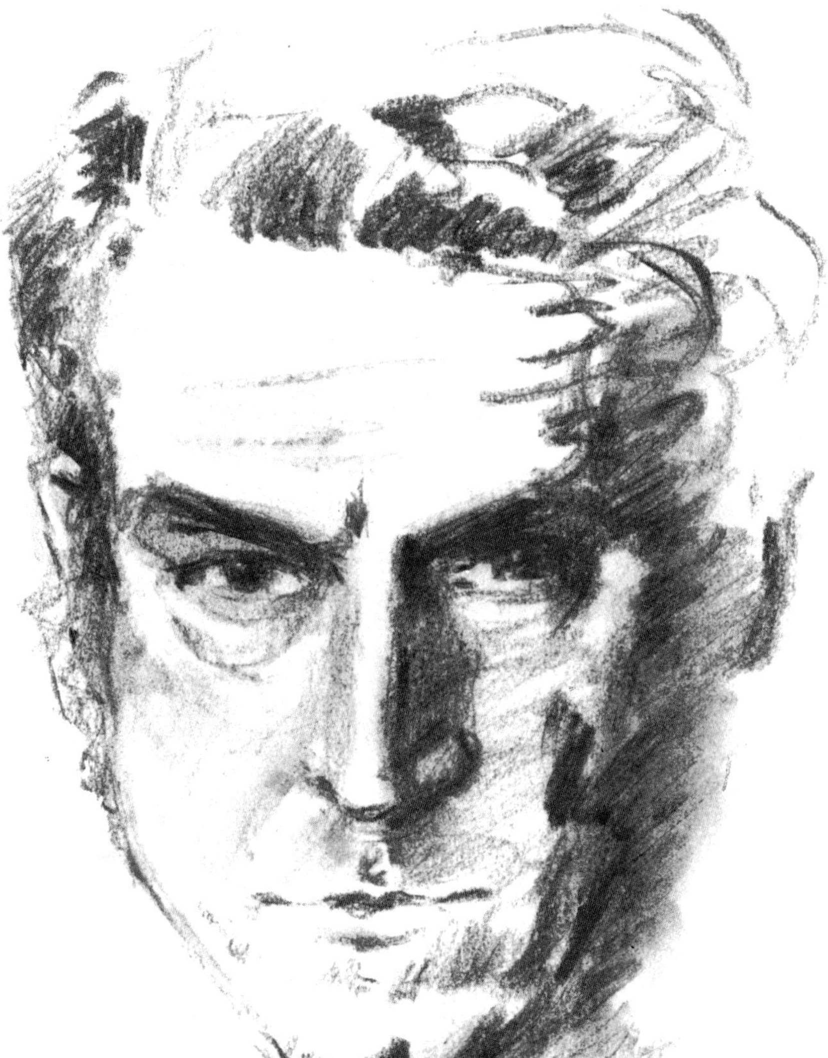

Abb. 81

Abbildung 81: Hier eine endgültige Skizze mit Zeichenkohle auf Canson-Papier von mittlerem Korn. Ich nehme an, Sie kennen Zeichenkohle und stimmen mit mir darin überein, daß sie eine der praktischsten, bildhaftesten und amüsantesten Ausdrucksmittel ist. Das gilt vor allem, wenn man mit einem jener weichen Stäbe arbeitet, die einen intensiven, satten Ton (wie man ihn manchmal auch mit Pastellkreide erhält) und ein einzigartiges Schwarz ergeben.

Ihr Selbstporträt in Farbe

Ich nehme an, Sie kennen die Farbentheorie. Erlauben Sie mir trotzdem, sie Ihnen vor allem anhand von Illustrationen kurz ins Gedächtnis zurückzurufen, damit sie Ihnen wieder gegenwärtig ist und Sie alle Möglichkeiten der Komposition und der Farbmischungen auf der Grundlage der chromatischen Gesetze, der Regeln über die Komplementärfarben, der Konstraste und der Farbinduktionen etc. voll ausschöpfen können.

Erinnern Sie sich, daß es für uns Maler nur drei Farben gibt, die durch keinerlei Mischung anderer zu erhalten sind. Daher nennt man sie die Grund- oder Primärfarben.

Grundfarben:
Gelb, Zyanblau und Pupur

Erinnern Sie sich ferner, daß sich (nach der Theorie von Newton und Young) aus diesen drei Grundfarben durch Synthese die sechs Farben des Sonnenspektrums oder des Regenbogens ergeben. Schließlich sollten Sie nicht vergessen, daß die paarweise Mischung der genannten Grundfarben drei weitere Farben ergibt, die sogenannten Zweit- oder Sekundärfarben.

Sekundärfarben:
Grün, Orangerot, Dunkelblau (violettstichig)

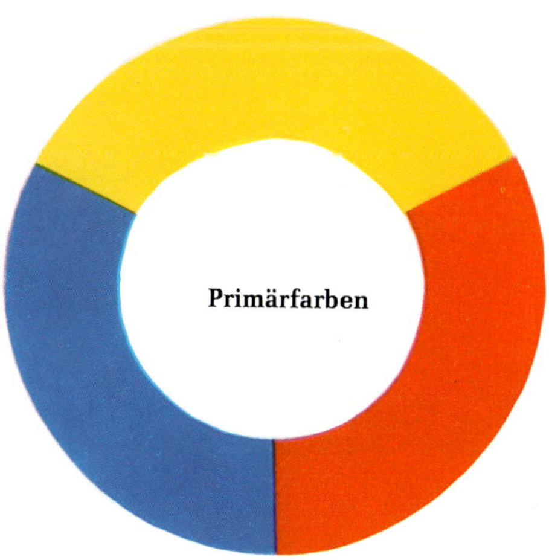

Abbildung 82: Für uns Maler sind die Grundfarben Gelb, Zyanblau und Magentarot.

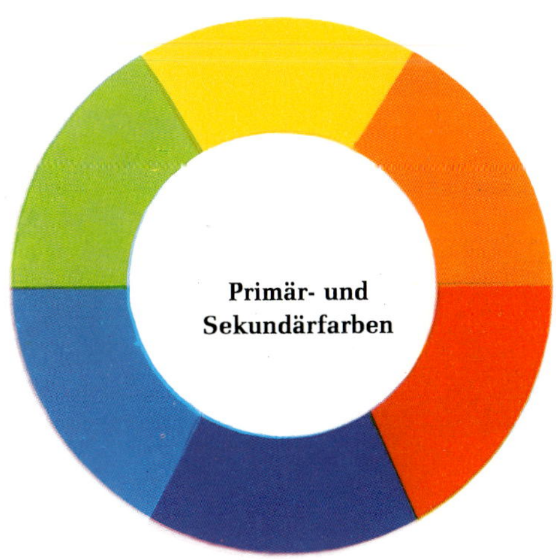

Abbildung 83: Die paarweise Mischung zweier Primärfarben ergibt die drei Sekundärfarben: Grün, Rotorange und Dunkelblau (violettstichig).

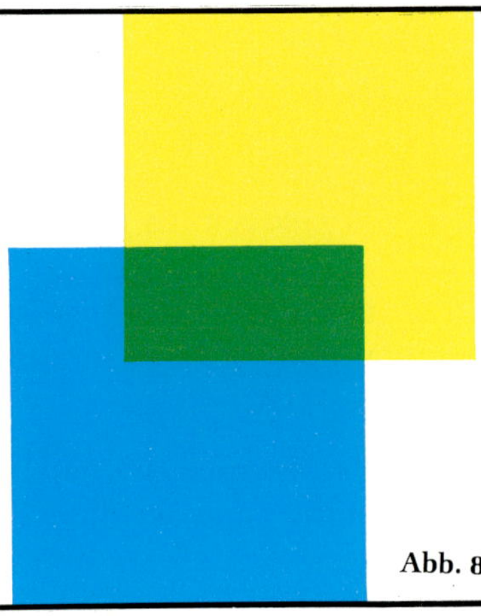

Abb. 84

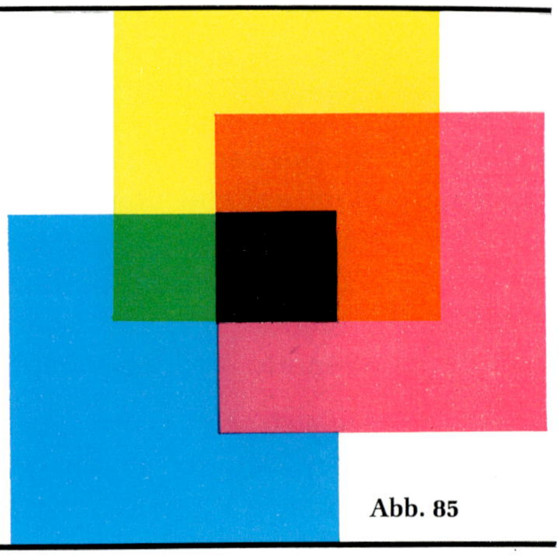

Abb. 85

Die obigen Abbildungen 84 und 85 zeigen, wie aus einer Mischung der drei Grundfarben die Sekundär- oder Zweitfarben entstehen. Die Überlagerung aller drei Grundfarben ergibt theoretisch Schwarz.

Mischen wir nun ebenfalls jeweils paarweise eine Grundfarbe und eine Zweitfarbe, erhalten wir eine Zwischenfarbe, Dritt- oder Tertiärfarbe genannt. Auf diese Weise verfügen wir über sechs weitere Farben.

Tertiärfarben:
Orange, Karmin, Violett, Ultramarin, Smaragdgrün und Hellgrün

Drei plus drei plus sechs = zwölf. Wir verfügen nun über zwölf unterschiedliche Farben, um den chromatischen Kreis (Abb. 87) zu bilden. Beachten Sie ebenfalls, daß die genannten Farben in derselben Anordnung im Sonnenspektrum auftauchen, und zwar mit einer noch größeren Anzahl von Zwischentönen (Abb. 86).

Abbildung 86: Die Skala der Regenbogenfarben erhält man durch das Zerlegen des Lichts im Sonnenspektrum. Das Spektrum enthält alle Farben der Natur.

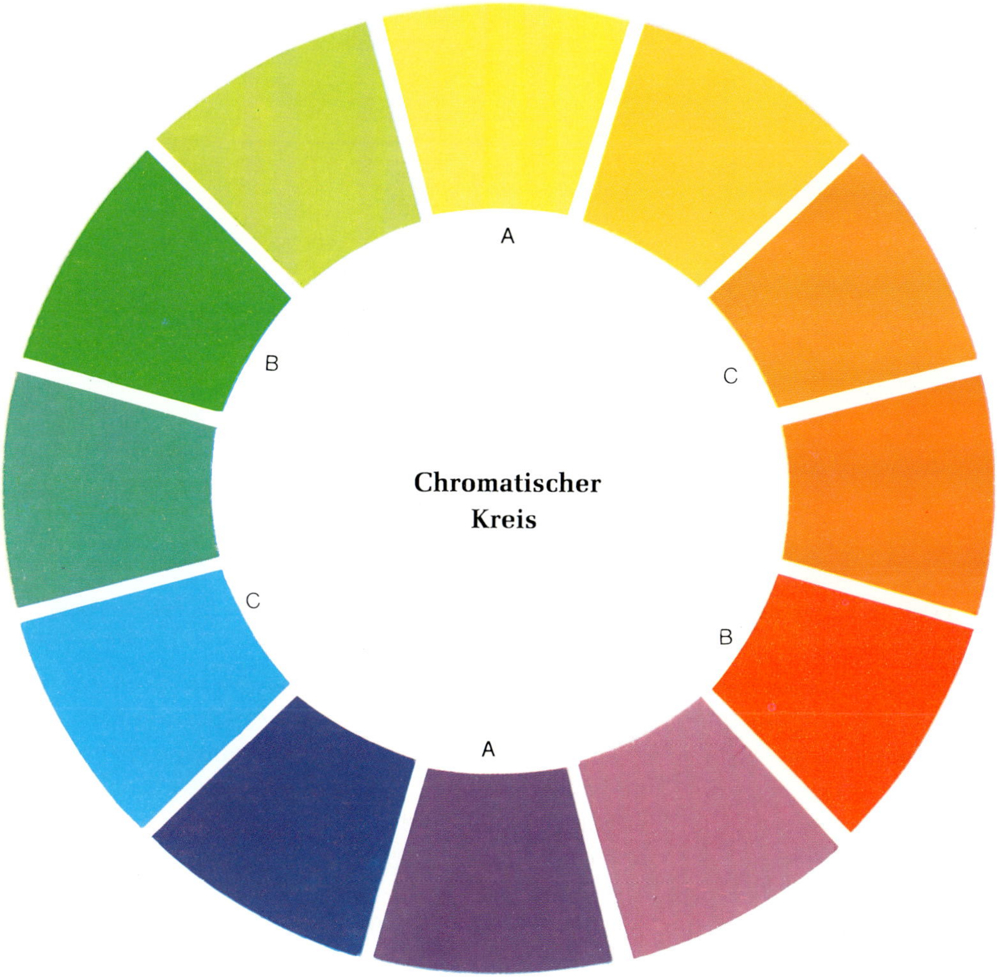

Abbildung 87: Der chromatische Kreis besteht aus den drei Primärfarben, den drei Sekundärfarben und den sechs Tertiärfarben. Beachten Sie, daß sich die Komplementärfarben paarweise gegenüberstehen: A-A Dunkelblau-Violett ist komplementär zu Gelb; B-B Grün ist komplementär zu Rot; C-C Orange ist komplementär zu Blau.

Wissen Sie noch, was Komplementärfarben sind?

Es handelt sich dabei um jene Farben, die als Lichtstrahl gebündelt zusammen das weiße Licht wieder herstellen. Für uns Maler, die nicht mit Lichtfarben, sondern mit Pigmentfarben arbeiten, führt die erneute Zusammensetzung der Farben dagegen zum umgekehrten Ergebnis:

Die Mischung zweier Komplementärfarben ergibt Schwarz.

Das geht aus den Abbildungen 84 und 85 deutlich hervor. Auf Abbildung 84 erhalten wir ein Grün. Die Überlagerung von Pupur und Grün auf Abbildung 85 ergibt Schwarz.

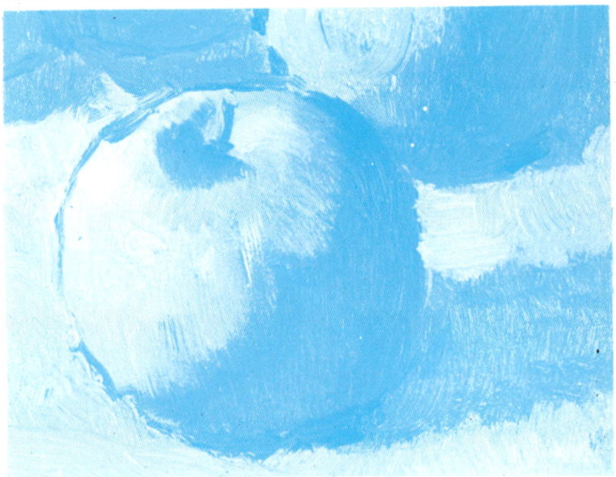

Abbildung 88: Im Schatten befindet sich immer Blau.

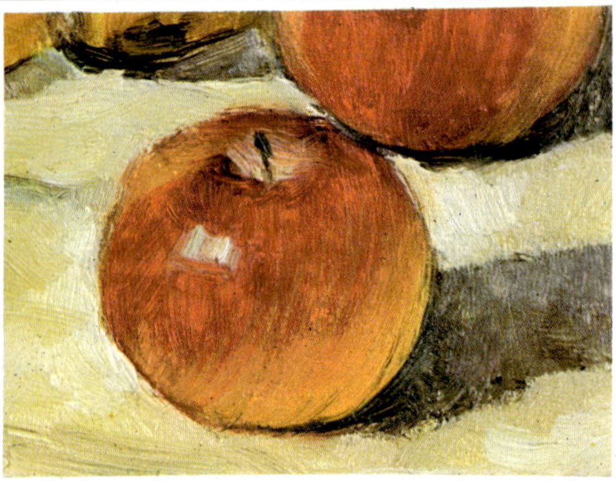

Abbildung 89: Im Schatten wirkt die Farbe dunkler.

Wo benötigt man diese Komplementärfarben?

Die Komplementärfarbe befindet sich jeweils im Schatten

Alle Körper enthalten prinzipiell drei Faktoren, die ihre Farbe bestimmen: Die Lokal- oder Eigenfarbe des Körpers, die tonale Farbe oder Schattenfarbe und die umgebende Farbe oder das von in der Nähe befindlichen weiteren Körpern zurückgeworfene Licht. Eine gründliche Untersuchung der tonalen Farbe zeigt uns ferner, daß mangelndes Licht die Körper blau tönt. Deshalb läßt sich sagen:

Im Schatten der Körper befindet sich immer Blau.

Gehen wir von dieser Feststellung und von der Tatsache aus, daß wir uns fast nie einer einfachen, das heißt reinen Farbe gegenübersehen, gelangen wir zu der Schlußfolgerung, daß sich in allen dem Licht oder dem Schatten ausgesetzten Körpern immer auch ein mehr oder weniger großer Anteil Blau befindet. Wir können also folgende Regel aufstellen:

Abbildung 90: Auch die Komplementärfarbe der Eigenfarbe ist Bestandteil des Schattens.

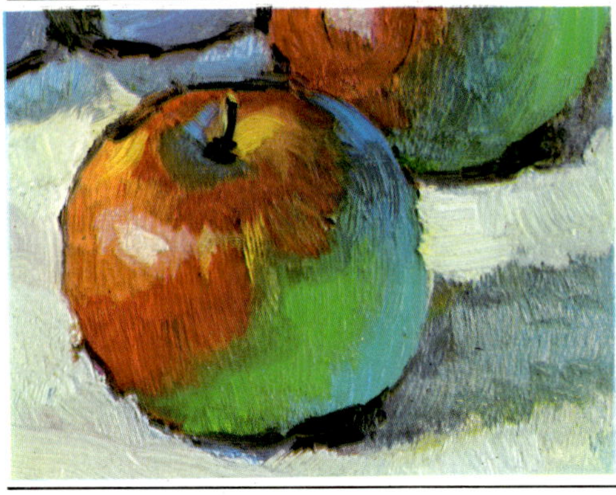

Abbildung 91: Die Mischung dieser drei Nuancen ergibt die Schattenfarbe.

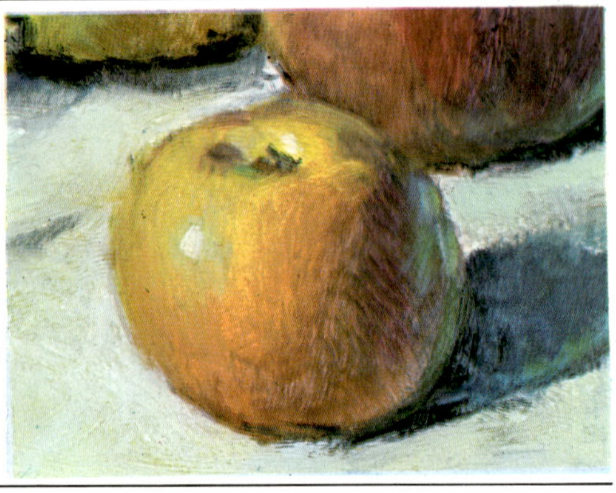

Abb. 92

Abb. 93

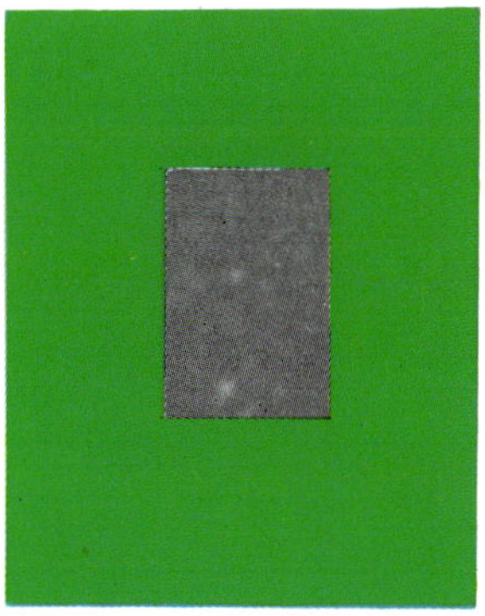

Abb. 94

In den Schattenfarben eines Körpers befinden sich die folgenden drei Farben:

a) Blau, das in allen Schatten enthalten ist,
b) die um einen Ton abgeschattete Lokalfarbe,
c) die jeweilige Komplementärfarbe der Lokalfarbe.

Die Abbildungen 88, 89, 90 und 91 bezeugen diese Regel und rechtfertigen die Notwendigkeit, die Farbe auch vom theoretischen Standpunkt unter Einbeziehung des Spiels der Komplementärfarben zu untersuchen.

Kontrast und Induktion

Betrachten wir zum Abschluß das Gesetz der sogenannten Simultankontraste. Es besagt:

Eine Farbe wirkt um so heller je dunkler die umgebende Farbe ist.

Wir erkennen auf den Abbildungen 92, 93 und 94, daß dasselbe Grau viel heller wirkt, wenn es von Rot, statt von Gelb umgeben wird. Aus derselben Abbildung geht hervor:

Malt man einen Hintergrund in Rotorange, erscheint die Form im Vordergrund leicht blaustichig.

Das Grau der Abbildungen 92, 93 und 94 erhält durch Induktion (oder aus Sympathie, wie man so schön sagt) eine leichte Nuance in der Komplementärfarbe seines jeweiligen Hintergrunds.

Um ein Wort Chevreuls aufzugreifen, der als einer der ersten diese Farbwirkung untersucht hat:

Jede Farbe wird durch ihre Komplementärfarbe neutralisiert.

Ihr Selbstporträt in Öl

Ölfarbe: eine königliche Malerei

Um die Bezeichnung „königliche Malerei" zu begreifen, die zahlreiche Kritiker und Künstler, die diese Farbe benutzen, der Ölmalerei verliehen haben, muß man sie zunächst mit den anderen Techniken vergleichen. Erinnern wir uns zum Beispiel, daß Pastellkreide sehr empfindlich ist, die Gouache zu schnell trocknet, man bei Aquarellfarben kein Weiß benutzen kann etc. Vor allem beim Malen der Fleischfarben erkennt man, daß kein anderes Verfahren als die Arbeit mit Ölfarbe einem die Möglichkeit gibt, das Leben selbst zu erfassen und darzustellen.

Der berühmte Philosoph und Kritiker Hegel spielte darauf an, indem er sagte, daß allein die Ölmalerei in der Lage sei, wirklich perfekt die Lebendigkeit der Fleischfarbe wiederzugeben; denn nur sie ermöglicht dank eines bildhaften Verfahrens die zartesten und einfühlsamsten Verschmelzungen, in dem die Übergänge so wenig zu erkennen sind, daß man nicht sagen kann, wo die eine Farbe aufhört und die andere beginnt.

Genau das ist der Vorzug der Ölmalerei: Man arbeitet mit einem undurchsichtigen Material, das restlos deckt, das man dick und kompakt, wie es aus der Tube kommt, anwenden kann oder auch transparent wie einen Schleier oder fein wie einen durchsichtigen Film, wenn man es mit einem geeigneten Mittel verdünnt. Die Farbe trocknet relativ rasch, aber doch nicht so schnell, als daß die nächsten drei oder vier Stunden nicht noch Retuschen oder das Verschmelzen und Mischen gewisser Farben mit anderen möglich wäre.

Wie Ihnen bekannt, bereiteten die alten Meister ihre Ölfarben selber zu, indem sie gewisse Materialien mit Erdfarben zerkleinerten und sie mit Hilfe von Öl und Lack mischten und banden. Diese handwerkliche Arbeit erforderte naturgemäß einen erheblichen Aufwand und brachte gewisse Risiken mit sich, deren größtes in einem Mischungsfehler bestand, so daß der Künstler mit instabilen Farben malte, die mit der Zeit schwarz wurden oder rissen.

Glücklicherweise bleibt uns diese Vorbereitungsarbeit mit all ihren Nachteilen heutzutage erspart. Die industrielle Fertigung von Ölfarben hat inzwischen absolute Vollkommenheit erreicht – vorausgesetzt natürlich, man hält sich an gute Markenprodukte.

Ölfarben werden heute im allgemeinen in Zinntuben von drei unterschiedlichen Größen angeboten. Die Hersteller von Ölfarben fertigen eine außordentlich große Farbauswahl an, die bis zu hundert und mehr unterschiedlichen Farben und Nuancen gehen kann. Es gibt jedoch eine, wenn man so will, klassische Zusammenstellung von Farben, die gewöhnlich von der großen Mehrheit der Künstler verwendet wird.

Die von Kunstmalern normalerweise verwendeten Ölfarben

Kadmiumgelb citron
*Cadmiumgelb mittel
*Lichter Oker
Siena natur
Siena gebrannt
*Umbra gebrannt

*Kadmiumrot mittel
*Krappkarmin dunkel
*Smaragdgrün
*Kobaltblau dunkel
*Ultramarin dunkel
*Preußischblau

*Titanweiß
Elfenbeinschwarz

Normalerweise kommt der Kunstmaler also abgesehen von Weiß und Schwarz, mit zwölf Farben aus. Auf drei davon, die als nicht so wichtig gelten, kann man gegebenenfalls verzichten. (Es handelt sich um jene, die in der Aufzählung ohne Sternchen erscheinen.) Weiß ist dagegen nicht nur unverzichtbar, man braucht es sogar wesentlich mehr als alle anderen Farben, da es in den meisten Mischungen vertreten ist. Schwarz könnte man gegebenenfalls fortlassen. Das tun übrigens viele Künstler, denn sie mischen es mit Hilfe von Preußischblau und Umbra gebrannt oder Grün und Karmin selbst und modifizieren dabei den jeweiligen Anteil der einen oder anderen Farbe, je nachdem, ob das Schwarz einen bläulichen, karminartigen oder gebrannten Stich besitzen soll.

Zum Malen mit Ölfarbe benutzt man Schweinsborstenpinsel mit einer Aluminiumklemme und einem lackierten Holzstiel, die insgesamt etwa 30 cm lang sind. Je nach Form ihrer Haarkörper können die Pinsel rund, flach oder in der sogenannten Katzenzungenfaçon angefertigt sein (siehe Seite 68). Die Dicke des Haarkörpers und damit die Stärke des Pinsels wird im allgemeinen durch in den Stiel eingedruckte Ziffern angegeben, die jeweils in Zweierabstand von 0 bis 22 reichen (0, 2, 4, 6 etc.). Für gewisse Effekte und manche Striche benötigt man zusätzlich Rotmarderpinsel.

Liste der Kunstmalern normalerweise benutzten Pinseln

Ein Schweinsborstenpinsel rund, Nr. 4
Ein Rotmarderpinsel rund, Nr. 4
Ein Rotmarderpinsel rund, Nr. 6
Ein Schweinsborstenpinsel flach, Nr. 4
Ein Schweinsborstenpinsel flach, Nr. 6
Ein Schweinsborstenpinsel flach, Nr. 8
Zwei Schweinsborstenpinsel flach, Nr. 12
Ein Schweinsborstenpinsel (oder Katenzungenfaçon), Nr. 14
Ein Schweinsborstenpinsel flach, Nr. 20

Ölfarben lassen sich verdünnen. Dazu benötigt man je nach Notwendigkeit Terpentinersatz, Leinöl oder einen harzhaltigen Lack. Nicht raffiniertes Terpentin (man kann es normalerweise benutzen, wie es ist) unterdrückt das Öl in der Farbe und verleiht dem getrockneten Bild ein mattes Aussehen. Leinöl- oder harzhaltige Lacke verzögern das Trocknen der Farbe ein wenig. Außer in Fällen, in denen man mit einer stark verdünnten Farbe arbeiten möchte, sollte man die Farbe so verwenden, wie sie aus der Tube kommt.

Zur Anwendung der Verdünnungsmittel sind im Handel spezielle Näpfe erhältlich, die sich an der Palette befestigen lassen. Auf Abbildung 95 ist das gut zu erkennen.

Geläufige Farbkarte

✻Kadmiumgelb citron

✻Kadmiumgelb mittel

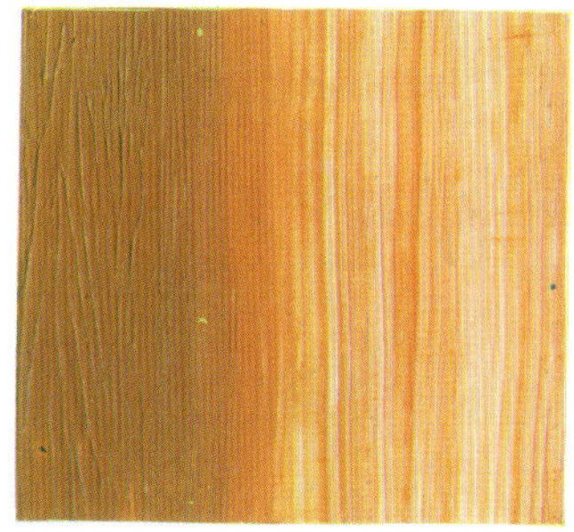

✻Lichter Ocker

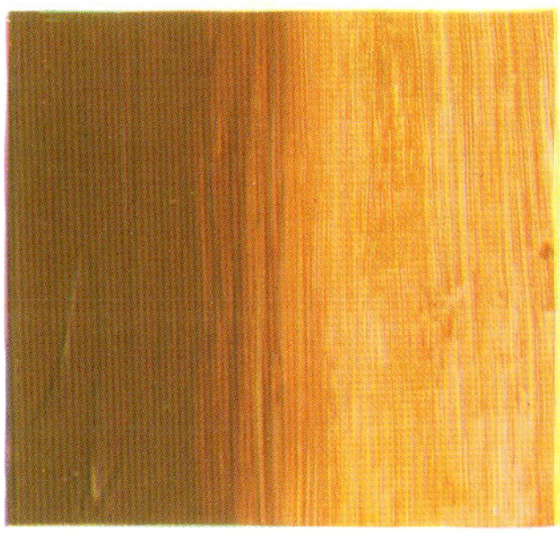

Siena natur

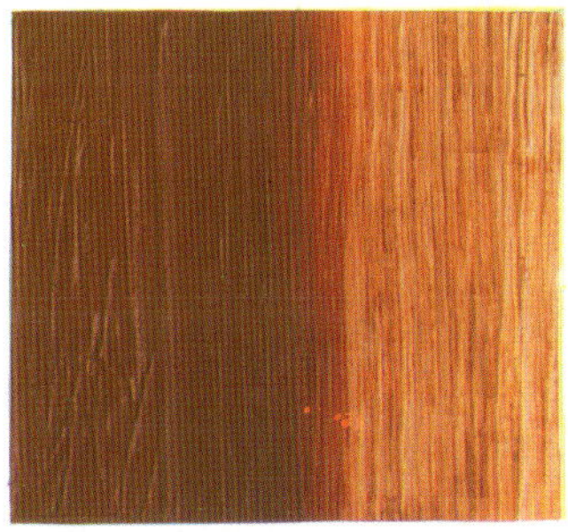

Siena gebrannt

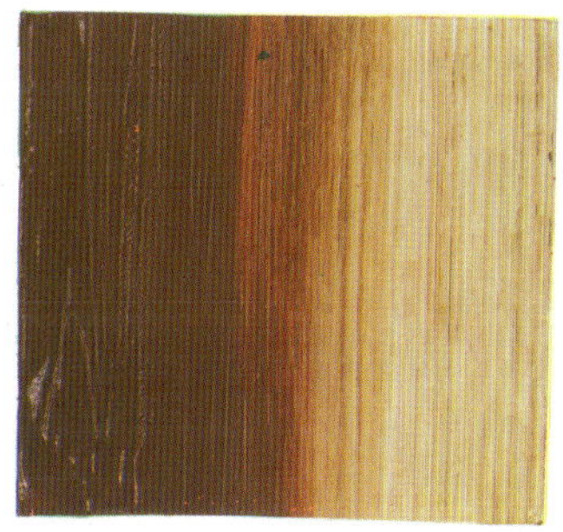

✻Umbra gebrannt

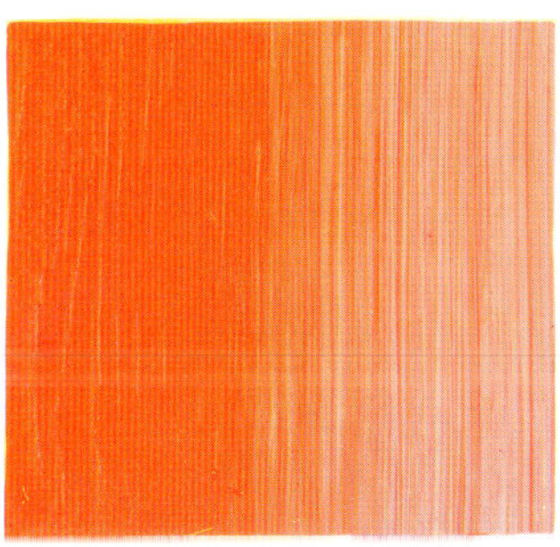

Kadmiumrot mittel

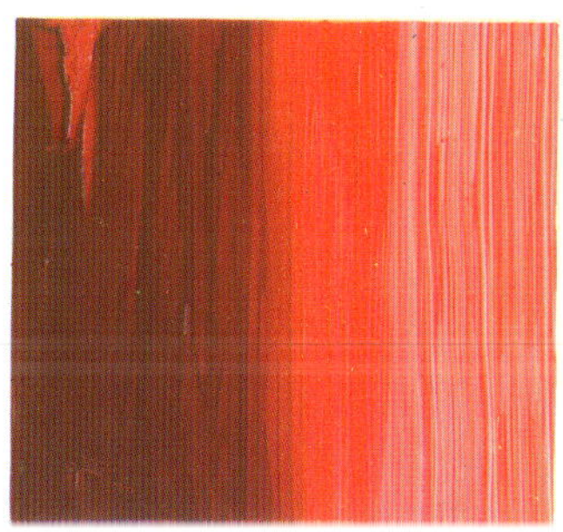

✻Krappkarmin dunkel

✻Smaragdgrün

Kobaltblau dunkel

✻Ultramarin

✻Titanblau

Zu dieser Aufstellung kommt noch Titanweiß

Schweinsborstenpinsel für die Arbeit mit Ölfarben (von links nach rechts: mit rundem, von einem Faden umwickelten Haarkörper, um die Spitze in Form zu halten; mit flachem Haarkörper sowie mit Haarkörper in der sogenannten Katzenzungenfaçon).

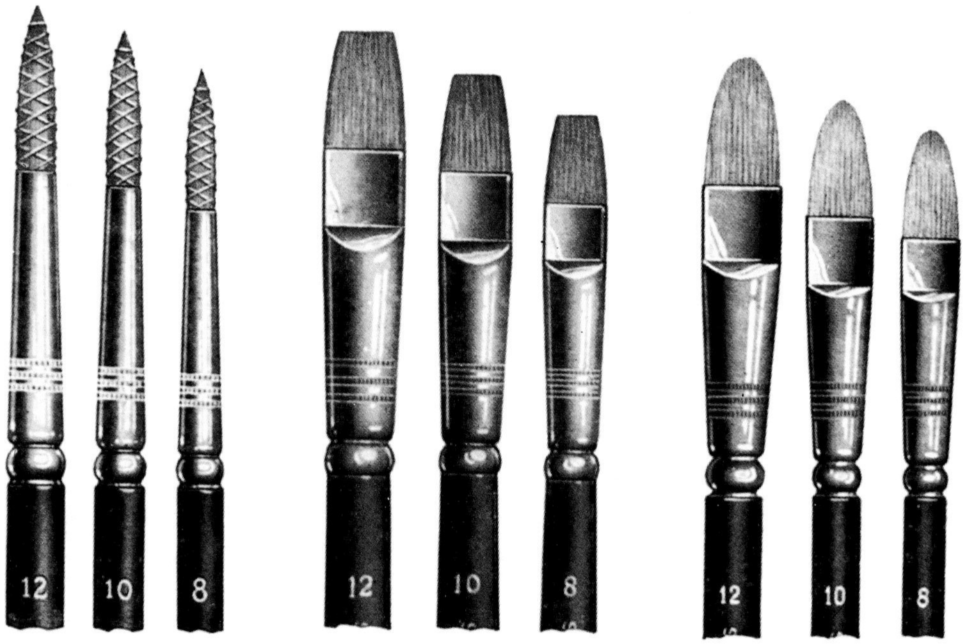

Hier sechs Spachtelmodelle, die normalerweise bei der Ölmalerei benutzt werden. Die Spachteln 2 und 5 besitzen die charakteristische Form einer Maurerkelle. Man verwendet sie für die sogenannte Spachteltechnik.

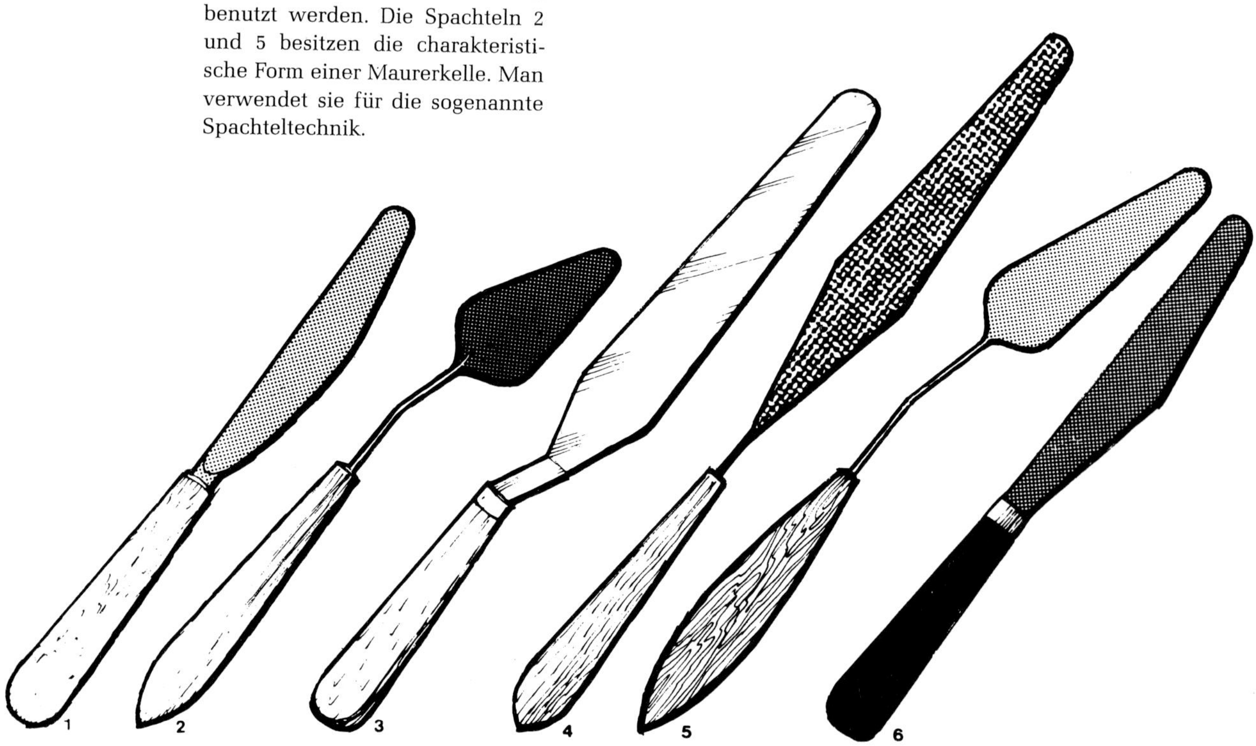

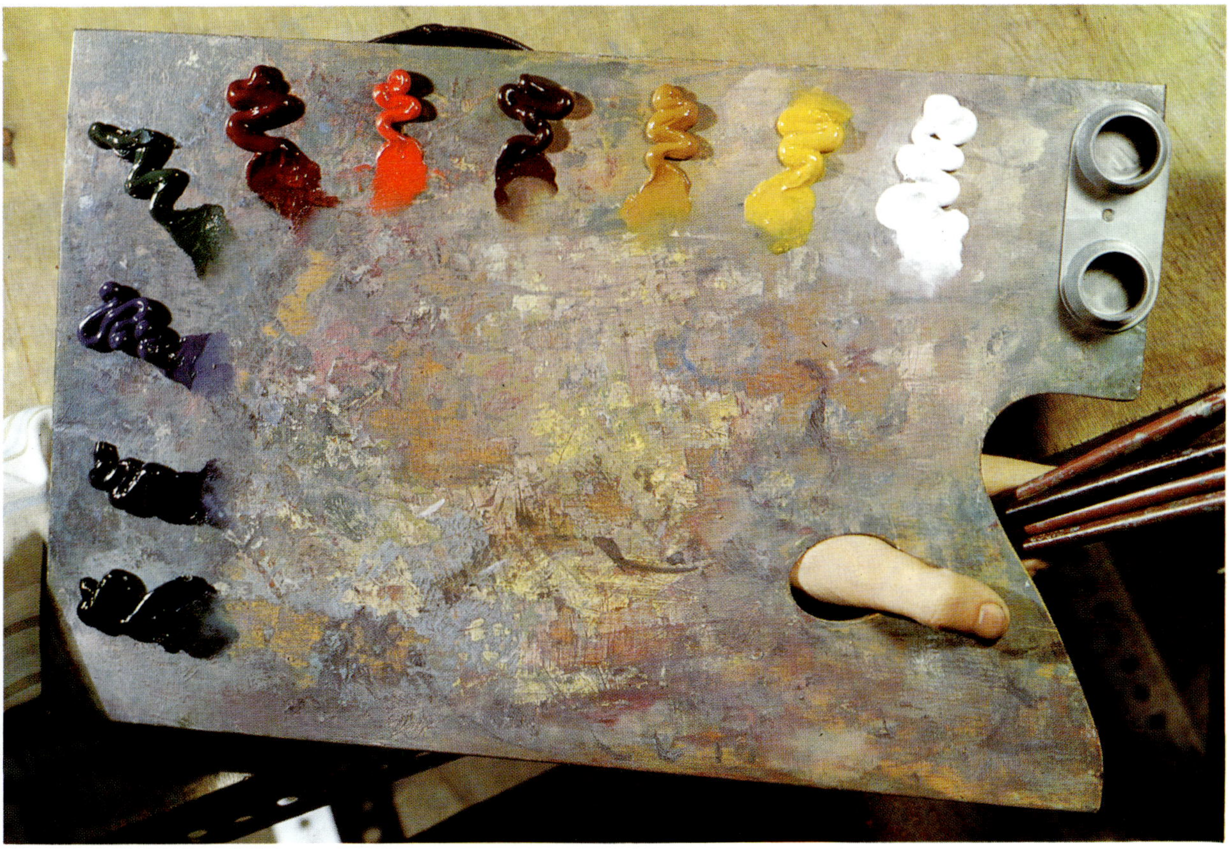

Abb. 95

Zum Mischen und Komponieren der Farben benötigt man eine Palette, die sowohl rechteckig als auch oval sein kann. Die klassischen Paletten sind aus Holz. Die Verteilung der Farben auf der Palette ist von einer gewissen Bedeutung. Man sollte immer dieselbe Reihenfolge einhalten. Auf diese Weise kennt man die jeweilige Lage und kann rascher und fehlerloser arbeiten. Abbildung 95 zeigt, wie die auf Seite 67 mit einem Sternchen versehenen wichtigsten Farben einschließlich Titanweiß angeordnet werden sollten.

Mit Ölfarbe malt man normalerweise auf Leinwand oder einem zuvor mit Schlämmkreide, Leinöl und Lack vorbereiteten Leinentuch. (Auch graue sowie mit Siena getönte Leinwand ist im Fachhandel erhältlich.) Die Leinwand ist in einen standardisierten Keilrahmen gespannt, dessen Maße einer internationalen Tabelle entsprechen. Die Rahmen sind von 1 bis 120 durchnummeriert und werden in drei Formaten, nämlich Gestalt, Landschaft und Seestück angeboten. Das rechteckige Format „Gestalt“ ähnelt etwas mehr einem Quadrat als der Rahmen für das „Seestück“, der länglichere Proportionen besitzt. Wie wir noch sehen werden, führt man Porträts und Selbstporträts im allgemeinen im Format „Gestalt“ aus. Dafür gibt es jedoch keine verbindliche Regel.

Außer auf der Leinwand kann man mit Ölfarben auch auf zuvor vorbereiteter Pappe und auf Holz sowie auf Zeichenpapier arbeiten (zum Beispiel von Canson).

Die Pinsel können bei der Ölmalerei durch Spachtel ersetzt werden. Bei diesen Spachteln handelt es sich um leichte, biegsame Messer aus Eisen, mit denen sich die Farbe wie mit einem Pinsel aufnehmen und verteilen läßt. Natürlich führt diese Malweise zu einem ganz speziellen Erscheinungsbild und Stil, der sich allerdings nur wenig für ein Porträt oder Selbstporträt eignet.

Abgesehen von den üblichen Utensilien, wie Staffelei, Malkasten und einen Beistelltisch, benötigt man für die Ölmalerei einige saubere Tücher oder Papiertücher.

Es gibt in der Ölmalerei mehrere Techniken, die sich hinsichtlich der Schnelligkeit ihrer Ausführung erheblich unterscheiden. Diese Techniken lassen sich in zwei Kategorien unterteilen: Die sogenannte Schichtenmalerei und die direkte Malweise, auch Primamalerei genannt.

Die Technik der Schichtenmalerei

Kennzeichen dieser Malerei ist, daß das Bild in mehreren Sitzungen angefertigt wird und die Farbe jeweils halb- oder völlig trocken ist, bevor man weitermalt. Aufbau und Farbmischungen werden bis zur Perfektion durchgearbeitet. Dies ist die Technik der großen alten Meister, zum Beispiel auch die von Ingres (ohne daß die Schichtenmalerei zwangsläufig zu einem formellen, präzisen und bis ins Detail ausgefeilten Endergebnis führen muß). Die Anfertigung des Bildes erfolgt schrittweise und in aller Ruhe nach einem vorherigen Aufbau oder einer ausgearbeiteten Vorzeichnung. Im ersten Stadium malt man ganz nüchtern mit der dominierenden Farbe, häufig – ja meistens – mit einer einzigen, zum Beispiel Siena oder einem Graugrün etc., mit der der Künstler das Bild zunächst aufbaut und zur Geltung bringt. Anschließend folgen mehrere Arbeitssitzungen. Eine Schicht wird über die andere gelegt und bereichert Form und Farbe. Während der letzten Sitzungen kann man dann noch einige Lasuren darüberlegen, also eine äußerst transparente Ölfarbe benutzen, die die ursprüngliche Farbe modifiziert oder intensiviert.

Nach der dritten oder vierten Sitzung erreichen die während der ersten Etappen aufgetragenen Farben ein halbtrockenes Stadium mit jenem typischen „Biß“, der es dem Künstler ermöglicht, einen wie abgerieben wirkenden durchscheinenden Farbauftrag zu erreichen, der dem Werk Spontaneität und strukturellen Reichtum verleiht. Manche Künstler benutzen diese letzte oder vorletzte Etappe auch, um gewisse Stellen ihres Bildes in der Technik der direkten Malerei anzulegen.

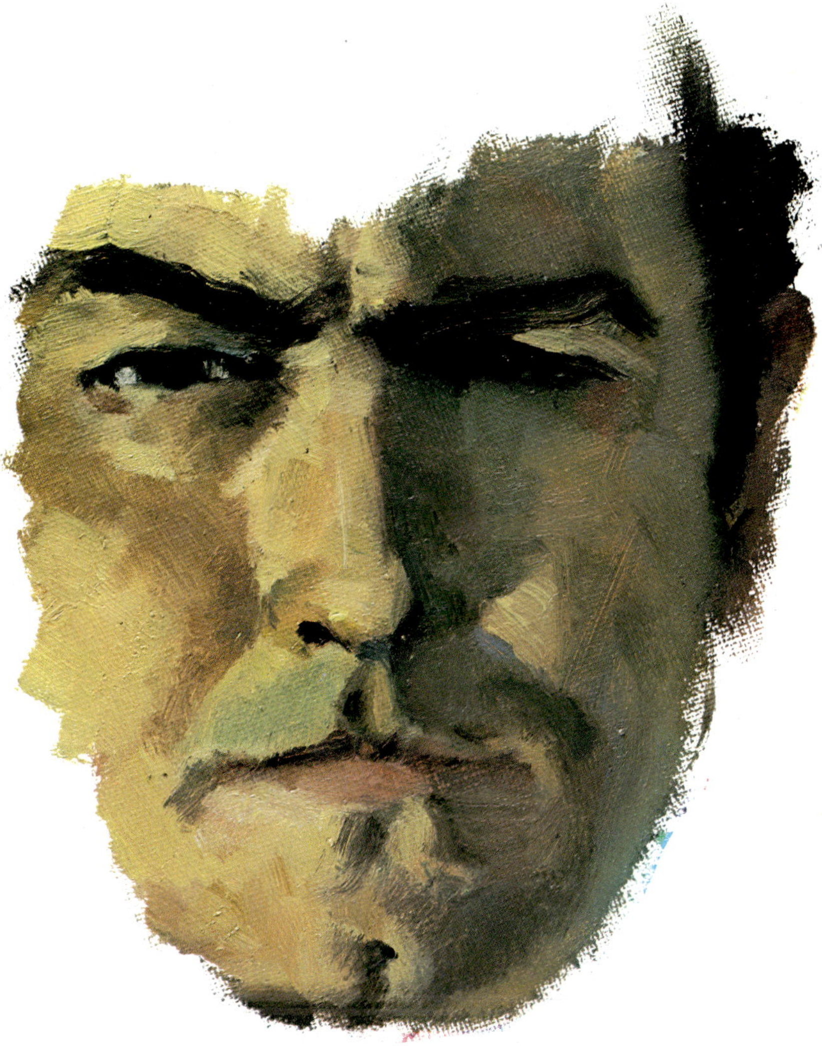

Abb. 96

Die Primatechnik

Dieses Malverfahren ist erheblich anspruchsvoller als die Schichtenmalerei. Der Künstler muß hier sein Endergebnis von vornherein im Kopf haben. Er muß die Zeichnung, das Volumen und die Farben im voraus bestimmen und, um einen Ausspruch Cézannes aufzugreifen, „alles in einem Zustand der Erregung erledigen". Abgesehen von der Sorge, den Leiden, der Ungewißheit und der Erregung während der Herstellung des Bildes erlebt der Künstler bei der Primamalerei den Schöpfungsakt intensiv mit; er malt spontan und „mit großen Pinselstrichen“. Man verzichtet auf Details und Manieriertheit und gelangt – zumindest zum Teil – mit dieser Methode zu einer dynamischen, modernen und aktuellen Malweise.

Hier fünf Ratschläge oder Grundregeln zur Arbeit in der Primatechnik:

– Tauchen Sie einen Pinsel in einer je nach der Dominanten stark verdünnten grauen, graublauen oder sienagetönten Farbe, und deuten Sie alle dunklen Zonen an.

– Malen Sie zunächst die wichtigsten Stellen mit einer ganz leichten, stark mit Terpentin verdünnten Farbe. Tragen Sie die Schicht wie einen Film auf, damit Sie das Weiß der Leinwand eliminieren und einen annähernden Ton erhalten.

– Präzisieren Sie die Farbe der großen Flächen, die keine Detailarbeit erfordern, nun mit einer mehr oder weniger dicken Schicht.

– Malen Sie das übrige, und zwar mit jeder Farbe einzeln, um die Probleme des Volumens zunächst einmal durch aufeinanderfolgende Flächen und dann durch Mischung der nebeneinanderliegenden Farben zu lösen.

– Erledigen Sie die letzten kleinen Einzelheiten mit einem Rotmarderpinsel und mit Leinöl und ein wenig Terpentin verdünnter Farbe.

Die Primamalerei ist keine bequeme Technik. Sie erfordert viel Arbeit, wenn man ein befriedigendes Ergebnis erzielen will.

Notfalls kann man bei der direkten Malweise sogar auf eine Vorzeichnung oder Vorstudie verzichten und unmittelbar mit der Farbe auf der weißen Leinwand malen. Der erste und beinahe einzige Pinselstrich ergibt dann gleichzeitig die Zeichnung, die Form, das Volumen und die Farbe.

Betrachten Sie als Beispiel auf Abbildung 97 den Ausschnitt eines Porträts, das in dieser Technik hergestellt wurde. Sie stellen fest, daß die Farbschicht an den beleuchteten Stellen oder für die hellen Farben dichter ist, denn sie muß ja deckend sein und das Endstadium erreichen. Für die dunklen und abgeschatteten Zonen muß man die Farben dagegen in dünnen Schichten auftragen, um anschließend, falls nötig, noch einmal mit einem helleren Ton darübergehen zu können.

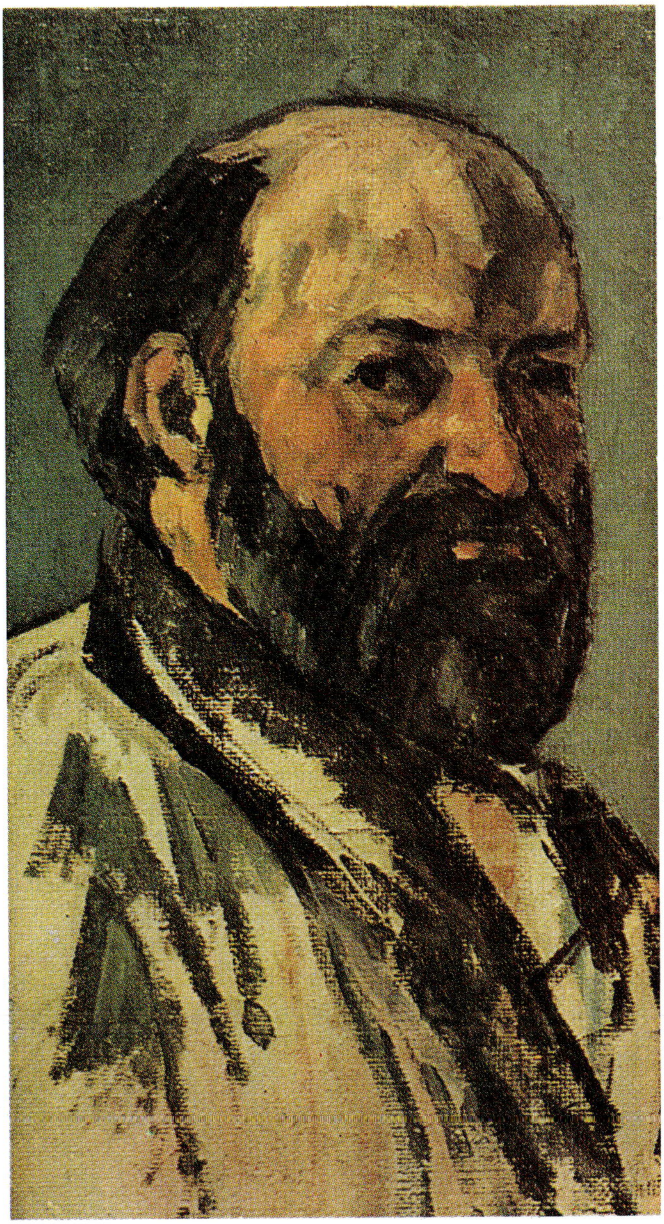

Abb. 97

Cézannes Selbstporträt (oben) ist ein Beispiel für die Technik der Primamalerei. Dieses Selbstporträt hat der Künstler, ohne sich um die Ähnlichkeit zu kümmern, unmittelbar gemalt. Trotzdem ähnelt es ihm!

Zweifellos handelt es sich um eine schwierige Technik. Sie ist jedoch anwendbar, wenn Sie sich die Mühe machen, zuvor vor dem Spiegel mehrere Studien mit Bleistift, Zeichenkohle oder Rötelkreide anzufertigen sowie eine Farbskizze herzustellen.

Die Fleischfarben und die Harmonisierung der Farben

Die Harmonisierung der Farben erfolgt im Prinzip durch die Natur. Die Lichtquelle, die das Modell beleuchtet, zwingt zur Benutzung einer bestimmten Farbskala. Malen Sie zum Beispiel um elf Uhr morgens, wenn die Sonne hoch am Himmel steht, in einem Atelier mit weißen Wänden, sind die Farben generell blaustichig. Um vier Uhr nachmittags haben die Farben im selben Atelier, wenn die Sonne durchs Fenster hereinfällt, dagegen einen Orangestich.

Die Harmonisierung der Farben ergibt sich durch die Übereinstimmung der Farben untereinander. Um zu dieser Übereinstimmung zu gelangen, arbeitet der Künstler mit unterschiedlichen Farbskalen. Der Ausdruck „Farbskala" beschreibt eine Folge perfekt geordneter Farben. Diese Folge oder Skala wird am vollendetsten durch die Zerlegung des Lichtes im Sonnenspektrum erreicht. Aufgrund dieses Sepktrums, das wir als chromatischen Kreis auf Seite 61 und hier auf den Abbildungen 98 und 99 wiedergeben, können wir zwei grundsätzliche Farbskalen bestimmen und untersuchen.

Die thermische Farbskala

Die beiden zuvor genannten Beispiele mit der hoch- und der niedrigstehenden Sonne beziehen sich auf die Temperatur des Raumlichtes. Daraus folgt, daß es sowohl kalte als auch warme Farben gibt. Wir müssen unseren chromatischen Kreis daher in zwei Farbskalen einteilen.

Harmonieskala der kalten Farben

Hierbei handelt es sich im wesentlichen um die Farben Hellgrün, Grün, Smaragdgrün, Zyanblau, Ultramarin, Dunkelblau und Violett.

Harmonieskala der warmen Farben

Hierbei handelt es sich im wesentlichen um die Farben Violett, Pupur, Karmin, Rot, Orange, Gelb und Hellgrün.

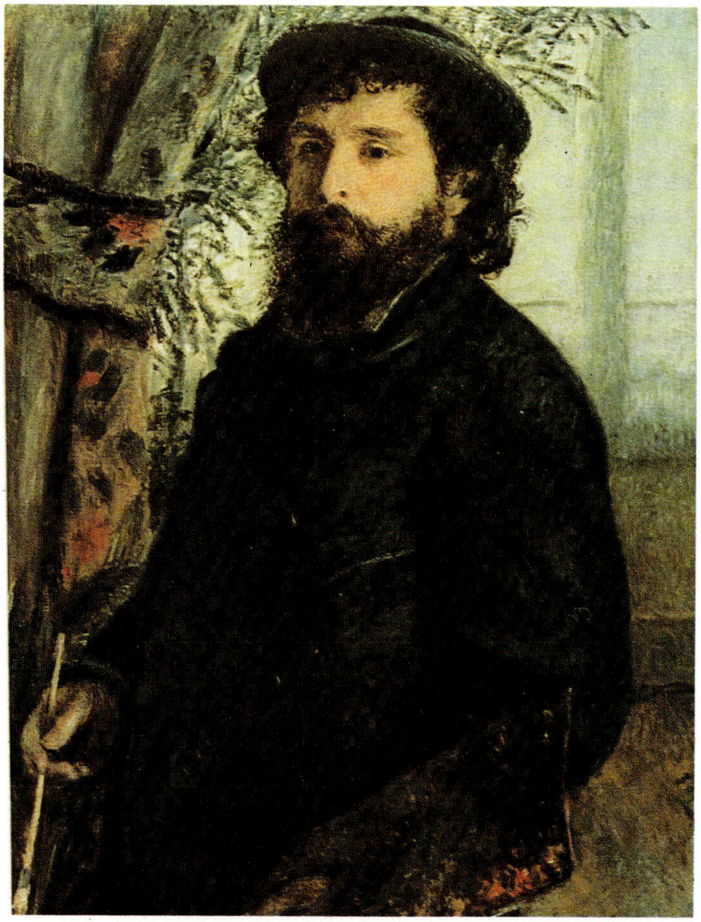

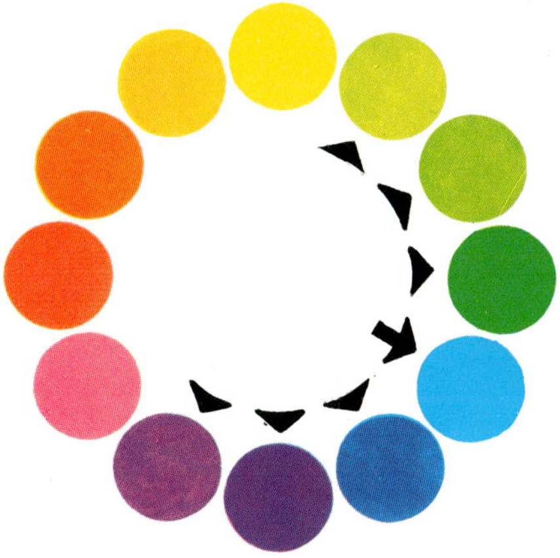

Abbildung 98: Selbstporträt von Claude Monet in einer kalten Farbskala mit Blau- und Grünstich.

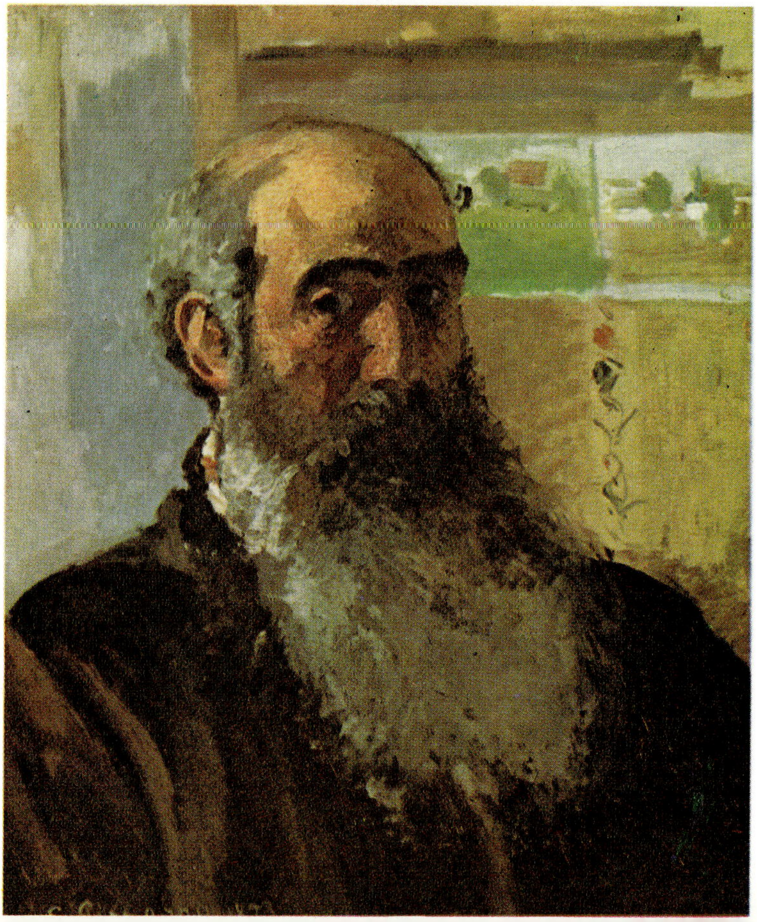

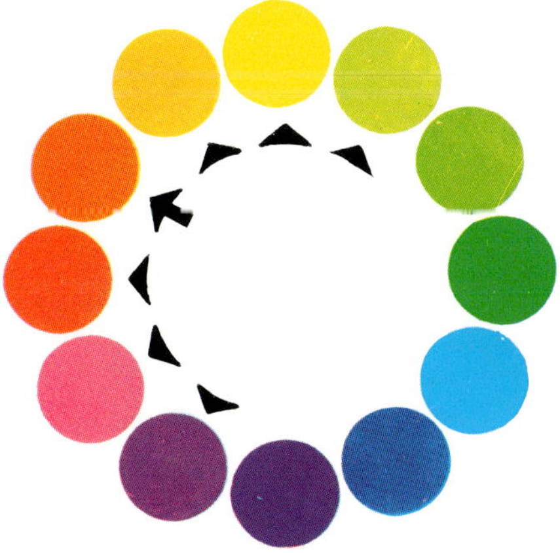

Abbildung 99: Camille Pissarro gibt uns mit seinem Selbstporträt ein Beispiel für die Harmonisierung in einer warmen Farbskala mit den Dominanten Rot, Karmin und Orange.

Diese Theorie läßt sich natürlich auch auf die Fleischfarben anwenden, wie wir anschließend in der Praxis sehen werden.

Die kalten Fleischfarben (Abbildung 100)

Fleischfarben mit einer Dominante aus Gelb, Ocker, Siena, Blau und Grau gehören zu den kalten Farben, wobei Gelb eindeutig das Übergewicht besitzt. Beachten Sie, daß Gelb beinahe in allen Farbmischungen aus Ocker, Karmin, Grün und Blau auftaucht. Wir wollen jetzt einige Farbbeispiele untersuchen, die ich selbst für diese Studie ausgewählt habe, und analysieren, welche Farben ich in welchem Verhältnis zueinander gemischt habe, um die entsprechende Nuance zu erzielen.

1. Stark leuchtende Fleischfarbe: Mischung aus Weiß, Kadmiumgelb citron sowie einer Spur Ocker und Smaragdgrün.

2. Leuchtende Fleischfarbe: Dieselben Farben wie zuvor mit ein wenig Okker sowie einer Spur Karmin und Smaragdgrün. Der Weißanteil ist natürlich geringer.

3. und 4. Mittlere Fleischfarben zwischen Licht und Schatten: Fügen Sie zur Farbe Nr. 2 ein wenig Karmin und Smaragdgrün hinzu. Erhöhen Sie den Gelbanteil, erhalten Sie den dritten Ton. Zur Abschattung der dritten Tones genügt es, die Anteile von Karmin und Smaragdgrün sowie Weiß zu erhöhen. (Weiß stumpft die Farben stets ab!)

5. Der Glanz der Lippen entsteht durch mitteldunkle Töne aus Karmin und Weiß, denen man eine Spur Ocker und Spitze Kobaltblau und Smaragdgrün hinzufügt.

6. Nasenlöcher, Mundwinkel, tiefe Schatten: Die Farbe besteht im wesentlichen aus reinem Karmin, dem man gegebenenfalls einen Hauch von Smaragdgrün hinzufügt.

7. Augenbrauen und tiefschwarzes Haar: Die vorige Farbe mit einem hohen Anteil Smaragdgrün, zu der man Preußischblau oder Umbra gebrannt hinzugibt, je nachdem, ob das Schwarz mehr oder weniger kalt ausfallen soll.

8. Lichtreflexe auf den Schatten: Sie bestehen im wesentlichen aus Weiß und Kobaltblau, die durch ein wenig Ocker, sowie eine Spitze Karmin und Umbra gebrannt abgestumpft werden.

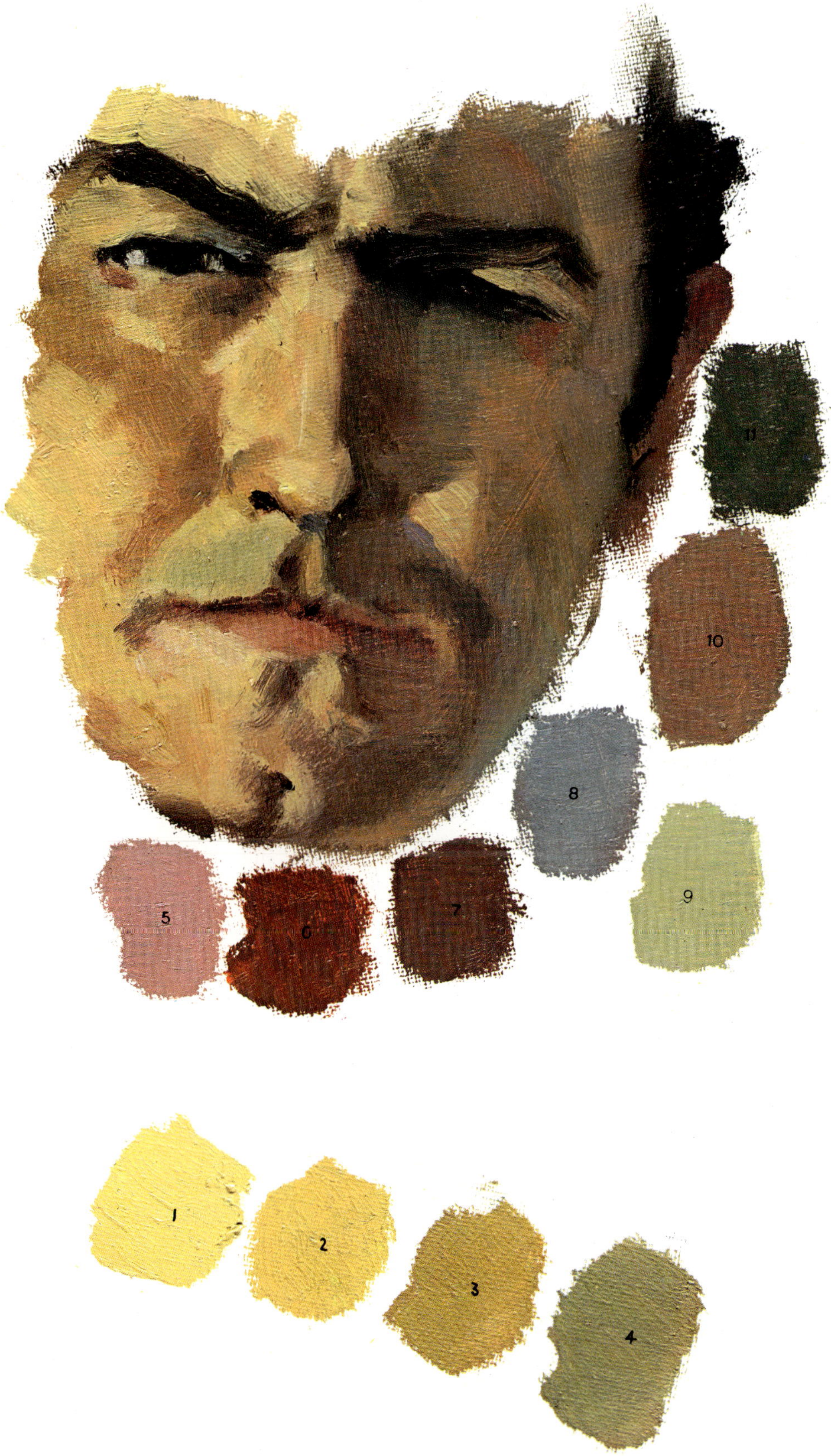

Abb. 100

9. Zwischentöne (Bartregion) und Wurfschatten: Grünton, verstärkt durch Gelb, Ocker und Smaragdgrün sowie weiteres Weiß.

10. Allgemeine Farben der Schattenzonen: Kadmiumgelb, Ocker, Smaragdgrün, Karmin und Weiß (zum Abstumpfen).

11. Nuancen der Schatten: Vorwiegend aus Smaragdgrün, einer Spur Karmin und etwas Weiß.

Die warmen Fleischfarben (Abbildung 101)

Hier nun ein weiteres Beispiel für die Fleischfarben, das ebenfalls in der Primatechnik ohne Vorzeichnung, diesmal mit der Skala der warmen Farben, angefertigt wurde. Dominierende Farbe ist das Orange mit spürbaren Nuancen in Rosa und Karmin. Folgende Mischungen sind in diesem Beispiel enthalten:

1. Fleischfarbe bei intensiver Beleuchtung: Weiß, Hellzinnober (oder Kadmiumrot hell) und Kadmiumgelb citron.

2. Rotstichig beleuchtete Stellen. Hierbei handelt es sich um eine der wichtigsten Farben dieser Studie, die in den meisten Mischungen der Nuancen für die beleuchteten Partien enthalten ist, nämlich in den Blau- , Karmin- und Ockertönen. Man erhält sie, indem man der Farbe Nr. 1 ein wenig Zinnober hinzufügt.

3. Zonen zwischen Licht und Schatten: Benutzen Sie die Farbe Nr. 2, und fügen Sie ein wenig Kobaltblau und Karmin hinzu.

4. Zwischenzonen in Graublau (Bartregion): Mischung aus Weiß, Preußischblau, etwas Gelb und einer Spur Karmin.

5. Blaue Reflexe in den Schatten: Dieselbe Mischung wie zuvor plus Preußischblau und etwas Karmin.

6. und 7. Grundfarbe der Schatten: Mischung aus Zinnober, Ocker, etwas Gelb und einer Spur Preußischblau mit Weiß. Der Ton Nr. 7 enthält ein wenig mehr Preußischblau und Karmin und etwas weniger Weiß.

8. Schatten und karminstichige dunkle Striche: Hier handelt es sich um die Farbe Karmin, die leicht smaragdgrün abgeschattet wurde. Man benötigt sie für ganz bestimmte Stellen, so für den Strich, der den seitlichen Schatten der Nase angibt, die Nasenlöcher, die Teilungslinie des Mundes etc.

9. Dunkelste Stelle des Gesichtes: Hier handelt es sich um ein Schwarz aus Karmin, Umbra gebrannt und Preußischblau (dem man noch Smaragdgrün

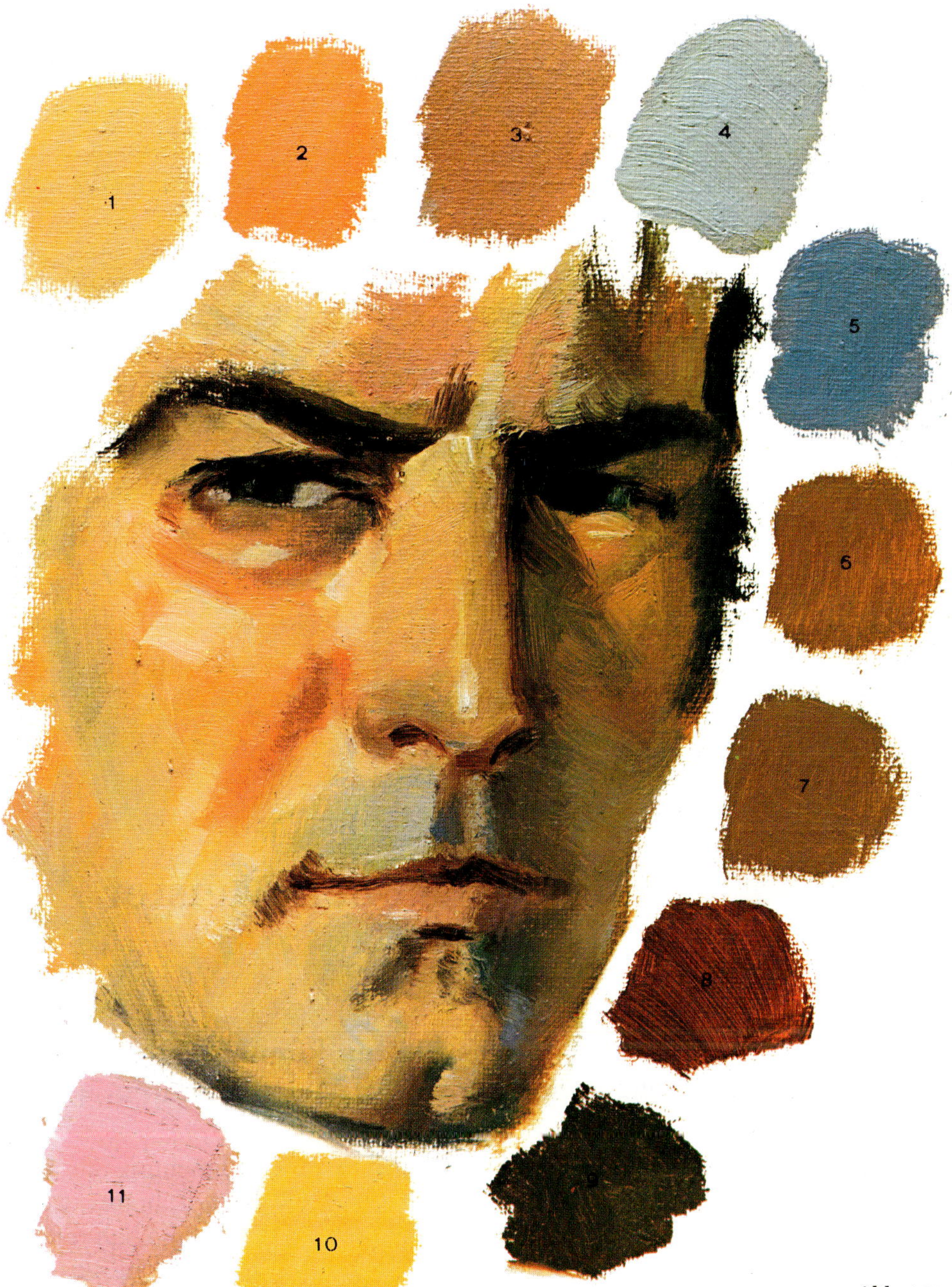

Abb. 101

hinzufügen kann), also ein warmes Schwarz, bei dem Karmin überwiegt und das man zum Malen der dunkelsten Stellen, wie Augenbrauen, Augen, Haar etc. benötigt.

10. Die hellsten Zonen der Fleischfarben: Dazu benötigt man einen Ton ähnlich der Farbe Nr. 1, jedoch mit einem größeren Anteil Gelb und etwas weniger Zinnober.

als Linolschnitt gefunden. Es war und ist noch heute ein ungeheures Vergnügen, originelle Selbstporträts aufzutreiben. Manche Künstler haben ihr Selbstporträt als vollendete Werke geschaffen, die in Museen hängen (siehe Seite 83, Abb. 105, das Selbstporträt von Manet in Öl); andere haben sich damit begnügt, das Thema als rasche Skizze aus einigen Strichen mit Chinatusche zu behandeln (Abb. 104, Rembrandts Selbstporträt).

Sie sehen selbst, es gibt praktisch unendlich viele Möglichkeiten. Wir werden die bemerkenswertesten anhand der auf den folgenden Seiten abgebildeten Werke untersuchen.

Kopf, Büste, Oberkörper, Ganzbild

Sie können nur den Kopf zeichnen oder malen, wie das Beispiel von Abbildung 106 des südamerikanischen Künstlers Torres Garcia zeigt, oder wie Rembrandt und Manet ein Ganzbild anfertigten (Abb. 104 und 105). Letztere sind jedoch zwei Ausnahmen. Besonders die heutigen Künstler stellen nur den Kopf und einen Teil des Brustkorbs dar. Das Malen eines Selbstporträts als Ganzbild ist nur zu rechtfertigen, wenn der Künstler ein Modell im Hinblick auf ein anderes Bild untersuchen möchte (Proportionen, Maße, Pose etc.).

Nebenbei gesagt, ein Werk wie das Selbstporträt von Manet ist schwierig herzustellen, denn der Künstler muß einerseits nach seinem Spiegelbild und andererseits aus dem Gedächtnis malen. Oft arbeitet und malt er auch mit einem fremden Modell, um die Probleme des Aufbaus, der Arme, der Hände, der Beine und der Füße zu lösen. Manet war ein erfahrener Zeichner und ein hervorragender Maler. Man ist sicher, daß er mehrere Studien und Skizzen anfertigte (wie Rembrandt auf Abbildung 104), bevor er dieses außergewöhnliche Selbstporträt malte.

Klassische Selbstporträts (Seite 84 und 85)

Bei allen Werken handelt es sich hinsichtlich der Pose, der Beleuchtung, des Formats und der Komposition um außergewöhnliche Selbstporträts.

Die Komposition

Beachten Sie, daß alle diese Selbstporträts nur den Kopf mit einem Teil des Oberkörpers zeigen. Dadurch bildet das Gesicht zweifellos das Interessenzentrum. Handelt es sich um eine Dreiviertelansicht, ist der Raum vor dem Kopf größer, als der dahinter.

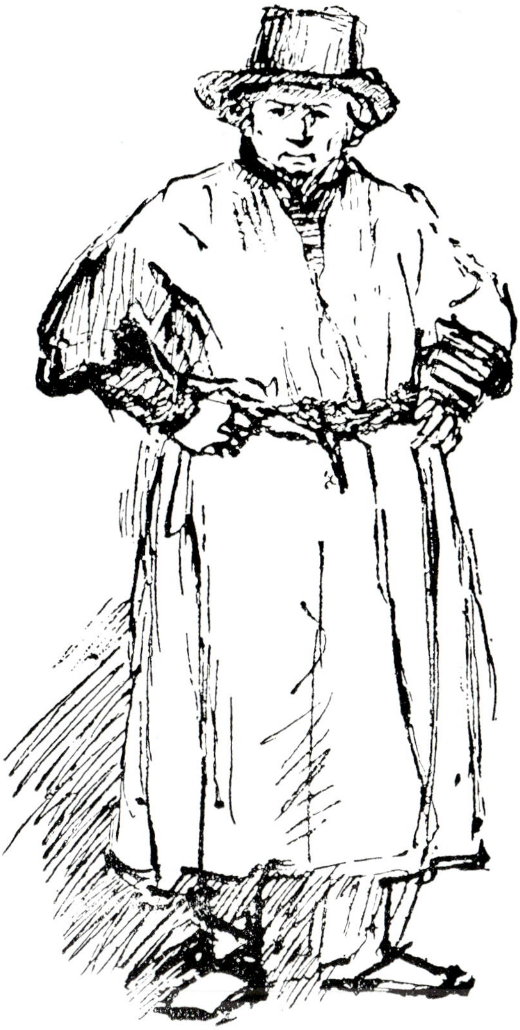

Abbildung 104: Rembrandt: Selbstporträt mit der Feder.

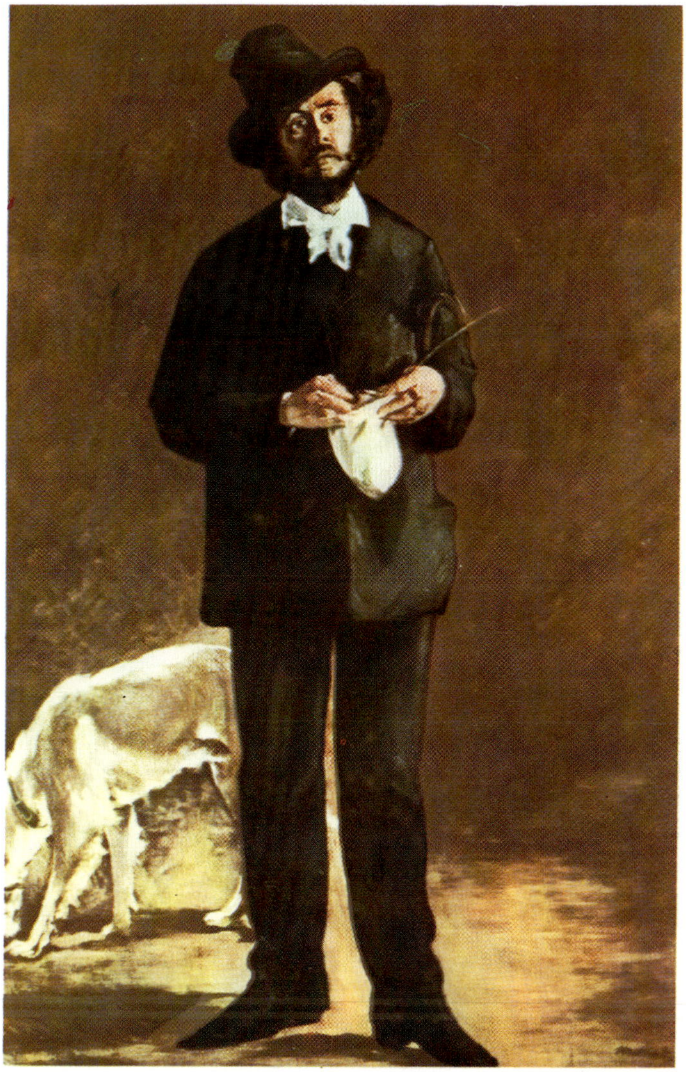

Abbildung 105: Eduard Manet: Selbstporträt.

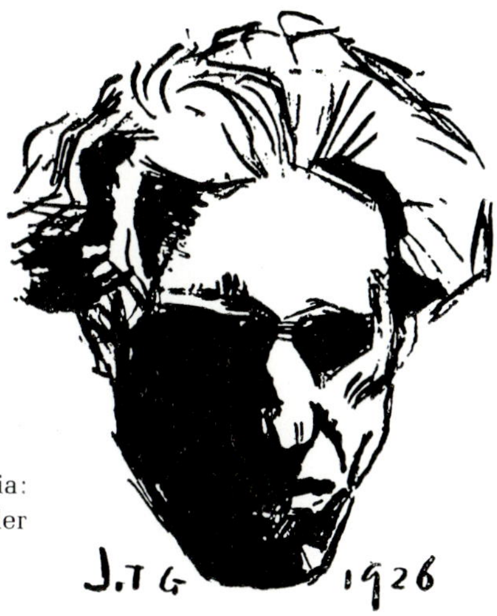

Abbildung 106: Torres Garcia: Selbstporträt (gezeichnet mit der Feder).

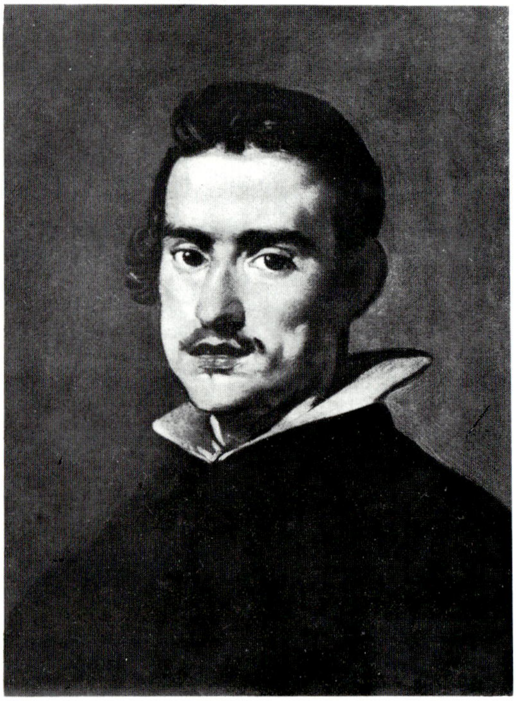

Abbildung 107: Velasquez: Selbstporträt.

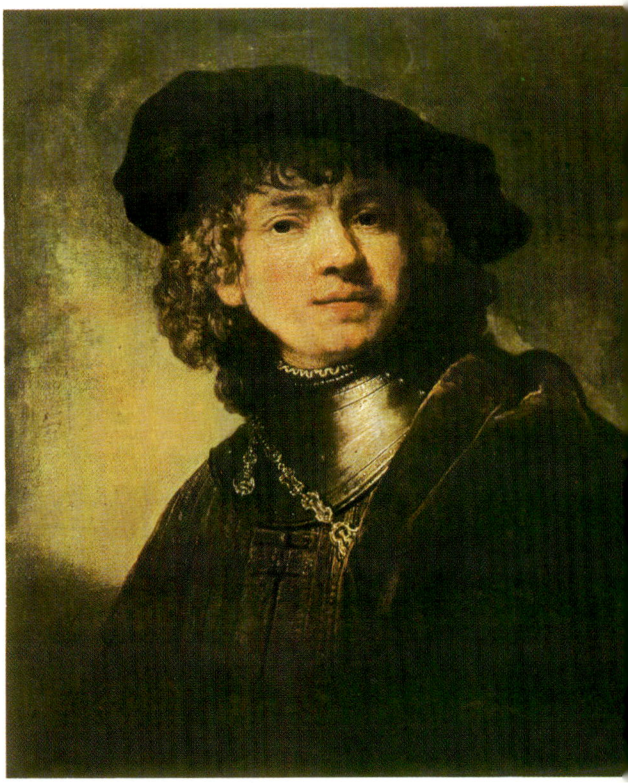

Abbildung 108: Rembrandt: Jugendbildnis.

Die Pose

Beachten Sie, daß der Kopf geradegehalten wird, während der Körper eine andere Richtung einnimmt und damit die von Ingres formulierte klassische Regel bestätigt, nach der „der Körper der Bewegung des Kopfes nicht folgen darf".

Abgesehen von seltenen Ausnahmen, wird diese Regel bei der Mehrzahl der Porträts und Selbstporträts befolgt. Berücksichtigen Sie diesen Grundsatz ebenfalls.

Die Beleuchtung

Das Selbstporträt von Velasquez (Abbildung 107) zeigt die klassischste Form, denn es wird aus einem Winkel von 45 Grad beleuchtet. Derart einfallendes Licht gilt als das „dokumentarischste" und dasjenige, das die Formen und Volumen eines Körpers am besten herausholt.

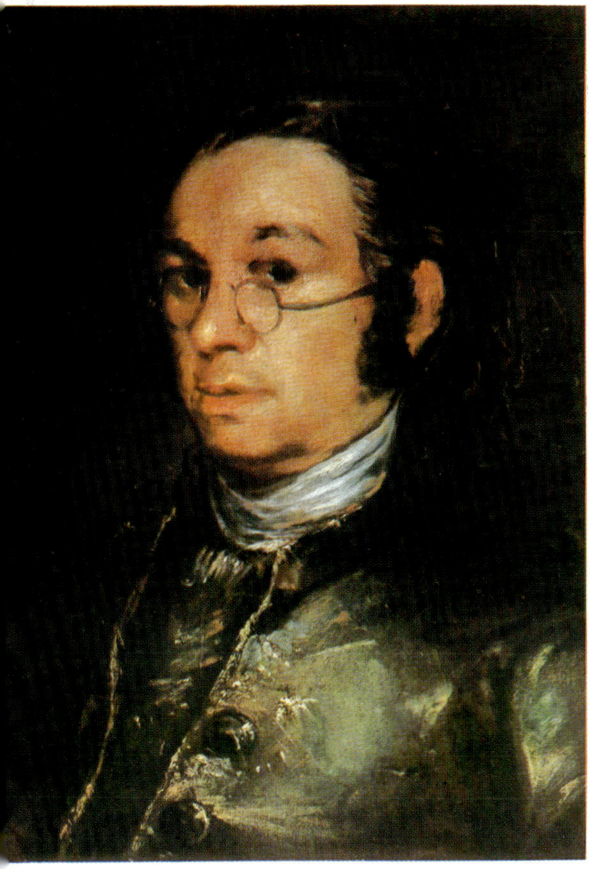

Abbildung 109: Goya: Selbstporträt.

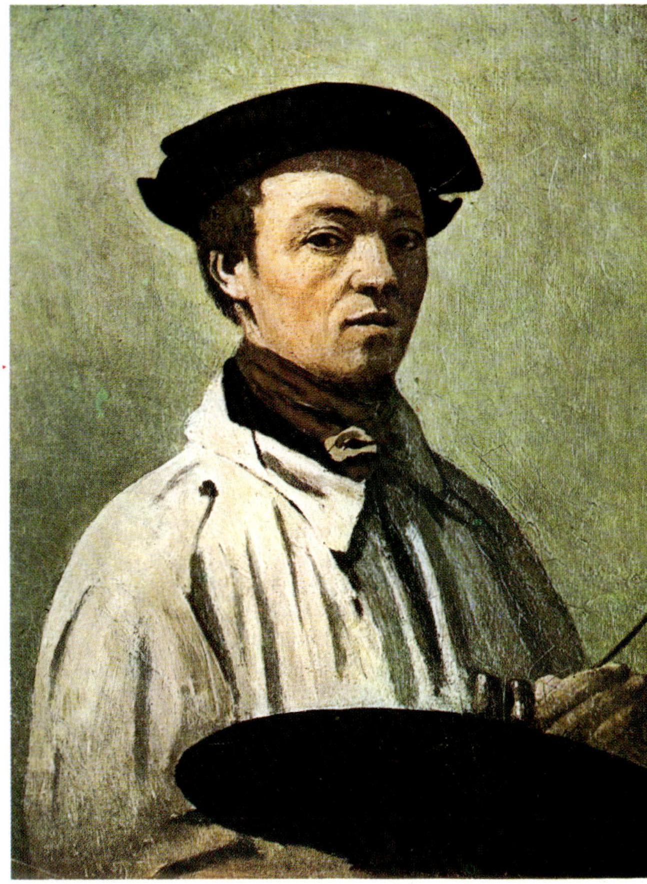

Abbildung 110: Corot: Selbstporträt.

Abbildung 111: Ingres: Selbstporträt.

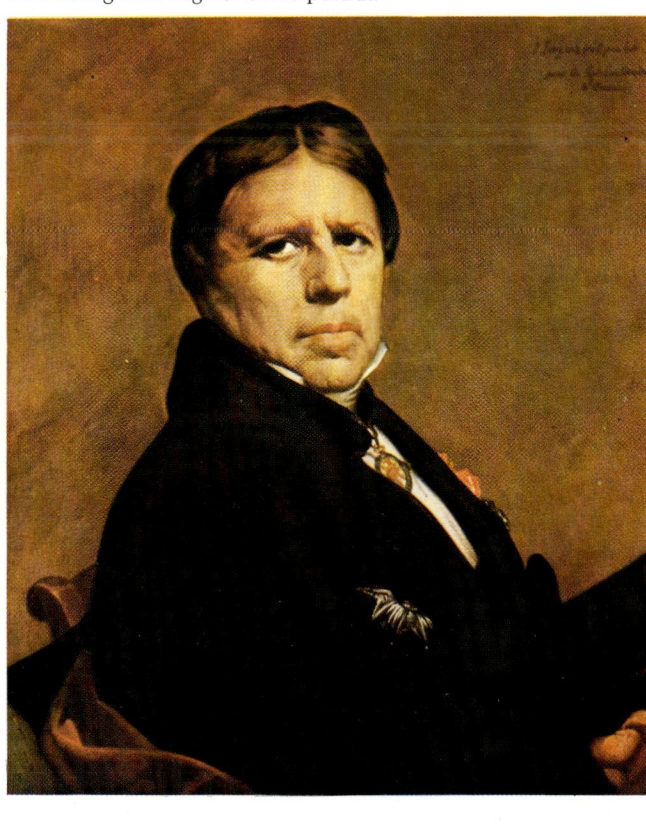

Rembrandt und Ingres wählten dieselbe Beleuchtung, jedoch weniger ausgeprägt. Goya riskierte eine Frontalbeleuchtung und suchte zweifellos eine Möglichkeit, das Volumen und die Tiefe ausschließlich mit der Farbe wiederzugeben und fast gar nicht mit Licht und Schatten zu spielen. Damit nahm er die Theorien der Impressionisten ein Jahrhundert zuvor vorweg. Corots Beleuchtung ist origineller, „nicht so berechnet und geordnet" und entspricht der Epoche, in der lebte, nämlich zu Beginn des Impressionismus. Corot malte die Schatten bereits mit leuchtenden Farben.

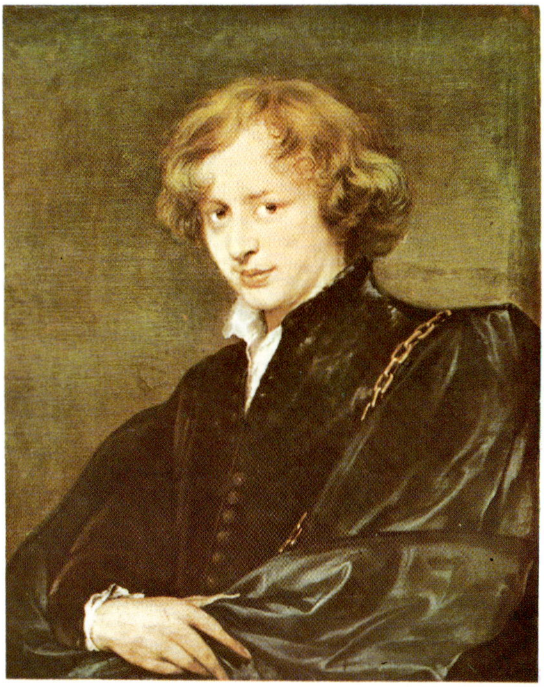

Abbildung 112: Van Dyck: Selbstporträt.

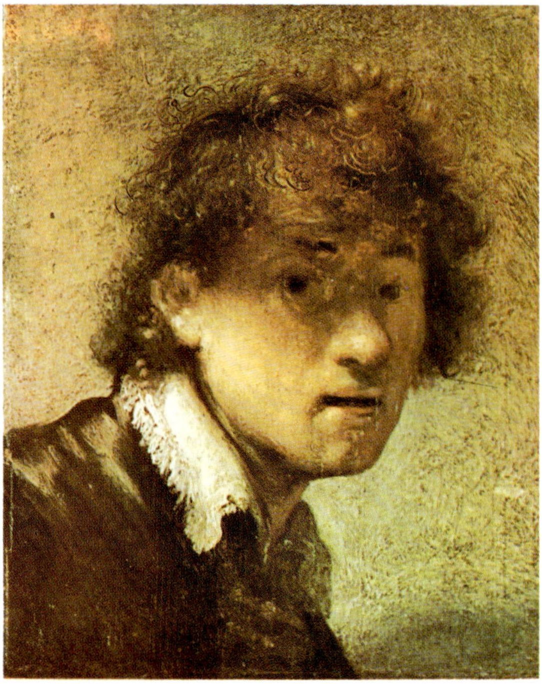

Abbildung 113: Rembrandt: Selbstporträt.

Beachten Sie, daß die Hintergründe jeweils neutral sind.

Konsultieren Sie die vorige Doppelseiten mit den klassischen Beispielen, die es wert sind, nachgeahmt zu werden, bevor Sie sich für die Art Ihres Selbstporträts entscheiden.

Klassische Varianten

Neben den auf den vorigen Seiten untersuchten klassischen Beispielen gibt es einige Werke, wie die hier abgebildeten, bei denen der Künstler versucht hat, sich von der Norm zu lösen und eine originelle Arbeit zu schaffen. Das ist der Fall bei den drei Selbstporträts auf dieser Doppelseite. So weicht van Dycks Pose auf seinem Selbstporträt (Abb. 112) ein wenig von dem normalen ab. Er hat einen niedrigeren Gesichtswinkel eingenommen als gewöhnlich. Van Dyck blickt nicht geradeaus, sondern leicht nach unten. (Er mußte den Spiegel neigen und nach oben schauen.) Dadurch erhält er diese elegante und majestätische Pose, eine außergewöhnliche Komposition und Silhouette.

Auf dem nächsten Beispiel (Abb. 113) hebt Rembrandt seinen Kopf mit dem zerzausten Haar durch eine zenitale Beleuchtung gegenüber seinem Körper hervor. Darüber hinaus nimmt er den drolligen Ausdruck des unschuldigen

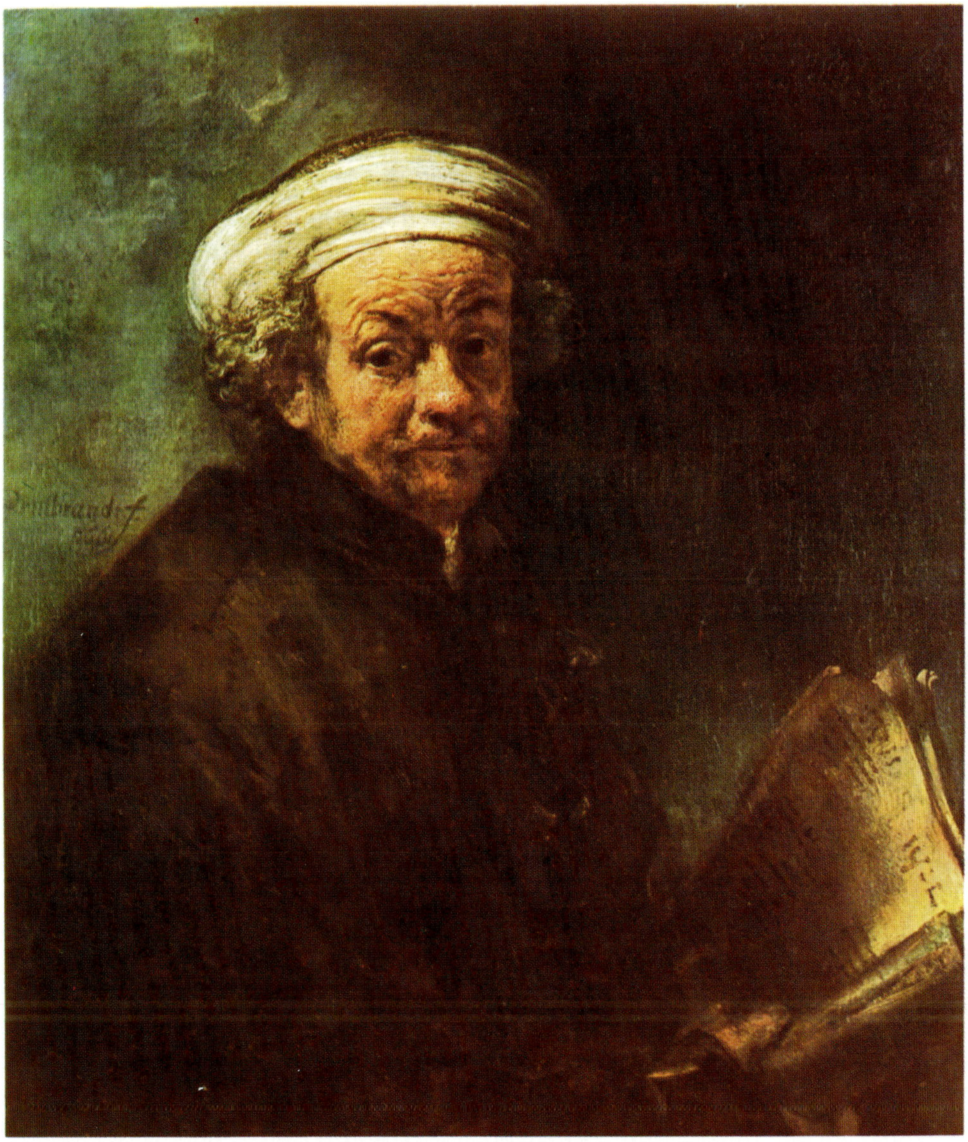

Abbildung 114: Rembrandt: *Der verkleidete Maler.* Selbstporträt.

Bauernlümmels an. Der alte Rembrandt erscheint noch einmal auf dem Selbstporträt mit dem Titel „Der verkleidete Maler" (Abb. 114). Er macht sich über sich selbst lustig und sieht sich als Mann, dem keine Illusionen mehr bleiben. Rembrandt war in seinen letzten Lebensjahren in der Tat ein gebrochener Mann. Er hatte seine Frau und seinen Sohn verloren und lebte nur mit seiner Tochter und einer alten Haushälterin zusammen. Die Serie dieser Selbstporträts aus diesen letzten Jahren spiegelt das traurige Ende seines Lebens wider.

Ausgefallene Selbstporträts

Hier eine Reihe von Selbstporträts, die durch ihre Originalität auffallen und manchmal ans Extravagante grenzen.

Dali stellt uns sein „weiches“ Selbstporträt vor (Abb. 115), das in strikt surrealistischer Form gemalt ist und trotzdem eine derartige Ähnlichkeit aufweist, daß man dem Künstler nur höchstes Lob zollen kann.

Murillo (Abb. 116) malt sich hinter einem Rahmen und hebt so sein Porträt und seine Gestalt wirkungsvoll hervor.

Das merkwürdigste Selbstporträt dieser Serie stellen wir auf Abbildung 118 vor, man könnte es als Selbstkarikatur bezeichnen. Sein Maler ist der italienische Künstler Alberto Savigno. Dieses Selbstporträt mit dem Kopf einer Eule in Aquarellfarben befindet sich heute im Museum der Modernen Kunst in Turin.

Reynolds versucht die Aufmerksamkeit auf sein Bild (Abb. 119) zu richten, indem er vorgibt, im Freien zu arbeiten und sich mit einer Hand vor der Sonne zu schützen, während die andere die Palette und den Malstock hält. (Der Malstock ist ein langer dünner Stab mit einer kleinen Kugel an beiden Enden. Mit ihm stützt man die malende Hand ab, damit sie die frisch angelegte Fläche nicht berührt und beschädigt.) Auf dem folgenden Bild (Abb. 120) erregt die deutsche Malerin Paula Moderson-Becker mit ihrem 21 × 65 cm großen Selbstporträt die Aufmerksamkeit der Besucher des Basler Kunstmuseums, indem sie sich nackt zeigt.

Der Italiener Umberto Boccioni, der zunächst ein Impressionist war und später zum Pionier des Futurismus in Italien wurde, kam auf den Gedanken, sein Selbstporträt im Freien mit einer Stadtszene als Hintergrund zu malen (Abb. 117).

Es ist schwierig, aus all den Beispielen eine Schlußfolgerung zu ziehen und einen Rat zu geben, wie man ein wirklich originelles und kreatives Selbstporträt – wie man heute sagen würde – anfertigt. Da Kreativität jedoch im Grunde eine Geisteshaltung ist, eine bestimmte Art zu denken (vor, während und nach der Arbeit), aufgrund derer man die Dinge auf eine Weise sehen und auf eine andere darstellen kann, hoffe ich, daß die gezeigten Abbildungen der Selbstporträts und die dazugehörigen Kommentare diese neue Haltung in Ihnen wecken und weiterentwickeln, so daß auch Sie demnächst etwas noch nie Dagewesenes, also Originelles schaffen werden.

Abbildung 115: Dali: Selbstporträt.

Abbildung 116: Murillo: Selbstporträt.

Abbildung 117: Boccioni: Selbstporträt.

Abbildung 118: Savigno: Selbstporträt.

Abbildung 119: Reynolds: Selbstporträt.

Abbildung 120: Moderson-Becker: Selbstporträt.

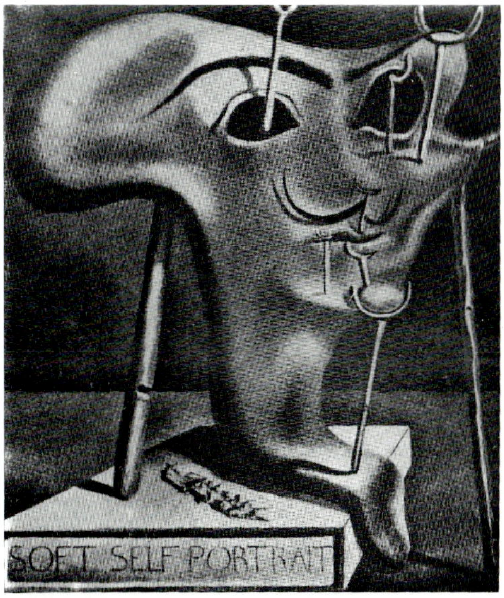

bb. 115

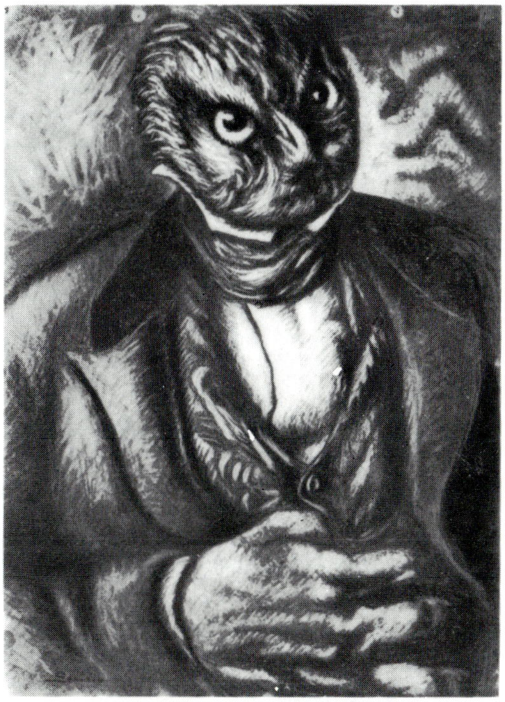

Abb. 118

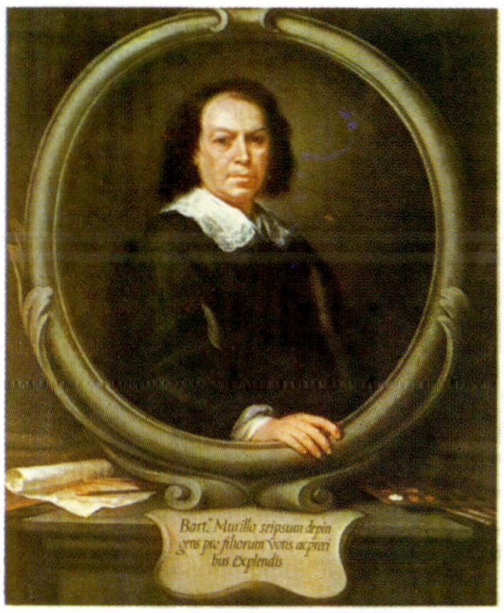

b. 116

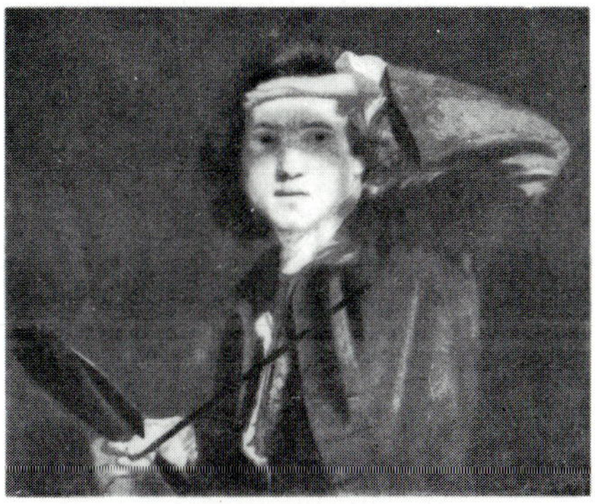

Abb. 119

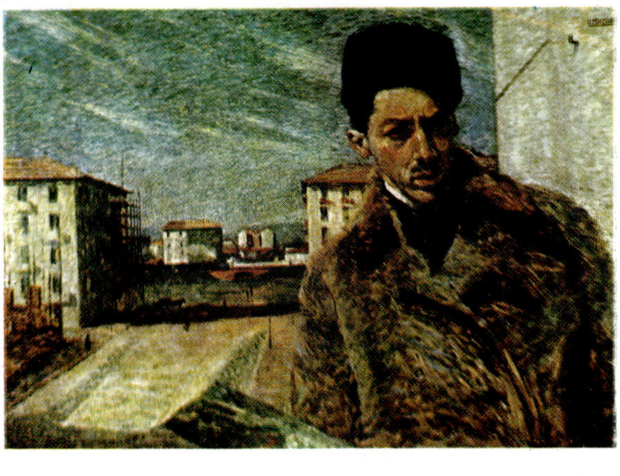

bb. 117

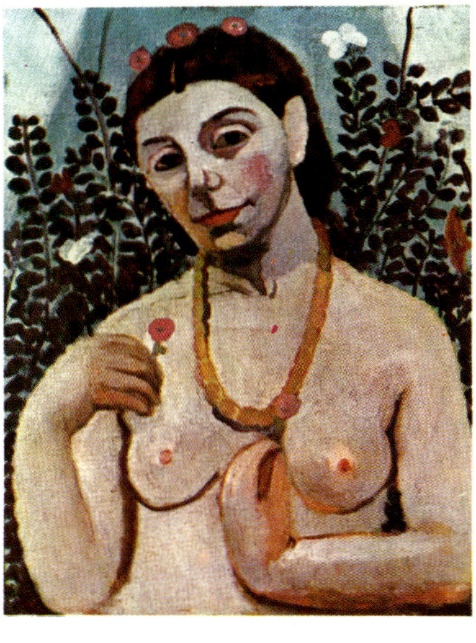

Abb. 120

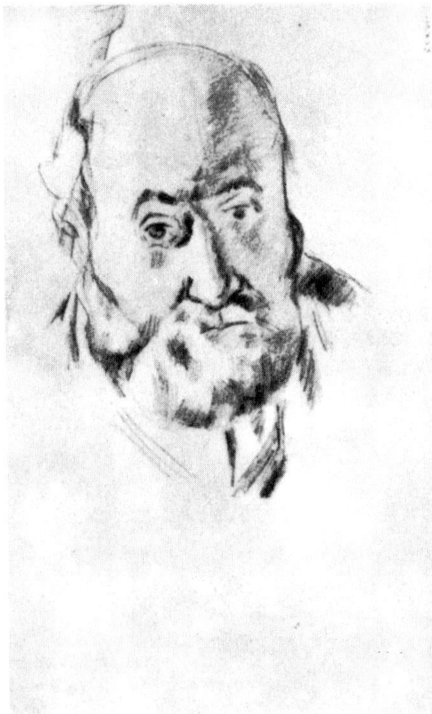

Abbildung 121: Cézanne: Selbstporträt (Bleistiftzeichnung).

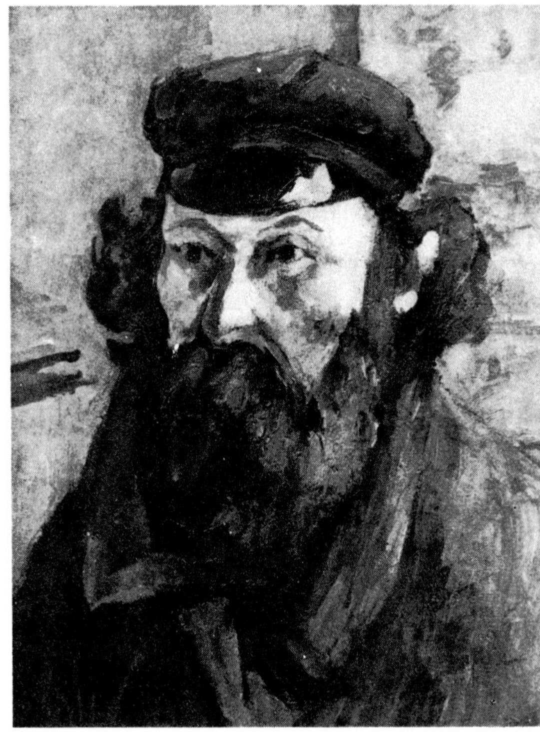

Abbildung 122: Cézanne: Selbstporträt.

Sechs Selbstporträts von Cézanne

An diesen sechs Selbstporträts ein und desselben Künstlers lassen sich einige verblüffende Übereinstimmungen feststellen.

Zunächst einmal die Pose: Auf den vier Selbstporträts der gegenüberliegenden Seite ist die Pose praktisch gleich: eine Dreiviertelansicht in derselben Richtung und zweifellos bewußt mit derselben Bewegung des Körpers, was der bereits zitierten klassischen Regel von Ingres widerspricht: „Der Köper darf der Bewegung des Kopfes nicht folgen."

Auch das Format und die Komposition der Bilder ähneln sich sehr, vor allem bei den Selbstbildnissen der Abbildungen 123, 124 und 126.

Das Licht fällt stets seitlich ein und wirkt beinahe wie Gegenlicht – die auffälligste Gemeinsamkeit der Bilder. Abbildung 124 zeigt diese Beleuchtung am deutlichsten.

Beachten Sie vor allem, daß Cézanne sich stets auch um den Hintergrund kümmerte und versuchte, ihn lebendig zu gestalten (Abb. 122, 123 und 124).

Eines dieser Selbstporträts kann vielleicht der Ausgangspunkt für Ihre Komposition sein.

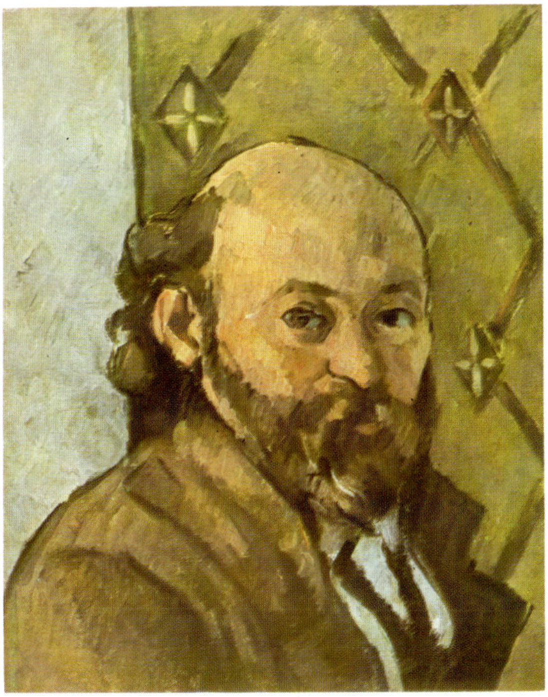

Abbildung 123: Cézanne: Selbstporträt.

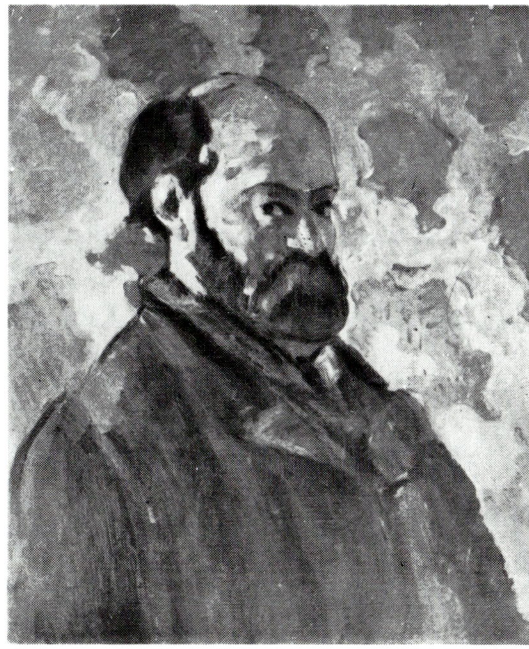

Abbildung 124: Cézanne: Selbstporträt.

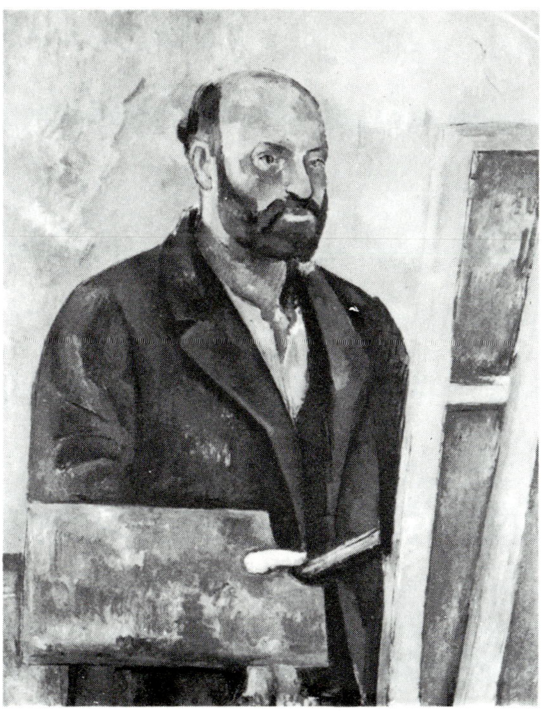

Abbildung 125: Cézanne: Selbstporträt.

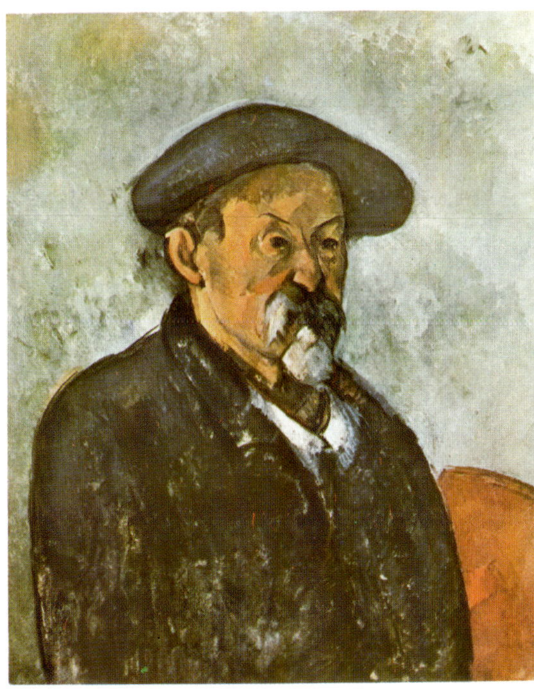

Abbildung 126: Cézanne: Selbstporträt.

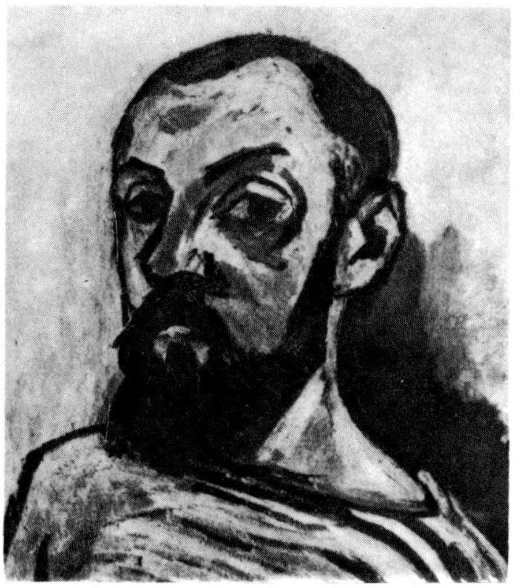

Abbildung 127: Matisse: Selbstporträt.

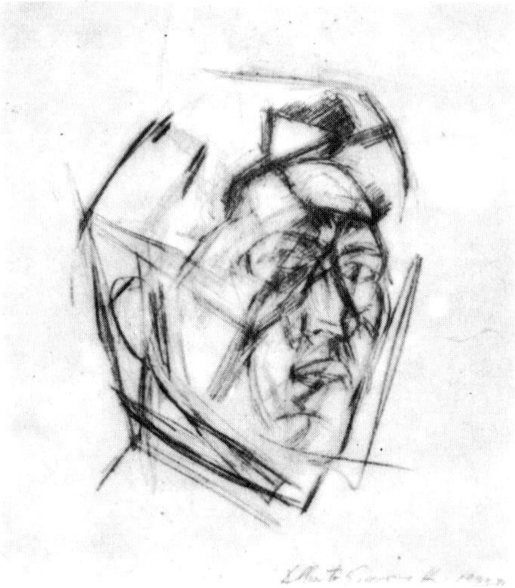

Abbildung 128: Giacometti: Selbstporträt (mit Bleistift).

Das Umfeld und der Stil sorgen für Originalität

Bei den vier Selbstporträts von Matisse, Giacometti, Modigliani und Max Beckmann sorgen Stil, Ausarbeitung und Technik für Originalität. Matisse' Selbstporträt auf Abbildung 127 ist ein perfektes Beispiel für die Synthese, das uns an eine weitere Regel von Ingres über die Kunst der Porträtmalerei erinnert: „Der Maler muß ein gutes Personengedächtnis besitzen und die Karikatur suchen."

Der Schweizer Maler und Bildhauer Giacometti, ein Surrealist und Expressionist, hat seine Selbstporträts mit transparenten Strukturen, die den Körper formen, hergestellt.

Der berühmte Modigliani hält sich auch bei seinem Selbstporträt an seinen besonders figurativen, stilisierenden Stil – leere Augen, längliches Gesicht, Begrenzung der Formen durch feine Konturen, die aus kleinen, leichten Pinselstrichen bestehen.

Der Deutsche Max Beckmann hat schließlich das Verfahren des Holzschnitts gewählt und so einen energischen Kopf in moderner Herstellungsart erhalten.

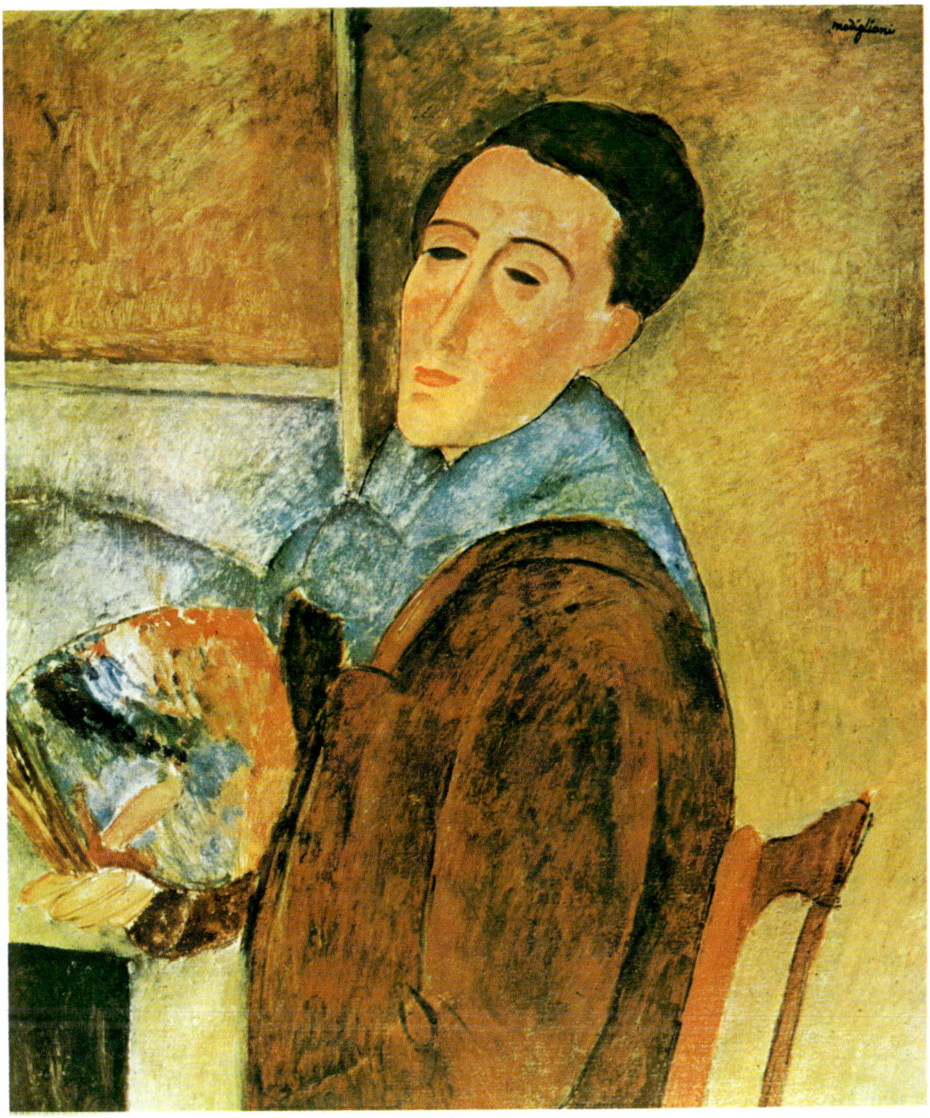

Abbildung 129: Modigliani: Selbstporträt.

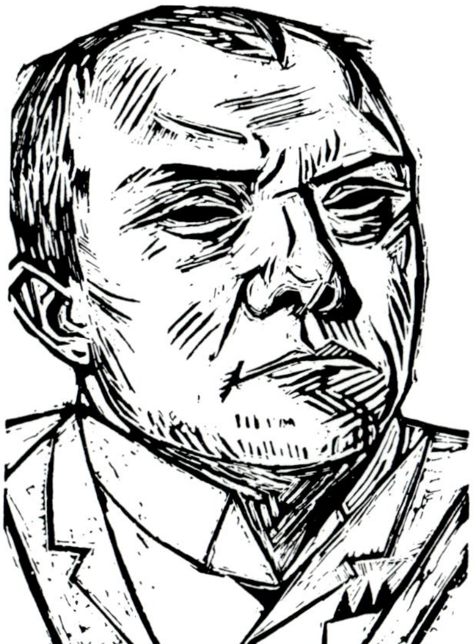

Abbildung 130: Beckmann: Selbstporträt (Holzschnitt).

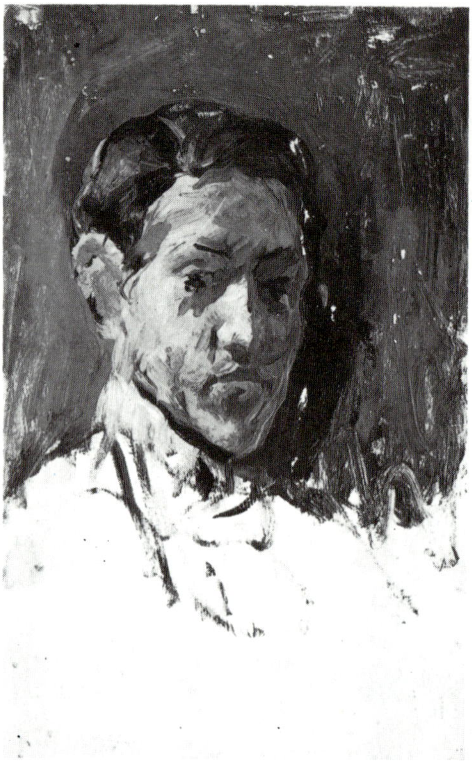

Abbildung 131: Picasso: Selbstporträt.

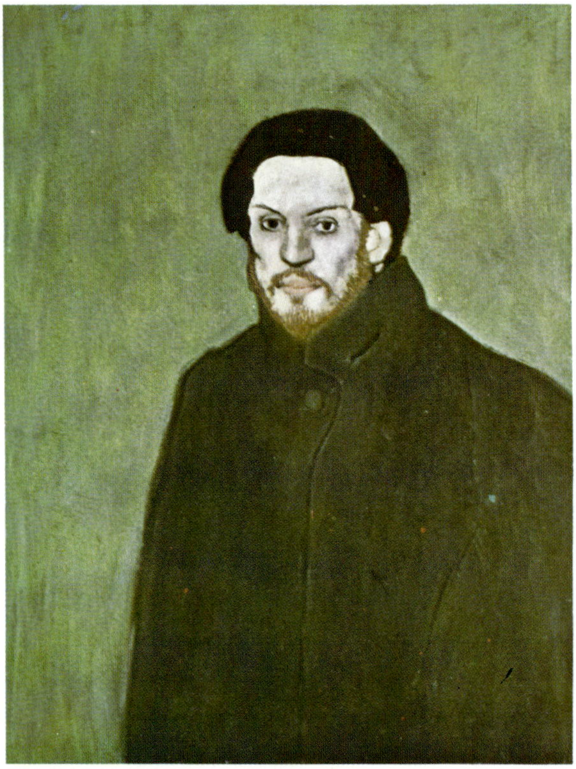

Abbildung 132: Picasso: Selbstporträt (1901).

Vier Picasso von Picasso

Picasso fertigte diese Selbstporträts innerhalb einer Zeitspanne von zehn Jahren an. Das erste oben links (Abb. 131) malte er 1896 im Alter von 16 Jahren in Barcelona (er wurde 1881 in Malaga geboren), die drei anderen mit 20, 25 und 26 Jahren in Paris.

Am meisten überrascht bei Picasso die beachtliche Fähigkeit, etwas „zu finden". Picasso sagte selbst: „Nicht suchen – finden! Meiner Meinung nach bedeutet das Suchen in der Malerei gar nichts, man muß etwas finden." Picasso war ein Suchender, der die Synthese zu jeder Tageszeit und Stunde kraftvoll vorantrieb und in der Lage war, seine Betrachtungsweise, seine Art, sich auszudrücken, und seinen Malstil ständig zu erneuern. Deshalb sind diese vier Selbstporträts eine Entdeckung, die einen Kommentar verdient haben.

Mit 16 Jahren malte Picasso mit der Freiheit und der Sicherheit eines alten impressionistischen Meisters, ohne daß es ihn die geringste Anstrengung kostete. Er spielte mit einer für seine Jugend erstaunlichen Meisterschaft mit Pinsel und Farbe (Abb. 131).

Während seiner ersten Reise nach Paris im Jahre 1901 malte er jenes andere bemerkenswerte Selbstporträt in Grau, Blau und Schwarz (Abb. 132) und schuf ein sehr originelles Werk von großer Eleganz in Komposition, Ausdruck und Farbwahl.

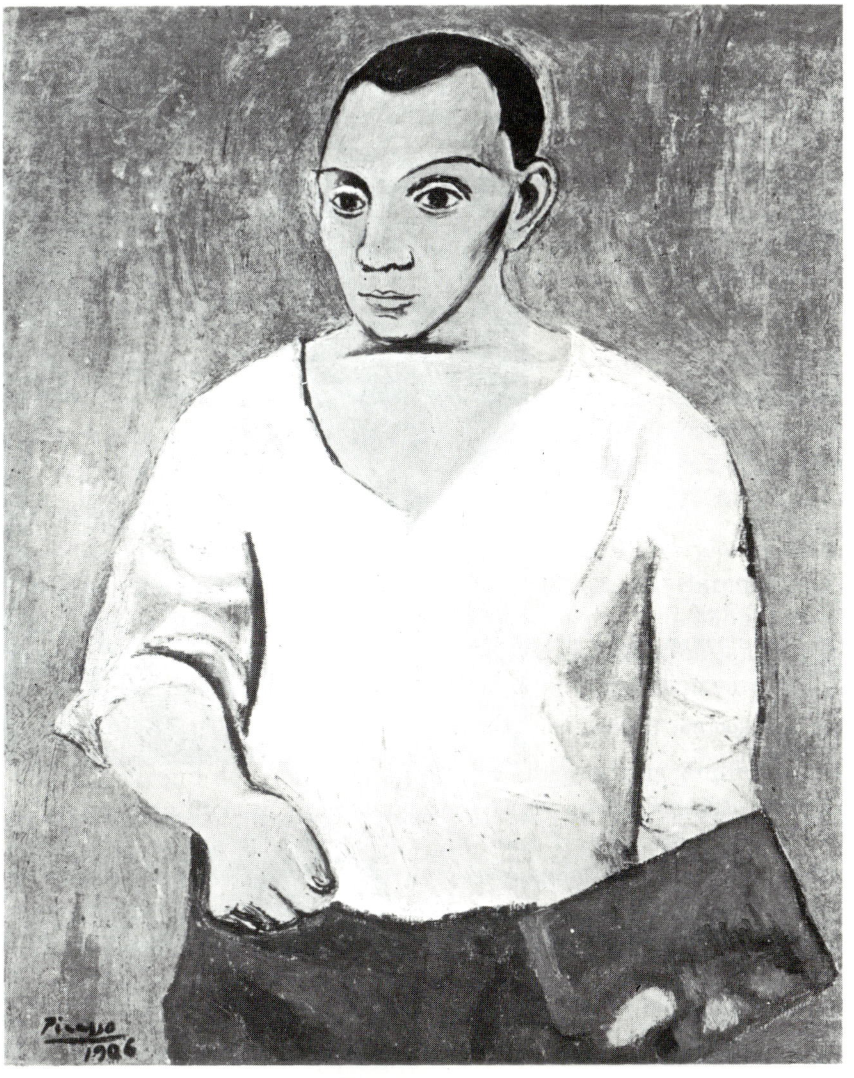

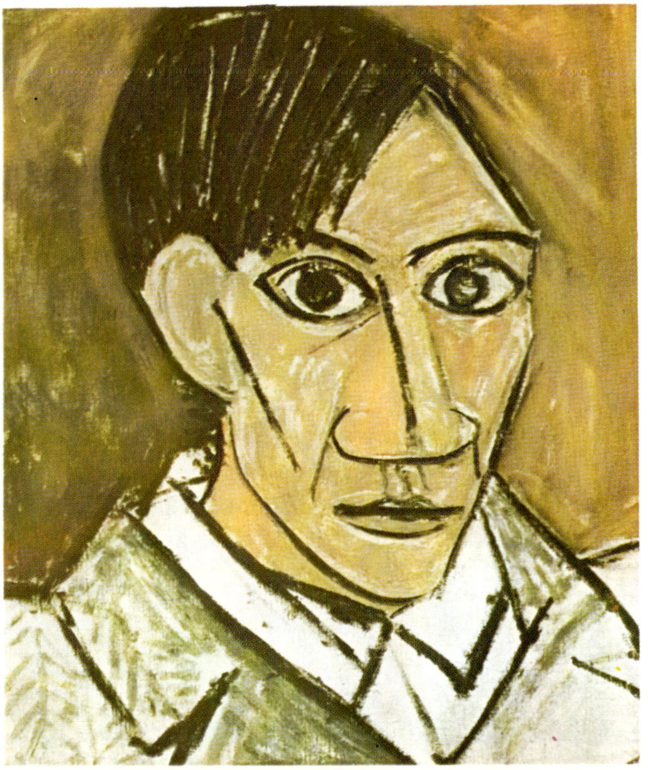

Abbildung 133: Picasso: Selbstporträt (1906).

Abbildung 134: Picasso: Selbstporträt (1907).

Ich habe eine Leinwand mit dem Keilrahmen Nr. 10, Format „Landschaft" gewählt, der 55 × 38 cm mißt. Das Format „Gestalt" (55 × 46 cm) schien mir zu quadratisch. Aber es gibt natürlich in dieser Beziehung keine feststehenden Regeln. Alles hängt ausschließlich vom Geschmack des einzelnen ab, man kann selbst zu einem quadratischen, einem länglichen oder ovalen Format greifen.

Ich habe die endgültige Pose, die Komposition und die Beleuchtung bereits gefunden: Ich werde meinen Kopf in der Frontalansicht mit leicht abgewandtem Körper malen. Den Rücken kehre ich dem Fenster zu, er wird also etwas beleuchtet. Eine Seite meines Gesichtes wird angestrahlt, die andere liegt im Schatten. Als Hintergrund will ich das darstellen, was sich dort befindet: Eine Wand voller Bilder und halbfertiger Gemälde – ein wenig, wie es Pissarro auf Abbildung 99 getan hat.

Ich befinde mich im ersten Stadium der Herstellung „Untersuchung des Modells", die Ingres mit folgenden Worten beschrieb:

„Befrage dein Modell, bevor du beginnst."

Während ich mich im Spiegel betrachte, frage ich mich, wie ich tatsächlich auf andere wirke, welchen Ausdruck ich normalerweise annehme und welchen ich gern zeigen möchte. Ich muß mich für eine Haltung und eine Pose entscheiden.

Andererseits versuche ich, mir die Harmonisierung der Farben, die Stimmung und die Dominante vorzustellen, die das Bild besitzen soll. Grundsätzlich denke ich dabei an Blau.

Ein gutes Selbstporträt muß zwei Dinge miteinander verbinden:

1. Es weist eine große Ähnlichkeit mit dem Modell auf.
2. Es ist aus sich heraus schon ein Kunstwerk.

Erinnern Sie sich hinsichtlich der Ähnlichkeit jenes weiteren Ratschlags von Ingres:

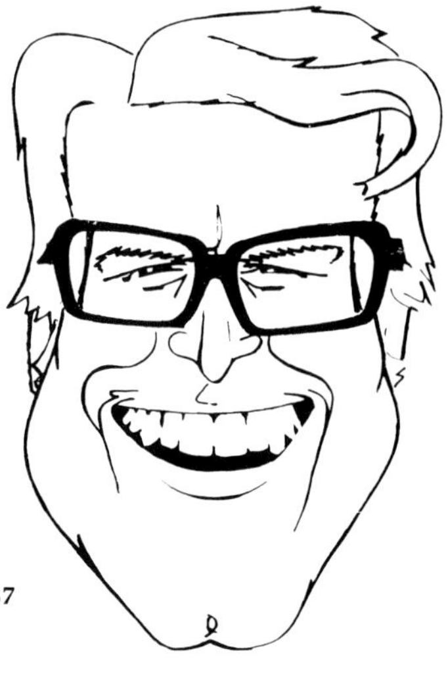

Abb. 137

„Der Maler muß ein gutes Personengedächtnis besitzen und die Karikatur suchen."

Weshalb male ich zunächst einmal eine Karikatur von mir selbst? Das ist nur eine Angelegenheit von Minuten.

Da haben wir sie. Die Karikatur scheint mir gelungen. Sie hilft mir tatsächlich weiter, denn sie erinnert mich an die längliche Form meines Gesichtes, meine kleinen Augen und meinen breiten, vorspringenden Kiefer.

Ingres hatte recht: Die Karikatur ist eine Synthese der Physiognomie. Wollen Sie es nicht auch einmal versuchen?

Betrachten Sie sich von Zeit zu Zeit mit halbgeschlossenen Augen, dadurch eliminieren Sie die kleinen Einzelheiten und können die Formen und die wichtigen Flächen besser erkennen. Denn wie Ingres schon sagte:

„Die Einzelheiten reden zu viel, man muß sie eliminieren."

Erstes Stadium
Vorheriger Aufbau (Abbildung 138)

Der Aufbau oder die Vorzeichnung eines Ölgemäldes kann entweder mit Pinsel und einer stark mit Terpentin verdünnten Farbe ausgeführt werden oder mit Zeichenkohle. Entweder baut man das Modell mit einer Skizze mit wenigen Strichen auf und beginnt sofort zu malen, oder man fertigt zuvor eine exakte Zeichnung an. Ich selbst werde die zweite Methode anwenden und mit Zeichenkohle arbeiten, denn sie ist in bezug auf die Unterweisung wesentlich instruktiver.

Innerhalb des ersten Stadiums werde ich nur eine lineare Zeichnung anfertigen. Zunächst berechne ich die Höhe des Kopfes von den Haaren bis zum Kinn (22 cm). Anschließend ziehe ich die Symmetrieachse A des Gesichtes. Sie ist etwas nach links geneigt.

Unmittelbar danach lege ich die Waagerechte C (die mit der Geraden A einen rechten Winkel bildet) und skizziere die Form und die Breite der Augenbrauen zu beiden Seiten der Symmetrieachse. Ohne Zeit zu verlieren, zeichne ich ein wichtiges Detail: die Brille. Das ist wegen ihrer geometrischen Form und der Tatsache, daß sie völlig symmetrisch zur Mittelachse A liegt, verhältnismäßig einfach. Außerdem handelt es sich um einen flachen Körper ohne die dritte Dimension.

Nebenbei habe ich bereits die Augen gezeichnet und berücksichtigt, daß der Abstand zwischen beiden Augen der Breite eines dritten Auges entspricht.

Ich bestimme jetzt die Maßeinheit oder den Abstand zwischen den Augenbrauen und dem unteren Rand der Nase und erhalte automatisch die Linie D, die die Höhe der Stirn und die Lage des Haaransatzes angibt. Nun gehe ich wieder tiefer, berechne nach Augenmaß die halbe Höhe der Maßeinheit D–C, bekomme die Begrenzung der Unterlippe und zeichne den Mund.

Ich ziehe den unteren Umriß des Kinns, deute die Breite des Gesichtes in Höhe der Brille an und zeichne die Ohren. Ich berechne und zeichne die Form des Kiefers (und erinnere mich dabei der Karikatur von mir selbst); dann sind alle Probleme gelöst. Weitere Erklärungen benötigen Sie nicht.

Während dieses ersten Stadiums muß man unbedingt für absolute Symmetrie zwischen den verschiedenen Gesichtsteilen zu beiden Seiten der Mittelachse sorgen und verhindern, daß zum Beispiel ein Auge höher oder tiefer liegt als das andere, der Mund verzerrt ist oder ein Ohr kleiner als das andere ausfällt ... Solange die Schatten nicht angelegt sind, ist es noch einfach.

Ich möchte Ihnen jedoch einen Trick verraten, durch den Sie solche Irrtümer leicht vermeiden:

Betrachten Sie Ihr Werk im Spiegel,
um Fehler im Aufbau zu erkennen.

Dieser Trick ist so alt wie die Welt. Leonardo da Vinci empfahl ihn bereits in seinem „Traktat über die Malerei":

> „Du mußt beim Malen einen flachen Spiegel haben
> und dein Werk häufig darin betrachten,
> um deine Fehler zu erkennen
> und sie korrigieren zu können."

Gewöhnen Sie sich die Arbeit mit dem Spiegel schon jetzt an. Kontrollieren Sie den Aufbau und die Zeichnung. Wenden Sie dieses alte, wirkungsvolle System jedesmal in der Praxis an, wenn Sie eine wichtige Phase Ihres Selbstporträts beendet haben.

Zweites Stadium
Endgültiger Aufbau (Abbildung 139)

Ich werde die Zeichnung jetzt schwärzen und ihr mit Hilfe der Zeichenkohle Volumen geben. Sie wissen bereits, daß Zeichenkohle wegen ihrer Handlichkeit ein äußerst geeignetes künstlerisches Ausdrucksmittel ist. Mit ihr lassen sich intensive Schwarztöne erzielen, man kann sie leicht verwischen und sie in eine unendliche Skala von Grautönen verstreichen. Verarbeitet und verwischt wird die Kohle mit den Fingerspitzen. Dadurch ergeben sich ganz außergewöhnliche Effekte.

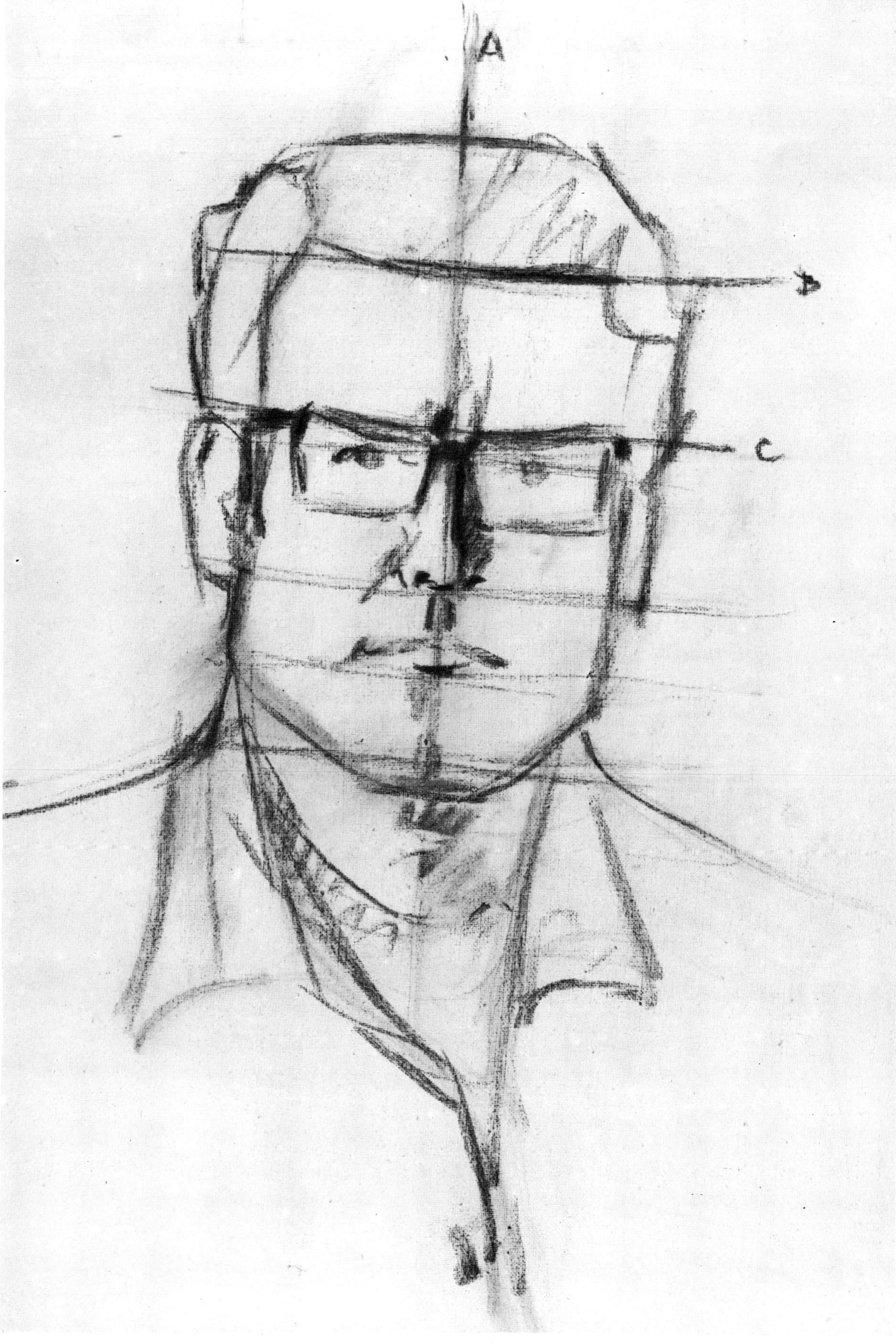

Abb. 138

Beherrscht man diese Technik, arbeitet man mit den Fingern, überträgt man das Schwarz von einer Seite zur anderen, verringert man dessen Intensität durch einfaches Reiben mit einem Lappen oder einem Radiergummi und nutzt man alle Möglichkeiten voll aus, hat man plötzlich den Eindruck, man malte bereits.

Auf Abbildung 139 sehen Sie das Stadium am Ende dieser endgültigen Aufbauphase.

Ich bin der Meinung, daß man die Zeichnung des Gesichtes mit absoluter Genauigkeit anfertigen muß, um anschließend die ganze Kraft und die ganze Aufmerksamkeit den Farben zuwenden zu können. Ungeduld und die nicht ganz unverständliche Überlegung, sich erst während des Malens damit zu befassen, können zu einer restlosen Katastrophe führen. Bedenken Sie, daß Sie sogar nach Abschluß der Kohlezeichnung hier noch ein wenig fortnehmen und dort noch eine Stelle mit einem sauberen Tuch wegwischen können, um auf der Grundlage des zuvor Ausgearbeiteten eine noch befriedigendere Synthese zu erhalten.

Nach Beendigung dieses zweiten Aufbaustadiums fixieren Sie Ihre Zeichnung mit einem guten Markenfixativ. Dadurch erhalten Sie ein stabiles Bild, auf dem sich leichter mit Ölfarben malen läßt.

Lassen Sie vor dem Fixieren einige Minuten verstreichen. Gehen Sie einen Augenblick spazieren, und kehren Sie dann an Ihre Arbeit zurück. Auf diese Weise schärft sich Ihr kritischer Blick und Sie sind eher in der Lage, Ihre eigenen Irrtümer zu erkennen und zu korrigieren.

Erstes Stadium mit Ölfarbe: Die Unterlasur (Abbildung 140)

Ich habe vor, in der Primatechnik zu arbeiten, werde meine Arbeit jedoch in zwei Abschnitte unterteilen und zwischen beiden einen ausreichenden Zeitabstand lassen – die ganze Nacht –, um meine Fehler erkennen und ausbessern zu können.

Überpüfen Sie ständig Ihren Gesichtsausdruck.
Überprüfen Sie ständig Ihre Kopfhaltung.

Diese beiden Kontrollen sind absolut erforderlich, denn man neigt beim Malen dazu, langsam aber ständig die Kopfhaltung zu verändern und dadurch unbeabsichtigt entscheidende Aufbaufehler zu begehen.

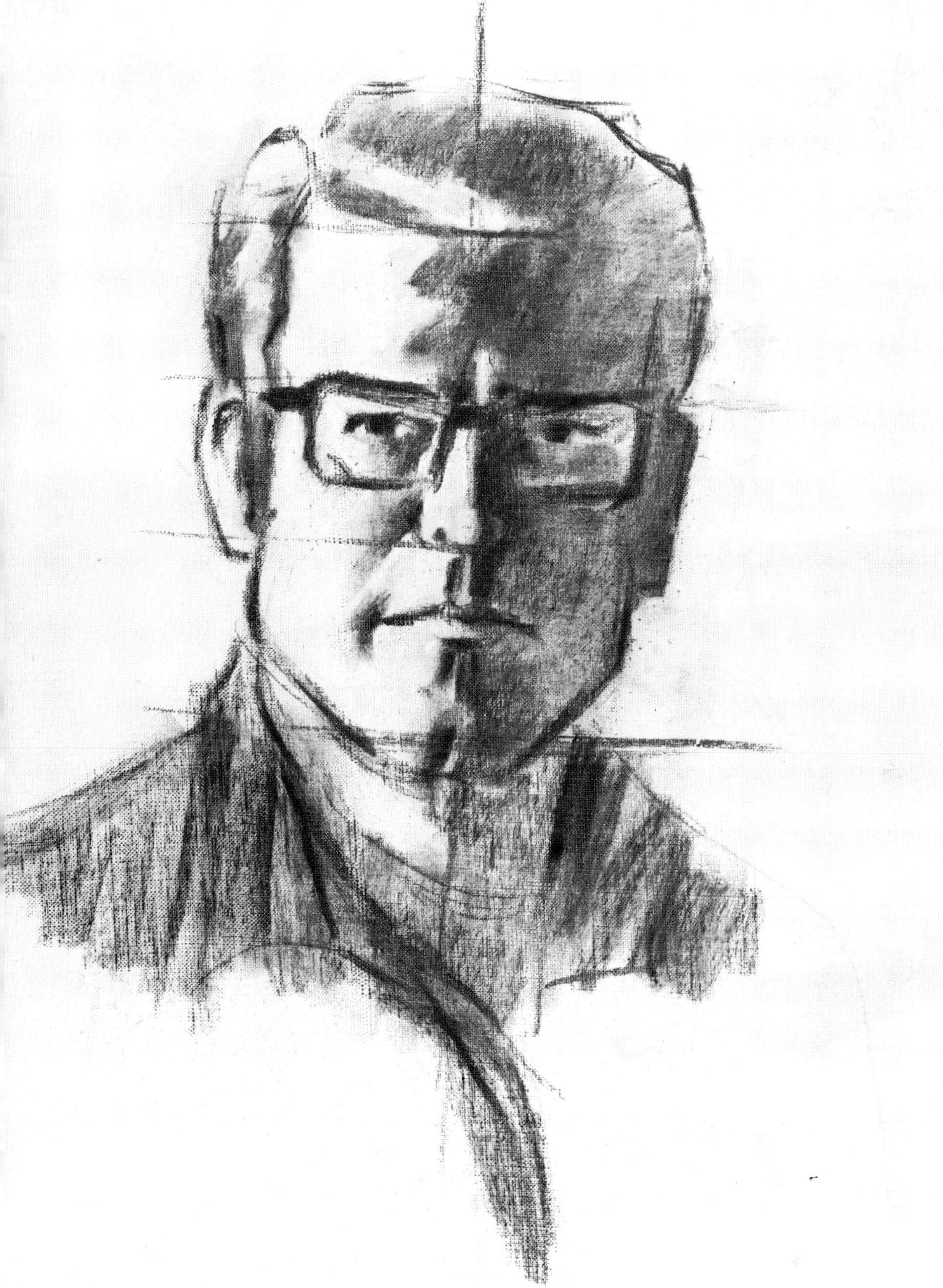

Abb. 139

Des weiteren ist nicht auszuschließen, daß man angesichts der Sorge und Anspannung während des schöpferischen Prozesses die Augenbrauen runzelt, sich verkrampft und so aussieht, als sei man schlechter Laune, obwohl das gar nicht dem eigenen Wesen entspricht.

Fragen Sie sich daher von Zeit zu Zeit:

> Ist dies wirklich der Ausdruck, den ich malen möchte?
> Ist dies wirklich die Pose, die ich zu Beginn gewählt habe?

Beim Malen mit Ölfarben muß man rasch arbeiten und die Leiwand so schnell wie möglich bedecken, um die großen Weißflächen zu eliminieren, denn diese erschweren die präzise Farbgebung. Deshalb beginne ich mit dem Hintergrund, fahre dann mit der Kleidung fort und lege zum Schluß die Schattenpartien des Gesichts an.

Ich arbeite mit stark verdünnten Farben.

Die Farbe des Hintergrunds trage ich mit einem breitem Pinsel Nr. 18 auf. Im Augenblick ist es nicht so wichtig, ob der Grund mehr oder weniger blau ausfällt. Ich werde später noch einmal mit einer dickeren Farbe darübergehen, um den Ton anzupassen. Dasselbe gilt für die dunkle Farbe des Hemdes. Anders verhält es sich mit den dunklen Tönen des Gesichtes und des Halses. Hier muß ich achtgeben, sauber arbeiten und gut malen, um die bestmögliche Unterlasur zu erhalten.

Jetzt werde ich Ihnen erst einmal verraten, wie Sie die berüchtigte „Graufalle" vermeiden können:

Drei Vorsichtsmaßnahmen gegen eine Falle

Ich weiß, daß die Ölmalerei anstrengt und ein schöpferischer Prozeß nicht leicht mit methodischer Arbeit, Ordnung und Routine in Einklang zu bringen ist. Bei dieser Malerei sind jedoch drei einfache, methodische Routinearbeiten erforderlich, an die man nicht oft genug erinnern kann:

1. Die Reinigung der Pinsel. Dazu entfernt man die Farbe mit einem Tuch, taucht ihn anschließend in das Terpentinöl im Palettenstecker und wischt ihn trocken. Nur so erhält man einen sauberen Pinsel, mit dem man eine zweite Farbe aufnehmen kann.

2. Auch die Palette sollte man von Zeit zu Zeit reinigen und dabei die Mischungsreste entfernen.

3. Ergänzen Sie die Farben, die auf der Palette zu Ende gehen.

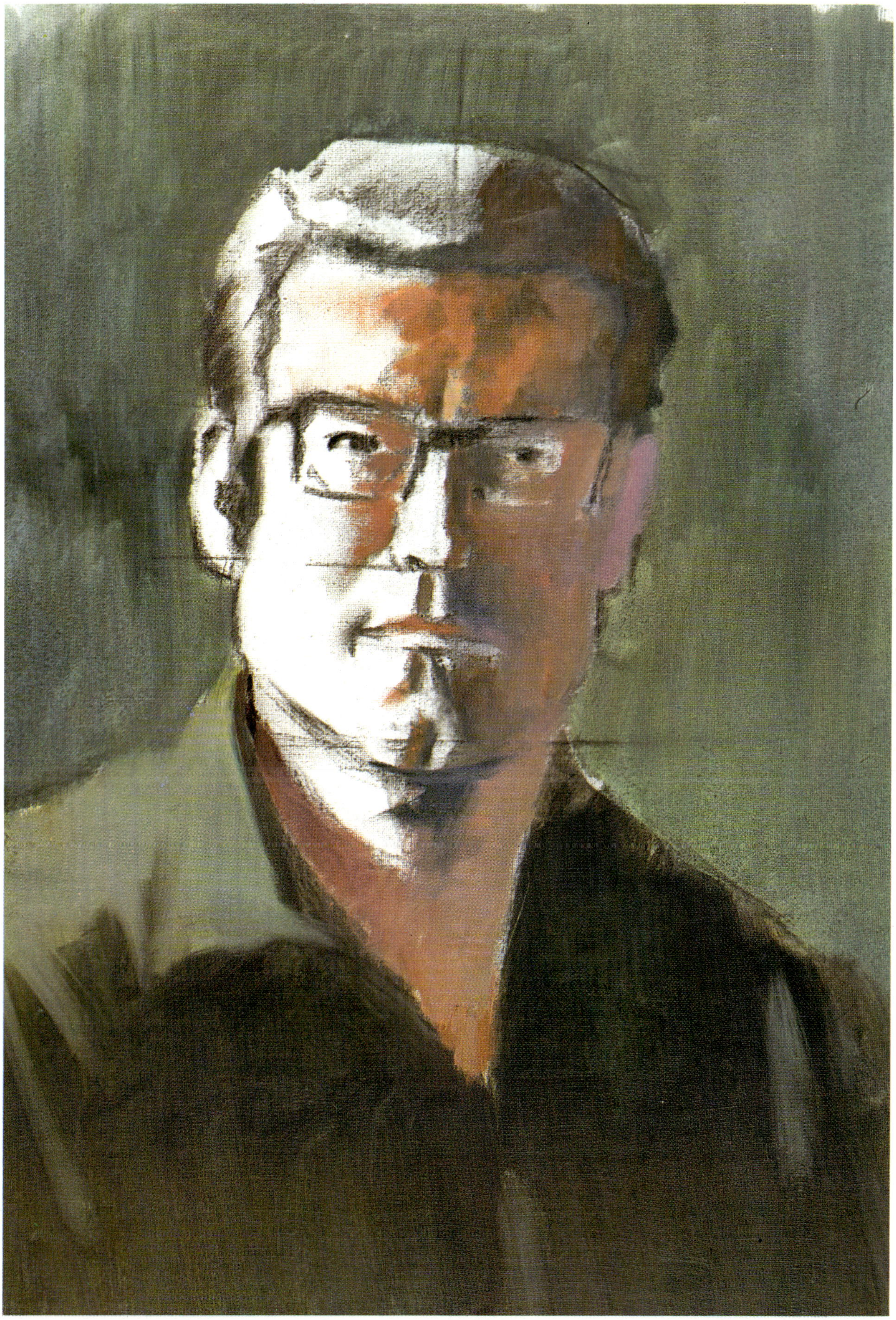

Abb. 140

Theoretisch scheinen diese drei Aufgaben keine Probleme zu bereiten. Die Praxis sieht jedoch anders aus: Mischt und komponiert der Künstler erst einmal seine Farben, erfindet er mit steigendem Fieber immer neue Töne und Nuancen, verliert er völlig den Kopf. Mit anderen Worten: Er vergißt, seine Pinsel zu reinigen, malt zum Beispiel mit einem karmindurchtränkten Pinsel ein Orange und verwandelt das Rotorange dadurch in Zinnober. Um dieses Zinnober anschließend zu korrigieren, gibt er ein wenig Gelb auf die Palette, setzt es an einer Stelle ab, wo sich noch etwas Rosa befindet, und schon nimmt das Orange einen Sienaton an. Der Maler glaubt, daß er das Siena wieder verschwinden lassen kann, indem er Kadmiumgelb hinzufügt. Da er dieses jedoch nicht mehr auf der Palette besitzt, nimmt er Zitronengelb und . . .

Achtung!

Malen Sie mit sauberen (gereinigten) Pinseln.
Arbeiten sie mit einer sauberen (gereinigten) Palette.
Benutzen Sie saubere (reine) Farben.

Halten Sie sich nicht an diese drei Gebote, bekommen Sie zwangsläufig Schwierigkeiten und geraten unweigerlich in die Graufalle; denn die drei Unterlassungssünden stumpfen die Farben ab, vereinheitlichen sie und lassen sie grau werden.

Eine Farbskala für die Pinsel

Noch einen Rat, bevor dieses erste Stadium des Malens mit Ölfarben zu Ende geht: Halten Sie sich bei der Verwendung der Pinsel an die Regel, nach der zum Beispiel drei stets für die dunklen und drei weitere für die hellen Grundfarben der beleuchteten Stellen der Haut eingeteilt werden sollten. Wechseln Sie also die Pinsel während des Malens, als handelte es sich um Farbstifte. Auf diese Weise bleibt jede Nuance wirklich sauber. Alle Kunstmaler halten sich an dieses Verfahren. Dank eines solchen Pinselsortiments konnte ich sofort meinen Grundton aus reichen Orange-, Rot-, Purpur- und Sienanuancen erhalten (Abb. 140).

Die Dominante der Ohren ist übrigens immer Karmin, selbst wenn diese im Schatten liegen.

Zweites Stadium mit Ölfarben
Allgemeine Wahl der Farben (Abbildung 141)

Für die beleuchteten Stellen des Gesichtes benutze ich helle Farben und zwar zunächst Weiß, Kadmiumgelb hell, Ocker und Orange und dann, je nach Bedarf, mehr oder weniger Karmin.

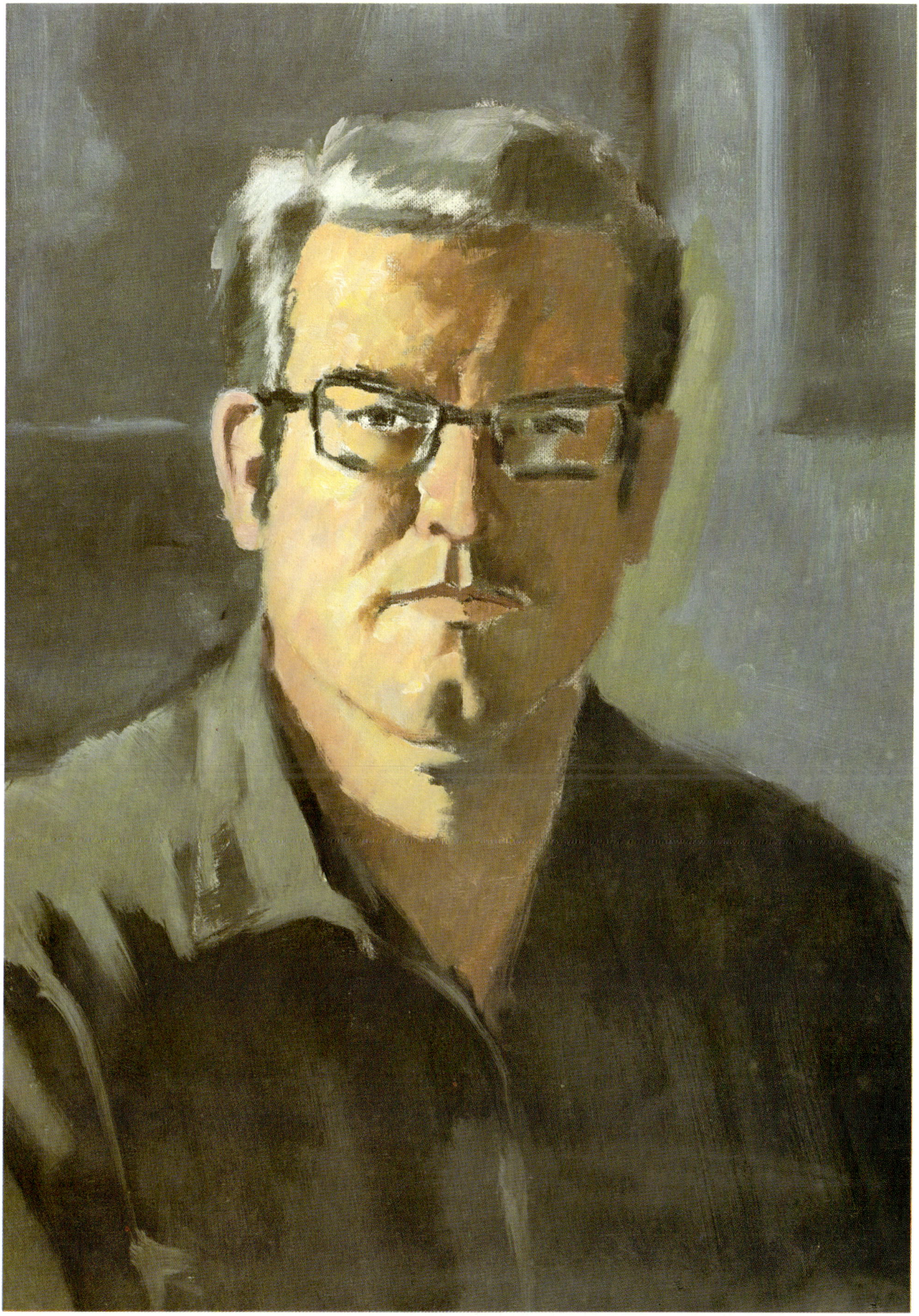

Abb. 141

In diesem zweiten Stadium geht es vor allem um große Diversität und Reichtum der Farbgebung (Abb. 141).

Begnügen Sie sich vor allem nicht mit einer einzigen Farbe für das Licht und einer weiteren für die Schatten.

Ich kann Ihnen versichern, daß die Fleischfarbe am Kinn einen blauen Ton besitzt, während nahe der Unterlippe ein gelbrosa Reflex vorherrscht; etwas weiter oben enthält die Bartregion einen bläulichgrünen Stich, und die linke Wange besteht aus einer Mischung von Rosa und Karmin etc.

(Achtung: Vergessen Sie nicht, daß Pinsel, Palette und Farben immer sauber sein müssen!)

Ich male den Hintergrund mit den an der Wand hängenden Bildern noch einmal. Ich habe auch den Körper überarbeitet und die Farben präzisiert. Die Anlage der Augen und der Brille behalte ich mir für die letzte Sitzung vor. Ich befasse mich nun vor allem mit den allgemeinen Farben des Gesichtes. Die Ähnlichkeit kommt anschließend.

Ich halte inne. Zwar würde ich gern zu Ende malen, doch ich muß meine Ungeduld bezähmen. Ich werde das Bild erst morgen beenden. Dabei befolge ich einen weiteren, nicht minder wertvollen Rat Leonardo da Vincis, der schon darauf hingewiesen hat, daß der Künstler Abstand zu seinem Werk gewinnen muß:

> „Du solltest dich erheben und dich ein wenig ausruhen. Wenn du dein Werk anschließend erneut siehst, kannst du es besser beurteilen, als wenn du es nie aus den Augen gelassen hättest. Du mußt etwas zurücktreten, damit dein Werk kleiner erscheint und du es mit einem Blick umfaßt (Das ist von weitem viel leichter als von nahem). Dann erkennst du fehlende Übereinstimmungen, falsche Proportionen der Glieder und eine schlechte Wiedergabe der Gegenstände sofort."

Dritte und letzte Sitzung mit Ölfarben
Allgemeine Wahl der Formen und der Farben
Endgültiges Ergebnis (Abbildung 142 und 143)

Betrachten Sie die Abbildungen 142 und 143. Die zweite zeigt eine Vergrößerung des Kopfes.

Die Farben sind noch lange nicht trocken. Man kann sie noch phantastisch übermalen.

Ich betrachte mein Bild im Spiegel. Ein paar Dinge müssen noch geändert werden. Der Hintergrund gefällt mir nicht, und der Körper ist zu breit.

Ich male den Hintergrund noch einmal, und lasse die Bilder fort. Auf der beleuchteten Seite des Kopfes erscheint er etwas dunkler und hinter den dunklen Farben des Kopfes etwas heller.

Ich male ohne Unterlaß.

Ich überarbeite die Nase, befasse mich noch einmal mit den Augen, kehre zur Nase zurück . . .

Diese verflixte Nase! Ich habe mich zu lange bei ihr aufgehalten. Am Ende sieht sie wegen der zahlreichen Pinselstriche und Retouchen zu vollendet und zu wenig spontan aus.

Man muß unbedingt rechtzeitig aufhören können!

Die Farbe der Schildpattbrille ist kein Problem: Schwarz (ohne die Farbe Schwarz) aus Smaragdgrün, Umbra gebrannt und Karmin mit einer Mischung aus Kadmiumgelb und Ocker, um es heller und glänzender zu halten.

Schließen Sie die Augen halb, um die Einzelheiten auszuschalten und nur das Wesentliche zu erkennen. Auf diese Weise können Sie besser zusammenfassen und sich mit wenigen Tupfern und Pinselstrichen ausdrücken.

Ich male die Streifen im Hemdstoff und berücksichtige die Wirkung von Licht und Schatten. Zwischendurch reinige ich immer wieder Pinsel, Palette und Farben. Ich arbeite langsam und gewissenhaft, als handelte es sich um den wichtigsten Teil des Bildes.

Die Augen sind fertig. Das linke, das sich im Schatten befindet, hat mir erhebliche Probleme bereitet: Entweder war es zu hoch oder zu tief. Die Moral von der Geschichte: Manchmal muß man zwanzigmal korrigieren.

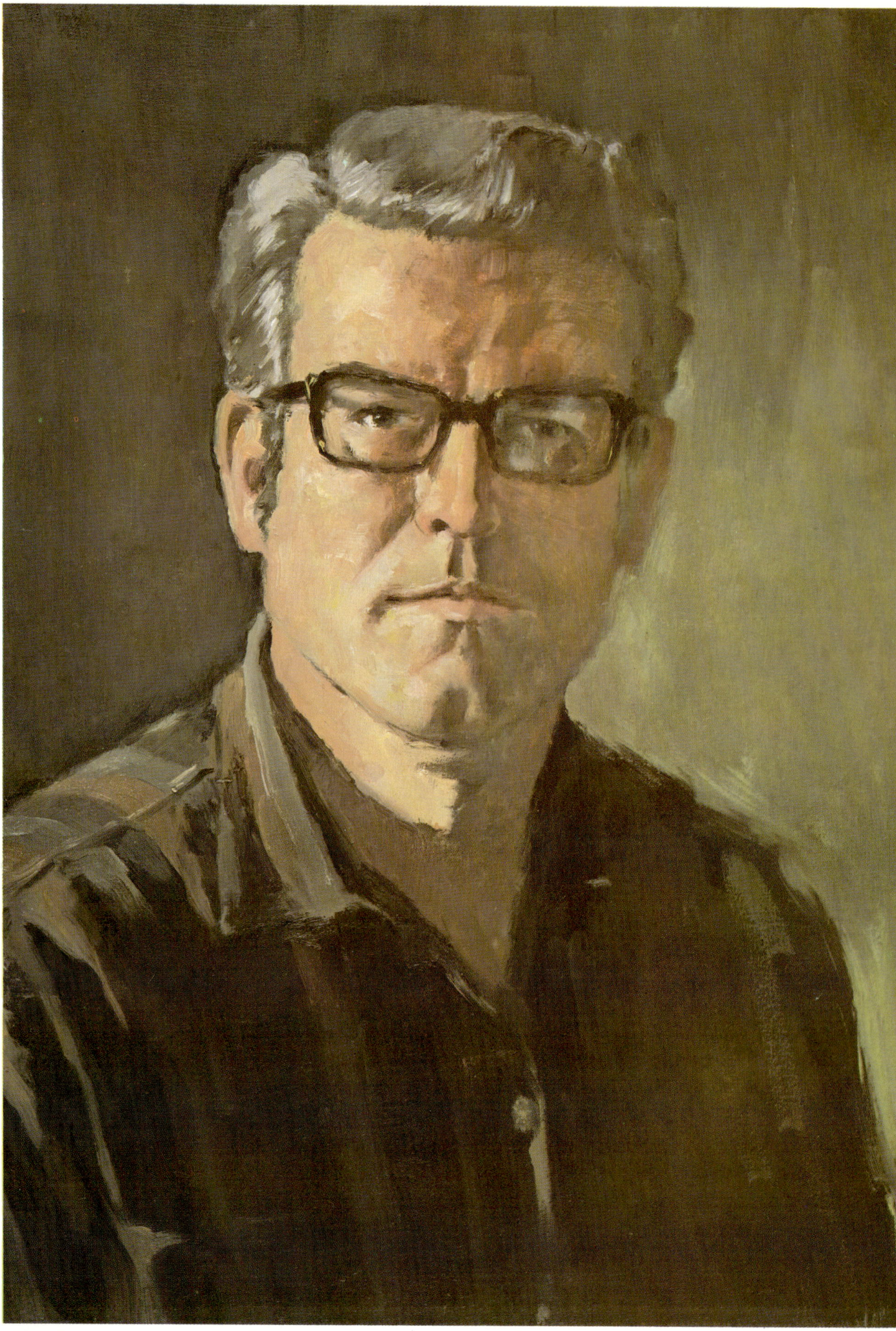

Abb. 142

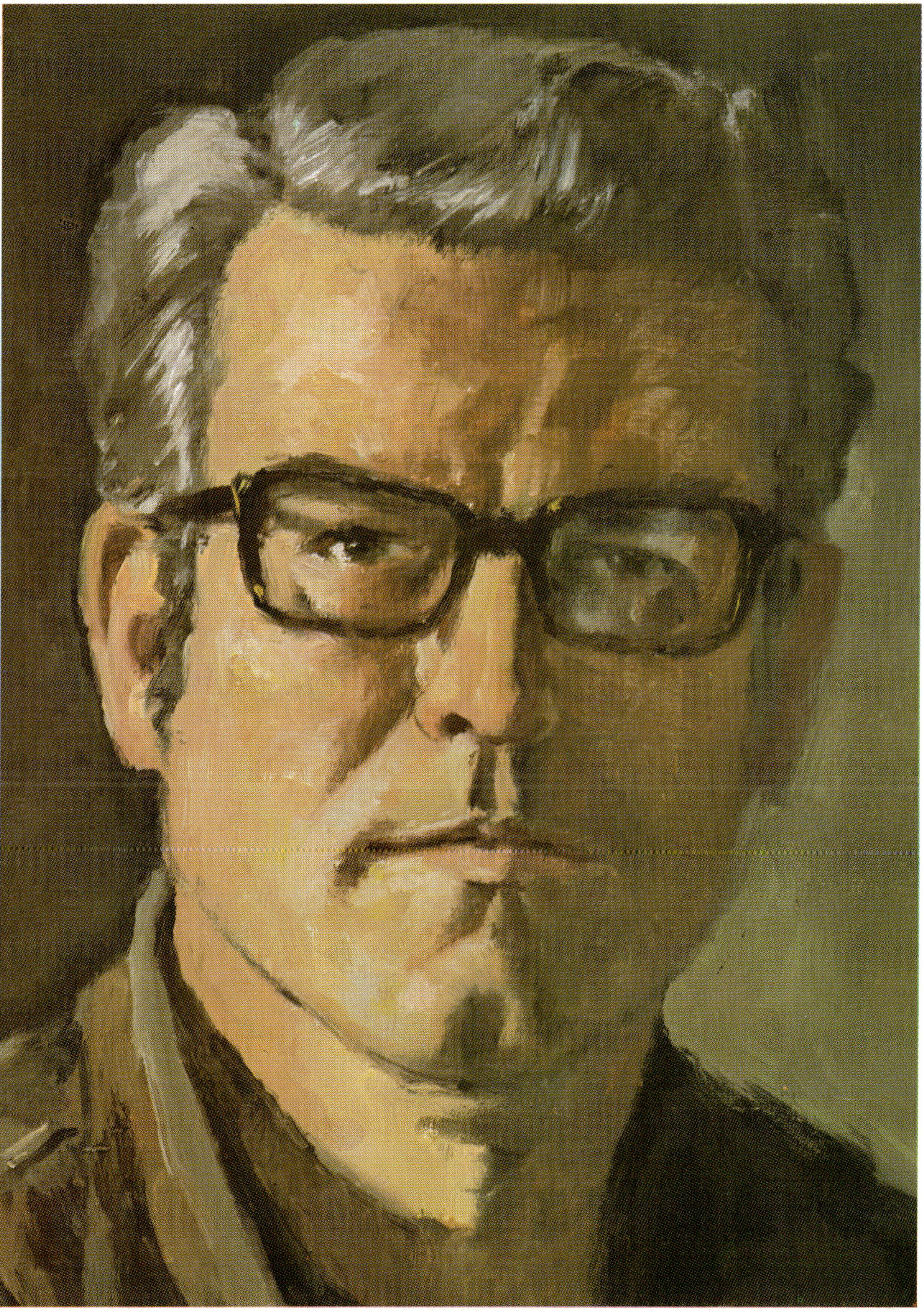

Abb. 143

Ich verschmälere den Körper auf der unbeleuchteten Seite in Höhe der Schultern und vermittle aufgrund der verwischten Begrenzungen den Anschein eines Spielraums zwischen dem Hintergrund und dem Umriß der Schulter.

Endlich male ich die intensiven, glänzenden Stellen des Bildes. Das macht richtig Spaß! Ein winziger weißer Punkt auf jedes Auge, und schon beginnen sie zu leben. Einige Tupfer Gelbrosa und viel Weiß auf die Nase, das Kinn, die Wangen – und schon besitzen sie Volumen.

Jetzt brauche ich mein Werk nur noch zu signieren. Erledige ich es nicht sofort, wird nie mehr etwas daraus.

Das war's. Mein Selbstporträt ist fertig. Sie sind den einzelnen Schritten und meinen Ratschlägen gefolgt. Natürlich werden Sie nicht schon beim ersten Mal ein zufriedenstellendes Ergebnis erhalten. Verlieren Sie jedoch nicht den gleich den Mut. Versuchen Sie es noch einmal; denn erst nach zahlreichen derartigen Übungen gelangen Sie zu wahrer Meisterschaft und können dann auch Porträts von anderen Personen herstellen.